MATLAB 程序设计

重新定义科学计算工具学习方法

（第2版）

王赫然◎编著

清华大学出版社
北京

内 容 简 介

MATLAB是一款用于科学工程计算的高级高效编程软件，是科学家与工程师的必备工具。本书强调MATLAB的思想精髓和应用性，基于MATLAB R2023b版本，重新定义了一套高效实用的MATLAB学习方法。

本书与同类图书相比有诸多特色：着重强调矩阵的核心思想，突出基于矩阵的数据结构与程序设计；精心编排结构化的高效学习路线，全面涵盖软件主线功能；开辟市面罕见的App Designer教学，深挖App设计思想与技术；精编极简实用例程，应用实时脚本助力教学，极大压缩了读者的学习成本。全书章节分布考究，契合一套快捷有效的MATLAB学习策略：首先介绍软件的基本操作流程、熟悉软件框架（第1、2章），然后介绍矩阵思想、练习矩阵编程（第3章），进行功能集中实践并探索解决问题（第4～6章），接下来进行软件设计制作和大型项目实践（第7章），进而开展数学建模的进阶提高（第8章），最后针对非常有价值的Simulink、计算机视觉和人工智能展开专项深入学习（第9～11章）。

本书配套代码可在清华大学出版社官方网站下载，也可在GitHub上搜索图书书名下载。

本书结构清晰、内容全面、语言精要而生动，可以作为高等院校MATLAB教学的参考用书，也可以作为广大科研、工程技术人员的参考书。

版权所有，侵权必究。举报：010-62782989，beiqinquan@tup.tsinghua.edu.cn。

图书在版编目（CIP）数据

MATLAB程序设计 ：重新定义科学计算工具学习方法 / 王赫然编著. -- 2版. -- 北京 ：清华大学出版社，2024. 12. --（计算机科学与技术丛书）. -- ISBN 978-7-302-67828-1

Ⅰ. TP317

中国国家版本馆CIP数据核字第2024TX3775号

策划编辑： 盛东亮
责任编辑： 范德一
封面设计： 李召霞
责任校对： 时翠兰
责任印制： 沈 露

出版发行： 清华大学出版社
网　　址： https://www.tup.com.cn，https://www.wqxuetang.com
地　　址： 北京清华大学学研大厦A座　　**邮　　编：** 100084
社 总 机： 010-83470000　　**邮　　购：** 010-62786544
投稿与读者服务： 010-62776969，c-service@tup.tsinghua.edu.cn
质量反馈： 010-62772015，zhiliang@tup.tsinghua.edu.cn
课件下载： https://www.tup.com.cn，010-83470236
印 装 者： 三河市东方印刷有限公司
经　　销： 全国新华书店
开　　本： 186mm×240mm　　**印　　张：** 22　　**字　　数：** 496千字
版　　次： 2020年9月第1版　2024年12月第2版　　**印　　次：** 2024年12月第1次印刷
印　　数： 1～1500
定　　价： 79.00元

产品编号：106945-01

第2版前言

PREFACE

在人工智能(AI)的浪潮中,每个与时俱进的人都应该掌握一点"数学"(描述结构的语言)、"编程"(机器思考的模式)和"图形"(人类偏爱的表达形式)的相关知识,而这正是MATLAB最擅长的。

MATLAB是科技工作者必备的强力工具,也是我们每个人理解时代的"金钥匙"。

1. 数学力量的极大延伸

数学是人类思维对于世界结构的反映,而科学无非是认知的数学化。在AI时代,我们更应深入学习数学,"把数学当作朋友",这是理解世界最直接有效的方式。可以说,数学是一种强大的力量,拥有这种力量的人,将与AI一起更深刻地理解世界、影响世界。

MATLAB以矩阵为核心,把数学、编程与图形紧密联系在一起,为我们构建了一个强大的数学实验场所,让我们能把心中所思所想快速落地验证,可以帮助我们快速加深对数学与世界的理解。MATLAB拥有海量的优质工具箱、App以及社区资源,让我们可以不必陷入"重复造轮子"的泥潭,而是能把有限的精力投入最感兴趣的环节,极大地拓展了个人的能力。

2. AI时代的速学速用

MATLAB的最大特点就是拥有"简洁的架构",我们完全可以在极短的时间内快速入门,然后在AI的帮助下高效地掌握所需技能,并解决实际问题。

本书基于MATLAB R2023b,以快捷的方式带领读者迅速入门(第1、2章),理解"一切皆是矩阵"的中心思想(第3章),以此展开对图形、数学、编程的深入认识(第4～6章),快速实践App Designer软件设计(第7章),针对数学建模领域开展思考(第8章),推出Simulink仿真强化模型思维(第9章),最后帮助读者掌握计算机视觉与人工智能的核心思路与技术(第10、11章)。

本书精心编排结构化的高效学习路线,设计简洁易懂的案例,展开了一幅MATLAB的全面图景,带领读者深挖MATLAB内涵,从此让它陪伴读者的整个学习与工作生涯。

3. 与读者一起玩转 MATLAB

笔者奋战在科研一线近十年，深谙 MATLAB 蕴含的巨大能量。本书首次出版后，受到了大量读者的欢迎，笔者也以本书为教材在中国科学院连续两年开设了相关课程。本次再版，增加了大量章节（尤其是对于 AI 应用与算法的部分），优化了大量表述，但终因水平有限，书中难免有欠妥之处，还望读者和同人不吝赐教。

王赫然

2024 年 10 月 12 日

第1版前言

PREFACE

MATLAB是一款由MathWorks公司推出的科学计算软件，是用于科学与工程计算的高效的高级编程语言。MATLAB拥有极为强大的功能，是科学家与工程师的必备工具。本书强调MATLAB软件的精髓和应用性，重新定义了高效实用的MATLAB软件学习方法。

1. MATLAB：科学家与工程师的必备神器

MATLAB在处理矩阵运算方面有着极强的先天优势，它将矩阵高性能数值计算与图形可视化相结合，将矩阵化程序设计与简单友好的编程语法相结合，被广泛应用在许多科学与工程领域，是科学思维和数学功能的具象体现，也是科学计算领域杰出的软件工具。MATLAB除了在数学、图形与编程领域表现优异，还拥有海量优质工具箱、实时脚本编辑器、图形用户界面设计工具App Designer、Simulink组件等强大功能，广泛应用于数学教学、分析数学模型、数据处理及可视化、算法开发、软件制作、动态系统仿真分析等场景，是理工科学生应该深入学习的软件工具。

2. 本书特色：抓住思想核心，结构化学习路线

本书基于MATLAB R2020a进行编写，与同类图书相比具有如下诸多特色：

(1) 强调矩阵思想核心，体会基于矩阵的数据结构与程序设计。

(2) 精心编排结构化的高效学习路线，全面涵盖软件主线功能。

(3) 开辟市面罕见的App Designer教学，深挖App设计思想与技术。

(4) 精编极简实用例程、实时脚本助力教学，极大降低学习成本。

3. 高效实用：重新定义MATLAB学习方法

本书采用一套快捷有效的MATLAB学习策略安排章节内容，章节分布极为考究，建议读者一定依序学习如下内容：

(1) 学习软件的基本操作流程，熟悉软件框架(第1、2章)。

(2) 理解矩阵思想，练习矩阵编程(第3章)。

(3) 进行功能集中实践，探索解决问题的方法(第4～6章)。

（4）聚焦软件设计制作，完成大型项目实践（第 7 章）。

笔者常年奋战在科研一线，深谙 MATLAB 蕴含的巨大能量，也思考并实践如何帮助读者极速掌握 MATLAB 的教学方法，将个人所学提炼成此书，但因水平有限，书中难免有欠妥之处，望读者和同人不吝赐教。

王赫然

2020 年 4 月 6 日

知识图谱

KNOWLEDGE GRAPH

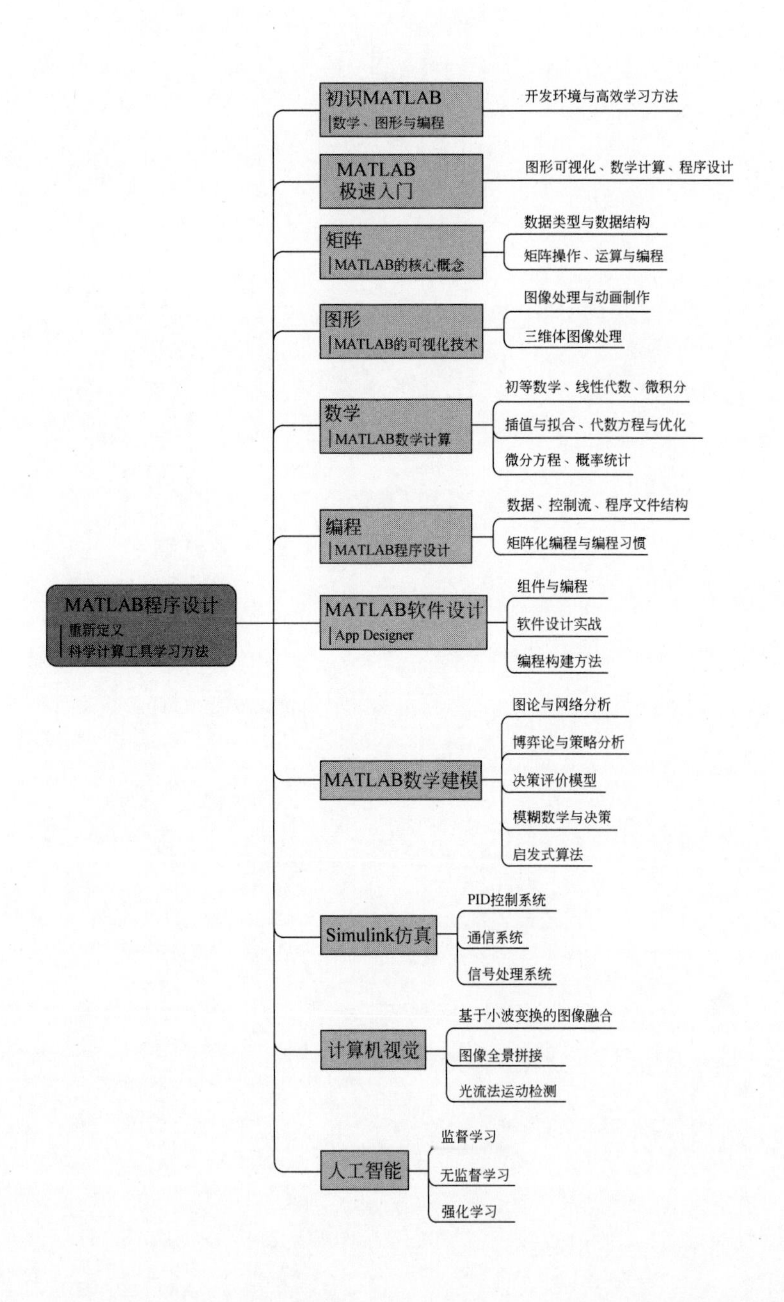

目录

CONTENTS

第 1 章

初识 MATLAB：数学、图形与编程

欢迎踏入 MATLAB 的世界——一个由 MathWorks 公司精心打造的科学计算领域的重要工具。MATLAB 不仅是一种编程语言，更是一把打开科学与工程之门的万能钥匙。这个名为“矩阵实验室”(Matrix Laboratory)的工具，以其在矩阵运算上的非凡实力而名扬四海，让复杂的计算变得更为简单、高效。

在 MATLAB 的世界里，数学不再是冰冷的符号和方程，而是变成了活跃的图形和动态的模型。这款软件巧妙地将基于矩阵的高效数值计算能力和图形可视化功能融合在一起，再辅以简洁直观的编程语法，使学习与应用变得非常简单。无论用户是数据分析的新手，还是寻求解决复杂工程问题的专家，MATLAB 都为用户准备了丰富的内置函数库，助用户一臂之力。

本章不仅是本书的开端，更是一段旅程的起点。我们将深入探讨 MATLAB 的核心——是什么让它成为如此强大的工具，怎样才能高效地驾驭它。即使读者曾经有过使用 MATLAB 的经历，本章也能为读者揭示更多学习的秘诀和技巧。我们希望每一位热爱科学计算的读者，都能在这一章中得到新的启迪，为接下来的学习之旅打下坚实的基础。

1.1 探索 MATLAB 的世界

MATLAB 从 1984 年进入市场至今，以它顶尖的数学、图形和编程能力及面向科研界与工业界前沿需求的诸多功能，成为很多行业核心前沿领域的最重要的软件工具之一，甚至成为了众多“领域专家”和“科研机构”的标准配置；其拥有的海量优质工具箱(toolbox)体系让它与其他编程语言拉开了差距，成为科学计算领域最杰出的软件工具之一，也是理工科学生最值得深入学习的软件工具之一。

1.1.1 MATLAB 的演变：从概念到市场领导者

试想在那个还未普及计算机，更未闻 MATLAB 之名的年代，科学家和工程师是如何跨越重重困难，进行研究与开发的？这一切在 20 世纪 70 年代后期开始有了转机，时任美国新

墨西哥大学教授的克里夫·莫勒尔(Cleve Moler)在教授线性代数的过程中,为了让学生更便捷地通过计算机执行矩阵运算,使用 FORTRAN 语言独立开发了 MATLAB 的雏形,实现了矩阵的基本操作功能。

1983 年春,一次偶然的机会,莫勒尔教授与杰克·李特(Jack Little)在斯坦福大学的相遇,开启了 MATLAB 发展的新篇章。李特,一个充满工程直觉的工程师,预见这个工具将根本性地改变科研与工程界的工作方式。他与莫勒尔教授以及好友斯蒂夫·班格尔特(Steve Bangert)携手,耗时一年半,用 C 语言重塑了 MATLAB,赋予了其数据可视化等更为强大的功能。

1984 年,随着 MathWorks 公司的诞生,MATLAB 正式踏入市场,开启了它的传奇之旅。在当时仍然以磁盘操作系统(Disk Operating System, DOS)为主的计算机界,MATLAB 的出现无疑是一抹亮色。特别是 1992 年,随着 MATLAB 4.0 微机版的推出,与微软 Windows 系统的完美融合,为 MATLAB 带来了前所未有的广泛应用,功能如 Simulink 模块、硬件接口开发、符号计算工具包,乃至与 Word 的无缝连接,均标志着 MATLAB 在科学计算领域稳坐王者之位。这不仅是一个软件的崛起,更是一段科技发展史上的佳话。

MATLAB 的进化史是一段斑斓的技术旅程。MathWorks 公司自 1992 年起,如同精密工匠一般,逐年雕琢出从 MATLAB 4.0 至 7.1 共 18 个版本的珍品,在每个版本中都融入了创新的灵魂。到了 2006 年,这位工匠定下了自己的节奏:每年三月和九月,定期发布两款新作,以年份加上代表春秋的“a”或“b”作为名字的印记,比如 MATLAB 2023b 版本,就是于 2023 年的秋天发布的。

这段从零到一的传奇并非孤立的,它与世界上许多杰出的科学工程软件共同诉说着一个由学术孕育到商业成熟的壮阔故事。不幸的是,虽然中国也孕育了无数科研软件的灵感,却鲜有成功转化为应用的案例。在科学计算软件这片沃土上,我们期盼着国内同样能孕育与 MATLAB 匹敌的伟大作品。这是一个遗憾,也是激励我们前行的力量。

1.1.2 功能全景:数学、图形与编程的融合

数学、图形与编程(Math, Graphics, Programming),这三方面的卓越功能构筑了 MATLAB 独有的超凡魅力,如图 1-1 所示。

(1) 数学计算:MATLAB 在数学计算领域的能力无与伦比。它精通数值计算与符号计算,无论是解决复杂的线性代数问题、探索微积分的领域、应对概率统计的挑战、还是进行数值分析和数据分析,MATLAB 都能够游刃有余。这使得它成为了数学计算领域最强大、最受认可的软件之一。

(2) 图形可视化:在 MATLAB 的世界里,数字不再是冰冷抽象的符号。通过其强大的图形可视化功能,数值计算的结果可以转换为直观、生动的图像,使得科学研究和工程设计的成果清晰展现。这不仅加深了我们对数据的理解,也使得复杂问题的解答变得直观明了。

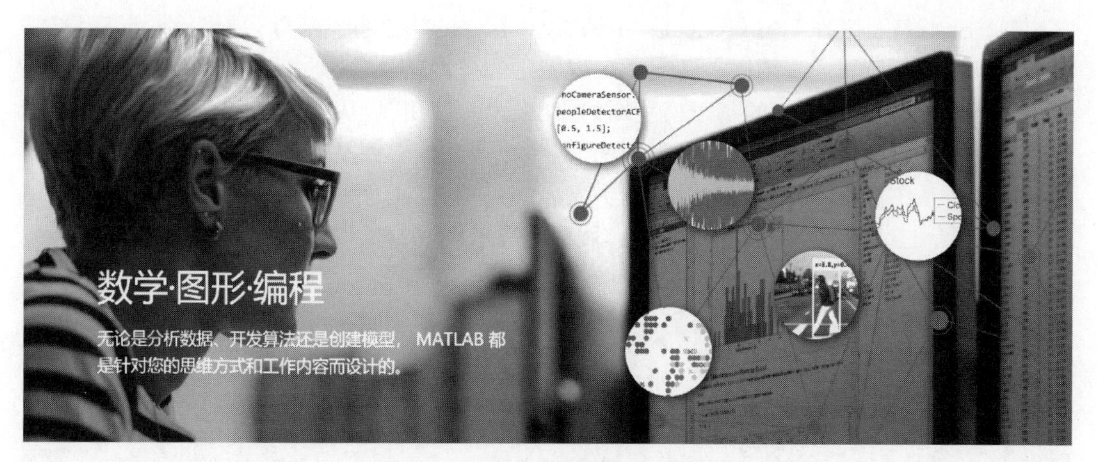

图 1-1 MATLAB 核心基础功能

(3) M 语言编程：M(MATLAB)语言，MATLAB 的灵魂所在，是一种高级编程语言。它以接近人类思维模式的编程风格著称，被誉为“科学便签式”编程语言。无论是编写简短的脚本还是复杂的函数，M 语言都能让编程者的想法迅速变为现实，极大地提升了编程的效率和乐趣。

MATLAB 的功能远不止于此，它的功能还包括以下内容。

(1) 海量优质工具箱：工具箱简言之就是“函数集”，MATLAB 针对几乎所有可以进行数学计算的领域都提供了专业工具箱，比如数学统计与优化、数据科学与深度学习、信号处理、控制系统、图像处理与机器视觉、并行计算、测试测量、计算金融学、计算生物学、无线通信和数据库等，其中内置了大量领域常用的函数工具，用户可以直接调用，再也不需要“重复造轮子”(重新解决前人解决过的问题)了，这些工具箱在对应领域都非常权威、精准与高效，是无数前辈智慧的结晶，而且，工具箱中除内置函数外的其他代码都开放并且可扩展，用户还可以开发自己的工具箱并分发，优秀的工具箱积累到一定成熟度独立成为商业软件的例子比比皆是。

(2) 实时脚本编辑器：实时脚本(.mlx)是一种同时包含代码、输出和格式化文本的程序文件，用户可以同时编写代码、格式化文本、图像、超链接和方程，并可以实时查看输出数据、图形和源代码。实时脚本是 MATLAB 2016a 版本以后主推的重要功能，有利于用户快速进行探索性编程、将代码与数学模型紧密对应、交流共享记叙脚本、整理归档编程文件、回忆总结编程思路，是非常受欢迎的笔记神器。

(3) 图形用户界面设计工具 App Designer：MATLAB 为用户提供了一个快速搭建与分发应用程序(App)的方案，生成的 App 可以打包成为 MATLAB 环境下的 App，也可以打包成为基于 Web 服务器的 App，还可以编译成为独立的桌面 App。在 MATLAB 2016a 版本以后，App Designer 作为老版本开发环境 GUIDE 的优化替代品横空出世，在界面美观度与编程简易度方面都有大幅提升，App Designer 可以说是开发一款图形用户界面软件的最快方案。

（4）Simulink组件：Simulink是MATLAB软件的核心组成部分，是终极图形建模、仿真和样机开发环境。它主要用于实现对工程问题的模型化及动态仿真，其核心功能如图1-2所示，由于它具有非常友好的基于模块图的交互环境，使用“模块组合式”的图形化编程可以快速实现系统级的设计、动态仿真和自动代码生成等功能。而且，可自定义的模块库与求解器对于复杂系统有很友好的层次性构建方案，在各种科学工程领域都有重要应用，如航空航天、电力系统、卫星控制、导弹制导、通信系统、汽车船舶和神经网络计算等领域。

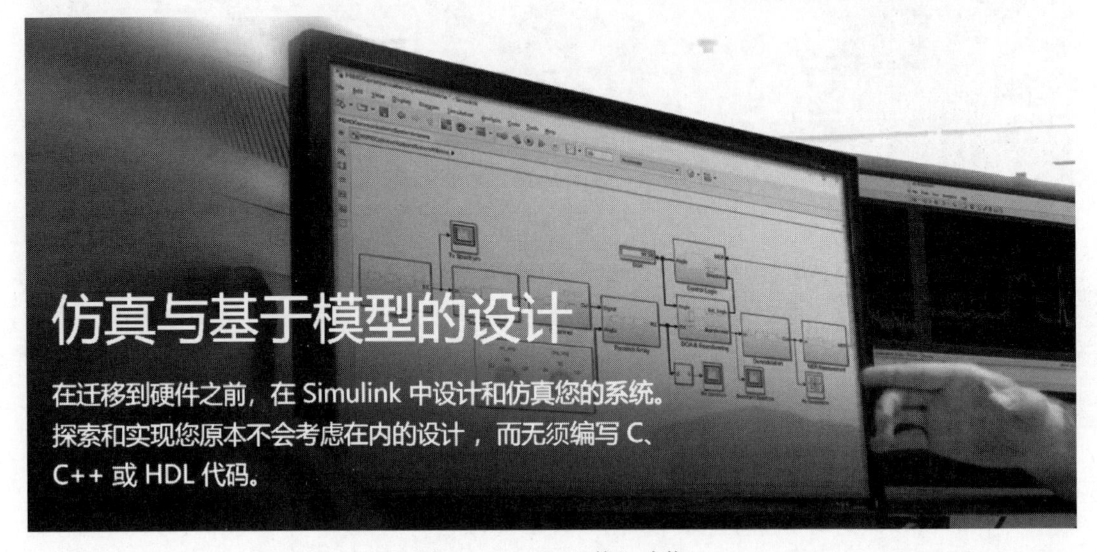

图1-2 Simulink核心功能

（5）Stateflow交互式设计工具：Stateflow是一种面向复杂事件的驱动系统，用于建立时序决策逻辑模型的仿真环境，它基于有限状态机理论，并将图形和表格（包括状态转移图、流程图、状态转移表和真值表）相结合，用于为监督控制、任务调度和故障管理设计逻辑。

（6）自动代码生成功能：在MATLAB中，RTW与Coder工具可以将Simulink的模型框图与Stateflow的状态图直接转换成产品级代码，还可以将生成的代码作为源代码、静态库或动态库集成到工程中，甚至还可以在MATLAB环境中使用生成的代码，以加快计算量密集部分的执行速度，生成的代码可以直接部署到不同的软、硬件系统中。

（7）拥有诸多硬件接口：可实现与诸多硬件的实时数据流传输，如实验室仪器、数据采集卡、图像采集卡、声音采集卡和现场可编程门阵列（Field Programmable Gate Array，FPGA）等；而且可以直接生成适配多种硬件的可执行的C、硬件设计语言（Hardware Design Language，HDL）或可编程逻辑控制器（Programmable Logic Controller，PLC）代码，如微处理器、FPGA、PLC，可以执行硬件和处理器在环测试，适用于130多个硬件供应商提供的1000多个常用硬件设备。

其实，MATLAB还有许多高级功能，比如并行计算、图形处理单元（Graphics Processing Unit，GPU）计算和云计算等，图1-3所示为官方归纳的MATLAB软件功能。

图 1-3 MATLAB 软件功能

1.1.3 应用领域：探索 MATLAB 的无限潜能

MATLAB 极为广泛的应用是有它的底层逻辑的。

（1）数学：我们对周遭物理世界的认知，无一不是通过数学模型来构建和理解的。这些模型是我们解读世界的基石，缺失它们，就仿佛失去了科学的眼睛。MATLAB 的卓越之处，在于它能够对这些数学模型进行计算、分析和仿真。这就是人们赞誉 MATLAB"无所不能"的根本所在——它可以助力我们对物理现实进行深入探索。

（2）图形：可视化的重要性往往被我们忽视，可能是因为它已经融入我们科学和工程实践的方方面面。但事实上，人类对复杂问题的理解主要依赖于视觉感知。在科学和工程的领域里，"一图胜千言"不仅是句谚语，更是寻求解决方案时的核心策略。图形可视化是掌握问题、传达解决方案的关键，而 MATLAB 正是这方面的强大助手。

（3）编程：作为一门高级编程语言，MATLAB 能够实现其他编程语言的所有功能，并且在编码速度、矩阵运算等方面拥有明显的优势。在这个由计算机编程推动的科技高速发展的时代，MATLAB 的这些优点使得它成为了科学家和工程师手中的得力工具，不仅提高了工作效率，也极大地拓宽了科学研究的边界。

所以，只要与数学、图形、编程相关的应用场景，都是 MATLAB 的主要应用场景，如图 1-4 所示。

MATLAB 软件的应用场景如同一片广袤的天空，几乎涵盖了科学计算的每一个角落。下面是一些典型的使用场景：

（1）数学教学：MATLAB 是数学教育的得力伙伴。它将抽象的数学概念转换为可视化

图 1-4　MATLAB 应用场景

的图形，让学生们能够直观地理解和消化知识点，激发他们学习和运用数学的兴趣。特别是通过利用 MATLAB 的实时脚本编辑器，教师能够在课堂上创造出一个充满活力的学习环境。

(2) 分析数学模型：无论是物理学、生物学还是经济学，实际问题的解决往往离不开数学模型的建立。MATLAB 提供了快速而便捷的工具，使得系统地分析和求解数学模型变得简单高效，以此来应对各领域内的科学难题。

(3) 数据处理及可视化：拥有大量数据却不知如何下手？MATLAB 能够帮助用户进行精准的数据处理，并可以通过强大的绘图功能，将数据的特性以图形的方式清晰展现，让数据分析变得更为直观和准确。

(4) 算法开发：对于那些志在开发创新算法的研究者和工程师来说，MATLAB 是一种高效的工具。它丰富的工具箱和直观的编程环境，能够帮助用户迅速完成算法的设计、开发和测试。

(5) 软件制作：当用户拥有一套出色的模型或算法，想要与他人分享时，MATLAB 的 App Designer 功能可以帮用户快速构建专业的图形用户界面，让用户的工作成果变得容易分享和使用。

(6) 动态系统仿真分析：对于需要分析复杂动态系统的场景，Simulink 和 Stateflow 等工具为用户提供了强大的支持。用户可以轻松建立模型并进行仿真分析，仿真结果则能够指导实际设计或用于教学演示。

MATLAB 对学生而言，不仅是一门课程，更是通往数学、科研和专业领域的一扇大门。

(1) 数学应用的锻炼场：MATLAB 是数学应用能力的理想训练场。它不仅可以提高学生分析和解决问题的能力，而且可以强化学生数学建模的思维方式。在各种数学建模比赛、科技创新项目，以及实验室的科研活动中，MATLAB 的应用能力是学生们展现实力、快速成长的加速器。

（2）学术文章的助推器：在学术界，MATLAB 几乎无处不在。它是撰写学术文章时不可或缺的计算、绘图和分析工具。掌握了 MATLAB，学生们就拥有了在学术领域中沟通和展示研究成果的有力工具。

（3）职业世界的敲门砖：相关企业和机构在寻找未来员工时，MATLAB 技能往往是他们考量的重要标准之一。擅长 MATLAB 的学生不仅证明了自己拥有解决复杂问题的能力，还展现了适应未来技术挑战的潜力。

总而言之，在大学阶段，如果有一款软件能够极大地拓宽学生的学术和职业视野，那么毫无疑问，这款软件就是 MATLAB。通过深入系统地学习 MATLAB，学生们能够为未来的学术研究、职业发展和技术创新铺设坚实的基石。

1.1.4　行业巨头：MATLAB 的市场足迹

自从 MATLAB 问世以来，它已成为推动科学技术进步的一个强大引擎，在各个行业的核心领域，MATLAB 的影响力和贡献是无法估量的，如图 1-5 所示。它不仅是工具，更是观念转化的推动器，许多领域的革命性核心思想都是由 MATLAB 绘制和实现的。虽然一些基础职位可能不涉及复杂的数学问题，但对于那些志在成为工程领域中的“领域专家”（Domain Experts）的人士，MATLAB 是一项不可或缺的技能。它不仅能帮助用户在专业上脱颖而出，还能让用户在工程问题的解决上具有更深的洞察力和创新力。

图 1-5　MATLAB 应用行业

可能这样的领域描述还不够具体，还不能使读者实际体会MATLAB发挥的巨大作用，那么表1-1所示的15个MATLAB实际应用案例将生动展示MATLAB在各行各业的核心地位。

表1-1 15个MATLAB实际应用案例

公司名称	应用案例
空中客车公司(Airbus)	使用基于模型的设计为A380开发出燃油管理系统
安本资产管理公司	在云环境中实现基于机器学习的投资组合分配模型
巴西航空公司	通过系统建模、飞行动力学建模，运行基于需求的仿真，加速软件需求的交付
洛克希德·马丁公司	开发出F-35机队的离散事件模型，加速仿真并对结果进行插值
美国航空(NASA)	对控制系统和飞行器建模，生成C语言代码；执行硬件和处理器在环测试；创建任务模拟器
三星电子研究所	对MathWorks工具进行标准化，开发下一代无线技术并促进重用
日本三菱重工业股份有限公司	基于模型设计，为用于福岛第一核电站清理工作的多轴机械臂开发高精度控制软件
上汽集团	对荣威750混合动力轿车的嵌入式控制器进行建模、仿真和验证，并生成产品级代码
上海电气	使用MATLAB Production Server开发、打包和部署模型与算法，设计分布式能源系统
丰田汽车公司	开发出高精度发动机模型，并与SIL+M测试相结合，以加快开发进度
荷兰皇家壳牌石油公司	开发出一个定量描绘地层地质特征的应用，以降低油气勘探成本
大韩航空	基于模型设计，开发飞行控制律和操作逻辑并仿真；生成代码并验证；实施硬件在环测试
欧洲航天局(ESA)	基于模型设计开发控制模型、多域物理模型和运行闭环仿真，生成处理器在环测试代码
博世(BOSCH)	使用MATLAB开发eBike传动系统，按照该公司的功能安全标准顺利完成
马自达	加快了最佳校准设置、可嵌入ECU的模型和用于HIL仿真的发动机模型的生成和开发

表1-1中展示的案例只是MATLAB应用案例中的九牛一毛，但也窥一斑而知全豹，在许多大型项目前期的开发都是“基于模型的设计”(Model-Based Design，MBD)，然后直接用Simulink生成嵌入式平台代码，这是工业界的一种常用技术应用手段。

MATLAB在科研和工程开发中的重要性，可以与操作系统中的Windows、办公软件中的WPS、图形设计软件中的Photoshop，以及机械设计软件中的Dassault系列软件相媲美，均是各自领域中不可或缺的重量级成员。

MATLAB不仅是许多领先技术的出发点，而且还是创新工具的孵化器。以NI公司的LabVIEW为例，这款在自动化测试和测量领域广受欢迎的软件，其早期开发就是基于MATLAB的。同样，COMSOL这个在多物理场有限元仿真领域快速崛起的软件，一开始也是MATLAB的一个工具箱。这意味着，各位读者也完全有可能借助MATLAB开发出自己的工具箱，并最终孕育具有巨大商业价值的科学工程软件。

MATLAB是科学家的得力助手，它不仅是软件，更是科学思维和数学能力的具体化身。它能够区分普通工程师与高级工程师的界限，因为熟练运用MATLAB几乎成了解决复杂工程问题的必备技能。在掌握了MATLAB之后，读者不仅拥有了一种软件技能，更是掌握了一种科学的语言，一种能够将理论转化为实践、将问题转换为解决方案的强大工具。

1.1.5　工具箱概览：功能函数的宝库

工具箱(toolbox)就是一系列函数的集合。MATLAB的工具箱是各行各业顶尖专家智慧的结晶，蕴含了他们多年的智慧结晶和实践经验。这些工具箱汇集了MATLAB最为珍贵的资源，它们为解决科学和工程问题提供了成熟的方案。在遇到难题时，首先考虑工具箱内是否已有现成的解决办法，能够让用户的工作效率事半功倍。

在附录A中，编者详尽地列出了MATLAB官方提供的全部86个工具箱，并且进行了分类整理。在这众多的工具箱中，表1-2所示为20个最为常用和关键的官方工具箱。编者建议读者对这些工具箱有一个基本的认知，因为它们不仅广泛应用于各种领域，同时也将在本书后续内容中被频繁引用。

表1-2　MATLAB官方核心工具箱产品列表

大类	类　别	名　称	说　明
Simulink	Simulink	Simulink	仿真和基于模型的设计
	物理建模	Simscape	多域物理系统建模仿真
	基于事件建模	Stateflow	用状态机与流程图建模决策逻辑
工作流	并行计算	Parallel Computing Toolbox	用多核计算机、GPU和集群并行计算
	系统工程	System Composer	设计和分析系统及软件架构
	代码生成	MATLAB Coder	从M代码生成C和C++代码
	应用程序部署	MATLAB Compiler	从程序构建独立EXE文件和网络App
应用	人工智能(Artificial Intelligence,AI)、数据科学和统计	Deep Learning Toolbox	设计、训练和分析深度学习网络
		Statistics and Machine Learning Toolbox	使用统计信息和机器学习分析数据
		Curve Fitting Toolbox	使用回归、插值和平滑进行曲线和曲面拟合
	数学和优化	Optimization Toolbox	求解线性、二次、锥、整数和非线性优化问题
		Global Optimization Toolbox	求解多个极大值、极小值和非光滑优化问题
		Symbolic Math Toolbox	执行符号数学计算
		Partial Differential Equation Toolbox	使用有限元分析法求解偏微分方程
	信号处理	Signal Processing Toolbox	执行信号处理和分析
	图像处理和计算机视觉	Image Processing Toolbox	执行图像处理、可视化和分析
		Computer Vision Toolbox	计算机视觉、三维视觉和视频处理
	控制系统	Control System Toolbox	设计和分析控制系统
		System Identification Toolbox	根据数据创建线性和非线性动态系统模型
	测试和测量	Data Acquisition Toolbox	连接数据采集卡、设备和模块

通过对表 1-2 中 20 个核心工具箱的初步了解，读者将能够更快地融入 MATLAB 的世界，高效地利用这些工具箱来解决问题。同时，这也会为读者在阅读本书的过程中，提供更深层次的理解和应用的视角。简而言之，这些工具箱是读者在学习和使用 MATLAB 旅程中的宝贵伙伴，让我们一起深入探索它们的魅力。

官方工具箱的确是 MATLAB 中最为权威和经过时间考验的集合，MathWorks 公司内部安排有专业的工具箱测试及优化团队，进行百万量级的测试和验证，以保证它们的稳定性和可靠性。不过，MATLAB 的生态圈还远远不止这些。截至本书成稿日期，MATLAB 还有多达 1776 款由其社区贡献的社区工具箱，这些可以在 MATLAB 官网的“社区”→File Exchange→“社区工具箱”部分找到。这个社区资源库是巨大的，它聚集了来自全球 MATLAB 用户的智慧和创造力。在这里，用户可以找到功能多样的工具箱，其中，许多工具箱都已经非常成熟并且稳定，如图 1-6 所示。这些工具箱往往是面对特定问题时的快速解决方案，或是可以为用户的研究和工作提供新的视角和方法。

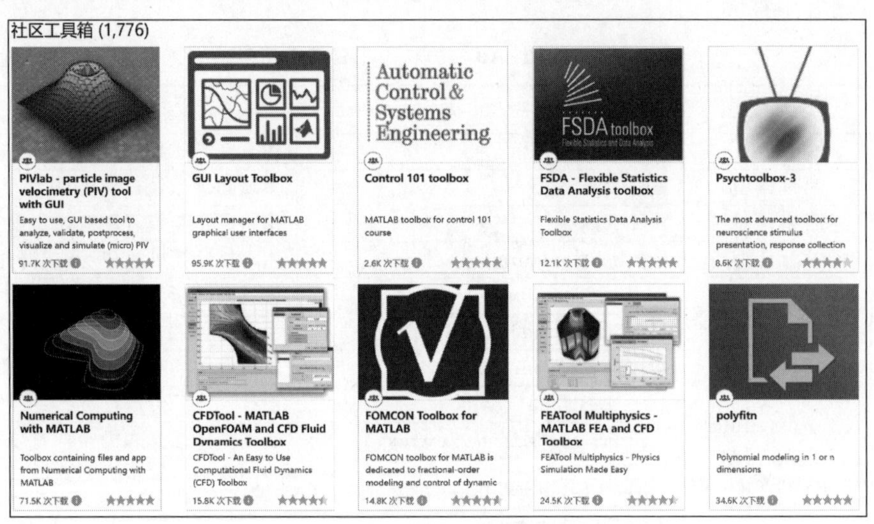

图 1-6 MATLAB 部分社区工具箱

1.1.6 应用(App)探秘：内嵌的迷你软件

在 MATLAB 软件中，工具箱扮演着不可或缺的角色，它们不仅装载了丰富的功能函数，而且还将一些高度相关的函数精心打造成了一系列用户友好的小型软件——也就是我们所说的“应用”(Applications，简称 App)。这些 App 拥有自己独立的界面，运行在 MATLAB 的软件平台之上，易于访问，仅需单击 MATLAB 界面主菜单栏中的“APP”标签即可，如图 1-7 所示。

MATLAB 中总计有 141 个 App，并不是每个 App 都直接对应一个工具箱，但它们每一个都是一个功能强大的独立软件。这些 App 带来的不仅是强大的功能，它们的界面设计也是为了让用户能够更加直观、便捷地操作。每个 App 都可能是解决特定问题的关键，它们等待着用户去探索、去使用。

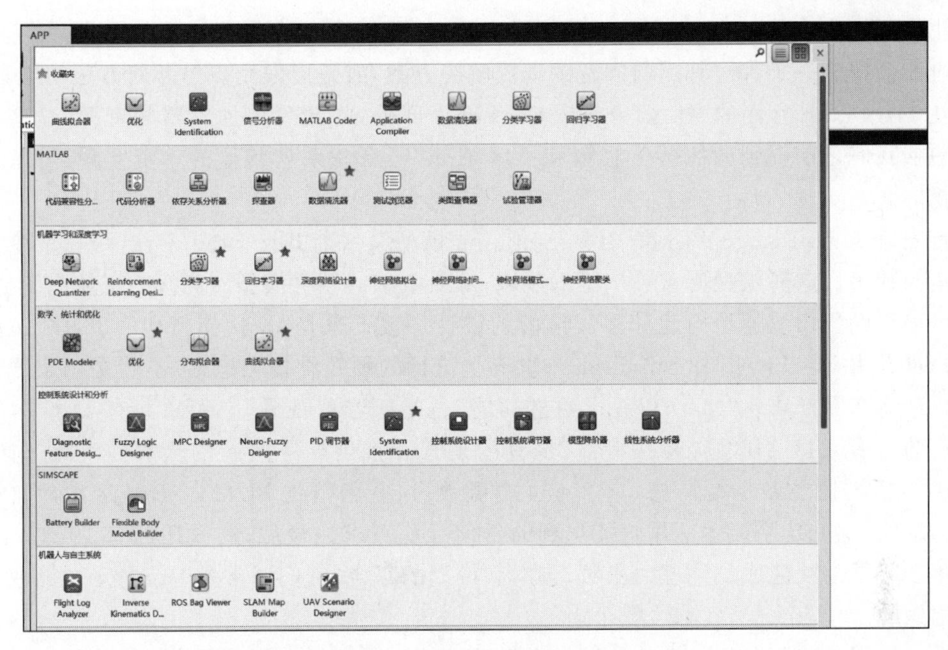

图 1-7 MATLAB 软件中的部分应用(App)

在 MATLAB 中，除了官方提供的强大工具箱和应用以外，还有一个值得探索的宝藏——社区 App。在 MATLAB 的官网上，通过导航至"社区"→File Exchange→"社区 App"，用户会发现一个由全球的热心用户群体共同构建的创意宝库。到目前为止，这个库中已经收录了 602 个社区 App，如图 1-8 所示。这些社区 App 覆盖了从数据分析到算法开发等各个领域，它们是对 MATLAB 官方应用的有益补充。许多社区 App 是由面临类似挑

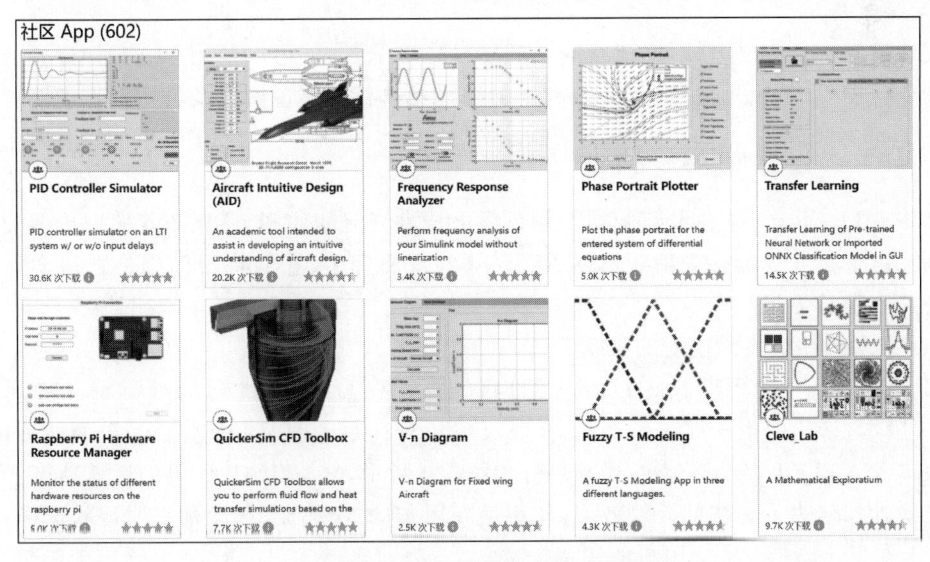

图 1-8 MATLAB 部分社区工具箱

战的用户开发出来的，他们分享自己的解决方案，以帮助其他人克服相同的难题。在这里，用户可能会找到一个针对其当前问题的现成解决方案，或是启发用户思考新方法的工具。

在 MATLAB 官网的“社区”→File Exchange 部分，收藏着更加丰富的资源，这些资源不仅包括我们之前提到的社区工具箱和社区 App，还有一系列其他的珍贵宝藏，等待着用户的挖掘。

首先，File Exchange 部分有“社区 Simulink 模型”，目前共计 3450 个，这是一个令人难以置信的数字。这些模型覆盖了广泛的领域，从最基础的教育模型到高级的工业系统模型，它们可以帮助用户快速地构建和验证他们的设计。接下来是“硬件支持包”，264 个包确保了用户可以将 MATLAB 和 Simulink 与世界上流行的硬件设备相连通，不管是用于原型设计还是最终产品部署。“MathWorks 可选功能”也是不容忽视的，它们总共有 115 个，这些功能有的是 MATLAB 的实验性特性，也有的是官方推出的一些新的探索性工具。此外，“社区函数”数量之多令人震撼——20559 个函数，这些函数是 MATLAB 社区用户自行编写并共享的，它们几乎涵盖了用户能想到的任何计算需求。最后，这里还拥有 19587 个“社区合集”，这是由社区成员整理的函数、脚本和模型的集合，它们通常是围绕特定主题或应用场景组织的。

学会使用这些资源不仅意味着用户在向“全球最聪明的大脑”学习，也是适应新时代对快速开发的要求的关键。这些资源让用户的学习和研究工作不再局限于个人的知识和经验，而是让用户能够站在巨人的肩膀上，加速用户的创新步伐。不断探索和利用这些资源，用户将能够在研究和工作中取得飞跃式进步。

1.2 掌握 MATLAB 开发环境

安装启动 MATLAB 软件，进行简单的开发环境配置，就可以使用 MATLAB 了。本节将对命令行窗口、编辑器窗口、工作区和变量编辑器进行功能说明以及常用操作说明。

1.2.1 选择版本：新即是优

在 MATLAB 中，选择最新版本不仅是跟上技术潮流的体现，还意味着拥抱更多的优化和创新。以下是几个选择最新版本 MATLAB 的重要理由，它们将帮助用户在科学计算的高速公路上驰骋无阻。

（1）引擎升级：代码速度的飞跃。

MathWorks 公司不断投入巨额资源以优化 MATLAB 的代码执行引擎。特别是自 R2015a 版本以来，引入了准时生产（Just in Time，JIT）后，代码执行速度得到了显著提升。不同版本 MATLAB 的计算速度提升趋势如图 1-9 所示，MATLAB 代码的运算速度实现了质的飞跃，因此，为了更快的计算效率，使用最新版本的 MATLAB 无疑是明智的选择。

（2）本土化支持：中文用户的福音。

从 R2014a 版本起，MATLAB 界面与帮助文档开始提供中文支持，这一改变极大地方

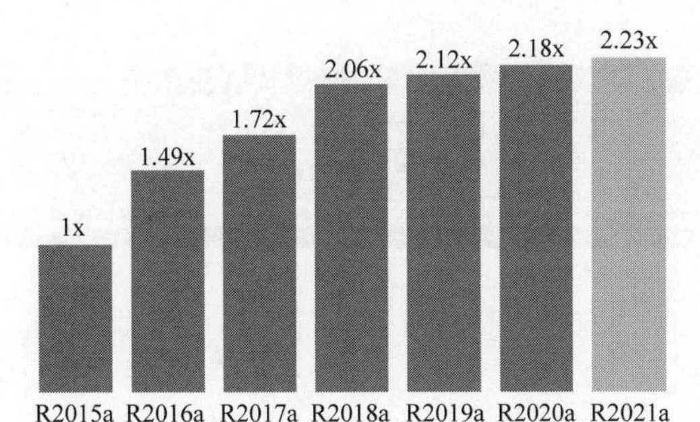

图 1-9　不同版本 MATLAB 的计算速度提升趋势

便了中国及其他中文用户。随着时间的推移，中文支持的范围不断扩大，为用户带来更贴心的体验。

(3) 功能增强与 Bug 修复：不断进化的工具。

面对复杂的计算问题时，最新版本的 MATLAB 可能已经有了解决方案。用户反馈和官网讨论区的热络交流也推动了 MathWorks 不断发现并修复 Bug，以及增添实用的新特性，如新的工具箱或 App。每一次更新都是 MATLAB 变得更加强大和稳定的一次机会。

所有这些都表明，最新版的 MATLAB 不仅是一个版本的升级，还是进步的象征，是 MathWorks 对用户承诺的体现，也是用户在科学计算道路上不断前进的伙伴。

1.2.2　环境搭建：打造友好的编程空间

在正式学习 MATLAB 之前，首先要了解软件界面的基本布局，以及工作目录、字体字号等一些基本环境的设置。

1. 界面布局

MATLAB 的界面布局非常友好，与许多办公软件风格接近，图 1-10 所示为 MATLAB 主窗口布局。

在 MATLAB 的界面中，一切都被设计得既直观又高效。让我们来看看这个界面是如何被巧妙安排的，以便于用户轻松地导航和执行任务。

(1) 顶端三大工具栏：首先，界面上方展示了 3 个主要的工具栏：主页、绘图和 App。通过简单的双击操作，用户可以轻松地折叠或展开这些工具栏，这样的设计既节省了空间又方便了访问。

(2) 左侧的文件指南：向左看，用户会发现“当前文件夹”区域，它列出了用户当前工作目录中的所有文件。为了更高效地管理这些文件，建议用户按类型对文件进行分组，以便快速查找。

(3) 左下角的信息快览：在左下角的“详细信息”区域，MATLAB 提供了一个快速查看当前选中文件属性的窗口。特别是对于 M 文件，这一区域可以展示文件中用双百分号(%%)和一个空格标注的注释内容，让用户可以不打开文件就对其内容进行预览。

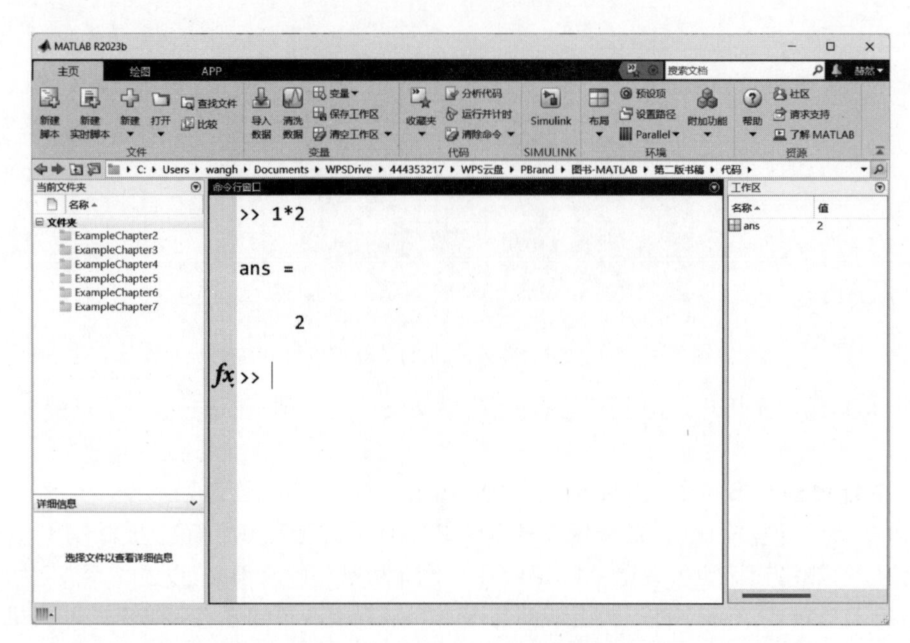

图 1-10　MATLAB 主窗口布局

(4) 右侧的变量控制中心：转向右侧，用户可以找到“工作区”，这里显示了当前内存中的所有变量及其类型。双击任一变量，就可以进入“变量编辑器”，在那里可以查看和修改变量的详细内容。

(5) 中心的命令核心：居中的是“命令行窗口”，这是 MATLAB 的中心所在。命令提示符(>>)后面是用户输入指令和表达式的地方，Enter 键便是用户的“魔法棒”，按下 Enter 键，命令即刻执行，结果立现。

(6) 编辑器：在命令行窗口中输入 edit 并执行，就能打开“编辑器”。这是一个强大的窗口，用户可以在这里编写和编辑脚本、函数等各种代码文件。

(7) 工程窗口：当用户新建或打开一个工程时，MATLAB 的“工程窗口”将会弹出。工程是 MATLAB 提供的一个特色功能，它可以帮助用户管理较大型的 MATLAB 和 Simulink 项目，使文件间的关系一目了然，让团队协作变得更加顺畅。文件依赖性分析尤其有用，它能让用户直观地看到数据流和文件间的逻辑联系。

MATLAB 的设计理念就是让复杂的任务变得简单，让用户的计算和编程之旅充满乐趣和效率。通过这种精心设计的界面，用户将能够更加专注于创造和探索，而不是沉浸在琐碎的操作细节之中。

2. 多显示器界面布局

多显示器的布局策略，对于那些追求极致效率的科学家和工程师来说，简直就是提升生产力的“神器”。MATLAB 无疑是这一策略的得力伙伴，它天生就适应了多屏幕的工作环境。用户可以无缝地拖动 MATLAB 的窗口至任一显示器，并且可以随心所欲地调整它们的大小或者全屏显示。这种自由度极大地简化了工作流程，使得多任务处理变得轻而易举。

试着将编辑器或实时编辑器放置到竖屏上，这样用户可以看到更多的代码，不需要频繁滚动屏幕。同时，用户可以将变量区搁置在辅助的小横屏上，以便于随时监控和调整变量状态。至于命令行窗口、工作区和其他工具，用户可以将它们安置在主显示器上，这样用户就可以集中注意力在编码和结果分析上。

如果用户需要回归到 MATLAB 的默认布局，依次单击"主页"→"布局"→"默认"就可以了。当用户找到了最适合自己的布局设置，记得使用"布局"→"保存布局"功能来保存它，这样，下次就可以快速调用用户的个性化设置了。

另外，MATLAB 的"多开"功能更是锦上添花，它允许用户同时运行多个 MATLAB 实例，并使其分布在不同的显示器上。这样一来，用户可以在一个屏幕上运行数据分析，同时在另一个屏幕上编写脚本，提升工作效率至极致。这种灵活的多显示器布局，使得 MATLAB 在科研和工程领域的工作站上，成为了提高效率和生产力的关键工具。

3. 文字与背景颜色的设置

在 MATLAB 中，个性化的颜色设置是一个提升编程体验的小技巧，尤其对于长时间面对屏幕的编程爱好者来说，这是一个不可忽视的舒适度因素。通过访问"预设项"下的"颜色"设置，用户可以根据自己的喜好或需求，为不同类型的代码文字赋予不同的颜色。这不仅使得代码更加易读，还可以帮助用户更快地识别语法结构和逻辑块。

为了进一步保护用户的双眼，MATLAB 还允许用户调整界面工具的颜色，包括文本和背景颜色。一些用户喜欢将刺眼的白色背景更换为温和的浅绿色，这样的调整可以显著降低视觉疲劳。除此之外，还有一种更为便捷的全屏一键反色方法，特别适用于 Windows 11 用户。只需进入"设置"中的"辅助功能"选项，选择"颜色滤镜"里的"反转"功能，并激活"颜色筛选器的键盘快捷方式"。这样，当用户需要一种更为柔和的界面时，简单地按下 Win＋Ctrl＋C 组合键即可实现屏幕颜色的反转，将白底黑字转变为黑底白字，为用户的长时间编程提供更为舒适的视觉体验。

4. 养成良好习惯：工作目录的设置

在 MATLAB 中，搞清楚"工作目录"这一概念至关重要。它是用户的数字化实验室，一个专门的空间，用来放置用户所有的文件和工程项目。想要在 MATLAB 中游刃有余，首先就要学会精心管理这个虚拟的工作空间。每当用户踏上一段新的科研旅程，无论是探索未知的算法秘境，还是构建一个全新的数字项目，抑或是精心设计一款软件，第一步总是要创建一个属于这个任务的"工作目录"。这样做，可以确保用户的所有文件和思路都整齐地归档在一起，便于未来的查找和引用。

创建"工作目录"的方法简单直观，具体如下。

方法一：单击 MATLAB 界面上的"浏览文件夹"按钮，它位于工作目录路径的左侧。在弹出的窗口中，选择或创建一个文件夹，一键即可设定。

方法二：如果用户更喜欢键盘操作，那么可以在命令行窗口输入以下命令：

```
cd('E:\Workbench\MATLAB Book\MATLAB_Files')
```

这里的 cd 就是英文 Change Directory 的缩写，它的功能是带领用户的 MATLAB 环境跳转至新的工作目录。将上述命令中的路径替换成用户自己的目录地址，MATLAB 就会立即遵从用户的指令。

5. 设置字体字号

在编程的世界里，一个得心应手的集成开发环境（Integrated Development Environment, IDE）是每位程序员的得力助手。字体和字号，虽是细节，却直接触及我们的日常工作效率和心情。选择一款清晰、易读且兼顾中英文显示的字体，对于编程者而言，不仅体现了对自己的尊重，也提升了编程效率。

MATLAB 作为科学计算的重要工具，默认提供的 SansSerif 和 Monospaced 字体在功能上已相当不错。然而，对于追求极致体验的用户，等宽字体，如 Consolas 和 Courier New，将是更佳的选择。它们的字符宽度一致，保证代码的整齐对齐，让逻辑结构一目了然。至于中文显示，微软雅黑和华文细黑等字体表现出色，但 MATLAB 中尚缺乏自动适配这些字体的便捷功能，导致中英文混排时易出现错位。

推荐下载混合字体如 YaHei Consolas Hybrid，用户可以先将其安装到系统字体库中（路径：C:\Windows\Fonts）。然后，在 MATLAB 中简单设置一下，就能享受完美匹配的字体效果，如图 1-11 所示。建议把代码编辑器的字号调至 14 号或以上，让长时间的编程成为一种享受而非负担；至于系统文本的部分，则可依个人偏好来调整。

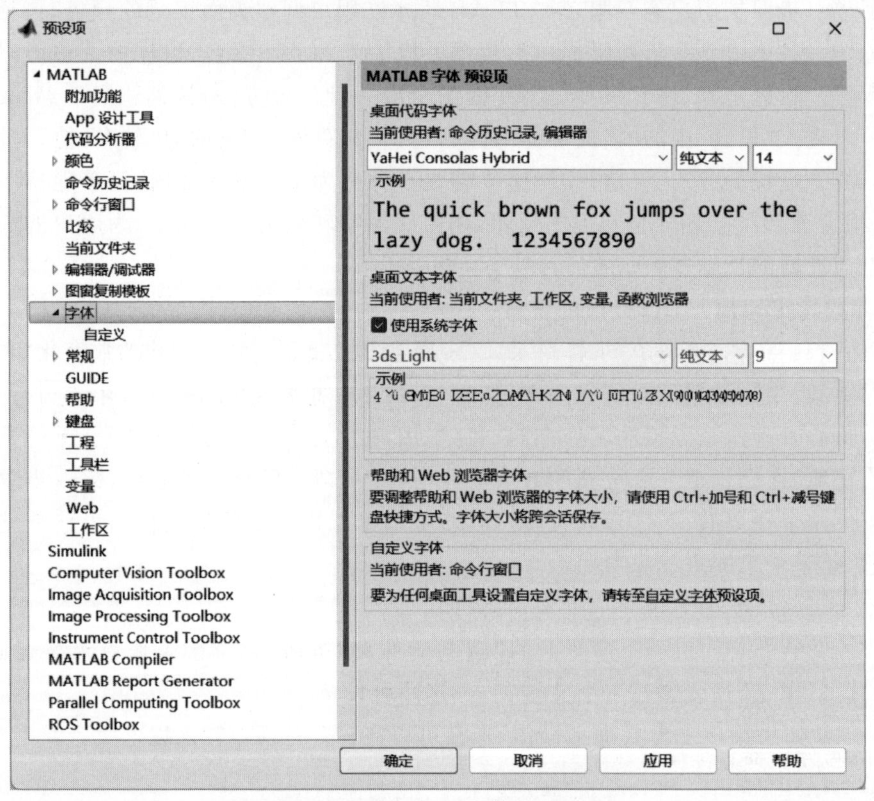

图 1-11　MATLAB 字体字号设置

1.2.3　命令行窗口：实时的多功能交互界面

命令行窗口的主要用法如下。

(1) 命令的实时运行：万能计算器。

在命令提示符“>>”后输入一条命令，按 Enter 键后即可显示执行结果，完成后命令提示符会再次出现。如果命令提示符暂时没有出现，则说明命令在运行中，MATLAB 此时不接受新的命令输入，一般来说这种情况是由于命令进入了较长时间的运算或者死循环，可以使用快捷键 Ctrl+C 来强行停止命令的执行，在 Mac 系统上使用快捷键“Cmd+.(句点)”。

可以认为命令行窗口是一个交互终端、一个“万能计算器”。在命令行窗口中运行的命令主要有：数学运算式、变量创建与赋值、画图命令、文件操作命令等。

(2) 历史命令查询与运行。

在命令提示符后按键盘上“↑”，即可弹出“历史命令”窗口，其中包含软件安装以来的所有命令，包括命令的日期和时间。在历史命令窗口中按键盘“↑”或“↓”可以选择命令，按 Enter 键即可重新运行该命令；也可以使用鼠标进行操作，“双击”命令即为“重新运行该命令”。使用键盘或鼠标的方式都支持使用 Shift 键多选命令。

(3) 快速验证程序语句功能。

在编辑器/实时编辑器中，选择命令语句后直接按键盘 F9 键，即可在命令行窗口中执行该语句；更方便的是，F9 键还可以在帮助文档中直接执行命令语句，而不需要复制、切换窗口、粘贴、执行，该功能可大大提升调试和测试效率。

(4) 获取程序运行交互信息：提示、错误、警告。

调试程序时，可以在程序的关键位置加入一些输出语句，例如输出变量值或提示信息，用于把握程序运行的中间结果。程序运行中出现的错误和警告，也会在命令行窗口中携带行号出现，单击行号即可定位问题行。

1.2.4　编辑器窗口：编程的核心舞台

在命令行窗口中输入 edit 即可唤出“编辑器”，在此窗口中可以创建和编辑脚本、函数及类。“编辑器”的基本功能如下。

(1) 语法高亮显示：关键字为蓝色，字符向量为紫色，未结束的字符向量为褐红色，注释为绿色。

(2) 自动语法检查：比如要成对出现的符号或者关键字没有成对出现时，就会有突出显示。

(3) 代码自动填充：对于代码中可能使用的“名称”，如函数、模型、对象、文件、变量、结构体、图形属性等，只要输入前几个字符，按 Tab 键即可调出自动填充项，使用键盘上的方向键选择所需的名称后，再次按 Tab 键确认。

(4) 代码分析器：在编辑器右侧的竖条中，用颜色来表示代码状态，如红色表示语法错误，橙色表示警告或可改进处，绿色则表示代码正常。重视代码分析器的判断，有助于提高用户的编程效率。

（5）注释及代码节功能：单百分号（%）后面所跟随的文字将被视为注释并标绿；双百分号加一空格（%%）后面所跟随的文字也是注释，同时绿色加粗，作为“代码节”的标题，代码节的结束以下一组双百分号为标志。快捷键 Ctrl＋Enter 为仅运行当前代码节的快捷方式，快捷键 Ctrl＋R 为批量注释代码，快捷键 Ctrl＋T 为批量取消注释。

（6）代码折叠功能：M 文件中的代码块（如节、类代码、For 和 parfor 块、函数代码等）都可以折叠，这个功能大大提高了程序的可读性与可管理性，可以在“预设项”对话框中选择“编辑器/调试器”→“代码折叠”进行设置，建议设置方式如图 1-12 所示。代码折叠后，可将鼠标置于省略号处快速获得折叠的代码提示。

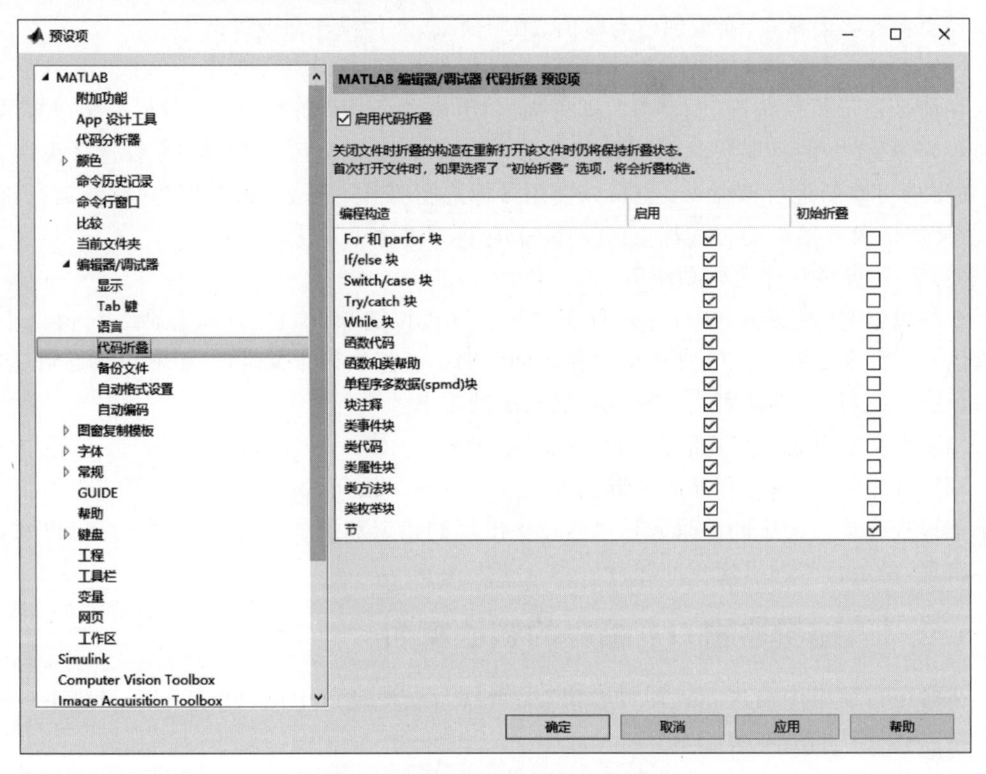

图 1-12　编辑器代码折叠功能设置

（7）函数提示功能：输入函数名称及左括号后，按 Ctrl＋F1 键，可以调出函数提示器，该操作能够使用户快速了解函数对输入参数的要求。

（8）智能缩进功能：选择代码后，按 Ctrl＋I 键可以实现代码的智能缩进，建议一定要养成使用代码智能缩进的习惯，所有与代码智能缩进矛盾的写法均需要考虑修改。

（9）变量自动识别与替换：光标处于某一变量时，所有同名变量均为天蓝色高亮显示，此时修改一处变量名时，会有提示按 Shift＋Enter 键可以将其余所有同名变量同时修改。这项功能与按 Ctrl＋F 键查找替换不同，可以避免某一变量名是另一变量名的一部分导致的错误替换的情况。

(10) 脚本函数直接打开：在编辑器中，选择脚本、函数或类的名称可以直接右击选择“打开”命令。

(11) 编辑器分屏显示：直接拖动文件标题即可分屏显示，便于代码的对照，也便于多显示器下的使用。

1.2.5 工作区和变量编辑器：数据的操控平台

工作区中实时显示当前内存中的变量，在表头处右击可以调出其他显示项，如大小、类、最大值、最小值、均值、标准差等，右击变量可以选择绘图目录，直接将变量进行恰当地可视化表达，如图 1-13 所示为绘图目录，其中，对于所选变量不可绘制的选项显示为灰色。

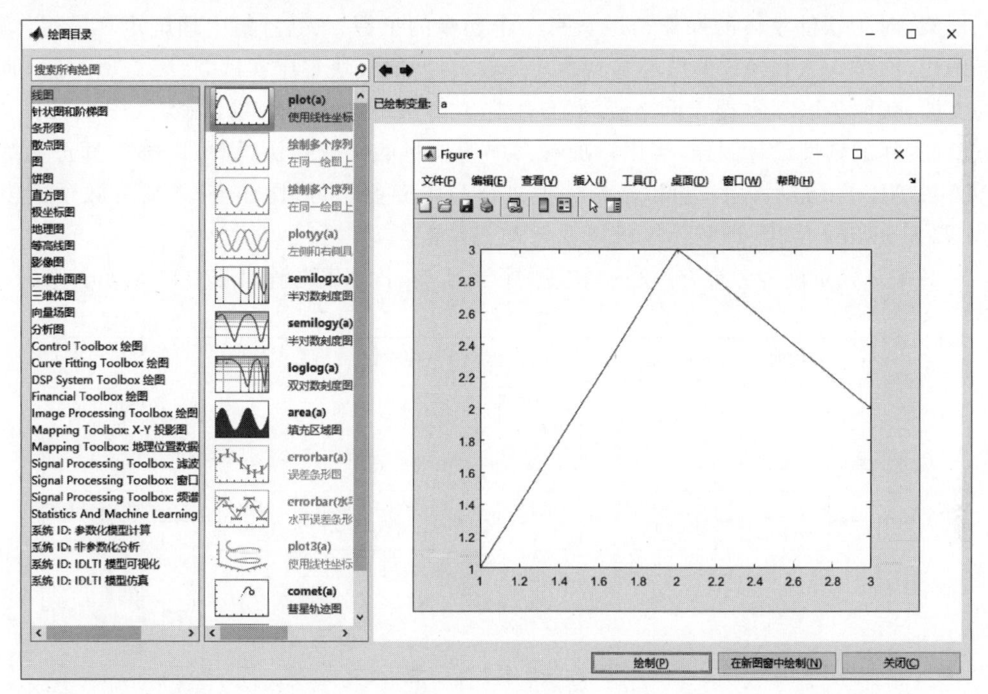

图 1-13 绘图目录

工作区的变量，可以单个或批量保存为 MAT 文件，也可以载入 MAT 文件将变量恢复到工作区。

双击变量即可打开变量编辑器，类似于 Excel 表格的功能，用户可以修改列或行名称、重新排列变量、修改变量单位及说明、对变量数据排序等，也可以从 Excel 表格中直接复制数据进行粘贴。默认的编辑变量快捷键：Enter 键是向下移动，Tab 键是向右移动。

如果需要返回元素的父级元胞数组或结构体，用户可在视图选项卡中单击“上移”按钮。

1.3 MATLAB 高效学习方法

在追求技术精进的路上，我们不仅需要掌握工具，更应精通其背后的哲学。MATLAB，这款强大的科学计算软件，以其矩阵为核心的编程思想成为了一个独特的存在。然而，如今众多教材和课程对此核心理念的探讨显得不足，导致学习者常在门外徘徊，未能深入领悟其精髓。

1.3.1 学习策略与路径：如何高效上手

学习 MATLAB 有一套最快捷有效的学习策略，即首先学习软件的基本操作流程，熟悉软件框架，对于软件整体的操作与逻辑有一个初步的把握；然后，集中理解矩阵思想，练习矩阵编程，这是 MATLAB 的核心与特色；接着，对功能模块集中实践，反复查阅书籍，查看帮助文档，获取 AI 支持，搜索网络资源，自主探索解决一些局部问题，在实践中成长；下一步，进行实际的软件设计制作，当用户拥有大中型项目的实战经历，则可以称为真正熟练掌握 MATLAB 了；最后，用户可以选择性地进行高阶专业学习，比如，深入研究数学建模方法、实践 Simulink 应用、理解计算机视觉与人工智能。

本书章节分布极为考究，建议读者按顺序学习，本书章节逻辑如图 1-14 所示。

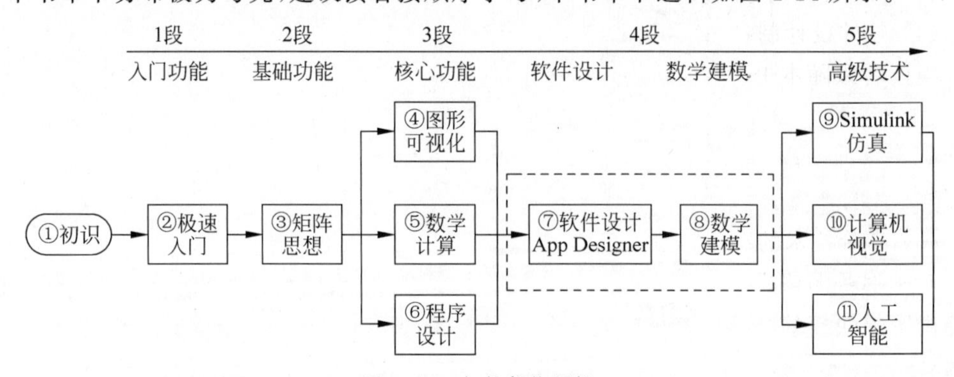

图 1-14 本书章节逻辑

(1) 学习软件的基本操作流程，熟悉软件框架。

MATLAB 作为功能非常强大的科学计算工具，却拥有一套非常简洁清晰的软件逻辑和框架，掌握全套的操作流程之后，其他复杂功能的应用无非是在主干上添枝加叶，因此对于初学者而言，不建议直接进入个别功能的分解与深入，而是应该由浅入深、由主及次地进行学习。本书第 2 章为 MATLAB 极速入门，通过具体的例子分别从矩阵、图形可视化、程序设计三个核心方面的基础问题入手，以具体的操作与简洁的代码来帮助读者极速掌握软件整体框架与应用方法。

(2) 理解矩阵思想，练习矩阵编程。

学习 MATLAB 的根本核心，不是软件操作，甚至也不是数学、图形与编程，而是“矩阵”。不重视矩阵思想、不掌握矩阵编程，那么学习得再多，也不能说掌握了 MATLAB。理解矩阵思想后就会认识到，在 MATLAB 中“一切皆是矩阵”；而学会矩阵编程，代码将出奇的简洁，计算速度也将远远碾压其他编程语言，这样才能发挥 MATLAB 的真正实力。“求之其本，经旬必得；求之其末，劳而无功。”学习 MATLAB，一定要“一以贯之”，这个“一”就是“矩阵思想”。本书第 3 章着重讲解 MATLAB 的核心思想——矩阵，从概念、操作、应用、计算到矩阵化编程，为读者展示一个真实的 MATLAB。

(3) 对功能模块集中实践，自主探索解决问题。

分别集中学习研究 MATLAB 的三大核心：图形可视化、数学计算与建模与程序设计。图形可视化从二维、三维和高维分别探讨可视化的技术与应用方法；数学计算分为数值计算和符号计算，两者共同作为解决具体数学问题的基础；数学建模是解决实际问题的金钥匙，是科学的基础；程序设计从数据结构到控制流，从函数设计到编程习惯，全面提升读者的编程素养。在本阶段，要不断学习和查询不熟悉的功能，反复翻阅书籍资料，阅读帮助文档，利用 AI 辅助问题的探索，针对局部问题寻求解决方法，在学习的过程中更深刻地理解 MATLAB 各部分功能的使用。本书第 4～6 章先后对应图形可视化、数学计算与程序设计，把图形可视化的部分放在第一位，是由于图形可视化是非常重要的基础工具，可以帮助读者快速学习数学计算与程序设计的内容。其中，数学的部分是最底层的核心能力，因此除了第 5 章介绍数学计算的方法与操作之外，还新增了第 8 章利用数学建模的思想进行程序设计。

(4) 软件设计制作，大型项目实战。

当读者跟随本书学习到这一步时，MATLAB 已经不再是难题。第 7 章将引领读者使用 MATLAB 的 App Designer 工具，从基础控件的应用到软件架构的布局，全面掌握软件设计的过程。读者将学会根据需求设计软件，并在完成一个大型项目的过程中，检验自己对 MATLAB 的掌握情况。

(5) 高阶技术的探索，灵活应用的真谛。

对于那些渴望进一步探索 Simulink、计算机视觉、人工智能领域的读者，本书第 9～11 章提供了最快捷的学习途径，帮助读者在最短时间内掌握这些领域的核心概念和方法。这些内容虽然不会过于专业化，但却极其重要——它们不仅是专业学生的必修课，更是当今时代中人机互动的重要理念和思维方式。掌握它们，就像架起了理解机器人和人工智能的桥梁。本部分的叙述方式简洁明了，直击要害，摒弃了烦琐的技术细节，专注于核心思想和策略。因此，我们鼓励每位读者都快速浏览这些章节，以对这部分内容有更深刻的理解。

1.3.2 帮助文档：不可或缺的学习宝典

如果说有什么技能是最能帮助我们快速学习掌握 MATLAB 的话，那么就是熟练掌握它的帮助文档系统，该系统将在使用 MATLAB 的各个环节起到引领、帮助的作用，下面我们依照学习使用的顺序来介绍。

1. 帮助文档中的学习资料

在命令行窗口中执行 doc 命令，即可直接打开帮助文档。帮助文档主界面如图 1-15 所示，这是一个巨大的宝库。MATLAB 相比于其他许多编程环境有一个巨大的优势，就是清晰明了的帮助文档系统，它是编程之路上的重要帮手。

图 1-15　帮助文档主界面

帮助文档上方按标签类分为“文档”“示例”“函数”“模块”和 App 五部分，左侧的结构树按内容分为“使用 MATLAB”“使用 Simulink”“工作流”和“应用”四个类别，其中，“使用 MATLAB”类别为主体部分，如图 1-16 所示，左侧的结构树清晰地展示了官方推荐的学习路线。

图 1-16　MATLAB 文档主体部分

在“示例”中，MATLAB 展示了包括工具箱在内最典型的应用案例，如图 1-17 所示，其中，纯 MATLAB 官方应用案例部分就有 330 个（截至成书），这些案例均配有实时脚本或 App，单击即可打开学习。

图 1-17　MATLAB 官方应用案例

函数部分展示的是软件中的全部可用函数，并予以分类。函数是编程的基础，不过本书认为，在 AI 时代，我们只需要对函数的用法有一定的基本概念就足够开启编程的动作，而不需要大量地记忆。本书附录 B 从 MATLAB 的 2844 个内置函数中提炼了最常用、最核心的 300 个函数并进行分类，建议读者浏览，对其有最基本的印象，而其他的函数均可以在使用过程中由 AI 或搜索引擎来获得。

“模块”部分是特指 Simulink 模块。App 部分是针对每个 App 的解释说明，在使用它们时，可以到这里搜索学习。

2. 帮助文档的在线与本地选择

在最新版本的 MATLAB 中，开发者们做出了一个明智的决定，将帮助文档与软件本体分离。这一改变主要考虑两者日益增长的安装空间需求。通过这种方式，软件本体的占用空间缩减至大约 12 GB，而帮助文档则转为默认的在线版本，便于实时更新和访问，尽管这意味着在查阅帮助文档时需要连接到互联网。

对于那些希望在没有网络连接时也能够访问帮助文档的用户，MATLAB 提供了两种设置本地帮助文档的方法。第一种是直接在软件中选择“安装在本地”的选项，尽管这听起来很直接，但实际上并不推荐这种方法。由于网络限制以及帮助文档文件体积庞大，该方法往往难以成功下载和安装。第二种方法是下载帮助文档的安装文件后再进行安装，虽然这听起来更为可行，但实际操作过程相对复杂，成功率也不尽如人意。

3. 帮助文档中的搜索功能

搜索功能是帮助文档的重要功能，也可以直接使用命令打开，方法是：doc＋搜索内容，

如想搜索做动画相关的信息，在命令行中输入

```
doc 动画
```

则可以直接打开如图 1-18 所示的帮助文档，当然，这与使用 doc 命令打开文档再从搜索栏中输入是相同的效果。

图 1-18　MATLAB 帮助文档的搜索功能

4. 函数浏览器

函数浏览器是帮助文档系统中重要的组成部分，它并不是帮助文档中的“函数”部分，而是在命令提示符左侧的 fx 按钮，这里面按非常严谨的分类体系将 MATLAB 所有官方函数都归纳了起来，如图 1-19 所示，用户如果知道想要的功能在哪个分类中，就可以直接到这里寻找，这也是一个非常好的快速学习过程。另外，用户有时只记得函数大概的几个字母或功能，可以在搜索框中尝试输入并搜索。

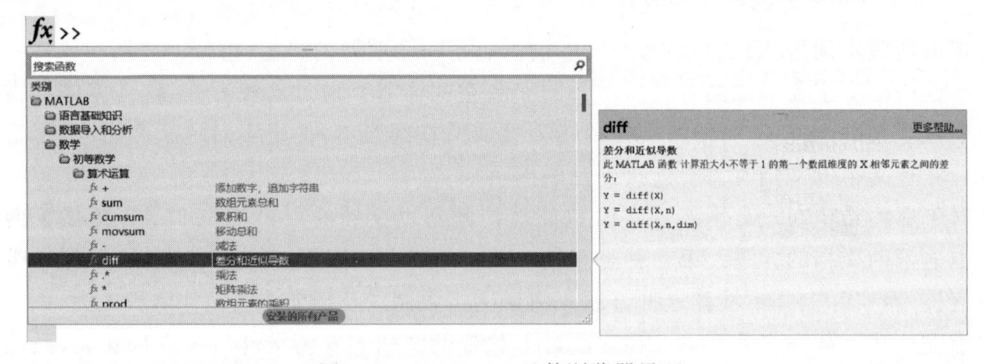

图 1-19　MATLAB 函数浏览器界面

5. 现场提示帮助系统

如果用户对于要使用的函数名称很清楚了，只是不明确函数的输入参数格式，可以不使

用帮助文档搜索函数，只需要在输入完函数名和左括号后，稍等两秒或者按下 Ctrl+F1 键，即可打开现场提示，如图 1-20 所示。这种方式非常简洁地提供了函数的调用格式及可能用到的关键字，无论在命令行窗口还是编辑器窗口中均可直接打开，非常高效方便。

```
fx >> plot(
        plot(X,Y,LineSpec)
        plot(X1,Y1,...,Xn,Yn)
        plot(X1,Y1,LineSpec1,...,Xn,Yn,LineSpecn)
        plot(Y)
        plot(Y,LineSpec)
        plot(___,Name,Value)
        plot(ax,___)
        plot(___)
        plot(drivingScenario object...)
        plot(matlabshared.planning.internal.PathPlanner
        object...)
        plot(pathPlannerRRT object...)
        plot(polyshape object...)
        plot(vehicleCostmap object...)
                                                   更多帮助...
```

图 1-20　MATLAB 现场提示帮助系统界面

6. 自定义函数快速帮助

在编辑过程中，用户会自定义许多函数，如果可以在函数头部分编辑一些功能说明的注释，则可以无须打开函数文件，而是在命令行中使用“help 函数名”的格式即可得到预留的信息，如图 1-21 所示。

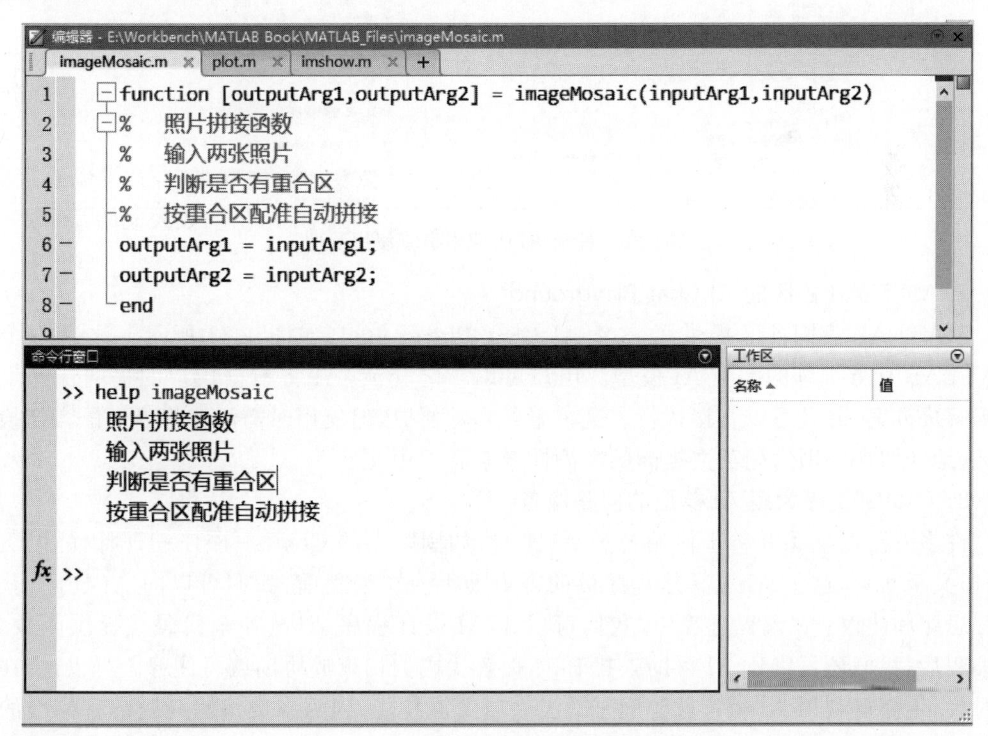

图 1-21　MATLAB 自定义函数快速帮助

1.3.3 AI 辅助学习与编程：时代之选

在 AI 的浪潮中，我们必须学会使用新兴的工具，以免错过技术的快速发展。接下来，我们将探讨如何在 AI 时代通过利用 AI 技术来加速学习和编程。

1. 利用基于 AI 的搜索引擎

对于 MATLAB 的初学者而言，有时可能不清楚软件中是否包含需要的函数，或者难以准确表达自己的编程意图。这时，利用基于 AI 的搜索引擎可以快速定位所需信息。在网络上输入关键词，再结合 MATLAB 这一关键字，通常可以找到问答和解决方案。例如，如果用户安装了类似图 1-22 所示的 WebChatGPT 插件，这些工具可以帮助用户从网络文章中快速提取信息，为用户提供一种简洁而合理的解决思路。

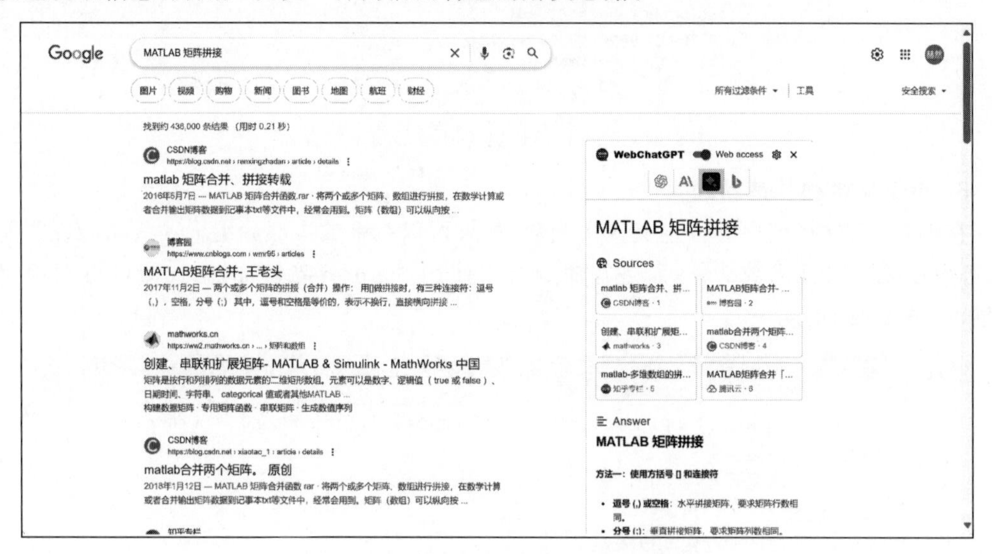

图 1-22 基于 AI 的搜索引擎使用示例

2. MATLAB 社区的 AI Chat Playground

MATLAB 官网社区提供了一个 AI Chat Playground，如图 1-23 所示。这是一个由 MATLAB 官方训练的大型 AI 模型。用户可以与之交流，AI 将根据用户的提问快速生成代码解决方案，并且可以直接执行。这一服务非常便捷，但使用时需注意将界面语言切换为英文（地区切换），因为用英文提问的准确性通常高于中文。

3. ChatGPT 等大型 AI 模型的问答服务

许多人已经熟悉并善于使用各类 AI 工具，如国际上的 ChatGPT、Bard，国内的讯飞星火、通义千问等，这些 AI 工具是程序员的得力助手。在编程前，我们可以向 AI 提问，获取编程思路和建议；在编程过程中，我们可以让 AI 设计程序结构、补全代码或提供函数名；在编程后，我们还可以让 AI 帮助查找 Bug，理解代码的初衷或协助编写注释。可以说，在当今时代，不懂得利用 AI 编程就等同于缺失一项关键技能，因为多数编程问题都有标准的解决方案，这恰恰是 AI 擅长处理的。

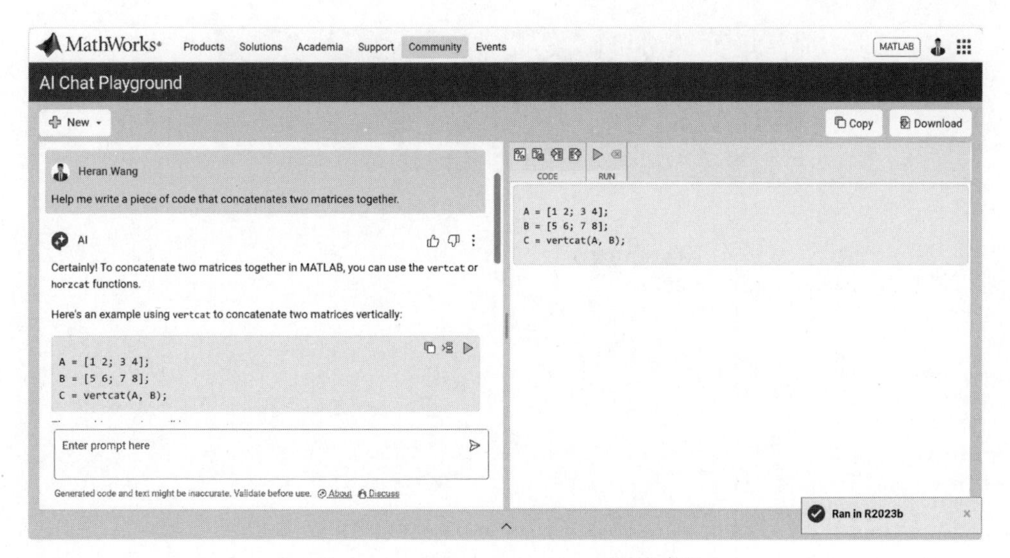

图 1-23 AI Chat Playground 使用示例

通过上述方式，我们可以更高效地利用 AI 技术在 MATLAB 编程中取得成功，让 AI 成为我们学习和工作中的有力伙伴。

常见问题解答

(1) MATLAB 是同 Python、C、Java 一样的编程语言吗？

MATLAB 与另外三者有本质的区别，即 MATLAB 不仅是一种可用于编程的解释性语言，它还是一个集成了无数工具箱的软件体系，编程思想主要面向数学与图形，编程语言简洁而高效。MATLAB 主要面向科学家与工程师，而并非传统意义上的程序员，它更加追求快速准确地解决新问题，而不是稳定高效地解决旧问题。

(2) 算法是什么？为什么算法工程师岗位常常要求会使用 MATLAB?

算法一般特指计算机编程的计算方法，算法工程师往往要对新的问题提出计算机解决方案，那么就需要使用 MATLAB 这样的工具进行快速地开发，待得到解决方案后可能会由其他工程师将算法进行移植。

(3) 只有理工科学生需要学习 MATLAB 吗？

MATLAB 适合于所有可以归纳出数学模型的学科，事实上，金融财会、经济贸易、生物医药等学科在前沿问题的研究上都离不开数学模型。MATLAB 是理工科学生的第一首选软件，但涉及数学模型学科的学生也可以学习，也许会有意想不到的收获。

(4) MATLAB 的计算运行速度比较慢吗？

由于 MATLAB 的底层逻辑是面向矩阵计算的，因此对于大规模的计算，只要灵活使用“矩阵化编程”，MATLAB 的计算速度绝不亚于任何一种编程语言，而且编写代码的时间要远小于其他编程语言。如图 1-24 所示为 MATLAB 与 Python 的计算速度对比。

MATLAB相对于Python的表现	平均	最佳
工程应用	3.2x	64x
数据统计	2.7x	52x
图形处理	31x	540x
循环应用	64x	64x

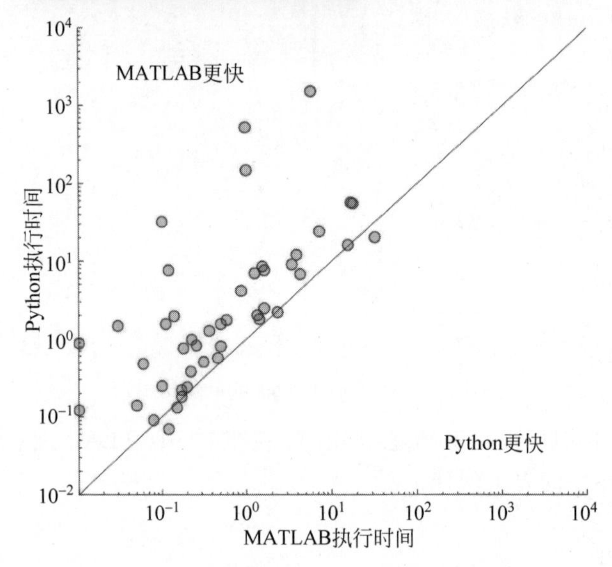

图 1-24　MATLAB 与 Python 的计算速度对比

(5) MATLAB 会被 Python 取代吗？

Python 由于近年来的人工智能、机器学习、大数据的发展而兴起，并由于 Python 与 MATLAB 有许多相似之处，因此关于两者的对比较多。

MATLAB 是面向工程师和科学家的最简单且最高效的计算环境，M 语言是专用于数学与图形的唯一顶尖编程语言。相比之下，Python 则是一个面向程序员的通用编程语言，执行基本数学运算都需要使用加载项库。MATLAB 工具箱相比于 Python 的加载项库更为权威、专业和全面。图 1-25 所示为专家讲解的 MATLAB 优势。

"作为一名流程工程师，我没有神经网络或机器学习方面的经验。我通过 MATLAB 示例为我们的预测计量使用案例找到了最好的机器学习函数。我用 C 或 Python 做不到这一点，查找、验证和集成合适的包会花费太多时间。"

——埃米尔·施密特·韦弗，阿斯麦

"我们需要过滤数据、考虑极点与零点、运行非线性优化，以及执行不计其数的其他任务。MATLAB集成了所有这些功能，并经商业验证十分有效。"

——鲍里斯拉夫·萨夫科维奇，首席数据科学家，BuildingIQ

图 1-25　专家讲解的 MATLAB 优势

(6) MATLAB 功能这么强大，一定非常难学吧？

MATLAB 的功能虽多，但是软件的逻辑架构非常清晰简洁，一旦掌握软件的基本使用逻辑，再多的功能也无非是在主框架的基础上添枝加叶。另外，由于 M 语言是目前最自然友好、贴近数学语言的编程语言，因此它可以被快速地学习掌握。

(7) 多长时间的学习可以称为"掌握了 MATLAB"？

根据本书的安排，通过大约 30 课时的阅读或学习，再辅以 10 课时的实践练习，即可真正掌握 MATLAB。注意，实践练习是不可缺少的部分，软件的核心意义在于应用。

(8) 如果时间真的非常有限，应该如何学习本书呢？

本书的章节布局高度逻辑化与结构化，与初学者的最快速学习方法相匹配。在时间紧张的情况下，越靠前的章节越需要优先学习，在认真学习、练习完前 2 章的内容后，就可以说是基本入门 MATLAB 了。

(9) 我以前学过 MATLAB，为什么我觉得 MATLAB 与其他编程语言区别不是很大？

很可能的原因是这位读者学习的教材或者课程并没有将矩阵思想与矩阵编辑方法作为语言核心来强调，在这样的学习方法指导下，即使用过多年的 MATLAB 也仍然不能说是真正掌握了 M 语言。

(10) MATLAB 既然是编程语言，怎么没见过以它为开发环境的软件呢？

其实在国外有许多用 MATLAB 开发的软件，其中不乏大量的带图形界面的软件，只是国内关于 MATLAB 图形界面软件设计的资料较少，尤其是自从 2016 年 MathWorks 公司大力主推的图形用户界面(Graphics User Interface，GUI)的替代产品 App Designer 的资料非常稀少；本书将图形界面软件的设计列为非常重要的一章，同时也作为学习成果的检验章，每位读者学到此章，都应该以完成设计一款真正的软件为目标去努力。

(11) 在大数据时代，数据科学家的开源编程工具有很多，为什么还是大量采用 MATLAB？

因为数据科学家不是专业程序员，而且 MATLAB 拥有更匹配工业生产的数据分析环境，覆盖了工程上从数据采集、整理、分析到产品发布的各个重要环节，这一点是其他开源工具无法做到的。MATLAB 提供了一种能够简化专业工程师工作的手段，降低了工程师和数据科学家之间的沟通成本，提升了企业大数据分析的效率，这一点和开源框架非常不同。例如，在机器学习中，很多人关注的都是怎样做好中间的模型训练部分，关注于算法的实现，但其实工程上最大的时间分配是在数据的预处理部分。这个部分需要工程师拥有扎实的专业知识才能够做得最好，这点就需要除了单纯的机器学习之外的工具的配合。

本章精华总结

本章标志着读者 MATLAB 学习之旅的起点，深入探讨了 MATLAB 从其发展历程、地位、功能到广泛应用的各个方面。我们不仅着重强调了 MATLAB 的独特特色和显著优势，而且对其开发环境进行了初探，特别是基于 AI 的快速学习和编程方法，旨在为读者提供一个全面而深入的 MATLAB 学习概览。在总结学习 MATLAB 的最佳策略和路径时，我们特别提到了充分利用工具箱、App 和社区资源的重要性，这些资源汇集了各行各业顶尖专家的智慧，是学习和应用 MATLAB 不可或缺的宝贵财富。

在编写本书的过程中，我们坚持的原则以及与市面上其他 MATLAB 图书的显著区别体现在以下几方面：首先，我们确立了数学、图形和编程作为 MATLAB 学习的核心；其次，我们强调了矩阵化编程的中心地位，以及 App Designer 的实际应用；再次，我们注重于培养读者的思维方式和解决问题的思路，避免了市面上许多图书为了增加页数而徒增学习成本的做法；最后，我们提供的代码示例既简洁又典型，能够有效指导学习。

我们坚信，通过本书提供的学习方法，读者将能够快速而有效地掌握 MATLAB 的核心精髓，为未来的学习和工作打下坚实的基础。

第 2 章

MATLAB 极速入门

要迅速掌握 MATLAB,最有效的途径莫过于亲自动手编写一些基础程序。本章从四个关键领域：MATLAB 基础知识、图形可视化、数学运算和程序设计,引导读者一步步学习 MATLAB 中最经常使用的核心代码。通过认真钻研本章内容,读者将能够达到使用 MATLAB 的入门水平,并为进一步深入学习打下坚实的基础。

2.1 零基础快速入门

MATLAB 的核心是矩阵。矩阵不仅是一种结构化的数学语言,而且在 MATLAB 的世界里,所有的变量类型在本质上都可以被看作矩阵。这意味着无论是赋值、操作还是计算,方法都保持了一致性。一旦读者理解并适应了这种矩阵化的思维方式,就会发现,随着学习的深入,后续内容的掌握将变得更加流畅和自然。

2.1.1 变量的起点：创建与赋值

MATLAB 软件的代码文件只有两种格式：. m(脚本)文件和. mlx(MATLAB Live Script,MATLAB 实时脚本)文件。两者的区别在于,. m 文件仅包含 M 代码,而. mlx 文件还可以包含格式化文本、图像、链接、方程等,是交互式的程序文件。需要说明的是,本书章节主要例程均以. mlx 文件的形式展现,而且. mlx 文件均可另存一份自带运行结果的超文本标记语言(Hypertext Markup Language,HTML)格式,作为不可修改的代码存档,也便于使用手机查看,目的是方便教学演示,在实际学习、测试、科研过程中,可以按需要灵活使用. m 文件形式。

打开 exampleChampter2. mlx 文件,这是我们首次使用“实时脚本文件”,打开后定位光标于某一例程后,按 Ctrl+F5 键运行当前节,如图 2-1 所示为单击“右侧输出”按钮后的显示效果,左右位置可一一对应,便于用户对代码运行情况的把握。通过“Ctrl+鼠标滚轮”可以调整编辑区的文字显示大小。

说明：

(1) 单百分号(%)后面的内容为注释,软件自动识别并以绿色高亮显示,习惯上单百分

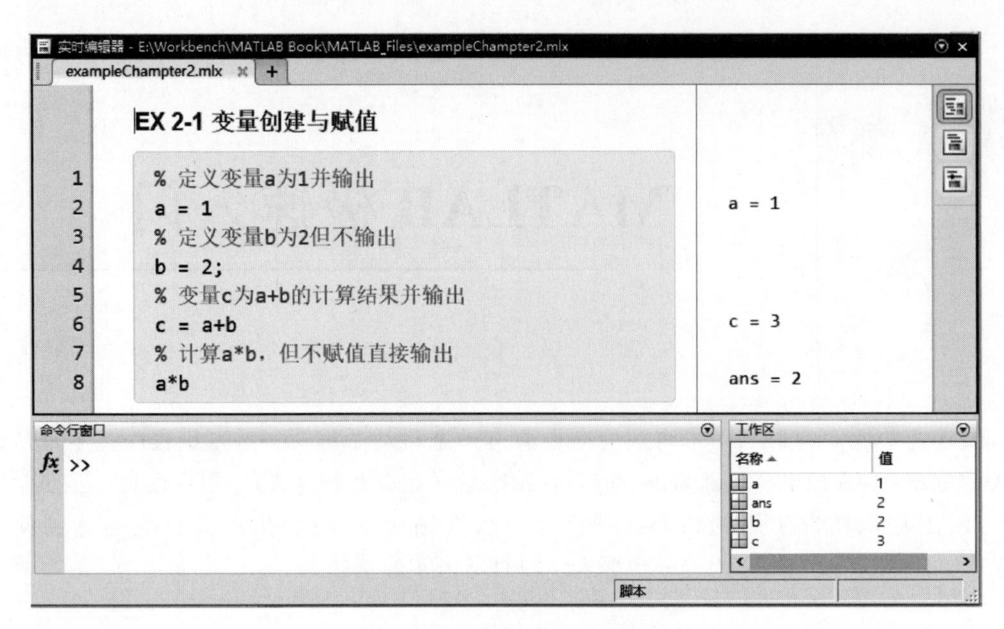

图 2-1 变量创建与赋值例程

号后空一格，一行注释解释的是下一行代码的内容。

(2) 等号(=)用于变量的赋值，并自动将变量保存在工作区中，习惯上在等号的左右两侧各空一格，提高程序清晰度。

(3) 分号(;)表示一句命令执行完成后"不予输出"，如果是逗号(,)，则表示命令执行完成后会自动输出结果。

(4) 代码中所有符号必须使用英文符号，当然，由于注释中的内容不进入编译，只是编程者自己可以看到作为内容的提示，因此注释中的符号及格式不作要求。

(5) MATLAB 对大小写敏感，如变量 ax 与变量 aX 并不是同一个变量。变量名要求首字符必须为字母，不得包含除下画线(_)以外的其他符号；习惯上使用"驼峰命名法"来命名变量，注意首字母为小写，如 a、cityLocation、studentName 等。

(6) 如果运行无变量赋值的表达式，计算结果将保存在临时变量 ans(即 answer 的简写)中。

2.1.2 矩阵操作基础

一般来说，向量(Vector)是一维的，分为行向量与列向量；矩阵(Matrix)是二维的，有 m 行 n 列；而数组(Array)可以是任意维度的，这是三者在概念上仅有的区别，因此也常见"多维向量"或"多维矩阵"的说法，就是因为三者在本质上就是相同的。MATLAB 名称的本意就是"矩阵实验室"(Matrix Laboratory)，这里的"矩阵"就已经包含了向量与数组的概念。在 MATLAB 的帮助文档和一些书籍中，为了照顾不同领域使用者的学科背景，用词上略显混乱，造成了初学者的困惑，在本书中将进行统一。

在 MATLAB 中,一切变量都可以理解为矩阵,矩阵的基本操作如图 2-2 所示。

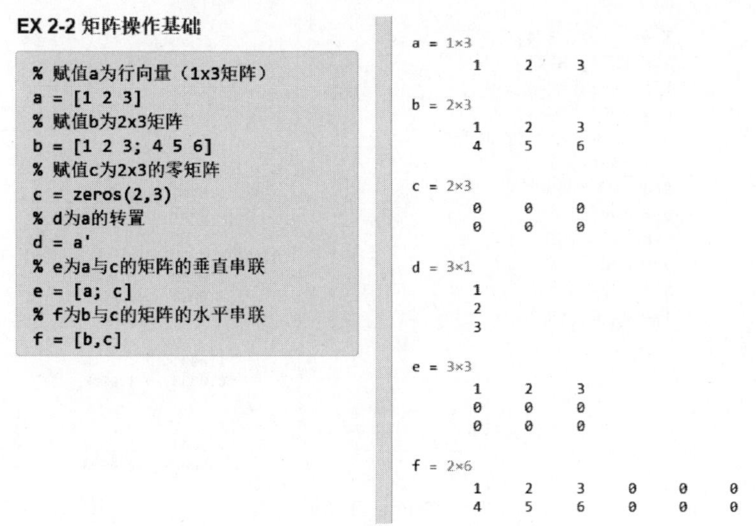

图 2-2 矩阵操作基础例程

说明:

(1) MATLAB 中变量的赋值不需要事先声明,直接赋值即可由软件自动识别维度和类型。

(2) 方括号([])为矩阵赋值符,括号内可以为数值,也可以为符合维度的矩阵变量。

(3) 空格或逗号均可表示同一行内的元素分隔;分号(;)称为“行间分隔号”,分号后的内容即为矩阵中下一行位置的赋值。

(4) zeros()是常用于给矩阵赋值的函数,生成的矩阵中所有元素均为 0,常用于较大型矩阵的运算之前,预先开辟一块存储空间,以防止矩阵维度或元素数目多次变化所引起的计算效率降低;与之同理的还有函数 ones(),用于生成全元素均为 1 的矩阵。

2.1.3 矩阵计算基础

在 MATLAB 中,矩阵代表了一种批量化的思维模式。这种思维模式强调的是对矩阵内所有元素的统一操作,无论是加法、减法、乘法、除法、指数运算、开方,还是其他数学函数运算,都是在整个矩阵层面上同时进行的。矩阵还拥有其特有的乘法规则。在 MATLAB 里,“矩阵乘法”使用的是“*”符号,而“元素级的乘法”(也就是元素对元素的乘法)则通过“.*”来表示。理解并区分这两者是至关重要的。矩阵计算的基础练习如图 2-3 所示,是掌握这一概念的实践起点。

说明:

(1) “矩阵运算”与“元素运算”的符号区别还有:矩阵左除(\)与元素左除(.\),矩阵右除(/)与元素右除(./),矩阵幂(^)与元素幂(.^)。

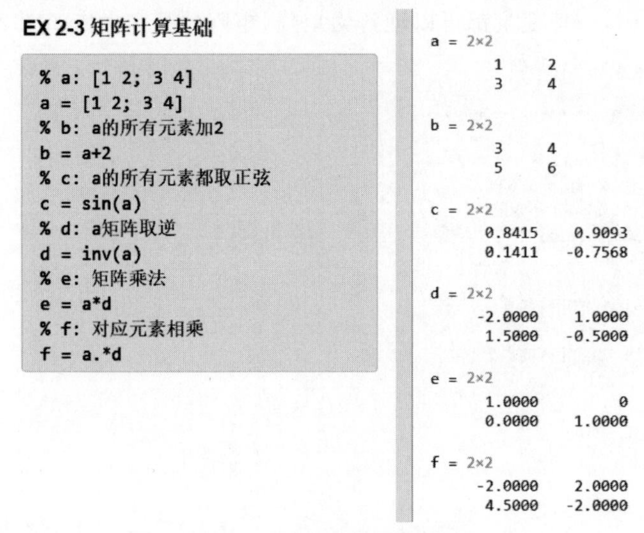

图 2-3　矩阵计算基础例程

(2) inv()为求逆矩阵的函数，变量 $\boldsymbol{e}$ 的表达式为矩阵 $\boldsymbol{a}$ 与其逆矩阵的乘法，理论结果应为单位矩阵，而实际结果 $\boldsymbol{e}$ 为浮点数的单位矩阵，这是由于 MATLAB 采用的是数值计算方法，存在计算精度，这一点需要牢记在心。

2.1.4　矩阵索引基础

什么叫索引？索引(Index)就是元素的 ID(身份证号)，有了 ID 就可以快速地从矩阵中找到某个元素，矩阵有两种基本索引，一种是“单索引”(Index)，另一种是“角标索引”(Subscript)。角标索引容易理解，是直接用各维度上的角标作索引，比如矩阵 $\boldsymbol{a}$ 的 3 行 2 列的元素即为 $\boldsymbol{a}$(3,2)。单索引是一个从 1 开始的单个数字，问题是如何用 1 个数字来索引一个多维矩阵呢？其实，对于任意维矩阵，按照维度的先后(行、列、页、四维等)整理为向量，就可以用一个单索引数字来找到某个元素，比如 $\boldsymbol{a}$(2)就表示向量化后的第 2 个元素。矩阵索引的基础操作如图 2-4 所示。

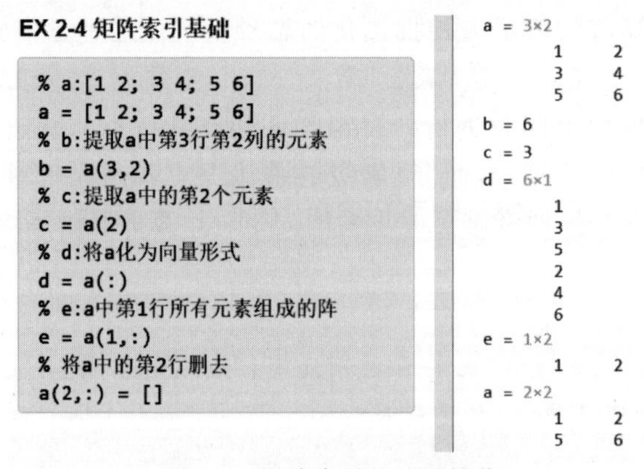

图 2-4　矩阵索引的基础操作

说明：

(1) 与许多编程语言索引从 0 开始的习惯不同，MATLAB 的索引数字从 1 开始，更加自然更加符合数学意义。

(2) MATLAB 在矩阵存储方式上与 FORTRAN 语言保持一致，均为“列优先存储”，而非“行优先存储”，也就是说默认向量均为列向量，如 ***a***(:)表示将矩阵 ***a*** 整理为一个列向量；矩阵的第一角标为行号，第二角标为列号。

(3) 冒号“:”是 MATLAB 中非常神奇而强大的符号，表示“布满”的含义，如果冒号两边有数字则表示在两数字之间布满，如果没有数字，则为全部布满；比如 ***a***(:)就等价为 ***a***(1:end)，其中，end 表示最后一个元素的索引，而提取向量 ***a*** 中的基数项，则可以 ***a***(1:2:end)，中间的 2 表示布满的间隔为 2；***a***(2,:)为矩阵 ***a*** 的第二行的全部元素。

(4) 矩阵赋值符号中为空时([])，表示“空矩阵”，而“=[]”的意义即为赋值为“空”，也就是“删掉”某值。

2.1.5 字符矩阵：文本处理入门

在 MATLAB 中，当我们给字符串赋值时，需要使用单引号引起来，这样，引号内的字符便会在界面上高亮显示为紫色，让代码更加易于阅读。重要的是要记住，在 MATLAB 中，一切皆矩阵。这意味着字符串也不例外，它们可以像矩阵一样进行元素级的操作和矩阵的串联操作。为了识别一个矩阵的具体类型，我们可以使用 class()函数。对于字符型矩阵，class()函数将返回 char，明确指出其类型。这个小细节在处理不同类型的数据时尤为重要，可以帮助我们更精准地理解和控制数据处理流程。如图 2-5 所示为字符型矩阵例程。

EX 2-5 字符型矩阵

```
% a:字符串"Hello, World!"
a = 'Hello, World!'
% b:提取a的第1个字符
b = a(1)
% c:显示矩阵a的类型
c = class(a)
% d:串联字符矩阵
d = [a ' I am coming']
% e:在字符串中输入特殊字符
e = [a ' I''m coming']
```

```
a = 'Hello, World!'

b = 'H'

c = 'char'

d = 'Hello, World! I am coming'

e = 'Hello, World! I'm coming'
```

图 2-5　字符型矩阵例程

说明：

(1) 在字符串内部，空格也是一个字符；字符串内部可以灵活赋予中文字符及标点符号。

(2) 一些特殊的字符不能直接输入。比如，由于单引号的内部表示字符，则字符中有单引号时自然会引发混乱，因此有一些特殊字符是有特殊的输入符号的，常用特殊字符输入符号如表 2-1 所示。

表 2-1 常用特殊字符输入符号

符 号	文本效果	符 号	文本效果
''	单引号	\f	换页符
%%	单个百分号	\n	换行符
\\	单个反斜杠	\t	水平制表符

2.2 图形可视化

“图形可视化”在科学研究中占据了不可或缺的地位，它使复杂的数据变得直观，确保了研究证据和结论的透明度和说服力。MATLAB 深知这一点，因此大力投入其图形可视化功能的发展中，目前已经提供了超过 334 个专门用于图形可视化的函数。这些功能几乎涵盖了所有常用的可视化需求，从基本的图形绘制到高级的三维表现技术。并且，为了保持领先，MATLAB 的每个新版本都会对这些函数进行优化与更新，确保用户能够利用最前沿的工具将他们的发现和见解转化为清晰、影响力十足的视觉表达。

2.2.1 图形可视化原理

图形归根结底由点组成，而点就是一组坐标而已，连点成线、连线成面，就将矩阵（坐标）可视化了。如图 2-6 所示，我们使用最基础的 plot() 函数，分别绘制了向量间隔为 0.1 和 1 的两种图形，可以分析出，所谓圆滑曲线，无非就是由很短的直线段相连而成的。所以，所谓作图就相当于矩阵的可视化过程。

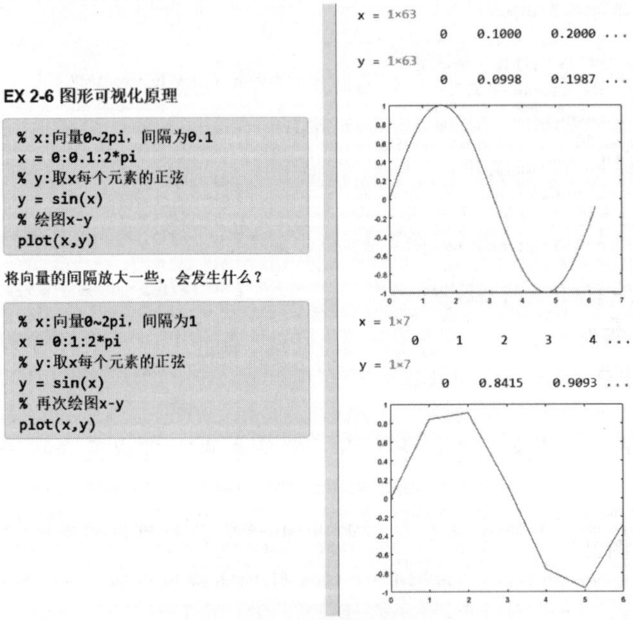

EX 2-6 图形可视化原理

```
% x:向量0~2pi，间隔为0.1
x = 0:0.1:2*pi
% y:取x每个元素的正弦
y = sin(x)
% 绘图x-y
plot(x,y)
```

```
x = 1×63
      0    0.1000    0.2000 ...
y = 1×63
      0    0.0998    0.1987 ...
```

将向量的间隔放大一些，会发生什么？

```
% x:向量0~2pi，间隔为1
x = 0:1:2*pi
% y:取x每个元素的正弦
y = sin(x)
% 再次绘图x-y
plot(x,y)
```

```
x = 1×7
      0    1    2    3    4 ...
y = 1×7
      0    0.8415    0.9093 ...
```

图 2-6 图形可视化原理例程

说明：

(1) 采用冒号形式的向量赋值，可以不加方括号([])，这样得到的向量为行向量。

(2) 既然是点坐标，就要“成对出现”，因此要求向量 x 与 y 长度一致，否则程序会报错。

2.2.2 多组数据的绘图

将多组数据画在同一幅图中的方法如图 2-7 所示，代码中也展示了如何为图加上图例、标签、标题，这是科研与工程中非常常用的一种对比数据的方法。

EX 2-7 包含多组数据的绘图

```
% x:向量0~2pi，间隔为0.1
x = 0:0.1:2*pi;
% y1/y2/y3:不同相位的正弦
y1 = sin(x);
y2 = sin(x-0.25);
y3 = sin(x-0.5);
% 绘图x-y
plot(x,y1,x,y2,x,y3)
```

为图形加上图例、标签、标题：

```
% 图例
legend('sin(x)',...
    'sin(x-0.25)',...
    'sin(x-0.5)')
% 轴标签
xlabel('x')
ylabel('y')
% 标题
title('Sine Function Plot')
```

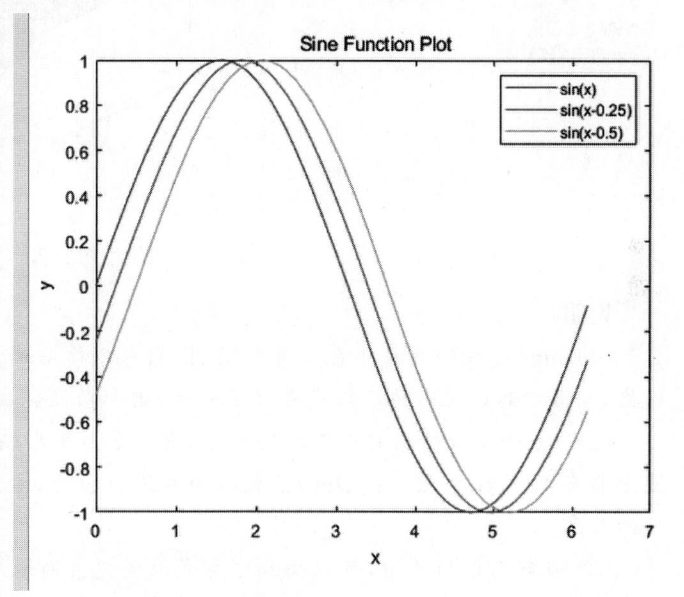

图 2-7 包含多组数据的绘图例程

说明：

(1) pi 是 MATLAB 软件的内置常数，是一个约等于圆周率的双精度浮点数字，这就意味着有关它的计算仍然是存在精度的，这也是数值计算的一个特点。

(2) 连续三个句号(...)称为“续行号”，意思是“这行写不下，转到下行接着写”，有时为了让代码更清晰，也会主动采用续行号分割代码。

(3) 颜色是重要的可视化工具，但由于图书印刷的限制，图形中的颜色不能展示出来，读者可以在 MATLAB 中运行实时脚本程序查看。

2.2.3 三维绘图：立体的艺术

三维绘图自然就要求所有点有 3 个坐标(X,Y,Z)，比如画曲面图，相当于 Z 坐标关于 X 与 Y 的变化，如图 2-8 所示为 surf()函数绘制的三维曲面，此时的俯视图是一个均匀的正方形网格。

EX 2-8 三维绘图

```
% 生成网格矩阵
[X,Y] = meshgrid(-2:0.1:2);
% 探查X的尺寸
sizeX = size(X)
```

三维函数——

$z = xe^{-x^2-y^2}$

```
% Z: 按函数创建
Z = X .* exp(-X.^2 - Y.^2);
% 创建曲面图
surf(X,Y,Z)
```

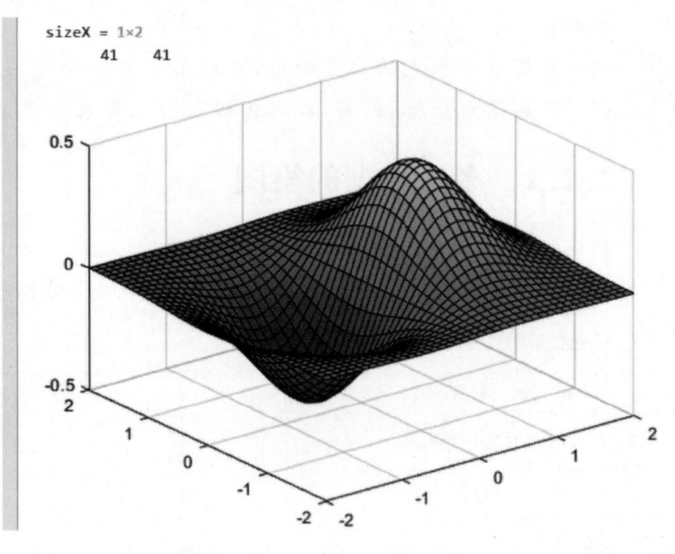

图 2-8 三维绘图例程

说明：

(1) meshgrid()函数非常重要和实用，它可以简洁地创建由 $\boldsymbol{X}$ 与 $\boldsymbol{Y}$ 两个矩阵编织成的网格，相当于对平面内的二维度进行了遍历，这个功能会在后面的矩阵化编程中经常用到。

(2) size()函数输出的是变量的尺寸，由图 2-8 可见，$\boldsymbol{X}$ 的尺寸是 41 行 41 列，也说明绘图中共有 41×41 个点位；size()函数极为常用，size(a,n)表示单独提取矩阵 $\boldsymbol{a}$ 的第 n 个维度的长度。

(3) 在实时编辑器中，可以插入方程式以便更清晰地记录，所以实时编辑器也是一个非常好的笔记工具，它采用 Markdown 的语言格式，可以无缝导出为 PDF、Word、HTML、LaTeX 格式文件；本书所有.mlx 文件均可另存一份 HTML 格式文件，方便查看。

2.2.4 子图技巧：组织多个视角

在一幅图中画几张子图是 MATLAB 非常常用的功能，MATLAB 提供了 subplot()函数来实现，如图 2-9 所示，正如前文所讲的"一切皆是矩阵"，子图即是总图矩阵的元素，只需要一个数字索引即可明确定义子图的位置。

说明：

(1) cylinder()函数是在圆柱坐标下生成三维网格点，它输出 $\boldsymbol{X}$、$\boldsymbol{Y}$、$\boldsymbol{Z}$ 三个二维矩阵，此时看 mesh($\boldsymbol{X}$,$\boldsymbol{Y}$,$\boldsymbol{Z}$)的俯视图，不是线性的方形网格，而是辐射状的圆柱坐标网格(这里只是用该函数来生成一个用于展示的网格数据)。

(2) subplot()函数中数字索引的顺序与矩阵中的定义有所不同，subplot()函数是先行后列，如索引为 2 的位置其实是第 1 行第 2 列的位置，这主要是由于照顾查阅图像时先行后列的习惯。

EX 2-9 子图绘制-subplot

```
% 参数t
t = 0:pi/10:2*pi;
% 返回半径为4*cos(t)的圆柱网格
[X,Y,Z] = cylinder(4*cos(t));
% 矩阵图尺寸为2x2
subplot(2,2,1);
mesh(X); title('X');
subplot(2,2,2);
mesh(Y); title('Y');
subplot(2,2,3);
mesh(Z); title('Z');
subplot(2,2,4);
mesh(X,Y,Z); title('X,Y,Z');
```

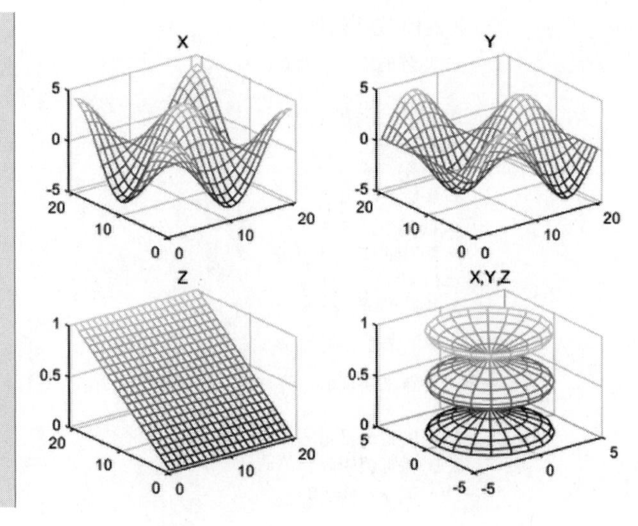

图 2-9　子图绘制例程

(3) mesh()函数与 surf()函数在功能上基本一致,二者仅在图形中线与面的颜色设置方面有所区别。

2.3 数学计算

MATLAB 被誉为最强大的数学计算软件之一,它在高等数学问题的解决上展现出了无与伦比的专业性和便捷性。MATLAB 内置了超过 571 个针对数学计算的函数,这些函数涵盖了数学的各个领域,将常用的计算方法封装成了极为简洁的函数形式。这意味着,无论面对的是哪一种数学挑战,MATLAB 几乎都有现成的解决方案。用一个简单的说法来描述就是:"只有你想不到的,没有 MATLAB 做不到的。"这种强大的功能使得 MATLAB 成为科研人员、工程师和学生们解决数学问题的首选工具。

2.3.1 线性代数基础操作

线性代数被称为"第二代数学模型",是几乎所有现代科学的基础,也是 MATLAB 的发源学科,因此,M 语言对于矩阵的处理再简单自然不过了;唯一需要注意的是,这里展示的是数值计算,是存在计算精度的。线性代数例程如图 2-10 所示。

说明:

(1) MATLAB 中针对线性代数的函数共有 68 个,涵盖了线性代数中可能使用的所有方面。

(2) 数值计算是线性代数的学习重点之一,也是课堂教学容易忽略的点之一,在学习线性代数的过程中,使用 MATLAB 进行计算与尝试,会大大强化学生对于该学科的理解。

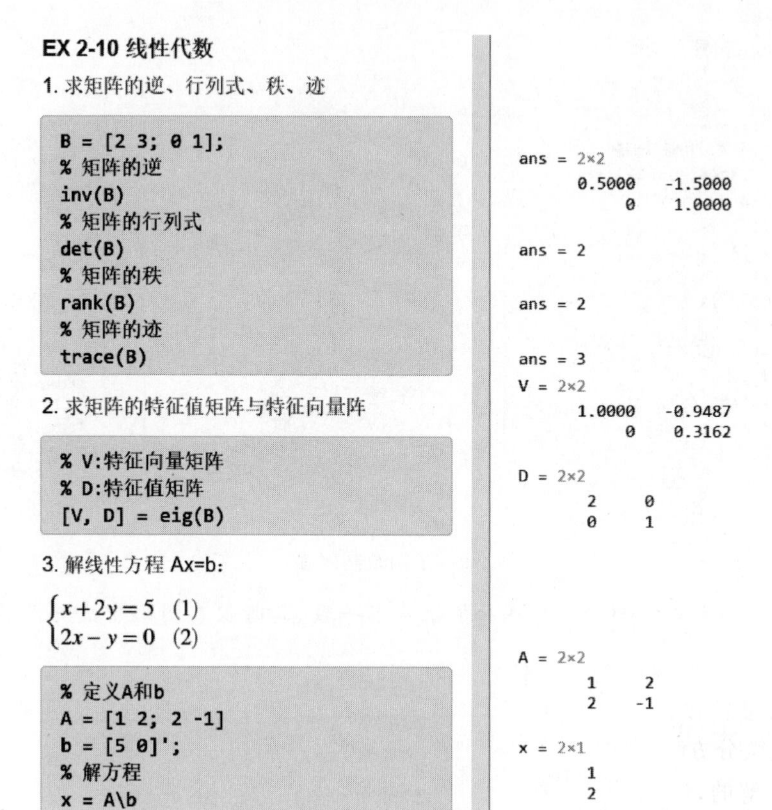

EX 2-10 线性代数

1. 求矩阵的逆、行列式、秩、迹

```
B = [2 3; 0 1];
% 矩阵的逆
inv(B)
% 矩阵的行列式
det(B)
% 矩阵的秩
rank(B)
% 矩阵的迹
trace(B)
```

```
ans = 2×2
    0.5000   -1.5000
         0    1.0000

ans = 2

ans = 2

ans = 3
```

2. 求矩阵的特征值矩阵与特征向量阵

```
% V:特征向量矩阵
% D:特征值矩阵
[V, D] = eig(B)
```

```
V = 2×2
    1.0000   -0.9487
         0    0.3162

D = 2×2
     2     0
     0     1
```

3. 解线性方程 Ax=b:

$$\begin{cases} x+2y=5 & (1) \\ 2x-y=0 & (2) \end{cases}$$

```
% 定义A和b
A = [1 2; 2 -1]
b = [5 0]';
% 解方程
x = A\b
```

```
A = 2×2
     1     2
     2    -1

x = 2×1
     1
     2
```

图 2-10　线性代数例程

2.3.2　微积分基础操作

微积分是计算机出现以前的主要计算手段，从它的英文名称 Calculus(计算方法)也可见，这门学科包含着大量的手算方法用以得到解析函数，因此需要用到 MATLAB 的另一强大功能——符号计算。事实上，计算机出现以后，微积分中大量手算技巧的意义降低不少，新时代的学生在学习微积分时，应当重视思想、弱化技术，重视应用、弱化推导，借助 MATLAB 这样的实用工具把微积分应用在科研与工作中。

MATLAB 拥有非常强大的符号计算引擎，可以解决许多人工无法解决的解析问题。使用 syms()函数可以定义符号变量，定义后凡是包含这个符号变量的表达式，均为符号表达式，可以进行解析计算了。微积分例程如图 2-11 所示。

说明：

(1) 在实时编辑器中，符号表达式会自动以公式的形式显示，非常友好而高效。

(2) 如果需要计算符号表达式的数值，可以先将符号变量进行赋值，再使用 subs()函数，其含义为“变量转换”(Substitution)，是将符号变量置换为数值。

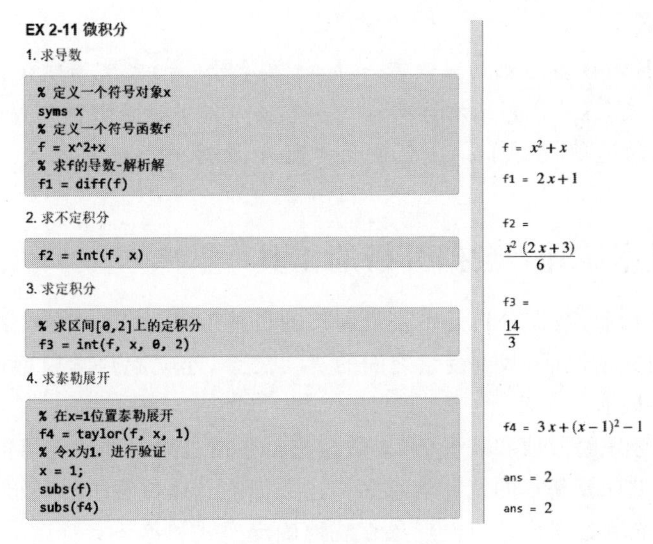

图 2-11　微积分例程

2.3.3　微分方程的求解

微分方程其实是人类认识物理世界的重要底层逻辑，人们发现许多科学理论总结为数学模型后都是微分方程，因此，微分方程的求解技术也非常重要。一般来说，非线性微分方程是没有解析解的，但是线性微分方程和低阶的特殊微分方程可以由计算机得到解析解；最基本常用的求解方法就是将方程符号化再使用 dsolve()函数自动求解，如图 2-12 所示。

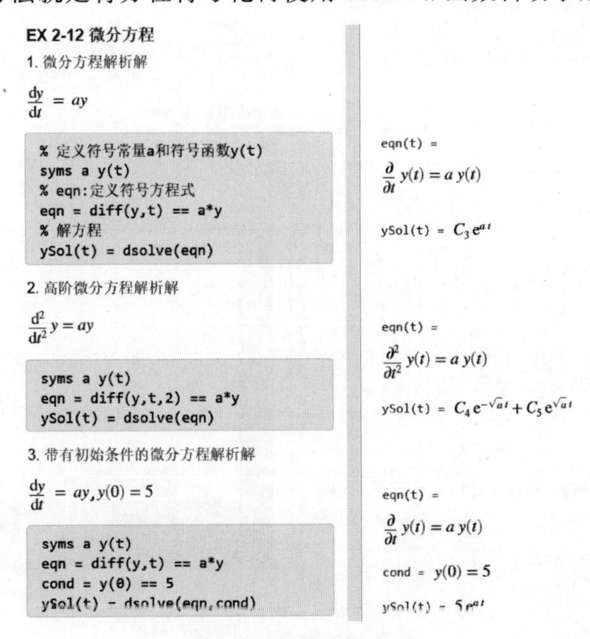

图 2-12　微分方程例程

说明：

（1）MATLAB与许多其他编程语言一样，把单等号（=）定义为赋值，而双等号（==）才定义为相等的含义，这一点对于初学者来说很容易误解并造成程序的错误。

（2）对于得到的通解，MATLAB会使用与数学教材中一致的表达方式，即用C表示常数。

2.3.4 概率统计：数据分析的工具

无论从事什么行业，数据分析几乎是最硬核的科技工具，其背后的数学支持就是概率统计。数据分析是用数据说话，找到变量之间的真实关系，建立起数学模型，最终实现正确的预测。数据分析一般有4个步骤：

（1）预处理：考虑离群值和缺失值，对数据进行平滑处理以便确定可能的模型；

（2）汇总：通过计算基本的统计信息来描述数据的总体位置、规模及形状；

（3）可视化：绘制数据形态以便形象直观地确定模式和趋势；

（4）建模：更全面精准地描述数据趋势，进而实现数据预测。

可以加载MATLAB软件自带的一组统计数据count.dat，这个24×3的数组count包含3个十字路口（列）在一天中的每小时的流量统计（行），提取其中一组数据作为案例进行分析，如图2-13所示。

EX 2-13 概率统计

1. 数据预处理

```
% 清空内存数据和图表
clear; clf;
% 加载count.dat中的数据
load count.dat; data = count(:,3);
```

2. 数据汇总

```
% 平均值
mu = mean(data)
% 标准差
sigma = std(data)
```

3. 可视化

```
% 绘制直方分布图
h = histogram(data, 12)
hold on
% 平均值线
plot([mu mu],[0 10])
```

4. 建模

```
% 计算直方面积
area = h.BinWidth*size(data,1);
% 指数分布密度函数
t = 0:250;
exp_pdf = @(t)(1/mu)*exp(-t/mu);
plot(t,area*exp_pdf(t))
```

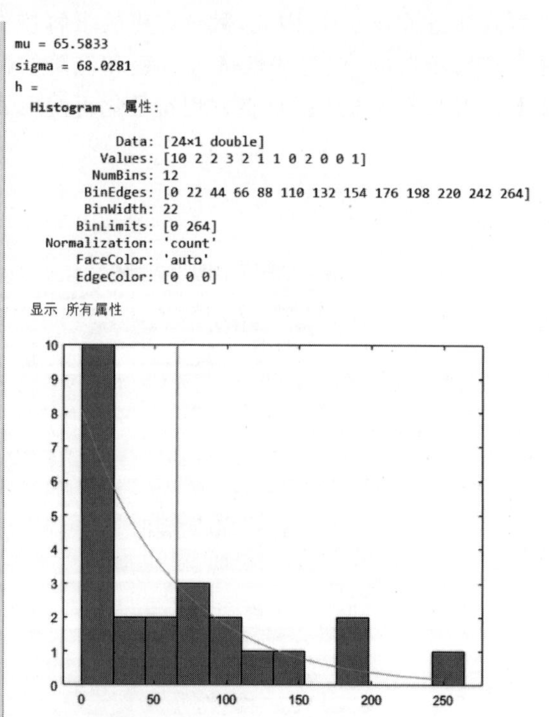

图2-13 概率统计例程

说明：

(1) clear 命令用于清除内存中的已有数据，clf 命令清除已有图形。

(2) histogram()函数绘制直方图，12 代表直方图的数量，h 读取的是 histogram 的属性。

(3) hold on 命令用于保持已画图片状态，后续作图即可在原图基础上进行绘制。

(4) @是"匿名函数号"，匿名函数的意思就是不需要设置函数名字，也没有函数文件，其后括号中的 t 表示函数的自变量是 t，再其后则是函数的表达式。

2.4 程序设计

编程能力不仅是衡量高级工程师素质的关键指标之一，还代表着创新思维和丰富经验的具象化，是将数学模型与自动化技术相结合的智能化成果。程序的运行不只是机械地逐行执行，更多的是通过精妙的控制流语句来指导程序的"流动"方向。在 MATLAB 这一平台上，控制流语句与其他流行编程语言中的控制语句相似，易于理解和学习。这种设计减少了学习曲线，让工程师能够迅速掌握并应用这些结构，以编写出结构清晰、逻辑严谨的程序代码。

2.4.1 if 语句：决策的关键

判断控制(分支控制)是非常重要的程序功能，它让机器产生类似于"智慧"的反应。其实只要有足够多的条件判断，程序自然就会显得足够智能，if 控制流的例程如图 2-14 所示。

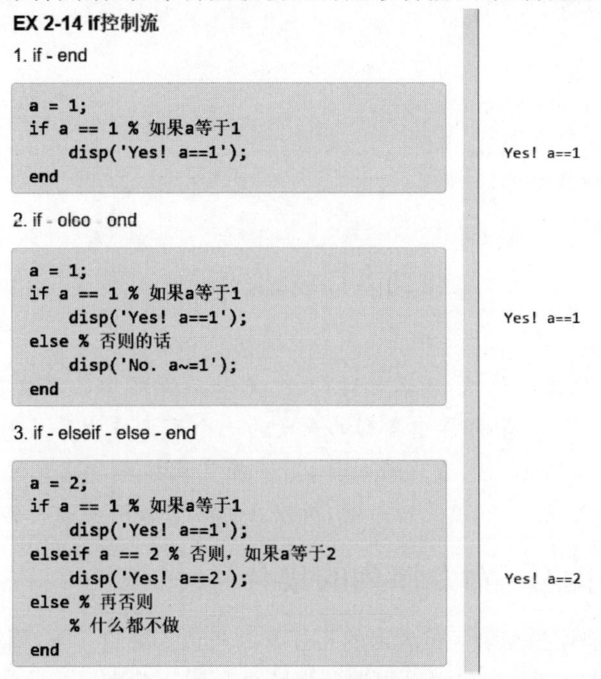

图 2-14　if 控制流例程

说明：

(1) if 按逻辑表达式判断其后的表达式的值，逻辑表达式只有两个值 1(真，true)和 0(假，false)，true 与 false 都是 MATLAB 保留的关键字，它们就等于逻辑真与逻辑假。

(2) 双等号(==)是一种关系运算符，表示判断如果符号两边表达式相等，则值为 1(真)，否则为 0(假)，与其同类的符号还有：不等于(~=)、大于(>)、小于(<)、大于或等于(>=)、小于或等于(<=)。

(3) disp()函数用于在命令行中快速显示字符串或变量等，常用于对程序重要部位的运行提示，把握程序运行的状态。

2.4.2 for 循环：重复任务的简化

编程的初衷，就是让计算机自动完成重复的任务，这就出现了“循环控制”，许多看似复杂的难题，只要可以转换为循环语句问题，都可迎刃而解，for 控制流例程如图 2-15 所示。

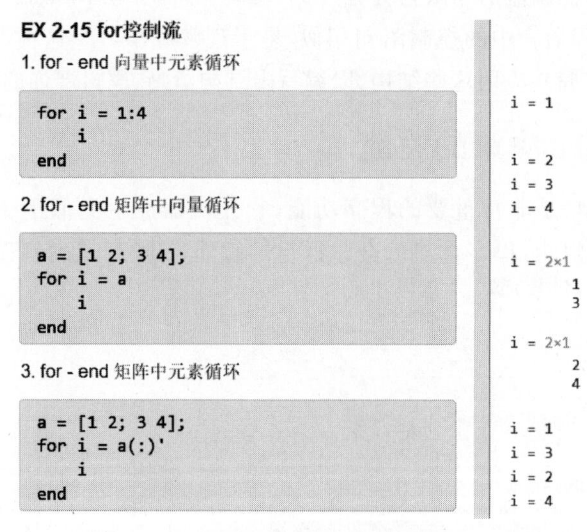

EX 2-15 for控制流

1. for - end 向量中元素循环

```
for i = 1:4
    i
end
```

2. for - end 矩阵中向量循环

```
a = [1 2; 3 4];
for i = a
    i
end
```

3. for - end 矩阵中元素循环

```
a = [1 2; 3 4];
for i = a(:)'
    i
end
```

```
i = 1
i = 2
i = 3
i = 4

i = 2×1
    1
    3

i = 2×1
    2
    4

i = 1
i = 3
i = 2
i = 4
```

图 2-15 for 控制流例程

说明：

(1) for 后面循环变量的赋值，如果是行向量，则每层循环中的变量取行向量中的各元素；如果循环变量是矩阵，则取矩阵中各列的向量为一个元素作为每层循环中的变量。

(2) 注意，如果给循环变量赋值为列向量，则不能实现按元素循环的效果，只能出现一层该列向量的循环，而又由于 ***a***(:)是列向量，所以在循环前必须要进行转置操作。

2.4.3 脚本编写：命令序列的集合

在 MATLAB 中，脚本扮演着一位无形的指挥家的角色。想象一下，用户只需轻轻敲击键盘，编织出一段段精妙的代码，就如同在制作一份特殊的魔法配方。每一行指令，都像是配方中的一种独特材料，合在一起，他们能够唤醒数字世界中沉睡的力量。把这些行行列列的指令封装成一个.m文件，就构成了一个脚本。运行这个脚本，便是一次次地施展魔法，让那些静态的文字跳跃起来，变成一阵阵能够触及现实的风。就像魔术师在施展咒语，脚本中的每一个命令串联起来，展现出它们各自独特的功能。而脚本的嵌套使用，则像是魔法中的魔法，一种更高阶的艺术。用户只需轻轻地呼唤出另一个脚本的名字，MATLAB便会聪明地将那个脚本中的所有语句释放出来，就像是打开了一个神秘的宝箱，让它们在当前的魔法中发挥作用。

在用户还未与App Designer这位强大伙伴携手打造图形界面之前，脚本是整个程序的灵魂所在。它能够轻松驾驭数据的输入、处理、计算，甚至是绘制出让人眼前一亮的图像，再到最后的成果输出。这一切，都可以在脚本的巧妙指挥下，通过子脚本和子函数的精彩配合，无缝地完成。

所以，当用户开始编写MATLAB脚本时，便不仅是在编程，而是在创造，是在探索一个充满无限可能的数字世界。每一段代码都是用户与这个世界对话的方式，而MATLAB，就是那个让对话变得生动有趣的翻译官。

输入edit打开编辑器，输入以下代码并保存文件名为ScriptMain.m。

```
%% 主脚本 ScriptMain
a = 1; b = 2;
ScriptAddAB;
c
```

再新建一个脚本，名为ScriptAddAB，代码如下：

```
%% 脚本 ScriptAddAB
c = a + b;
```

在编辑器状态下，按键盘F5键即可运行脚本程序，运行主脚本后命令行显示 c 为3。

说明：

(1) 为避免在调用子脚本时遇到“未定义函数或变量”的错误，应确保子脚本文件与主脚本位于同一目录中。

(2) 鉴于子脚本的作用机制是基于替换原理，因此在执行子脚本之前的所有信息将被其使用。

(3) 建议在命名脚本时首字母采用大写形式，因为调用脚本名称的代码需作为独立命令执行，类似于完整的“语句”；通常，遵循“驼峰命名法”时，习惯上首字母也会大写。

(4) 尽管脚本旨在打包重复代码以便重用，但其特性限制了封装性，输入输出变量较为固定，如本例中输入变量必须是 a 和 b，输出变量名则限定为 c。此外，子脚本可能会影响主脚本的内存空间并带来不可预期的结果。因此，除非是主程序或不影响内存空间的代码，否则建议避免频繁使用子脚本，而是优先考虑采用“函数”进行操作。

2.4.4 函数定义：封装与复用

在编程过程中，“函数”这一概念与数学上的函数有着惊人的相似性——都涉及输入变量（自变量）和输出变量（因变量），而且这些变量可以是多种类型，也可以是多个。在

MATLAB中，“函数”就像是一个精巧的木盒（源自“函”的本义），它封装了内部的运算过程。用户只需提供输入，它就会经过一系列计算，返回相应的输出，而在这个过程中，函数内部的操作和主程序之间保持着独立性，互不干扰。

函数的灵活性和封装性使其成为编程中极其重要的工具。实际上，大多数程序都是由主程序（通常是一个脚本）和一系列的函数构成的，无论这些程序是否拥有图形用户界面。对于编程新手来说，建议从脚本或实时脚本开始进行探索性编程，一旦功能框架确立，再将重复或明显的功能模块抽象出来，封装成函数。值得注意的是，函数的封装并不是基于代码的长度，而是基于它的“功能”的——这毕竟是Function一词的本义。有时候，一个功能可能只需要几行代码，但如果这个功能需要频繁重用，或者它代表了一个清晰的功能单元，那么将其封装成函数是非常恰当的做法。通过这样的方法，不仅能提升代码的可读性和可维护性，还能增强程序的模块化，从而为更高级的编程打下坚实的基础。

将主脚本改为：

```
%% 主脚本 ScriptMain
a=1; b=2;
c = functionAdd(a,b)
```

新建函数文件，代码如下，保存时自动识别函数名称为functionAdd.m。

```
function output = functionAdd(input1,input2)
% 将两个输入变量进行相加
output = input1 + input2;
end
```

说明：

(1) 函数编写要注意其固定格式，因此在新建函数时，可以使用软件主页中的新增函数按钮，这样产生的新建函数本身就拥有正确的格式。

(2) 从函数第二行开始，建议使用注释将函数功能以及算法的思路进行较详细的说明。

(3) 函数的输入与输出变量名，与函数文件第一行（函数声明行）中的输入输出变量名称没有关系，也就是说可以一致也可以不同，都不影响函数的正常使用。

(4) 由于函数不依赖主程序的内存空间，因此在函数中无法直接使用主程序内存空间中的变量，且在函数内部生成的中间结果变量，只要不是输出变量，在退出函数时就会被清除，内部变量是函数的局部变量，不会影响主程序内存空间。

(5) 函数的命名建议在形式上与变量一致，即采用“驼峰命名法”，但建议以动词开头，如getLocation、calculateEnergy、plotPicture等。

2.4.5 矩阵编程：MATLAB的特色技巧

矩阵思想是MATLAB的核心，矩阵计算是MATLAB最具特色的强势领域，因此，虽然M语言可以实现与其他语言相似的编程逻辑，但是在许多方面都独有矩阵式编程的优化方案。矩阵化编程，也常常被称为向量化编程，可以大大简化编程语言、提高编程效率、提速程序运行,所以,不懂矩阵化编程相当于没学过 MATLAB,不强调矩阵化编程相当于没有抓住 MATLAB 的重点。前文提到的向量与矩阵运算就是一种最基础的矩阵编程,其他常用的简单矩阵编程技术还有矩阵函数和逻辑角标,矩阵编程的例程如图 2-16 所示。

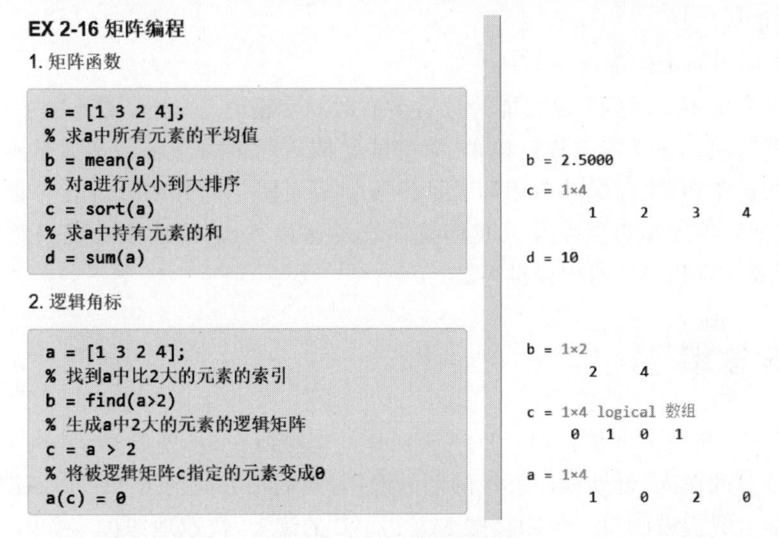

图 2-16 矩阵编程的例程

说明:

(1) 矩阵函数可以对矩阵中的元素或向量统一操作,此类函数用法简洁自然,并且由于在底层做了引擎优化,计算速度极快,是 M 语言编程的核心函数。

(2) 逻辑角标在矩阵操作中是非常重要的,借助逻辑表达式生成逻辑矩阵,从而操作矩阵中符合逻辑表达式的元素,让编程简洁高效。

(3) 对于学习过 C 语言或其他编程语言的读者,要时刻考虑是否有矩阵编程优化的可能,尤其在使用 for 循环时,就要思考是否可以用矩阵编程替代,往往可以化繁为简、化难为易。

常见问题解答

(1) 为什么读者学习完本章即标志着已经入门 MATLAB?

在常规的 MATLAB 图书或教程中,往往缺乏一个环节:全面展示 MATLAB 的核心功能而不陷入烦琐的细节之中。本章正是这一缺失环节的完美补充。对于初学者而言,这是一个巨大的优势,使他们能够在短时间内,全面了解 MATLAB 的三大核心领域:图形处理、数学计算和编程。尽管我们仅提供了基础的概念介绍和应用,但随后的章节将在此基础上进行更深入的拓展。

(2) 采用实时编辑器进行教学有何优势?

这种方法极其适合教学场景,因为它能将编程思路、数学公式和运行结果在多种格式中同步展现，便于在单个文件内整合和切换不同章节的内容，可以大大提升教学和学习的效率。实时编辑器是 MATLAB 官方推荐的教学工具，这一点从其帮助文档系统中的众多案例可见一斑。虽然在日常编程中它或许不是首选工具，但在梳理思路和与同学或老师交流时，它无疑是最佳选择。

(3) 为何书中的示例都极尽简洁？

这正是本书的核心原则：尽可能为读者节省时间和精力，而非无谓地增加页数，浪费读者宝贵的阅读时间。在学习编程过程中，简单的案例更能帮助理解和掌握基本概念。一旦这些基本用法被掌握，更高级的应用和设计便可迎刃而解。优秀的教育者可以将复杂的概念简化，而非把简单的知识复杂化。我们旨在通过这种方式，帮助读者轻松跨过学习的门槛，进一步深入 MATLAB 的编程世界。

本章精华总结

在本章节中，我们全方位探讨了 MATLAB 的精髓所在，从基础知识入手，经由图形可视化和数学计算的深入，再到程序设计的巧妙应用，我们精心呈现了 MATLAB 中最为常用和关键的功能。我们鼓励每一位刚接触 MATLAB 的读者，快速地阅读本章内容，并通过动手实践来巩固所学。熟练掌握本章的知识，便意味着读者已成功迈出了学习 MATLAB 的第一步，将能够利用这些基本技能，开始解决实际问题，并在此基础上展开更广泛的探索。

第3章

矩阵：MATLAB的核心概念

MATLAB即“矩阵实验室”，以其矩阵中心的编程哲学和数据结构而著称。在学习了MATLAB的基本操作和软件架构之后，本章将引导读者深入探索MATLAB语言的核心——矩阵。掌握矩阵的基本概念、操作技巧、运算规则以及独特的编程风格，读者将能够轻松步入高效编程的新纪元，这是MATLAB与众不同的关键所在。

本章将带领读者从编程的根基——“数据类型与结构”出发，深入理解矩阵与它们的紧密联系。我们将通过探讨矩阵的操作方法和运算技巧，一步步带领读者进入以矩阵为核心的编程世界。最终，通过精选的编程实例，展示矩阵编程技术的精华要义。这一章的内容既基础又重要，学习时不能只满足于记忆理论，关键在于通过大量实践将知识转换为自己信手拈来的技能。

3.1 矩阵与数据类型

数据类型是编程语言的基本，人类语言中的数据形式无非就是“数字”“文字”与“符号”，对应MATLAB中的三种核心数据类型即为“数值”“字符”与“符号”。

关于数据的结构，在数学中有几个常用概念——标量(Scalar)、向量(Vector)、矩阵(Matrix)、张量(Tensor)，在计算机学中把这一类数据结构统称为“数组”(Array)；它们在本质上其实都是统一的，在许多场合下并不加以区分。本书中为了呼应MATLAB的名字“矩阵实验室”，同时为了强化软件核心思想，使用“矩阵”这个词用来涵盖以上所有概念，不同的概念只是不同维度及不同规模的矩阵而已，如图3-1所示。

(1) 空数据：规模 0×0 空矩阵。

(2) 标量：规模 1×1 的0维矩阵。

(3) 行向量：规模 $1\times n$ 的1维矩阵。

(4) 列向量：规模 $n\times1$ 的1维矩阵。

(5) 普通矩阵：规模 $n\times m$ 的2维矩阵。

(6) 多维数组：规模 $n\times m\times\cdots$ 的多维矩阵。

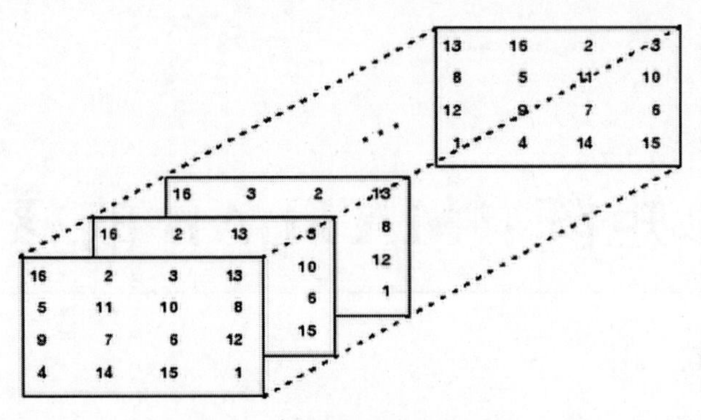

图 3-1　多维数组/矩阵示意

MATLAB 的所有数据类型均是以矩阵为核心及基础的，矩阵中的元素也可以是实数、复数、字符或符号变量。

3.1.1　数值矩阵："数"的结构

MATLAB 中的数值，拥有符合电气与电子工程师协会（Institute of Electrical and Electronics Engineers，IEEE）标准的存储格式与精度，包含浮点型与整型。浮点型包含双精度浮点型（double）和单精度浮点型（single），整型包含 8、16、32、64 位带符号与不带符号整型。MATLAB 中默认的数值类型就是"双精度浮点型"，对于初学者来说，基本可以涵盖所有应用场合；MATLAB 中次常用的是带符号 8 位整型（int8）。MATLAB 在复数计算领域也有很强的优势，因为它所有的运算都是定义在复数域上的，所以计算时不需要像其他程序语言那样将实部与虚部分开，如图 3-2 所示。

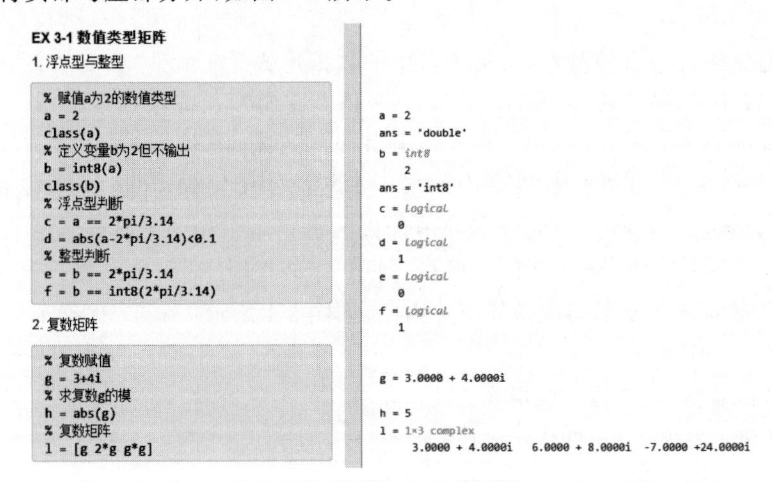

图 3-2　数值类型矩阵例程

说明：

（1）不建议直接判断两个浮点数是否相等，而应采用判断差的绝对值的方法，这是由于数值计算存在计算精度。

（2）复数中的 i 不可与前面的数字有空格间隔，4i 是一个完整的虚数。

（3）在工作区中，数值矩阵类的变量图标都是“田”字形的图标。

3.1.2　字符矩阵：“字”的结构

在 MATLAB 的编程语言中，文本数据主要以两种形式存储：“字符”和“字符串”。字符矩阵是由单个字符组成的数组，其中每个字符实际上是矩阵的一个元素。用户可以简单地通过单引号(' ')来创建一个字符行向量。字符串矩阵由一系列字符串构成，每个字符串元素可以是任意长度，不受限制。从 MATLAB 的 R2017a 版本开始，开发者可以通过使用双引号(" ")来直接创建字符串，如图 3-3 所示。

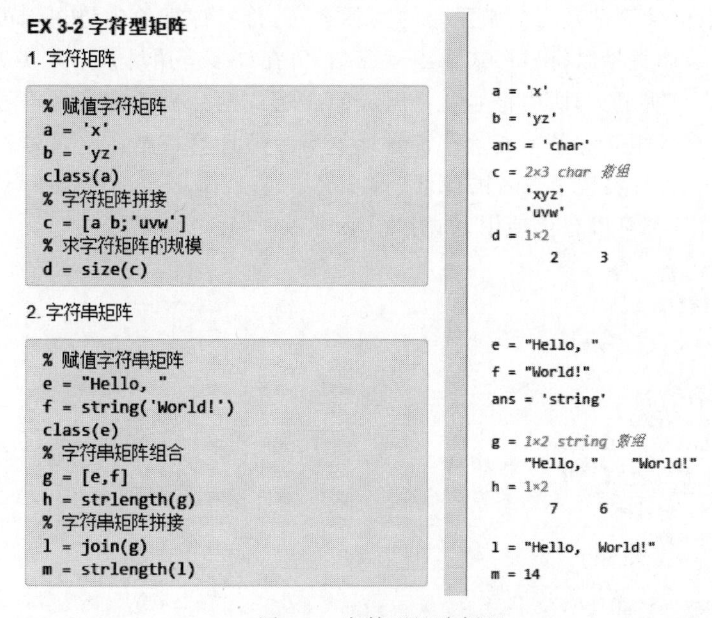

图 3-3　字符型矩阵例程

字符与字符串的区分在实际编程中至关重要，因为字符矩阵和字符串矩阵在处理和操作文本数据时各有优势。字符矩阵便于进行传统的字符级操作，而字符串矩阵则提供了更高级的文本处理功能，如更便捷的字符串拼接、搜索和替换操作。透过这一细微差别，MATLAB 使得文本处理既灵活又强大，可以满足不同场景下的编程需求。

说明：

（1）字符矩阵可以同时赋值一串字符，而且显示时也会将一行中的字符连续显示出来，但这并不表示它是一个字符串，它的类型仍是字符类型。字符矩阵与字符串矩阵的操作，同数值矩阵操作原理一致。

（2）取规模函数 size()取的是矩阵中元素的个数，也就是说，对字符矩阵取规模时，取到的是矩阵中字符的个数，对字符串矩阵取规模时，取到的是字符串的个数，而无法得到字符串内部有多少字符，这时可以使用 strlength()函数。

（3）字符转换为字符串使用 string()函数，字符串转换为字符使用 char()函数。

（4）在工作区中，字符变量的图标是“ch”，字符串变量的图标是“str”，两者的图标不同。

3.1.3 符号矩阵：“符”的结构

符号数学是数学中非常重要的部分之一，它引领人类从“算数学”进入“代数学”，从具象走向了抽象。因而，虽然 MATLAB 的诞生和崛起都依赖于它无与伦比的“数值计算”，但 MATLAB 一直强力推展它的符号计算功能，从 2008 年弃用 Maple 引擎而收购 MuPAD 以来的十余年间，MATLAB 的符号计算引擎早已今非昔比，成为业内最优秀的符号计算工具之一，并以符号数学工具箱(Symbolic Math Toolbox)的形式存在。

符号计算与数值计算都具有非常重要的实际意义，符号计算的优势在于可以不需要在计算前对变量赋值，而直接以符号形式输出运算结果，在许多应用场景中其实更接近数学思维。符号变量需要声明定义，而由符号变量组成的表达式则会自动定义为符号类型的表达式，符号表达式是符号矩阵的基本元素。符号计算与数值计算在本质上是两种类型的独立计算引擎，但 MATLAB 实现了二者的深度融合，比如，有许多函数都可以不限制输入类型，无论是数值还是符号都可以自由使用，如图 3-4 所示。

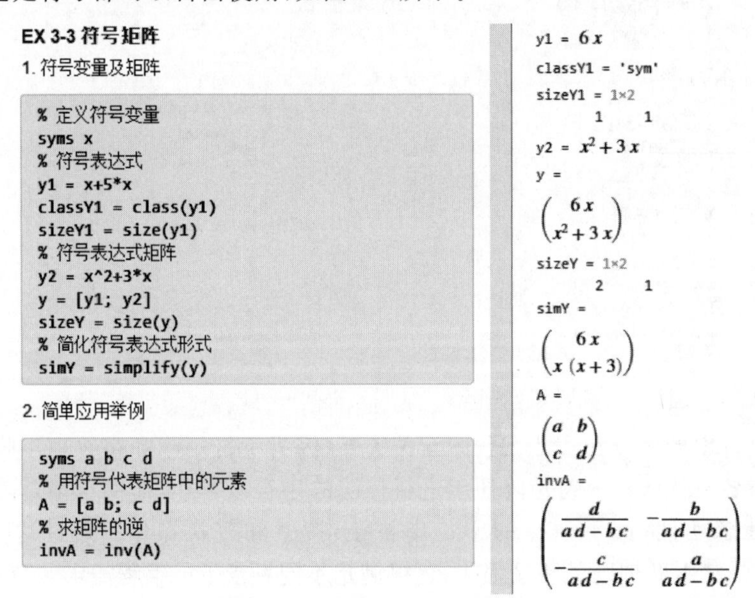

图 3-4　符号型矩阵例程

说明：

（1）符号变量的定义有两种方式，一种是使用 syms，这是一个关键字，其后所跟变量会定义为符号变量；另一种方式是使用 sym()函数，其代码写成 sym('x')也有同样的效果。

（2）符号表达式计算当然有一些数值计算中没有的功能，比如简化表达式(simplify)等；但同时也有大量的共通功能，比如求矩阵的逆(inv)等，可以帮助推导公式，获得解析解。

（3）符号计算尤其在高等数学的教学实践中举足轻重，本书将在第 5 章“数学：MATLAB 数学计算”中深入学习应用。

3.2　矩阵与数据结构

线性代数被称为“第二代数学模型”，其中，“矩阵”的概念可以说是整个现代科学的基础，其底层逻辑就在于，矩阵中不仅包含每个元素的值，还通过“结构”包含了数据与数据之间的关系信息，正如亚里士多德所说“整体大于部分之和”，就是这个道理，这正是“结构化语言”的好处。

矩阵是 MATLAB 中最核心的数据结构，然而矩阵也有它的不足，比如矩阵中的元素只可以是数值、字符、字符串、符号，而且只能使用数字进行索引，其实在许多程序设计场合下，都需要更复杂的存储模式，比如需要每个元素拥有不同的规模及不同的类型、需要使用名称而不是数字来索引元素，以及处理不同列拥有不同数据类型的表格类数据，这时就要对矩阵进行数据结构的拓展。在 MATLAB 中，还有三种核心数据结构：元胞数组、结构体和表，这三者可以归类为“数据存储结构”，它们一般不直接参与计算，而是转移到矩阵中完成计算，再转存回去，三者与矩阵在存储元素、索引方式、结构形态上的异同如表 3-1 所示。

表 3-1　MATLAB 四种数据结构比对表

	矩　阵	元胞数组	结构体	表
英文名称	Matrix	Cell array	Structure	Table
元素要求	同类元素	无要求	无要求	按列同类
元素是否可以是矩阵	否	是	是	否
索引方式	数字索引	数字索引	名称索引 （局部数字索引）	数字/名称索引
结构形态	阵状	阵状	树状	阵状

数据结构是编程语言的基础工具，如果仅仅掌握矩阵这一种数据结构，那么在编程实践中则难免舍近求远、事倍功半；元胞数组、结构体与表都是 MATLAB 程序设计中极为常用和重要的数据结构，对它们的使用不了解很可能造成程序复杂度的急剧攀升，可惜的是大多数教材与课堂并未给予其足够的重视。

3.2.1　元胞数组：多元数据的集成

在 MATLAB 中，元胞数组（cell array，或称为“元胞阵”）是一种特殊而强大的数据结构，它扩展了传统矩阵的概念。与普通矩阵不同，元胞数组中的每一个“元胞”都可以包含不同类型的数据，无论是数值、字符、字符串、符号表达式，还是另一个矩阵，甚至是另一个元胞数组，都可以轻松存储在这个灵活的容器中。

元胞数组的应用场景极其广泛，尤其是在处理不规则数据集时表现出其独到的优势。例如，当用户需要用数字索引来组织数据，但每个元素（比如子矩阵）的大小并不统一时，元胞数组成为最佳的选择，如图 3-5 所示。它的灵活性和实用性使其在 MATLAB 编程中不可或缺，无论是数据组织、信息存储还是高级编程技巧，元胞数组都能够发挥重要作用。

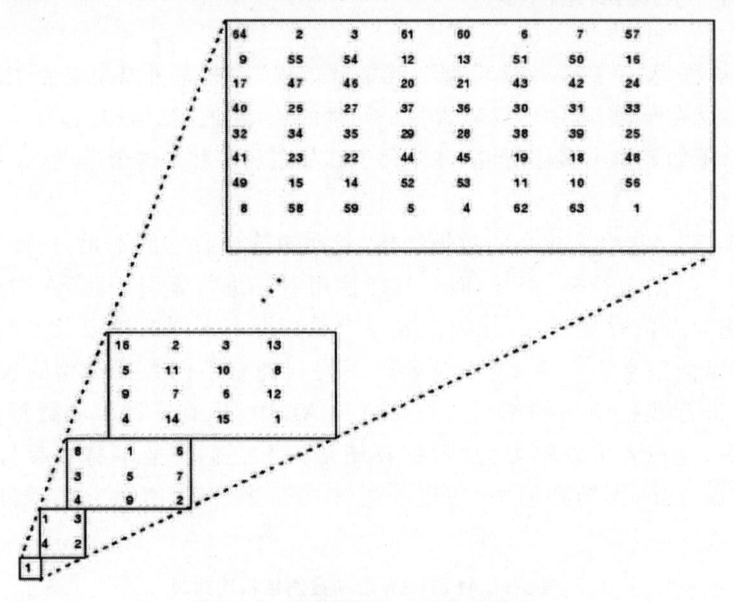

图 3-5　元胞数组的一种存储形式

元胞数组在程序设计中一般作为存储介质，将获得的数据灵活地保存在元胞中，需要时再利用数字索引快速提取。元胞数组的常用创建与访问操作如图 3-6 所示。

EX 3-4 元胞数组

1. 创建元胞数组

```
% 元胞数组整体输入
cellA = {1, 'text'; zeros(2,3), {11; 22}}
celldisp(cellA)
% 元胞数组按元素赋值
cellB(2,2) = {5}
% 快速创建空元胞数组
cellC = cell(2,3)
```

2. 访问元胞数组中的数据

```
% 使用圆括号，访问的是元素，即元胞
a = cellA(1,1)
% 使用花括号，访问的元素中的数据
b = cellA{1,1}
c = cellA{1,2}
```

3. 元胞数组转化为矩阵

```
cellD = {[1 2]; [3 4]}
matD = cell2mat(cellD)
```

```
cellA = 2×2 cell 数组
    {[         1]}    {'text'  }
    {2×3 double}      {2×1 cell}
cellA{1,1} =
     1
cellA{2,1} =
     0     0     0
     0     0     0
cellA{1,2} =
text
cellA{2,2}{1} =
    11
cellA{2,2}{2} =
    22
cellB = 2×2 cell 数组
    {0×0 double}    {0×0 double}
    {0×0 double}    {[        5]}
cellC = 2×3 cell 数组
    {0×0 double}    {0×0 double}    {0×0 double}
    {0×0 double}    {0×0 double}    {0×0 double}
a = 1×1 cell 数组
    {[1]}
b = 1
c = 'text'
cellD = 2×1 cell 数组
    {1×2 double}
    {1×2 double}
matD = 2×2
     1     2
     3     4
```

图 3-6　元胞数组例程

说明：

(1) 元胞数组采用花括号赋值，其余格式与矩阵相同，每个元素会默认形成一个单元素元胞。

(2) celldisp()函数可以用于显示元胞数组中每个元素的具体内容。

(3) 元胞数组本质是一个矩阵，因此也要符合阵形结构，比如仅对某一个位置赋值后，软件会自动用空元胞将其他位置补齐。

(4) cell()函数实现创建一个空元胞数组，多用于预分配内存，与矩阵赋值中的 zeros()函数同理。

(5) 注意，元胞数组中每个元素默认即为一个 1×1 元胞，因此直接使用圆括号索引，得到的是元胞元素而不是其中的数据内容；其实，使用花括号索引方式，就能直接突破元胞，以矩阵形式取得其中的数据元素。

(6) cell2mat()函数用于将元胞转换为矩阵，但前提是准备转换的数据本身就符合矩阵的格式要求，同样的函数还有 cell2struct()和 cell2table()。

3.2.2 结构体：有序数据的框架

在众多编程语言中，结构体(Structure)扮演着至关重要的角色。它是一种特殊的数据结构，以一种类似于“树”的形式，通过名称(也称为字段)来索引和存储数据。MATLAB 在处理结构体时展现出了其独特的灵活性，使其成为数据组织和处理的强大工具。

在 MATLAB 中，结构体能够存储的元素种类极为丰富，这一点与元胞数组相似。无论是数值、字符、字符串、符号表达式，还是一个完整的矩阵乃至另一个元胞数组，都可以成为结构体中的一个元素。更进一步，结构体的元素甚至可以是另一个结构体，允许我们通过多级结构直观地定义复杂的数据关系。此外，结构体还可以形成数组，这时可以局部使用数字索引来进行精准访问。

结构体的树状组织方式为程序设计带来了极大的便利，它使得将众多零散而复杂的数据有序地归纳和分类成为可能，如图 3-7 所示。在 MATLAB 编程实践中，灵活运用结构体不仅能够帮助用户更有效地管理和操作数据，还能让程序的设计更加清晰和高效。无疑，掌握结构体的使用，是每位 MATLAB 编程者提升技能的关键一步。

说明：

(1) 英文句点“.”可以用来定义结构体层级，多层级设置也同理，如 patient. name. firstName。

(2) 结构体作为树状结构，既可以使用名称(字段)来进行分支，也可以使用数字来分支，此时形成“结构体数组”，结构体数组中的所有结构体都具有相同的分支，因为毕竟没有脱离数组(矩阵)的本质。

(3) 在程序设计中，常用结构体主名称作为一个“对象”，使用结构体分支字段来存储该对象的一些“属性”，通过存取修改对象的属性来完成一些程序功能，这种思想虽然与真正的“面向对象编程”还有一定距离，但是往往可以大幅简化程序结构、提高代码的清晰度。

(4) 结构体中内容的显示顺序与创建顺序相同，并且修改其值后也不会改变显示顺序，为程序设计中创建数据和存储数据提供了方便。

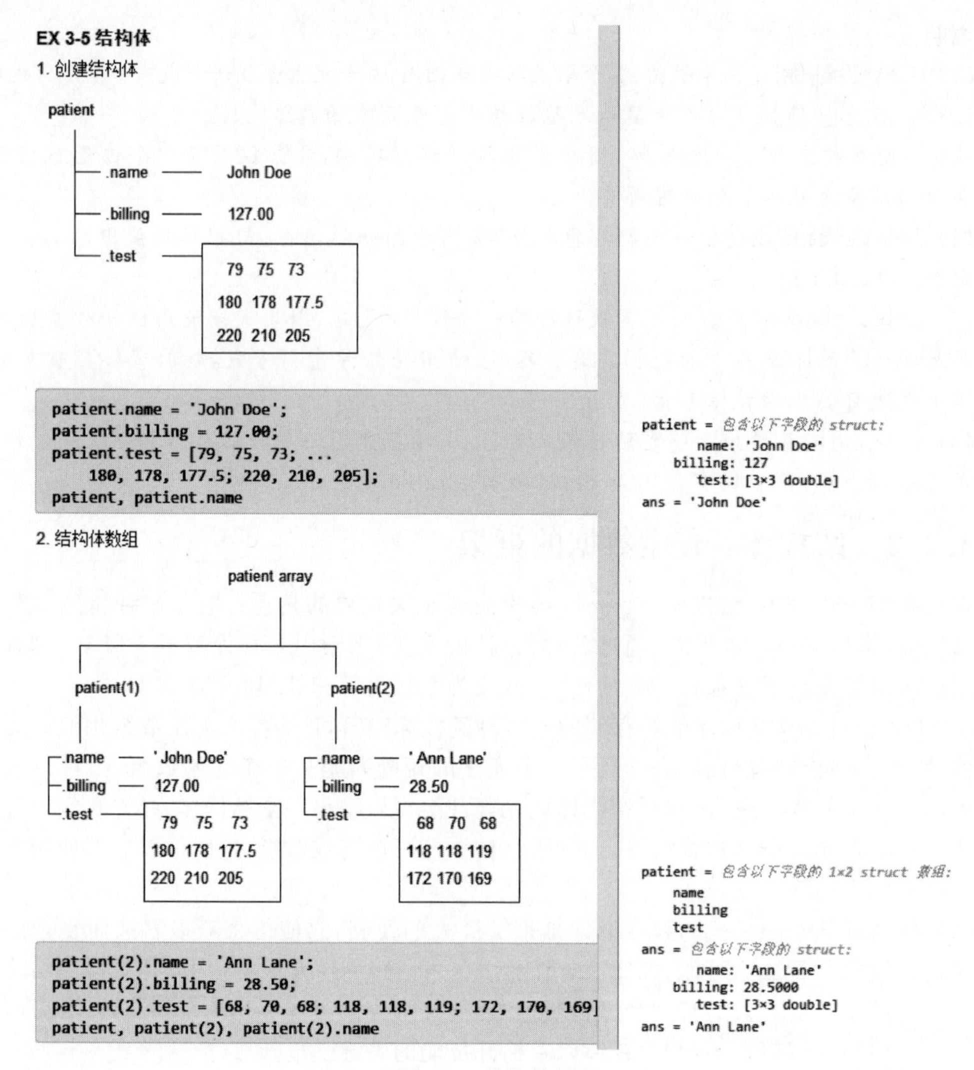

图 3-7 结构体例程

3.2.3 表：数据分析的利器

想象一下，如果有一种数据结构能够像电子表格那样直观，又具备 MATLAB 强大的数据处理能力，那会是怎样的便捷？这正是表(Table)所带来的革命性创新。表是一种特殊的异化数据结构，建立在矩阵之上，但提供了更多的灵活性和功能。

在表中，每个变量，就像电子表格中的一列，可以有不同的数据类型和大小。唯一的要求是，所有变量必须有相同的行数，即相同数量的观测记录。变量并不局限于单列数据，也可以是一个多列的矩阵，只要保持行数一致就可以。自从 R2013b 版本引入以来，表数据结构很快就取代了统计工具箱中的 dataset 数据类型，并迅速成为 MATLAB 用户在数据处理和程序设计中的宠儿。无论是存储实验数据、管理观测点(行)和测量变量(列)，还是从文本文件和电子表格中提取数据，表都能够以其优雅的方式完美胜任。

表的一个关键优势在于其基于名称的索引功能，这使得数据检索速度极快，类似于哈希表的效率。与之相比，在矩阵或元胞数组中进行同样的操作，可能需要遍历全量数据，尤其在数据量庞大时，效率就显得不那么理想了。熟练运用表会极大提升数据分析的效率和准确性。因此，在 MATLAB 中，表不仅是数据分析师的好帮手，更是程序设计师的得力助手。MATLAB 中的表格式可与两类格式无缝对接：

（1）. txt、. dat 或 . csv（适用于带分隔符的文本文件）；

（2）. xls、. xlsm 或 . xlsx（适用于 Excel 电子表格文件）。

使用 writetable()函数可以将表保存为上述格式，使用 readtable()函数可以读取上述格式，如图 3-8 所示。

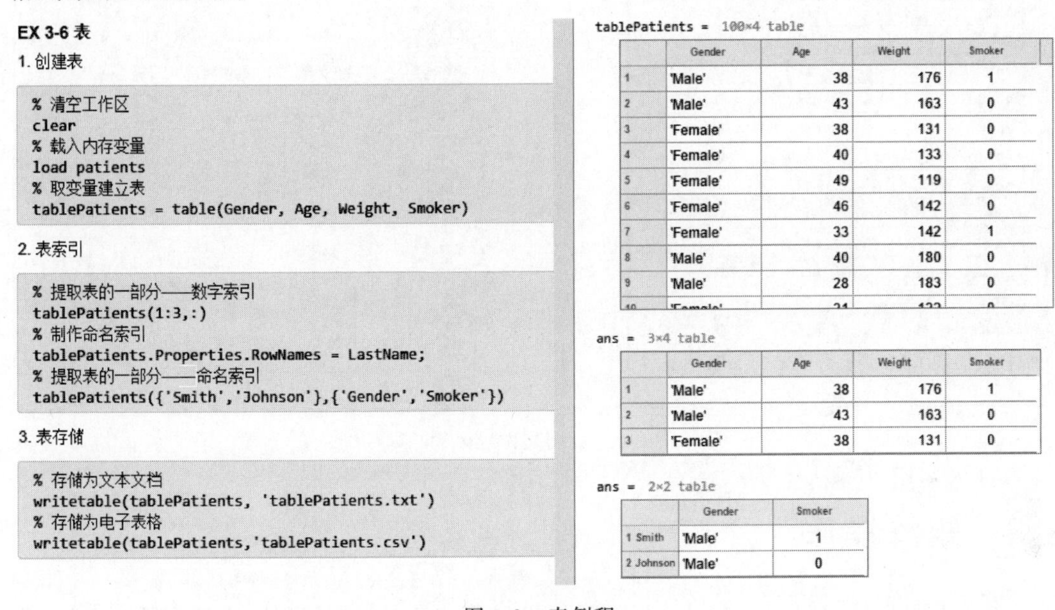

图 3-8　表例程

说明：

（1）patients 是 MATLAB 自带的工作空间数据，并保存为一个. mat 文件；同理，用户也可以将工作空间保存下来，命令为 save name. mat，其中，name 是用户自起的名字。

（2）table()函数用于创建表，输入的变量名同时将作为表头，输入变量可以是列向量、矩阵、元胞数组、字符矩阵、逻辑矩阵，只要它们拥有相同的行数即可，工作区中图标为一个“对号”的 Smoker 变量为逻辑矩阵，其中存储的只有 1（真）和 0（假）两个值。

（3）许多数据量较大的文件常常是以. csv 格式存在的，MATLAB 甚至可以直接打开. csv 文件，并可以选择输入类型，常用的有表、列向量、数值矩阵、字符串数组、元胞数组，图 3-9 所示为数据文件导入窗口。

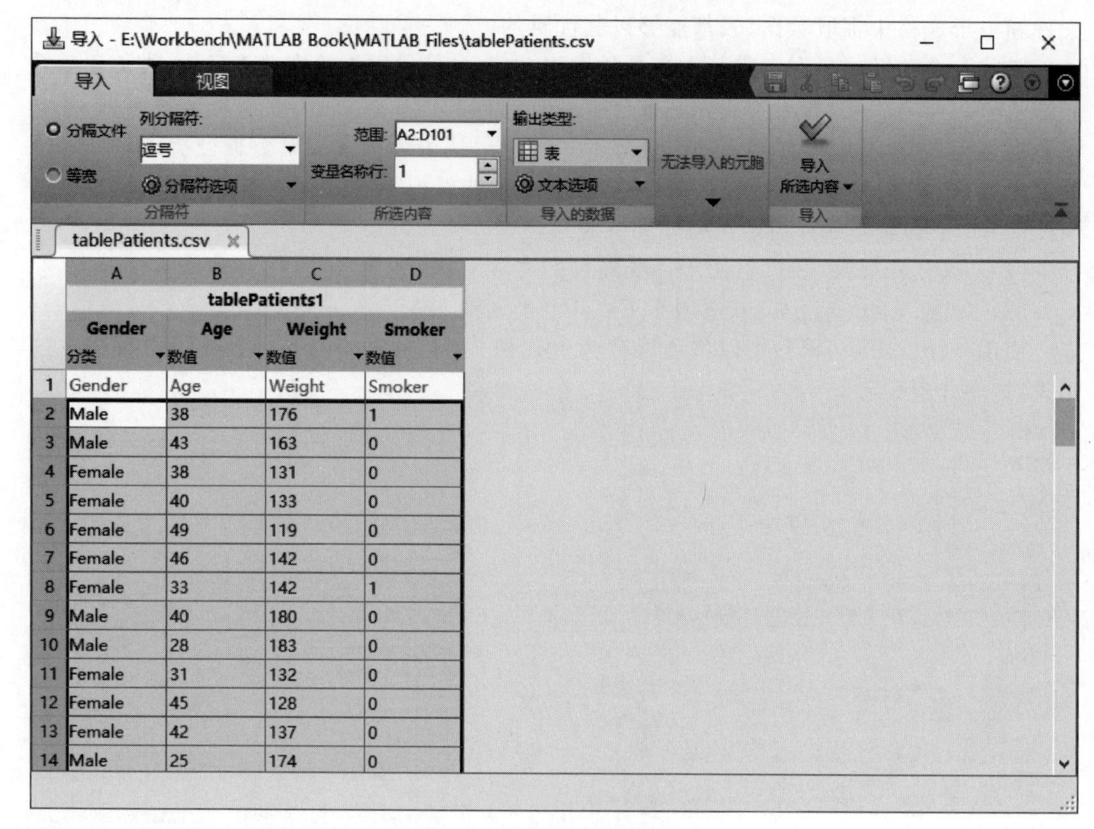

图 3-9　数据文件导入窗口

3.3　矩阵操作

在今天这个数据驱动的时代，大数据与机器学习已成为全球的热门话题。矩阵，作为这些领域不可或缺的数据结构，之所以颇受青睐，原因何在？答案在于矩阵的“批量操作”特性。通过矩阵，我们能够高效地进行批量计算，同时将数据打包，让其更易于理解和分析。

作为 MATLAB 的核心，矩阵的强大之处不仅在于其数据结构本身，还在于那些针对矩阵设计的操作技能。通过灵活运用这些操作，用户的代码可以达到令人惊叹的简洁与高效，体验到 MATLAB 相比其他编程语言的巨大优势。精通矩阵操作是学习 MATLAB 的关键之一，这包括熟悉矩阵的索引、逻辑以及函数操作。为了提升效率和保持代码的清晰，推荐在操作矩阵时养成以下三个良好习惯。

(1) 整存整取：在可能的情况下，对整个矩阵进行操作，而非单独处理每个元素。这样可以最大限度地减少循环的使用，提升代码效率。

(2) 清晰的维度意义：在初始化矩阵时，清楚地注释每个维度的含义，并在维度变换时及时更新注释，确保维度意义的明确性。

(3) 统一的维度数据地位：避免在同一维度中混合不同意义或不同层级的数据，这样做可以避免在编程时引入不必要的复杂性和混乱。

掌握 MATLAB 中的矩阵操作，将使用户在数据处理的道路上游刃有余，无论是进行简单的数据分析还是构建复杂的模型，都能够高效地处理和解读数据，让科学计算变得更加直观和有趣。

3.3.1　索引操作：矩阵的定位术

在 MATLAB 的世界里，掌握如何精确地访问矩阵中的元素是基础中的基础。这一切，都离不开一个关键技巧——索引。通过索引，我们可以轻松实现对矩阵中特定部分的提取和赋值，使数据处理变得既高效又直观。索引的魅力在于其两种形式：单索引(index)和角标索引(subscript)。单索引是将矩阵视为一个长向量，通过一个从 1 开始的数字序列来访问元素。在处理多维矩阵时，单索引按照维度的顺序(如行、列、页等)将矩阵展开成向量，从而用一个数字来定位任意元素。角标索引直接利用各维度的角标来定位元素，就像我们通常在数学中用行和列的坐标来找到矩阵中的一个特定元素一样简单。

想象一下，有一个三维矩阵，通过角标索引，我们可能需要提供三个坐标(i, j, k)来访问一个元素。而通过单索引，我们只需要一个数字。如图 3-10 所示为单索引与角标索引之间的对应关系，可以让读者能够根据需要灵活选择索引方式。

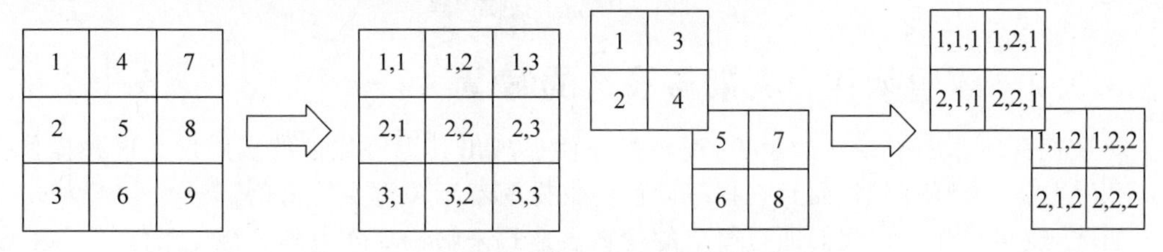

图 3-10　单索引与角标索引的对应关系

使用索引进行矩阵操作时，要灵活利用冒号“:”与 end 关键字，理解掌握单索引与角标索引的转换方法，如图 3-11 所示。

说明：

(1) end 代表该维度最后一个角标的值，在程序设计中，对于要操作的矩阵，尽量使用 end 而不是实际的数字来取到最后一位，这样的程序稳健性强，不会受到矩阵规模变化的影响。

(2) a(:)这种形式非常重要和实用，它可以将任意维度矩阵整理为列向量，进而可以当作向量来处理和计算，如需回归原形式，使用 reshape()函数即可。

(3) 角标索引换算为单索引使用 sub2ind()函数，单索引换算为角标索引使用 ind2sub()函数，两者的第一输入变量均为矩阵的规模向量，可使用 size()函数得到。

(4) 矩阵可以通过索引实现局部的赋值，注意等号两边的规模一定要相同，否则会报错。

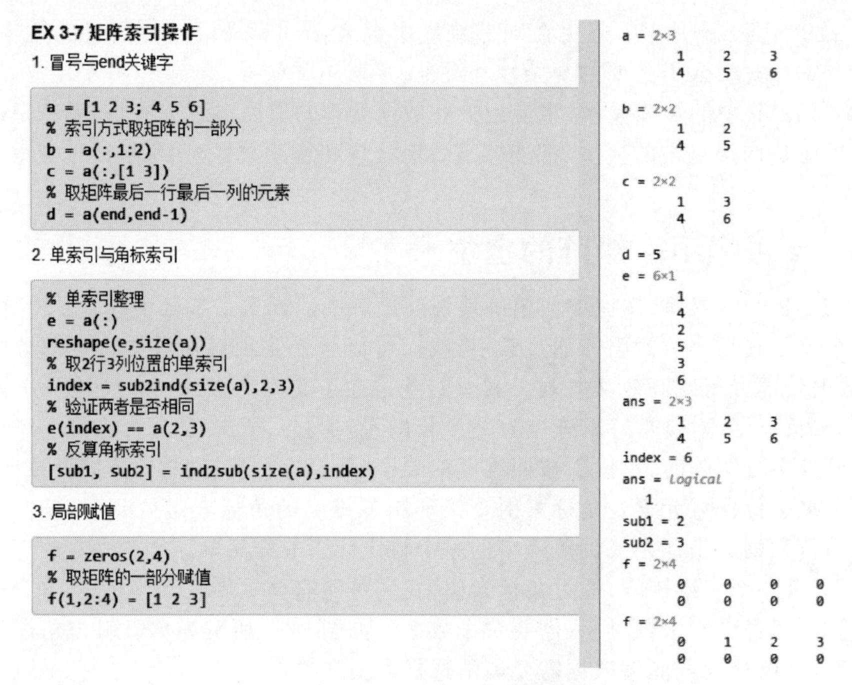

图 3-11　矩阵索引操作例程

3.3.2　逻辑操作：决策与筛选的智慧

当我们深入 MATLAB 的世界，逻辑操作便显现出其无可比拟的实用性。这种操作技术不仅是数据处理的利器，而且在程序设计中也扮演着至关重要的角色。

首先，逻辑操作允许我们通过简单的逻辑表达式来筛选矩阵中满足特定条件的元素，从而实施批量操作。这意味着，不需要烦琐的索引指定，仅凭一个逻辑判断就能高效地对数据集进行增、删、改、查操作。其次，逻辑矩阵本身可以作为控制流语句的条件，使得程序的分支决策更加直观和精确。MATLAB 这种基于矩阵的整体判断方法，在编程语言的世界里可谓独树一帜，它极大地简化了编程过程，节约了用户的时间和精力。此外，find()函数提供了一种快速的方式来从矩阵中提取满足逻辑条件的索引，它是逻辑操作的完美伴侣，使得从庞大数据集中定位特定元素变得轻而易举。

在 MATLAB 的程序设计中，逻辑操作的威力无处不在。它不仅能够帮助用户决定程序的走向，还能优化处理流程，使代码更加紧凑和高效。矩阵逻辑操作例程如图 3-12 所示，逻辑操作的实用性和强大功能为 MATLAB 用户提供了极大的方便，让复杂的决策变得简单且高效。

说明：

(1) “a>3”这样的式子可以直接取得与 a 矩阵规模一致的逻辑矩阵。

(2) 逻辑矩阵做索引可以取得所有满足逻辑的元素，结果按列向量输出。

(3) logical()函数可以将输入变量换算成逻辑矩阵，其中的任意非零元素都将转换为逻辑值 1。

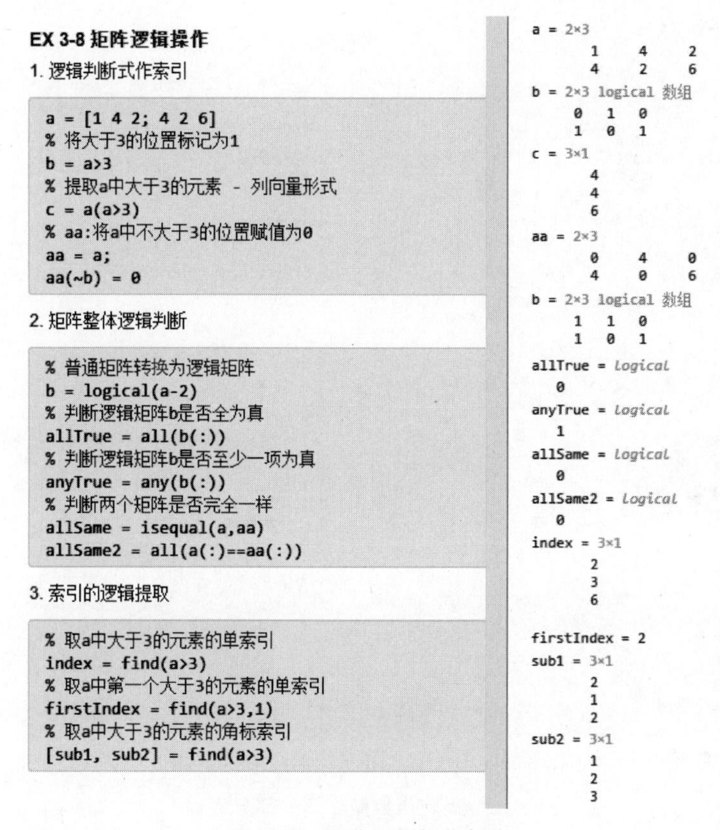

图 3-12 矩阵逻辑操作例程

(4) all()函数与 any()函数的基本处理单元都是列向量，也就是说，输入一个 $m \times n$ 规模的矩阵，返回的是 $1 \times n$ 的行向量，其中，每个元素对应的是每个列向量的逻辑值；如果想对矩阵中所有的元素进行判断，先使用冒号索引把矩阵向量化即可。

(5) find()函数的默认输出是单索引，如需要输出角标索引，使用方括号承接输出变量即可。

3.3.3 函数操作：矩阵处理的魔法

在 MATLAB 中为矩阵操作设置了大量的函数，可以说用户能想到的函数都已经准备好了，最基础和常用的是提取矩阵信息以及矩阵生成的函数，如图 3-13 所示。

说明：

(1) numel()函数意为元素个数(element number)，等于各个维度上规模的乘积。

(2) 使用冒号生成线性向量极为常用，其中间的数字为正数或负数均可，省略时表示为1；最后一个数字表示的是生成范围，生成的数字超过它时则结束数字生成算法。

(3) 二维、三维、N 维网格的生成是 MATLAB 程序设计中非常常用的技巧，相当于生成了多维空间中的全遍历点，是矩阵化编程中必不可少的技术之一。

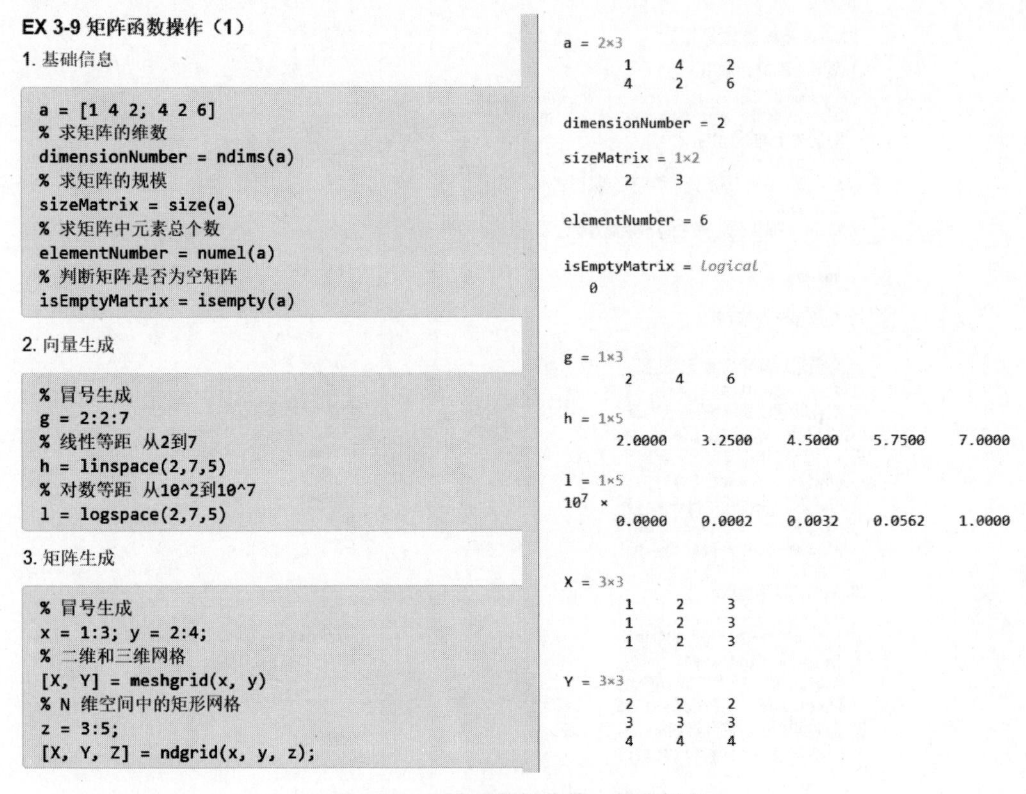

图 3-13　矩阵函数操作第一部分例程

矩阵操作的函数远不止此，下面隆重推出矩阵操作的八大核心函数，包括 sort()，permute()，squeeze()，fliplr()，reshape()，cat()，repmat()和 kron()函数，这八个核心函数的掌握将让 MATLAB 程序设计变得十分简洁，如图 3-14 所示。

说明：

(1) sort()函数用于对矩阵中的元素进行排序，对于向量实现的是从小到大的排序，对于矩阵可以指定排序所依据的维度，因为毕竟一个维度上的大小排序不会恰好使得其他维度也呈有序态；sort(a,'descend')可以实现从大到小排序；如果用户想进行类似于 Excel 表格中的排序操作，即按对行进行排序并且行内不打散对应关系，则可使用 sortrows()函数，该函数对于 MATLAB 中的表结构也可以进行排序。

(2) permute()函数用于重新排列矩阵中的维度，permute 意为“置换”。

(3) squeeze()函数用于撤销长度为 1 的维度，使矩阵降维，该函数的灵活使用可以减少无用功。

(4) fliplr()函数用于将矩阵中所有的行向量进行翻转，flipud()函数可以实现矩阵中所有列向量的翻转，而 wrev()函数用于实现所有向量翻转，也可以认为是接连进行了一次行向量翻转与列向量翻转，另外，rot90()函数用于实现把矩阵逆时针旋转 90°。

(5) reshape()函数用于将一个矩阵在总元素不变的情况下，改变行列数与形状。

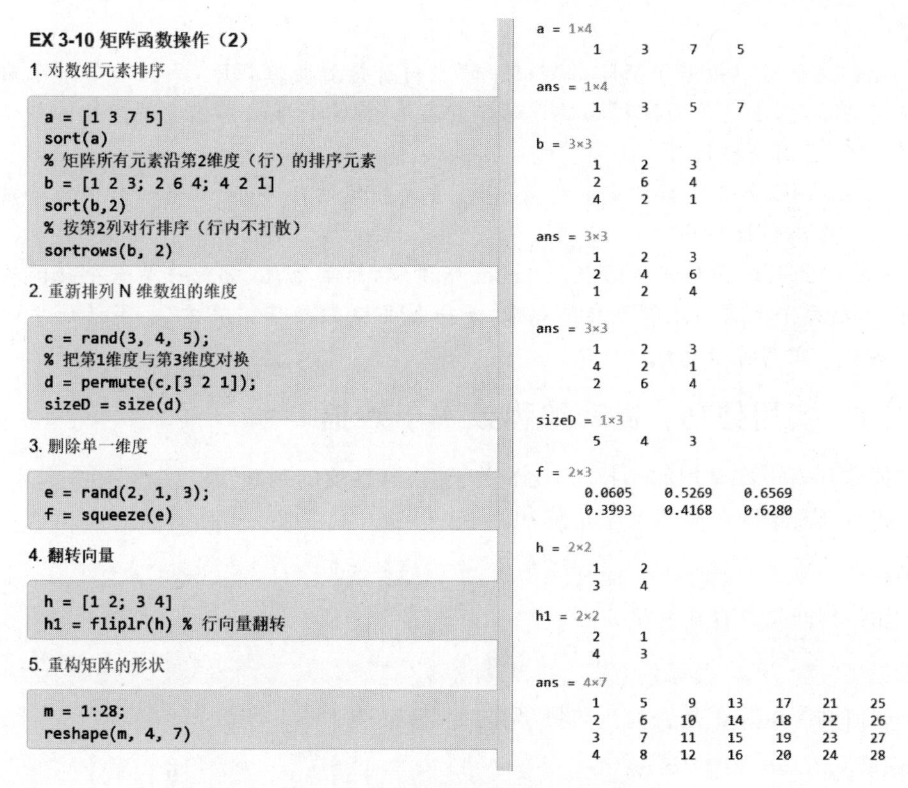

图 3-14 矩阵函数操作第二部分例程

还有一些用于矩阵串联、重复、扩展的函数，如图 3-15 所示。

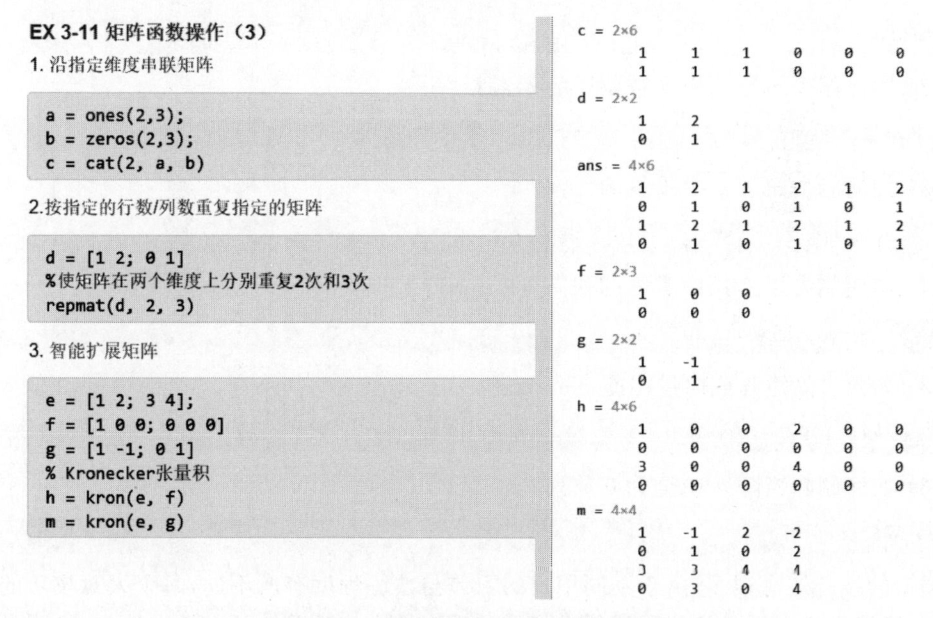

图 3-15 矩阵函数操作第三部分例程

说明：

(1) cat()函数可以把若干矩阵沿"指定维"方向拼接为高维矩阵，函数的第一个输入变量就是指定的维度，在高维矩阵拼接操作时非常实用，注意拼接之前需要确定输入矩阵规模是可以拼接的，否则会报错。

(2) repmat()函数用于按指定的行数/列数重复指定的矩阵，可以将一个小矩阵按规律快速扩展成一个周期性矩阵。

(3) kron()函数返回两矩阵的 Kronecker 张量积，简单地说，就是将第一个矩阵的各元素分散开，再将每个元素与第二个矩阵相乘，是一种高级的矩阵扩展方法，灵活使用此函数可以在一些场合四两拨千斤。

3.3.4 实用技巧：提升编程效率小妙招

矩阵操作还有一些常用的小技巧，比如关于"矩阵性质的判断"。

(1) 如何判断矩阵 $\boldsymbol{a}$ 是否为空矩阵？

```
isempty(a)
```

(2) 如何判断是否存在变量 a？

```
exist('a')
```

(3) 如何判断矩阵 $\boldsymbol{a}$ 是否为行向量、列向量、标量？

```
isrow(a)、iscolumn(a)、isscalar(a)
```

再如关于"矩阵中指定元素的去除"。

(1) 如何删除矩阵 $\boldsymbol{a}$ 中最后一个元素？

```
a(end) = []
```

(2) 如何删去向量 $\boldsymbol{a}$ 中偶数位置的元素？

```
a = a(1:2:end)
```

(3) 如何删去向量 $\boldsymbol{a}$ 中重复的元素？

```
a = unique(a)
```

(4) 如何删去矩阵 $\boldsymbol{a}$ 中重复的列向量？

```
a = unique(a, 'row')
```

(5) 如何去除矩阵或向量中的 NaN、inf？

```
a(isnan(a)) = []、a(isinf(a)) = []
```

(6) 如何删除矩阵 $\boldsymbol{a}$ 中全为 0 的列？

```
a = a(:,any(a))
```

类似的技巧还有很多，由于不同用户的习惯与熟练程度有所不同，每个人对技巧的定义也不同，建议用户在平日的编程积累中将看到想到的小技巧总结到电子文档中，日积月累逐渐就能成长为 MATLAB 的应用高手。

3.4　矩阵运算

向量是最基础的矩阵，向量运算往往可以实现“批量化的元素运算”；矩阵是由向量组成的，矩阵是“向量的向量”，所以矩阵的运算往往可以实现“批量化的向量运算”。因此，在 MATLAB 中优先考虑矩阵运算，其次为向量运算，最后再考虑元素运算。

作为初学者，读者会发现 MATLAB 中有一整套预先打包好的函数可以使用。这些函数提供了编码的快捷方式，不仅加快了计算速度，而且提高了程序的稳定性。虽然有时候我们可能会出于学习的目的尝试手动编写这些函数，但在实际应用中利用这些现成的函数能让我们事半功倍，节约宝贵的时间。

3.4.1　算术运算：矩阵的计算法则

矩阵有一些基本的算术运算函数，可以批量对矩阵中的元素进行算术处理或得到统计信息，如图 3-16 所示。

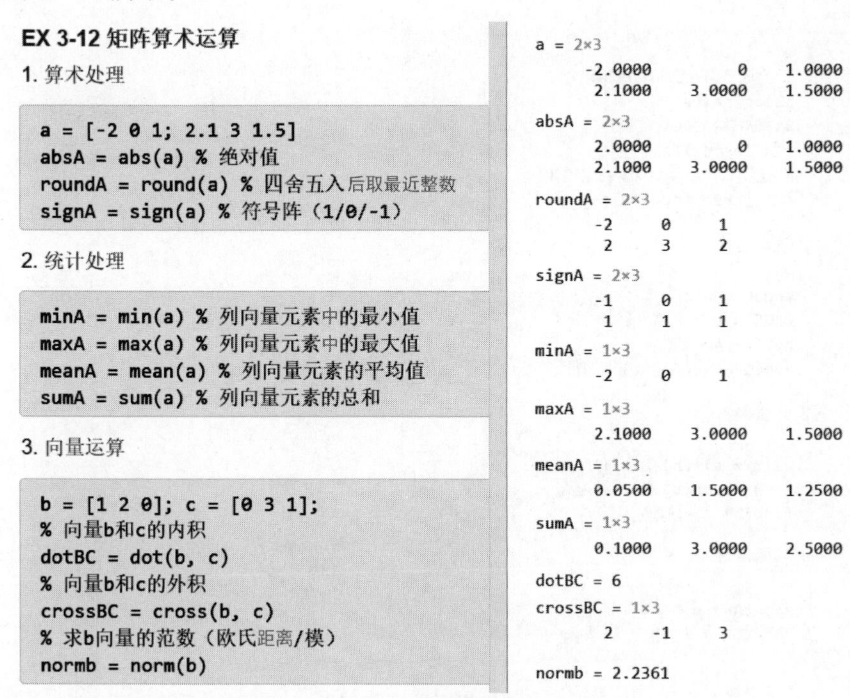

图 3-16　矩阵算术运算例程

说明：

(1) abs()函数求取每个元素的绝对值，对于复数来说是求复数的模。

(2) round()函数求四舍五入后的最近整数，与其类似的函数还有：fix()函数，无论正负，舍去小数至最近整数；floor()地板函数，求四舍五入后小于或等于该元素的最接近整数；ceil()天花板函数，求四舍五入后大于或等于该元素的最接近整数。

(3) sign()函数是很常用的符号函数，对每个元素计算返回值为：1(元素大于0)，0(元素等于0)，−1(元素小于0)。

(4) mean()函数为平均值函数，求向量中元素的平均值，类似的还有：median()中位数函数，求向量中元素的中位数，std()标准差函数，求向量中元素的标准差。

(5) dot()函数为点乘函数，求向量的内积，结果为一个数值；cross()函数为叉乘函数，求向量的外积，要求输入的向量长度必须为3(或者是以长度为3的列向量组成的矩阵)，结果也是一个长度为3的向量(或矩阵)。

3.4.2 逻辑运算：矩阵的真与假

逻辑值只有两种，要么为真(true，1)，要么为假(false，0)，在程序设计中为判断起到非常重要的作用。MATLAB可对矩阵中的元素进行批量的逻辑运算处理，灵活使用可使程序极致简洁，如图3-17所示。

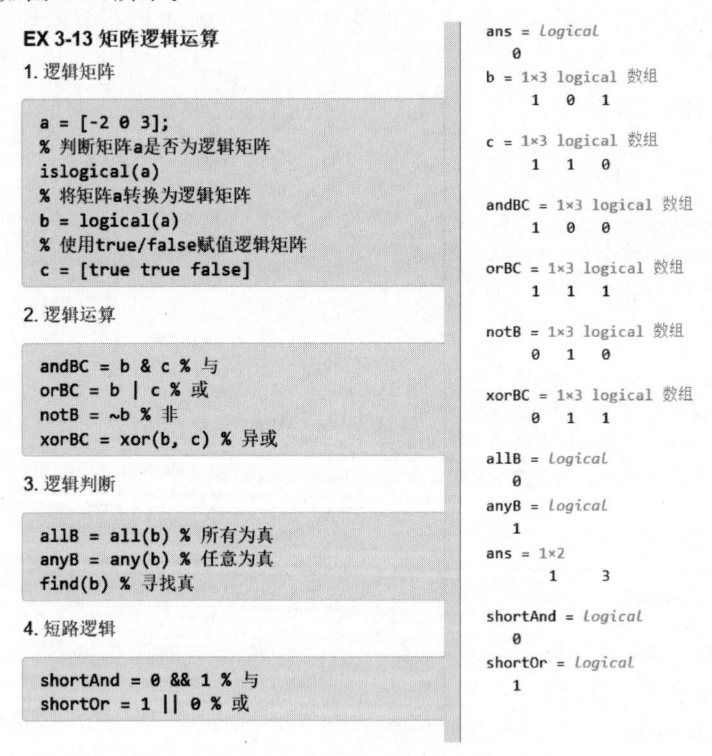

图3-17 矩阵逻辑运算例程

说明：

(1) logical()函数为逻辑化函数，将矩阵中所有元素变成逻辑值，原则是“遇0为0，非0即1”。

(2) true和false在MATLAB中是关键字，代表着逻辑1与逻辑0，通常用1和0代替更为简洁高效。

(3) 短路逻辑运算与普通逻辑运算有两处不同：一是短路逻辑运算要求符号两边必须为逻辑元素而不能是矩阵；二是如果计算第一个逻辑元素就得到了整体表达式的必然值，则不必再计算后面的式子。短路逻辑运算常用于程序流中的判断，如 if 或 while 后面的表达式。

3.4.3 关系运算：比较与排序的逻辑

同规模矩阵可以进行关系运算，可以比较两矩阵对应元素的大小关系；在同一矩阵中相邻元素之间可以用导数函数求取大小关系；如果矩阵中的信息是点坐标，还可以求取点与点之间的距离关系，如图 3-18 所示。

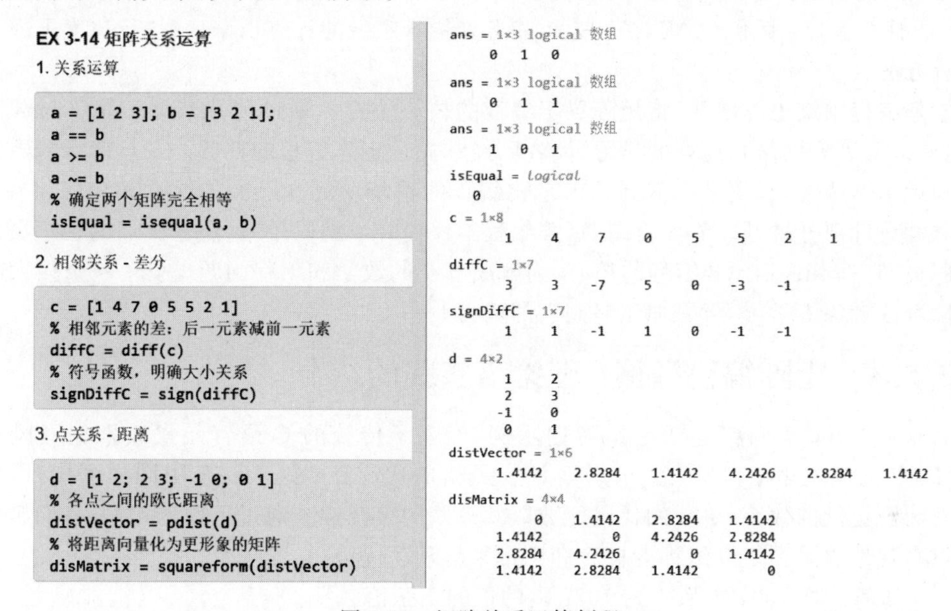

图 3-18　矩阵关系运算例程

说明：

(1) 关系运算符包括：等于(==)、不等于(~=)、大于(>)、大于或等于(>=)、小于(<)、小于或等于(<=)。

(2) isequal()函数可以确定两个矩阵完全相等，如果矩阵中有 NaN 时，可使用 isequaln()函数，其将 NaN 值视为相等。

(3) diff()函数为差分函数，返回比原向量少一个元素的差分向量，比如，差分向量位置为 n 的元素，即等于原向量位置 $n+1$ 的元素减去位置 n 的元素，配合符号函数即可得到两元素之间的关系是大于、小于还是等于。

(4) 当矩阵中存储的是点坐标信息时，可以使用 pdist()函数求取各点间的距离，这里的距离是欧氏距离，即两坐标点连线的长度，取得的是向量形式，也可以使用 squareform()函数将向量形式转换为矩阵形式，这样更为直观形象，也更容易通过角标直接取得两点之间的距离；pdist()函数还有一个很常用的选项，即 pdist(X, 'cityblock')，从字面翻译为街区距离，也叫曼哈顿距离，最早命名是用于在曼哈顿街区表征交通，因此它不是直线距离，而是两点之间只走横线和竖线的路程距离。

3.5 矩阵编程

矩阵编程，或者说向量化编程，是MATLAB的一大亮点，提供了一种与众不同的编码风格，尤其与传统的C语言等编程风格相比，它有以下几个显著的优势。

(1) 自然直观：它贴近我们的数学直觉，使得代码不仅易于编写，而且更加易于理解。

(2) 简化代码：通过减少循环和迭代，代码变得更加简洁，同时降低了出错的可能性。

(3) 计算提速：凭借MATLAB为矩阵运算量身定做的计算引擎，其执行速度远超传统的编程方法。

矩阵编程围绕矩阵展开，将矩阵置于编程的核心位置。通过前几节关于矩阵与数据类型、结构以及矩阵操作和运算的学习，读者已经掌握了矩阵编程的精髓。一旦读者能熟练并灵活地运用这些技巧，就已经掌握了向量化编程的精华。更深层次的探索和应用将在第7章的软件设计部分展开。简而言之，矩阵编程不仅提升了编码效率，还让我们的程序更加紧凑、高效。它是MATLAB编程的核心，为解决复杂的数学和工程问题提供了一个强大的工具。随着读者深入学习，将更加领略到它的威力。

3.5.1 矩阵编程举例：理论与实践的结合

在这一节中，我们精选了5组对比示例，展现了传统的C语言元素级别编程风格与MATLAB的矩阵化编程风格。虽然C语言风格的代码在MATLAB中同样可执行，但它往往意味着更低的效率、更多的代码行数以及较差的可读性。通过下面的实例，我们希望读者能够直观地感受到矩阵编程的概念和它带来的显著优势。

(1) 如何计算1001个从0到10之内的值的正弦值？

C语言风格：

```
i = 0;
for t = 0:0.01:10
   i = i + 1;
   y(i) = sin(t);
end
```

MATLAB矩阵风格：

```
t = 0:0.01:10;
y = sin(t);
```

MATLAB中大量的计算函数都是既可以对元素计算，也可以对向量及矩阵进行批量计算的，这使得MATLAB的代码异常简洁与高效。

(2) 已知10000个圆锥体的直径D和高度H，如何求它们的体积？

C语言风格：

```
for n = 1:10000
   V(n) = 1/12 * pi * (D(n)^2) * H(n);
end
```

MATLAB矩阵风格：

```
V = 1/12 * pi * (D.^2). * H;
```

利用点运算符进行元素级操作。例如，使用.＊来替代逐元素的乘法循环，使用./进行逐元素的除法操作。这样的操作保证了代码的简洁性和执行速度。

（3）如何计算某向量每5个元素的累加和？

<table>
<tr><td>

C语言风格：

```
x = 1:10000;
ylength = …
(length(x) - mod(length(x),5))/5;
y(1:ylength) = 0;
for n = 5:5:length(x)
   y(n/5) = sum(x(1:n));
end
```

</td><td>

MATLAB矩阵风格：

```
x = 1:10000;
xsums = cumsum(x);
y = xsums(5:5:length(x));
```

</td></tr>
</table>

cumsum()函数为累积和函数，求取的是向量或矩阵中列向量从第1个元素开始的累积和，是非常常用的函数。MATLAB拥有丰富的库函数，比如sum()、mean()、max()函数等，它们对向量和矩阵的运算经过优化，比手写循环更快更可靠。

（4）假设矩阵$\boldsymbol{A}$代表考试分数，行表示不同的班级，如何计算每个班级的平均分数与各分数的差？

<table>
<tr><td>

C语言风格：

```
A = [97 89 84; 95 82 92; 64 80 99;76 77
67; 88 59 74; 78 66 87; 55 93 85];
mA = mean(A);
B = zeros(size(A));
for n = 1:size(A,2)
   B(:,n) = A(:,n) - mA(n);
end
```

</td><td>

MATLAB矩阵风格：

```
A = [97 89 84; 95 82 92; 64 80 99;76 77
67; 88 59 74; 78 66 87; 55 93 85];
devA = A - mean(A)
```

</td></tr>
</table>

即使$\boldsymbol{A}$是一个7×3矩阵，mean(A)是一个1×3向量，MATLAB也会隐式扩展该向量，就好像其大小与矩阵相同一样，并且该运算将正常按元素减法运算来执行。

（5）如何计算两个向量形成的所有组合乘积的正弦值？

<table>
<tr><td>

C语言风格：

```
x = -5:0.1:5;
y = (-2.5:0.1:2.5)';
N = length(x);
M = length(y);
for ii = 1:M
   for jj = 1:N
      X0(ii,jj) = x(jj);
      Y0(ii,jj) = y(ii);
      Z0(ii,jj) = …
sin(abs(x(jj) * y(ii)));
   end
end
```

</td><td>

MATLAB矩阵风格：

```
[X,Y] = meshgrid(-5:0.1:5, -2.5:0.1:
2.5);
Z = sin(abs(X.* Y));
```

</td></tr>
</table>

首先，逻辑索引允许我们用条件表达式直接索引数组，这比传统的 for 循环寻找特定元素要高效得多。另外，"网格"是一个重要的概念，当目标是计算多个向量中的每个点的所有组合时，多个向量将形成一个网格，把向量扩展成矩阵以形成网格的方式称为"显式网格"，可以使用 meshgrid()函数或 ndgrid()函数来进行创建。遇到此类问题，往往第一反应是建立循环，然而，凡是循环建立之时，都应该思考是否可以使用矩阵化编程风格。

3.5.2 矩阵编程要点：编程效率的秘诀

在掌握了前面章节所介绍的矩阵编程的概念、方法和技巧后，读者应该进一步理解以下几个关键的编程实践。

(1) 内存预分配的智慧：在开始编码之前，务必使用 zeros()或 ones()等函数预分配矩阵内存。这样做能避免程序在运行过程中频繁改变矩阵大小，从而节省大量计算资源和时间。

(2) 矩阵的单一性和明确性：确保每个矩阵都只承载一个清晰的含义，每个维度都有一个明确的意图。不要让一个矩阵承载过多的信息。通过恰当的命名和详细的注释来保持矩阵含义的清晰。

(3) 矩阵规模的持续校验：在编码过程中不断检查矩阵的大小，确保在程序的每个关键点，矩阵的规模都是已知且被正确处理的，使用注释来记录这些信息，避免因规模不匹配而导致的错误。

(4) 逻辑索引的巧妙运用：采用逻辑索引可以极大地简化代码。在处理矩阵时，一条逻辑索引语句经常可以轻松解决复杂的问题，这是 MATLAB 代码简洁和高效的关键。

(5) 谨慎使用循环：大多数循环都可以通过矩阵运算来优化。对于刚开始学习的读者，可能会倾向于使用熟悉的循环，但应该培养在每次准备使用循环时先考虑是否能用矩阵运算来代替的习惯。

(6) 多向量计算的网格化：当涉及多个向量的运算时，不要误以为只有循环才能处理。网格化技术常常能简化这类问题的代码，并减少出错的可能性。

(7) 元胞数组和结构体的适时使用：它们在存储和索引上提供了便利，解决了矩阵的局限性。但它们不适合高效的批量运算，因此只在特定场合使用。在大多数情况下，矩阵仍然是首选的数据结构。

(8) 稀疏矩阵的高效利用：对于包含大量零元素的矩阵，优先考虑使用 MATLAB 的稀疏矩阵。这将大幅提升这类矩阵的运算速度，并节约存储空间。

这些编程要点的掌握，将有助于读者更加精通 MATLAB 的矩阵编程，提升代码的性能和可读性，让读者的 MATLAB 之旅更加顺畅。

常见问题解答

(1) 为什么本书将各种数据类型统一称作"矩阵"？

在 MATLAB 的世界里，我们选择将数据类型统一称作"矩阵"，这不仅反映了

MATLAB的核心思想，而且也简化了学习过程。统一的名称意味着统一的理解和处理方式。这个统一的称谓有助于快速深入 MATLAB 的核心，让读者能够更加专注于如何有效地使用这个强大的工具，而不是在各种术语之间迷失方向。记住，“名字”只是标签，“名者，实之宾也”，真正的价值在于这些数据结构的特性及其应用。

(2) 为什么本书特别强调元胞数组、结构体、表等数据结构？

虽然很多 MATLAB 的图书着重介绍了矩阵，但忽略了元胞数组、结构体和表这些同样重要的数据结构。实际上，这些数据结构在编程中极为有用，能够极大地简化代码并减少错误。了解和掌握这些数据结构，将使读者能够更加灵活地处理各种编程挑战，从而成为更加全面的程序员。

(3) 为什么重点强调矩阵的操作与运算？

矩阵不仅是 MATLAB 的核心，也是其语言的灵魂。精通矩阵的操作和运算是掌握 MATLAB 编程的关键，它覆盖了 MATLAB 中大部分的功能和应用。通过重点强调这一部分，我们旨在增强读者对矩阵结构的敏感度，帮助读者在面对编程问题时能够快速、准确地构建解决方案。

(4) 矩阵编程(向量化编程)的重要性？

绝对重要。矩阵编程或向量化编程是学习 MATLAB 的精华所在，它不仅展示了 MATLAB 的独特性，也是其高效编程能力的核心。掌握了矩阵编程，读者就能体验到 MATLAB 编程的极致简洁和高效，迅速实现目标，验证创意。MATLAB 的一大卖点就是其能够让编程工作变得更快、更简单。

本章精华总结

在本章中，我们深入探讨了 MATLAB 的核心理念——矩阵的世界。我们从五个关键方面——数据类型、数据结构、矩阵操作、矩阵运算和矩阵编程，全面阐述了 MATLAB 独特的特性和应用。这一章不仅让读者更加明确 MATLAB“以矩阵为中心”的思想，而且为大家未来学习和使用 MATLAB 奠定了坚实的基础。

在 MATLAB 中，无论是数字、文字，还是符号，都可以被统一地构造成矩阵结构，它们遵循相同的属性和操作方法。除了矩阵，元胞数组、结构体和表这三种数据结构也扮演着举足轻重的角色，为编程带来了更多灵活和优雅的解决方案。我们还详细梳理了矩阵的各类操作——从索引、逻辑处理到函数应用，甚至是那些提高效率的小技巧。同时，我们概括了矩阵的各种运算，包括算术、逻辑和关系运算。为了让这些操作和运算更易于掌握，我们提供了极致简化的应用示例，涉及广泛的应用领域，同时确保学习成本低、易于快速上手。最后，但同样重要的，我们重申了矩阵编程的重要性。作为 MATLAB 语言的显著特征，矩阵编程不仅是 MATLAB 强大功能的体现，也是其编程效率高的标志。掌握矩阵编程意味着读者真正地理解了 MATLAB 的精髓，为读者未来的数学和工程挑战提供了有力的工具。

第 4 章

图形：MATLAB 的可视化技术

面对复杂的科学与工程难题，我们经常会听说“一图胜千言”。确实，图形可视化不仅让我们直观地把握事物的本质，而且能激发我们深入探索数据背后的故事。在这个以视觉为王的时代，如果没有高效的图形表达手段，再深奥的数据也只是一堆难以理解的数字。这正是 MATLAB 软件擅长的领域，也是它历经多年不断精进的核心特色。

借助 MATLAB，我们可以轻松把抽象的数据转换为生动的图像，让复杂的分析结果一目了然。这不仅加快了数据处理的步伐，还使得结果的呈现更加直观，让我们的观点和发现能够以清晰、有力的方式传达给世界。对于渴望深入洞察数据精髓的读者来说，MATLAB 无疑是理想的工具，它打开了一扇窗，让我们可以触摸到数据的“灵魂”。

4.1 绘图技术探索

图形绘制的本质是“将数据可视化”，无论是坐标还是颜色都是在通过视觉来传递数据信息，而在 MATLAB 中，数据是以矩阵的形式存储的，因此图形绘制即是通过利用打包好的函数来实现“矩阵可视化”。通过一系列精心设计的函数，MATLAB 让这个过程变得轻而易举。我们不再需要担心繁复的底层细节，只需几行代码，便可以将抽象的数字矩阵转换成直观、美观的图形。

1. 丰富的图形种类

MATLAB 的图形库就像一个巨大的画布，上面有超过 70 种不同的绘图方式等待我们去探索。每种图形都有其独特的表现力，能够从不同的角度揭示数据的内在含义。同一批数据，或许可以在柱状图中展现业绩的高低，或许可以在散点图中揭示趋势的分布，选择合适的图形类型，可以使数据的表述更加生动和精准。

在 MATLAB 的帮助文档里，用户可以找到一个详尽的绘图类型表，如图 4-1 所示，这是一个宝贵的资源，强烈建议读者打开这个列表，细细研究每一种图形的细节。对于那些能引起读者好奇心的图表，不妨深入研究，探索它们背后的故事和绘制方法。这样的学习之旅，将会让读者对 MATLAB 的可视化能力有一个全面而深刻的认识。

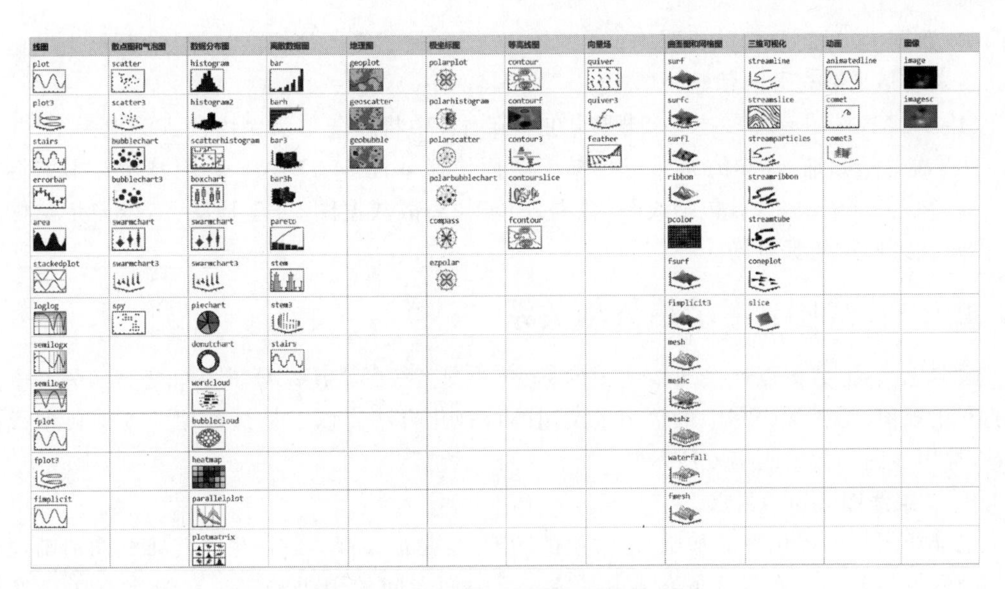

图 4-1　MATLAB 提供的绘图形式分类图

2. 绘图原理：面向对象

在 MATLAB 的世界里，绘图不仅是一门技术，更像是一种艺术。这一切都得益于 MATLAB 采用的面向对象（Object Oriented，OO）编程理念，它让图形的创建和管理变得简单而直观。想象一下，每一幅图都被精心地放置在一个名为“图窗”（Figure）的画框中。无论是在传统的脚本编辑器中还是在现代的实时编辑器里，这些图窗都是我们构建视觉世界的基石。

当我们在 MATLAB 中绘制图形时，实际上是在与一个个“对象”（Object）交谈。每个图窗、每个图形元素，都是一个拥有独一无二身份的对象。这个身份，就是通过“句柄”（Handle）来标识的，一个独特的索引，能够让我们精确地找到并操纵这些对象。

对象不仅有身份，还有属性（Attribute）。就像给画作上色一样，改变一个对象的属性，就能改变它的外观和行为。想要调整一条线的颜色？只需找到这条线的句柄，定位它的 Color 属性，赋予它新的颜色值即可。这种操作的灵活性和直观性，让我们的创意得以自由飞翔。

在这些对象之间，存在着一种层次结构，就像是一幅画中的每个细节都有其特定的位置。以图窗为例，它之下可能包含了坐标轴（Axes）和图例（Legend），而坐标轴下又可以拥有线条（Lines）和文本（Text）。这种层次化的结构如图 4-2 所示，其不仅使得图形的组织更为清晰，也让我们在处理复杂视觉任务时更加得心应手。

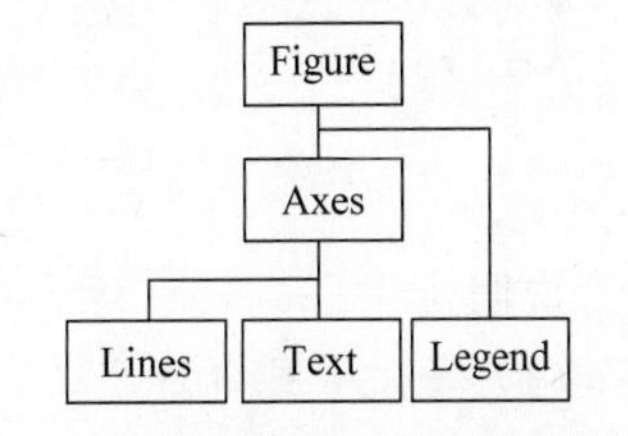

图 4-2　图窗对象的典型层次结构

3. 绘图原则：真实、明确、简洁

科学作图有三项基本原则：①真实，数据来源真实可靠才有可能得出正确的结论；

②明确，数据、坐标的意义都要明确；③简洁，作图不是越复杂越炫酷就越好，而是用尽量少的元素来表达足够充分的信息。

MATLAB 作图有许多技巧和规则，在本节内容中将伴随着示例由浅入深地揭示，并在 4.2 节再次总结归纳，这样的布局将更易于全面快速掌握 MATLAB 绘图技术。本书将作图归纳为 6 大类依次介绍，包括线图、数据分布图、离散数据图、极坐标图、二维向量与标量场，以及三维向量与标量场。

4.1.1 线图：揭示趋势与关系

顾名思义，把数据点连接成线的图形称为“线图”，线图常用来分析一个变量随另一个变量的变化规律，是科学研究中最常用最实用的可视化方法。以下是最常用的 5 个典型线图函数，常用线图函数如表 B-4 所示。

1. 二维线图 plot()函数

二维线图是可视化中最基础、最常用的图形，也是最具威力的图形。二维线图清晰地描述一个变量与另一个变量之间的影响关系，反映两者间的因果响应。在第 2 章中已经对 plot()函数进行了初步探索，本节借助 plot()函数更深一步地探索 MATLAB 对于图形中对象属性的设置方法，如图 4-3 所示。

EX 4-1 二维线图

```
x = 0:pi/15:2*pi;
y1 = sin(x);
y2 = sin(x-0.8);
y3 = sin(x-1.6);
% 将y1,y2,y3同时绘制在一个图中
% y2使用虚线，y3使用点线
p = plot(x,y1,x,y2,x,y3)
% 将线1的线型设为虚线
p(1).LineStyle = "--";
% 将线2的符号设为圆圈
p(2).Marker = 'o';
% 将线3的颜色设为绿色
p(3).Color = [0.4 0.8 0.1];
% 将所有线的线宽设为3
[p.LineWidth] = deal(3);
% 令XY两轴的数据单位相等
axis equal
```

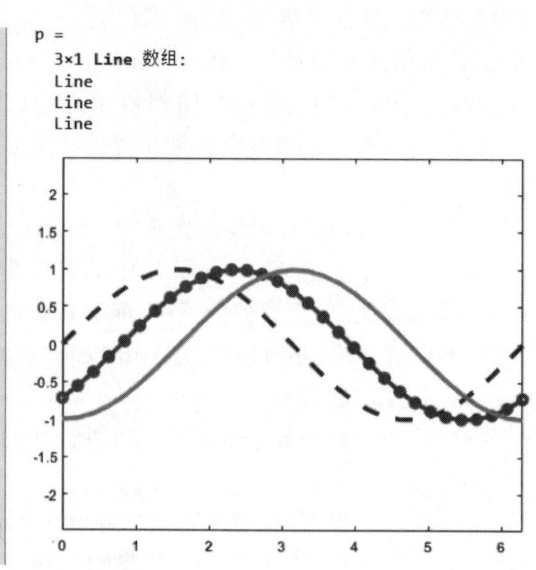

图 4-3　二维线图例程

说明：

(1) 每次绘图都会返回一个“绘图对象”，在此例中，plot()函数同时绘制三条线图，则返回值 p 为三个 Line 对象，三个对象的属性都在结构体 p 中存储。

(2) 在此例中，结构体 p 后跟的变量名都是 plot 线图的属性，常用的 6 个属性如表 4-1 所示。

表 4-1　常用 plot 线图属性表

英文属性名	中文属性名	英文属性名	中文属性名
Color	线条颜色	Marker	标记符号
LineStyle	线型	MarkerEdgeColor	标记轮廓颜色
LineWidth	线条宽度	MarkerSize	标记大小

(3) 代码“[p.LineWidth]=deal(3)”体现了非常重要的赋值技巧，这里的目的是将结构体 p 中 $p(1)$、$p(2)$、$p(3)$的 LineWidth 属性都赋值为 3，deal()函数是将输入分发到输出，让结构体 p 中所有名为 LineWidth 的属性都赋值为 3。

在工作区中打开结构体 p，MATLAB 会自动使用属性检查器显示结构体内容，如图 4-4 所示，这里显示的就是 Line 对象的所有属性了，左列即为属性名称，右列为值，可以参考它来对线图进行设置，因此并不需要记忆属性的名称，只需要到此“属性列表”中寻找即可。同时，请注意，在实时编辑器中，直接在属性检查器中修改属性值是没有意义的。

图 4-4　属性检查器界面

(4) 当输入矩阵中有 NaN 或 Inf 值时，线图绘制将强行断开，但仍属于一条线(Line)，共享同样的线型、颜色等属性。这一点看似无用，实则在许多场景下的图形绘制中可以发挥重要作用，最典型的应用就是在需要绘制多条同外观不连续线段时，可以在数据尾部加 NaN 再相接后直接绘图即可。

(5) Axis 是关于坐标轴设置的函数关键字，后面跟“坐标轴范围和标尺的类型”，常用的四种“类型值”总结如表 4-2 所示。

表 4-2 Axis 属性常用的四种类型值

值	伸展填充	坐标轴范围	单位增量	显示效果
normal	启用	自动	自动	默认效果
tight	启用	等同于数据范围	自动	轴框紧贴图线
equal	禁止	自动(至少一轴相同)	相同	各轴单位增量相同
square	禁止	轴线长度相同	自动	方形轴框

2. 三维线图 plot3()函数

三维线图在概念上与二维线图相同，不过它要求输入三组参数，分别对应于 x 轴、y 轴和 z 轴上的数据点，如图 4-5 所示。

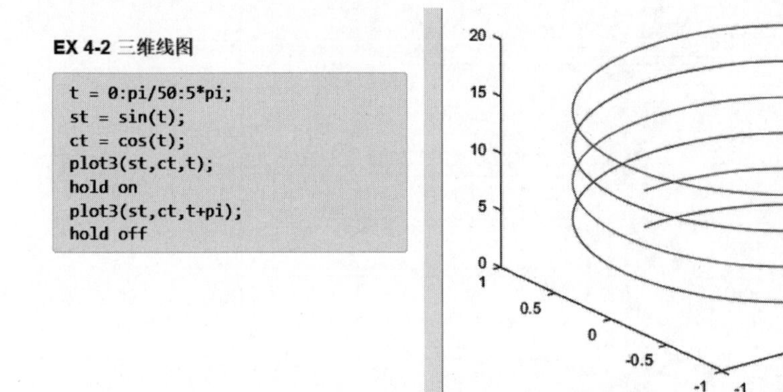

图 4-5 三维线图例程

说明：hold 是 MATLAB 的函数/关键词，“hold on”的意义是“保持”，保持此图中已绘制的部分，以便再次绘制的线图将在原图形基础上添加绘制；“hold off”的意思是“不保持”，将绘图区的已绘制部分全部清空，再绘图时将形成一个全新的图形，这也是软件的默认设置。

3. 误差线图 errorbar()函数

误差线图是科学研究中经常使用的图表类型，它通过标示数据点的误差范围，为实验结果提供了一个更准确的描述。这种图形展示方式有效地反映了实验数据的不确定性，如图 4-6 所示。

说明：

(1) 误差线图输入 3 个参量时，第 3 个参量为误差量，与前两个参量的尺寸必须一致，所以此例中使用 size()函数构造了一个误差量。

(2) errorbar()函数返回的是一个 ErrorBar 对象，与前述的 Line 对象同理，CapSize 属性是指误差条末端的端盖长度。

EX 4-3 误差线图

```
x = 0:6;
y = sin(x);
err = 0.2*ones(size(y));
e = errorbar(x,y,err);
% 属性赋值
e.LineWidth = 2;
e.Color = [0.4 0.8 0.1];
e.LineStyle = '--';
e.CapSize = 12;
xlim([-1 7.00]);
ylim([-2 2]);
```

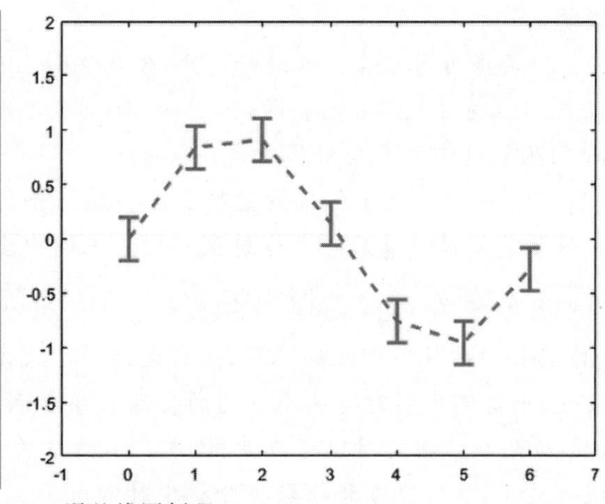

图 4-6　误差线图例程

(3) 误差线图默认将数据连线，即包含一个 plot()函数功能，如果不需要连线，可以将线型设置为无，代码为

```
e.LineStyle = 'none'
```

(4) 更实际的情况是，具有 y 坐标的数据值对应的正负误差，据此绘制正负垂直误差条的代码如下，其中，neg 确定数据点下方的长度，pos 确定数据点上方的长度。

```
errorbar(x,y,neg,pos)
```

(5) 本例展示了坐标轴范围的设置函数 xlim()和 ylim()，括号中需要以向量形式输入该轴的范围；如果需要仅确定一边的范围，而想让另一边自动检测，可以使用 inf 代替数字，如 x 轴要求左范围为 0 而右范围不限，则代码为

```
xlim([0 inf])
```

4. 半对数图 semilogx()函数

由于一些数据之间可能存在指数关系，在普通坐标系下往往看不出规律，将其中一者或两者进行对数处理后往往有更为简单清晰的函数关系。semilogx()、semilogy()、loglog()三者为一组对数图函数，分别代表着 x 为对数、y 为对数、x 和 y 均为对数，如图 4-7 所示。

EX 4-4 半对数图

```
x = 0:1000; y = log(x);
% 建立左图
ax1 = subplot(1,2,1);
plot(ax1,x,y)
axis(ax1,'square')
t(1) = title(ax1,'普通线图'); % 左图标题
% 建立右图
ax2 = subplot(1,2,2);
semilogx(ax2,x,y)
axis(ax2,'square')
t(2) = title(ax2,'x半对数图'); % 右图标题
[t.Color] = deal([0.00,0.45,0.74]);
```

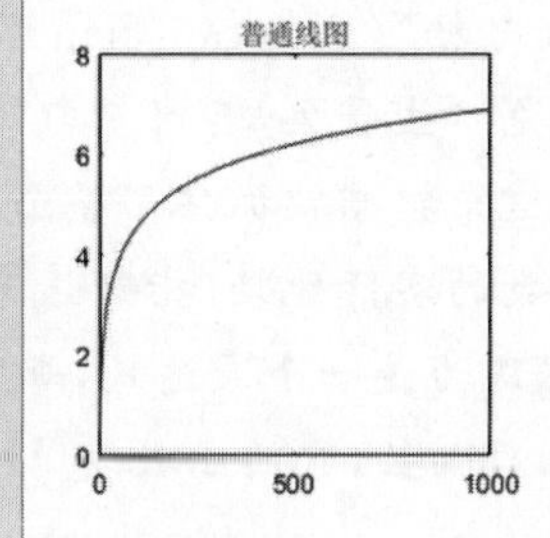

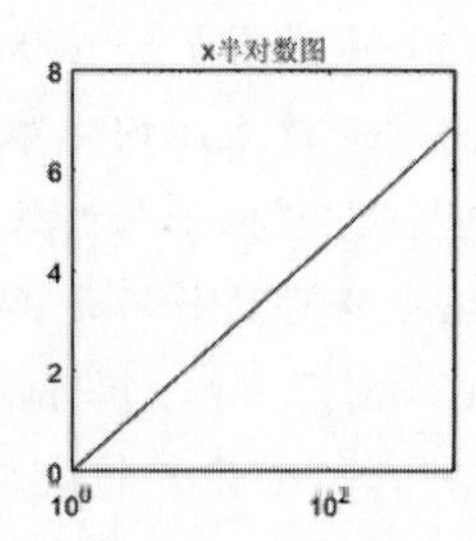

图 4-7　半对数图例程

说明：

(1) 为了将两图左右放置进行对比，使用 subplot()函数建立“子图”，前两个输入参数 1 和 2 代表建立 1 行 2 列个子图，第 3 个输入参数代表处于子图矩阵中的第几个位置；subplot()函数返回的是坐标区对象(Axes)。

(2) 作图函数以及坐标轴设置等函数在默认条件下处理的都是“当前坐标区”，也就是当前代码之前创建的最后一个坐标区，因此，本例中坐标区对象也都可以省略，代码为

```
plot(x,y)
```

(3) title()函数用于添加标题，函数返回一个文本对象(Text)，可以对文本对象的属性进行设置，如本例中同时将两个子图的标题文字颜色改为蓝色。

(4) 从两个子图的对比可以看出，本来不清楚的函数关系，对单边取过对数后呈现了明显的线性关系，该情况在科研数据分析中时常出现。

5. 显函数图 fplot()函数

在数学的世界里，要理解一个函数的本质，绘制它的图像是最直接的途径。MATLAB 将这一过程简化，提供了一个强大的工具——fplot()函数。这个函数能够直接根据函数表达式，精确地绘制出函数的图像，不需要进行复杂的数值计算，如图 4-8 所示。

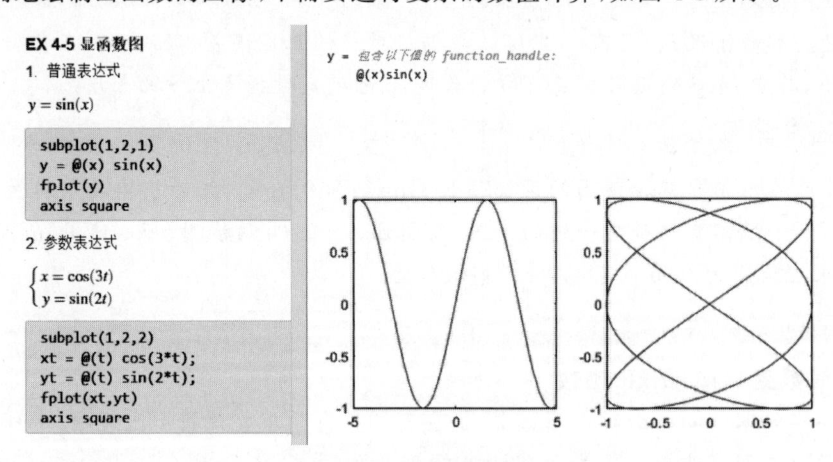

图 4-8 显函数图例程

说明：

(1) @符号表示“函数句柄”(Function handle)。“句柄”是一个不太准确的翻译，很多编程初学者遭遇此词都难免心生畏惧，其实，“句”是“勾”的通假字，后写作“钩”，从英文也可知，句柄就是“把手”，抓住这个把手就抓住了整个大门，函数句柄简单说就是“函数地址的代号”，它所保存的并不是函数的实际地址(指针)，而是指针的指针。

(2) 对于 sin(x)，可以认为是一个表达式，那么@后需要紧跟自变量并写于括号内；但同时，sin(x)也是一个独立的函数，它的函数名为 sin，所以该句也可简写为代码：

```
y = @sin
```

(3) fplot()函数的参数表达式作图非常好用，类似的，fplot3()函数可以实现三维参数化曲线函数的绘图。

(4) fplot()函数之所以“精准”，是由于它的绘图点分配是曲率自适应的，也就是说当函数变化剧烈时，软件会自动提取更为密集的数据点；另外，fplot()函数也是屏幕自适应的，当用户放大图形时，fplot()函数将重画图形以自动适应当前显示。所以用户看到的永远是“完美”的函数曲线。

(5) 一些教材中的函数绘图使用 ezplot()函数，但其实早已被 fplot()取代了，虽然目前尚可使用，但是官方表示不推荐，预计会在后续的版本中弃用。

6. 隐函数图 fimplicit()函数

隐函数(Implicit function)的绘制就更不适合使用数值方法了，MATLAB 提供了强大的 fimplicit()函数，可以轻松绘制隐函数图像，如图 4-9 所示。

EX 4-6 隐函数图

隐函数：$y\sin(x) + x\sin(y) - 1 = 0$

```
f = fimplicit(@(x,y) y.*sin(x)+x.*cos(y)-1);
axis equal
% 绘制网格线
grid on
% 绘制次网格线
grid minor
% x轴范围
f.XRange = [-6 6];
% y轴范围
f.YRange = [-6 6];
f.LineWidth = 2;
```

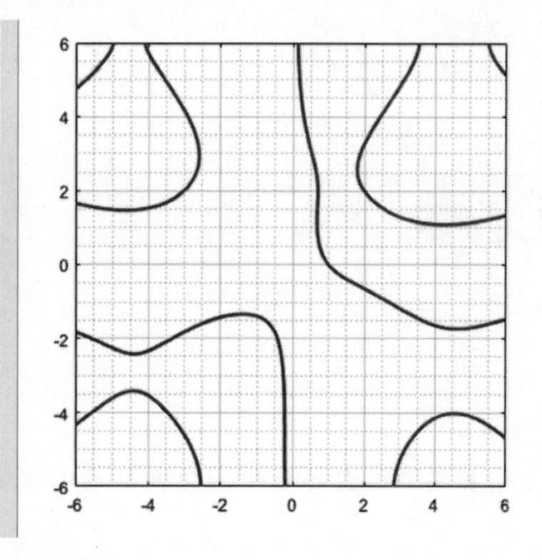

图 4-9 隐函数图例程

说明：

(1) 隐函数作图要求方程整理为表达式等于 0 的形式，并且同显函数一样也使用函数句柄的方式定义。

(2) grid 关键字/函数用于绘制坐标区的网格线，默认是 off 状态，grid minor 可以用于改变次网格线的显示状态，默认为“不显示”，因此首次使用即为开启次网格线的意义。

(3) fimplicit()函数返回的对象为“隐函数线”(Implicit Function Line)，该对象可以设置 x 轴与 y 轴的作图范围，并与 fplot()函数一样，任意改变作图范围仍然可以保持高精度的显示。

4.1.2 数据分布图：探索数据的分布特性

对于预处理完成的统计数据，分析的第一步往往就是用分布图的形式，直观认识数据的分布规律，下面是最核心的三种数据分布形式——饼图、柱状图、直方图，常用数据分布图函数见表 B-4。

1. 饼图 pie()函数

饼图是数据可视化中一种极其直观的表示方式，它把整个圆形视作数据的总和，即100%。每一块切片代表数据中的一个类别，其所占的圆弧长度和面积反映了该类别在总体中的比重。为了强调特定数据的重要性，我们有时会选择稍微拉出某个饼块，使其更加显眼，如图 4-10 所示。

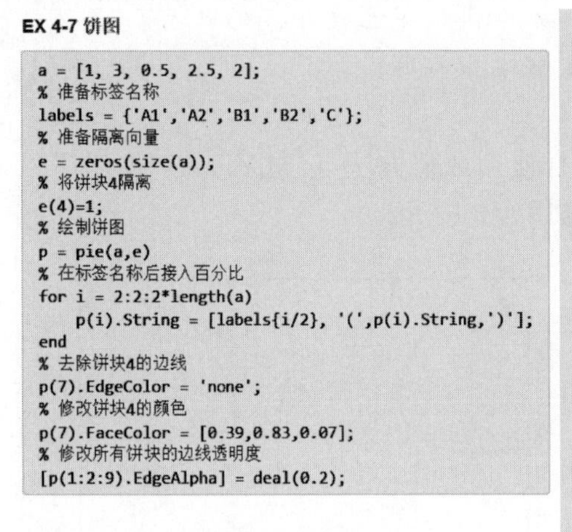

EX 4-7 饼图

```
a = [1, 3, 0.5, 2.5, 2];
% 准备标签名称
labels = {'A1','A2','B1','B2','C'};
% 准备隔离向量
e = zeros(size(a));
% 将饼块4隔离
e(4)=1;
% 绘制饼图
p = pie(a,e)
% 在标签名称后接入百分比
for i = 2:2:2*length(a)
    p(i).String = [labels{i/2}, '(',p(i).String,')'];
end
% 去除饼块4的边线
p(7).EdgeColor = 'none';
% 修改饼块4的颜色
p(7).FaceColor = [0.39,0.83,0.07];
% 修改所有饼块的边线透明度
[p(1:2:9).EdgeAlpha] = deal(0.2);
```

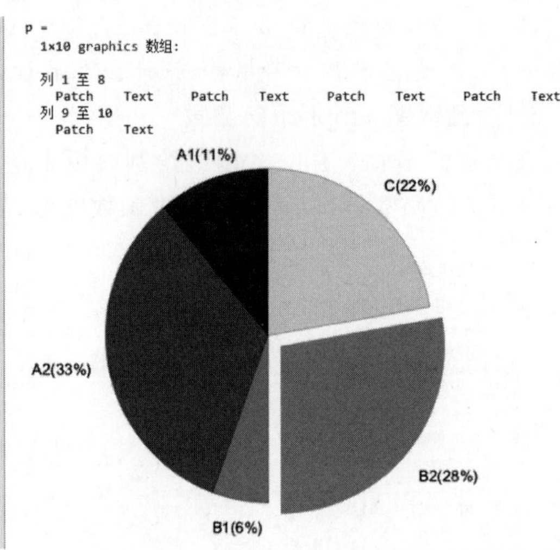

图 4-10 饼图例程

说明：

(1) 标签名称需要使用元胞数组的形式来赋值，主要原因是标签名往往是字符串的形式。

(2) 隔离向量中，非零元素对应的饼块，即为要隔离的饼块。

(3) 饼图默认起始位置为竖直中轴线上方，并逆时针进行。

(4) pie()函数返回的是一个图表(graphics)数组，每组数据对应一个多边形色块对象(Patch)和一个文本标签对象(Text)，因此 n 组数据对应 $2n$ 组对象。

(5) MATLAB 中饼图中的标签规则：①无标签向量输入时，默认标签为类别所占百分比；②有标签向量输入时，只显示标签而隐藏百分比。图 4-10 展示的是一种同时显示标签与百分比的方法。

(6) 饼块属性 EdgeAlpha 表示饼块边线的透明度，默认值为 1(不透明)，当其值为 0 时，相当于隐藏边线。

(7) MATLAB 还提供三维饼图函数 bar3()，以显示立体效果。

2. 柱状图 bar()函数

柱状图(亦称条形图)为比较各类数据大小提供了一种极为直观的方法。它不仅能清晰展示单个数据点的值，还便于揭示不同数据组之间的关系，如图 4-11 所示。

EX 4-8 柱状图

```
x = categorical({'A', 'B', 'C', 'D'});
y = [2 2 3; 2 5 6; 2 8 9; 2 11 12];
ax(1) = subplot(1,2,1);
ax(2) = subplot(1,2,2);
bar(ax(1), x, y)
bar(ax(2), x, y, 'stacked')
% 所有坐标区均打开y向网格
[ax.YGrid] = deal('on');
% 所有坐标区均为方形
axis(ax, 'square');
```

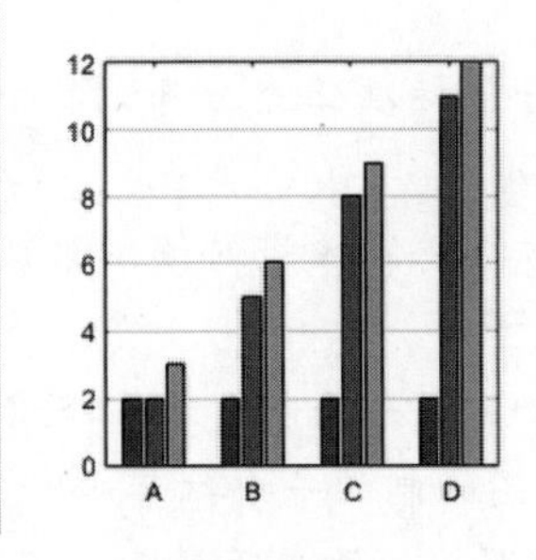

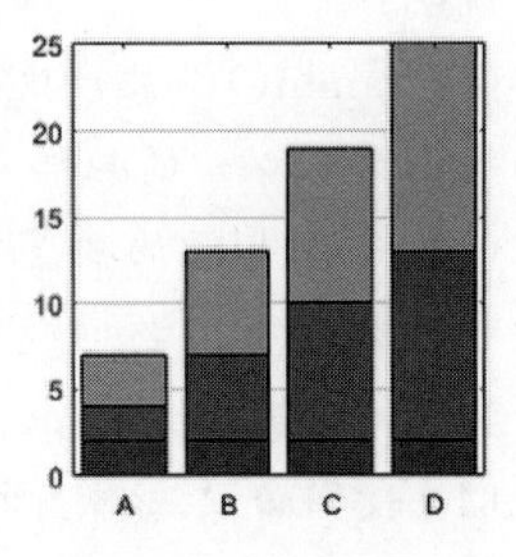

图 4-11　柱状图例程

说明：

(1) categorical()函数是将普通元胞数组转变为“类别数组”，存储的是离散的“类值”，在图 4-11 中用于代替 x 轴的坐标。

(2) 子图函数 subplot()同样会返回一个坐标区结构体，建议使用一个变量来存储，方便统一设置，简化代码。

(3) YGrid 属性意指 y 向的网格，同理的属性还有 XGrid。

(4) 柱状图函数还有：①barh()函数，水平绘制柱状图；②bar3()函数，绘制三维柱状图；③bar3h()函数，水平绘制三维柱状图。

3. 直方图 histogram()函数

直方图是统计学中分析和展示数据分布的一种基础而强大的工具，特别适用于处理连续型数据。它通过一系列垂直的条形（又称为“Bin”或“条组”）来直观地表示数据的分布情况：横轴显示数据的具体值或范围，而纵轴则表示每个条形中数据的频数或数量。这种图形化的表示方法不仅让数据分布的特征一目了然，也便于我们快速识别数据集中的模式、趋势和异常值，如图 4-12 所示。

EX 4-9 直方图

```
% 1000个随机变量
x = randn(1000,1);
% 2000个随机变量且加1
y = 1 + randn(2000,1);
% 设置条形（bin）的数量
nbins = 50;
h(1) = histogram(x,nbins);
hold on
h(2) = histogram(y,nbins);
hold off
% 设置所有条形的边线透明度
[h.EdgeAlpha] = deal(0.4);
```

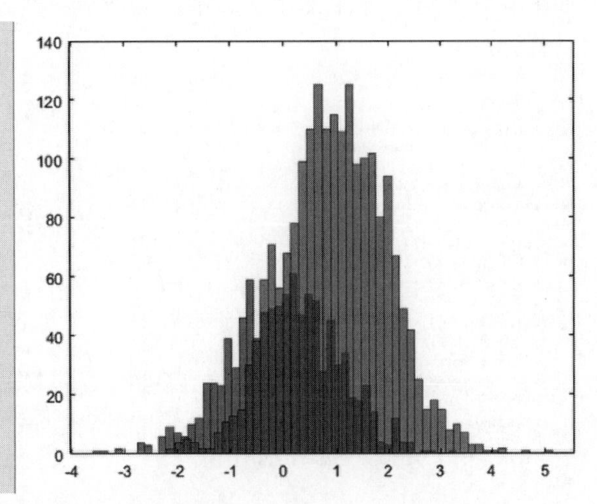

图 4-12　直方图例程

说明：

（1）randn()函数产生符合标准正态分布的随机数，randn(m，n)返回一个由随机数组成的规模为 $m \times n$ 的矩阵

（2）条形(bin)的数量意指整体区间内被细分成了多少个条形，条形数目越多，则条形宽度相对就越窄。

（3）一些教程使用 hist()函数来绘制直方图，而 MATLAB 官方早已不推荐使用该函数。

（4）我们必须注意直方图绘制的一个细节——每个条形(bin)之间应该紧密相连，不留下任何间隙。这是因为直方图的目的在于展示数据的"统计分布"——它是数据集中各个区间频次的直观表示。若直方图中的条形之间出现间隙，那么就会给人留下统计上有所疏漏的印象，这是科技作图中常见的一个不专业的错误。

使用直方图，我们可以轻松地观察到数据集中的集中趋势、分散程度以及分布的形状，比如是否对称、是否具有单峰或多峰等特性。这些信息对于数据分析和决策制定过程是非常宝贵的。在 MATLAB 中创建直方图简洁直观，使之成为了数据分析师和研究人员在探索和理解数据时的得力助手。

4.1.3 离散数据图：展示离散数据点

常用离散数据图函数见表 B-4。

1. 散点图 scatter()函数

散点图可以将数据以独立的点绘制出来，当所有点的属性(如颜色、大小)一致时，可以使用前面讲过的 plot()和 plot3()函数，而当需要独立设置每个点的属性时，就必须用到 scatter()和 scatter3()函数了。由于 plot()函数的处理单元是"线上的点"，而 scatter()函数的处理单元是"每个点"，所以当两者均可使用时，优先使用 plot()函数，可以有效提高绘图速度，如图 4-13 所示。本书的第 7 章中还会展示一种通过点的尺寸与透明度的设置绘制散点热力图的方法。

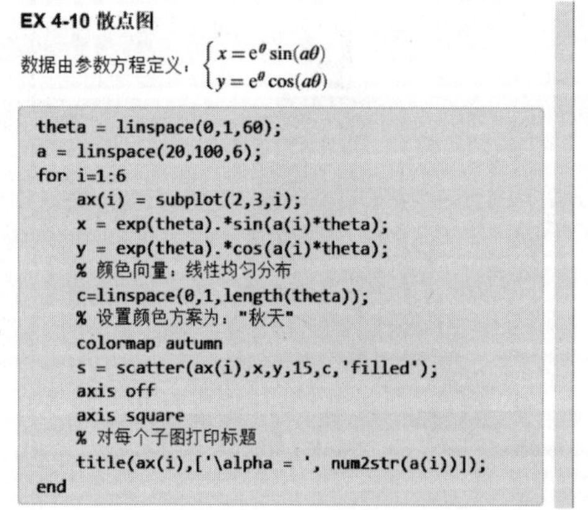

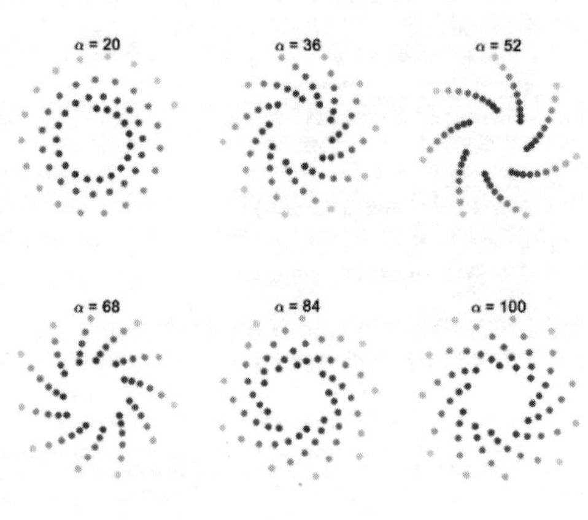

图 4-13 散点图例程

说明：

(1) 颜色参数有如下三种输入形式。

① RGB三元组或颜色名称，强度值必须位于[0,1]范围内，此时是使用相同颜色来绘制所有点，因此建议使用plot()函数，关于常用颜色名称值与RGB三元组如表4-3所示。

表4-3　常用颜色名称值与RGB三元组

名称值	中文	对应的RGB三元组
'red'或'r'	红色	[1 0 0]
'green'或'g'	绿色	[0 1 0]
'blue'或'b'	蓝色	[0 0 1]
'yellow'或'y'	黄色	[1 1 0]
'magenta'或'm'	品红色	[1 0 1]
'cyan'或'c'	青蓝色	[0 1 1]
'white'或'w'	白色	[1 1 1]
'black'或'k'	黑色	[0 0 0]

② 由RGB三元组构成的三列矩阵：每行的颜色对应一个点，因此行数必须等于点个数。

③ 1维向量：把配色方案中的颜色映射到向量中，以实现对于每个点的颜色赋值，因此向量长度也要求等于点个数。

(2) 要更改坐标区的颜色，请使用colormap()函数。colormap关键字用来修改配色方案。

(3) "axis off"的功能是将坐标的线条与背景设置为不可见，默认为可见(on)。

(4) "\alpha"是用于显示特殊字符的"字符序列"。

2. 直方散点图scatterhistogram()函数

直方散点图，顾名思义就是直方图与散点图的合体，既能把数据以点的形式绘制在平面上，又能同时对数据进行直方图统计，是近年来数据统计领域很常见的一种表达方式，由于加入了用颜色进行分类，因此它最多可以在三个维度上表达数据，易于快速发现结论，如图4-14所示。

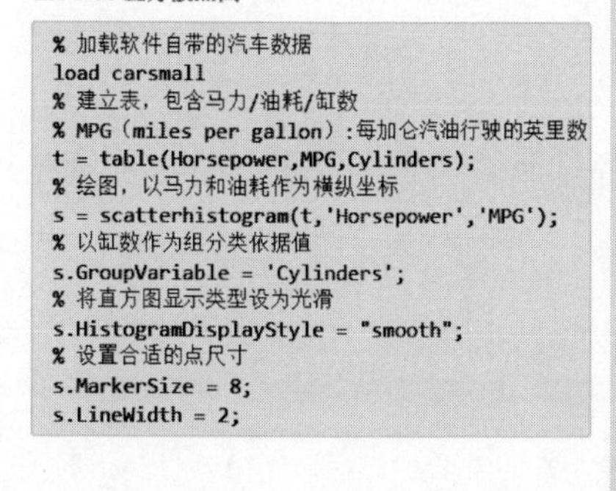

EX 4-11 直方散点图

```
% 加载软件自带的汽车数据
load carsmall
% 建立表，包含马力/油耗/缸数
% MPG (miles per gallon)：每加仑汽油行驶的英里数
t = table(Horsepower,MPG,Cylinders);
% 绘图，以马力和油耗作为横纵坐标
s = scatterhistogram(t,'Horsepower','MPG');
% 以缸数作为组分类依据值
s.GroupVariable = 'Cylinders';
% 将直方图显示类型设为光滑
s.HistogramDisplayStyle = "smooth";
% 设置合适的点尺寸
s.MarkerSize = 8;
s.LineWidth = 2;
```

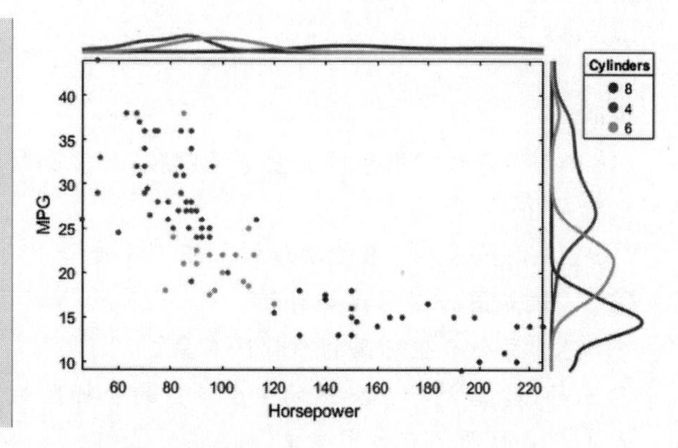

图4-14　直方散点图例程

说明：

(1) carsmall 是 MATLAB 自带的数据文件，加载后相当于加载了多组矩阵变量到工作空间中，这些变量的长度是一致的，可以用来生成表结构。

(2) 图 4-11 中的表结构的生成对于绘图来说不是必要的；然而在许多情形下，由于数据量大、数据类型多样、数据交互需求大，使用表结构存储是一种非常适宜的方法。

(3) 第三维度使用颜色来表征，往往是“类别分组”，分组的依据需要使用 GroupVariable 属性定义。

(4) 在直方散点图中，当鼠标移动到某点处时，软件会自动显示该点的信息，除了维度信息外，还包括该数据点位于矩阵中的行数。

3. 矩阵散点图 plotmatrix()函数

一对向量 **x** 与 **y** 可以绘制一幅散点图，但如果 **x** 和 **y** 是矩阵，**x** 中包含 m 列数据，**y** 中包含 n 列数据，我们想同时分别绘制这 m 组与那 n 组之间的散点关系，该如何操作呢？这时就要用到矩阵散点图了，它可以同时生成 $m\times n$ 个散点子图，从而快速批量辨认多组数据之间的相关性关系模式，近年来在机器学习领域比较常见，如图 4-15 所示。

EX 4-12 矩阵散点图

```
% 定义数据点个数
n = 18;
% 同时对x和y预分配
[x,y] = deal(zeros(n,3));
x(:,1) = linspace(1,10,n);
x(:,2) = logspace(1,10,n);
x(:,3) = randn(n,1);
y(:,1) = 2*linspace(1,10,n);
y(:,2) = 2+logspace(1,10,n);
y(:,3) = x(:,3);
% 矩阵散点图返回值
[S,AX,BigAx,H,HAx] = plotmatrix(x,y);
% 所有点的尺寸
[S.MarkerSize] = deal(9);
% 打开所有子图的y向网格
[AX.YGrid] = deal('on');
```

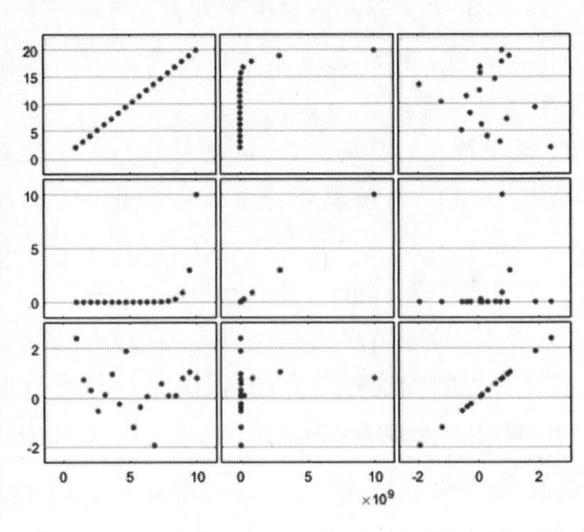

图 4-15 矩阵散点图例程

说明：

(1) deal()函数常用于对变量批量赋值，此处如果不先进行空间预分配则后面无法对一整列进行赋值。

(2) plotmatrix()函数依次返回如下 5 个变量。

① S：散点图的图形线条对象。

② AX：每个子坐标区的坐标区对象。

③ BigAx：容纳子坐标区的主坐标区的坐标区对象。

④ H：直方图的直方图对象。

⑤ HAx：不可见的直方图坐标区的坐标区对象。

(3) plotmatrix()函数还有一种用法为 plotmatrix(x)，即只输入一个矩阵 $\boldsymbol{x}$，其相当于 plotmatrix(x,x)，但是在对角线区的子图将自动用直方图 histogram(x(:,i))替换。

4. 热图 heatmap()函数

热图本质是一个表格，只不过它对表格进行了两步关键处理：

(1) 将表格中的数据点按输入的两列数据进行归类；

(2) 按每一类中的数据点数决定该色块的颜色。

热图的效果是将数据量转换为颜色，实现对每一类的数据点的多少一目了然，并且对每一大类的数据点多少也基本可以做出快速对比，对于大量数据的处理分析非常实用与高效，如图 4-16 所示。

EX 4-13 热图

```
% 载入软件自带数据
% 将.csv文件直接读入table格式
T = readtable('outages.csv');
% 热图
h = heatmap(T,'Region','Cause');
% 标题
h.Title = '美国电力中断事故起因与地区热图';
% 横轴标签
h.XLabel = '地区（Region）';
% 纵轴标签
h.YLabel = '起因（Cause）';
% 字号
h.FontSize = 12;
```

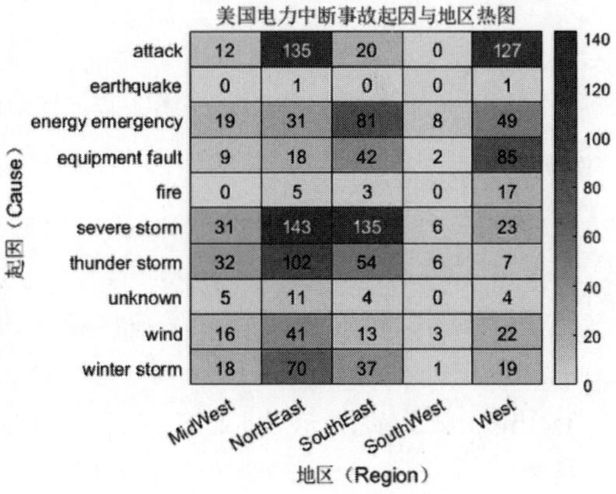

美国电力中断事故起因与地区热图

起因（Cause）	MidWest	NorthEast	SouthEast	SouthWest	West
attack	12	135	20	0	127
earthquake	0	1	0	0	1
energy emergency	19	31	81	8	49
equipment fault	9	18	42	2	85
fire	0	5	3	0	17
severe storm	31	143	135	6	23
thunder storm	32	102	54	6	7
unknown	5	11	4	0	4
wind	16	41	13	3	22
winter storm	18	70	37	1	19

地区（Region）

图 4-16 热图例程

说明：

(1) outages 文件是软件自带的.csv 文件，取其中两个变量分析热图。

(2) 热图对象(HeatmapChart)的属性 Colormap 可以设置配色方案，不过软件为热图默认的配色方案比较不错，从颜色深浅可以清楚辨别数据点个数的多少。

本书第 7 章中还会展示一种散点热力图的绘制，相比于普通热图有更广泛的应用场景。

4.1.4 极坐标图：从不同角度看数据

极坐标图，这个通常被忽视的图表形式，实际上是一种富有表现力的数据展示方法。它通过将笛卡儿坐标系中的 x 轴“周期性地堆叠”并卷曲成圆形，为周期性数据或函数带来全新的视角。在极坐标系中，读者可能会意外地揭示数据的内在逻辑和规律。

1. 极坐标线图 polarplot()函数

极坐标线图，通过函数 polarplot()绘制，与传统的 plot()函数在概念上大体相似，但有一个关键的变化：传统的横坐标在这里被转换为弧度值。这意味着，原本直线形态的关系在极坐标系中可能变成了螺旋线的形状，为数据的可视化呈现带来了全新的动态和维度，如图 4-17 所示。

EX 4-14 极坐标线图

```
theta = linspace(0,6*pi);
rho1 = theta/10;
p(1) = polarplot(theta,rho1);
rho2 = theta/13;
hold on
p(2) = polarplot(theta,rho2);
[p.LineWidth] = deal(2);
p(2).LineStyle = "--"
hold off
```

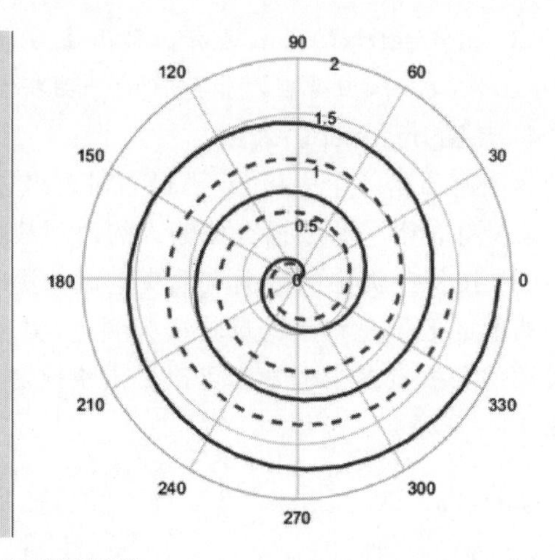

图 4-17　极坐标线图例程

说明：

(1) 极坐标系中的散点图使用 polarscatter()函数，极坐标系中的函数绘图使用 ezpolar()函数，都与对应的笛卡儿坐标函数同理。

(2) 在处理数据时，如需将角度单位转换为弧度单位则使用 deg2rad()函数，反之使用 rad2deg()函数。

(3) theta 轴上的显示值，也可以显示为弧度的形式，方法是使用 ThetaAxisUnits 属性，代码为

```
p.ThetaAxisUnits = 'radians';
```

2. 极坐标直方图 polarhistogram()函数

在极坐标系统中，直方图同样是个有力的工具，它能够展示数据在圆周周期上的分布情况。这种方式为我们提供了一个独特的视角，以观察和分析周期性数据的分布特征，如图 4-18 所示。

EX 4-15 极坐标直方图

```
theta = [0.1 1.1 5.4 3.4 2.3 4.5 2.9 ...
    3.4 5.6 2.3 2.1 3.5 0.6 6.1];
ax(1) = subplot(1,2,1,polaraxes);
p(1) = polarhistogram(ax(1),theta,8);
p(1).LineStyle = 'none';
p(1).FaceAlpha = 0.7;
ax(2) = subplot(1,2,2,polaraxes);
p(2) = polarhistogram(ax(2),theta,8);
p(2).DisplayStyle = 'stairs';
```

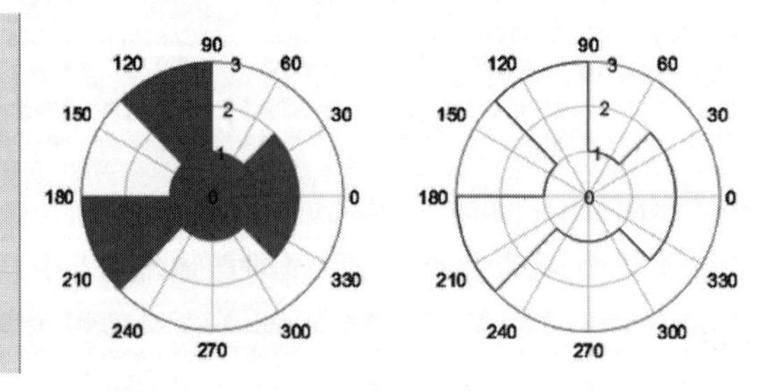

图 4-18　极坐标直方图例程

说明：

(1) 极坐标图在构建子图时，需要在 subplot()函数的第 4 项输入 polaraxes，这样才是极坐标图的子图。

(2) polarhistogram()函数的第 3 项代表将圆周分为几等份。

(3) 极坐标直方图有一个“轮廓”显示模式，设置方法是将 DisplayStyle 属性设置为 stairs。

4.1.5 二维向量与标量场：解析场的流动与变化

二维向量和标量场数据在作图领域极为常见。这里，xy 维度通常表示平面上的数据点位置，而 z 维度则可以代表多种信息：它既可以是高度，也可以反映平面上的其他标量数据，比如温度、应力等。这种数据的可视化有助于我们更直观地理解和分析各种物理量在空间上的分布情况。

1. 二维标量场：等高线图 contour()函数

等高线图非常适于对 xy 区域内的数据 z 进行可视化分析，比如表面形貌、平面上的温度、区域内的应力等，可以快速了解三维形貌或平面区域上的某量的高低值分布。等高线图 contour()函数和三维等高线图 contour3()函数在本质上没有区别，都是在表达二维平面空间上的标量场，只不过后者在第三维度上同时用坐标和颜色来表示，更为直观一些，如图 4-19 所示。

EX 4-16 矩阵等高线图

```
ax(1) = subplot(1,2,1);
ax(2) = subplot(1,2,2);
[X,Y,Z] = peaks;
% 返回M：等高线矩阵
% 返回c：等高线对象
[M1,c1] = contour(ax(1),X,Y,Z,24);
[M2,c2] = contour3(ax(2),X,Y,Z,24);
grid(ax(1),'on');
axis(ax,'square')
```

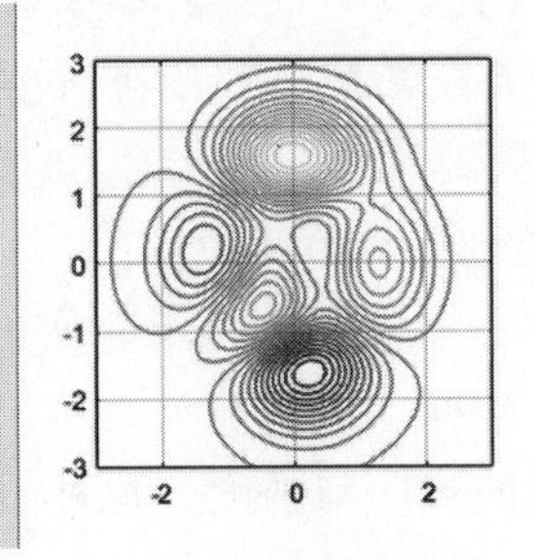

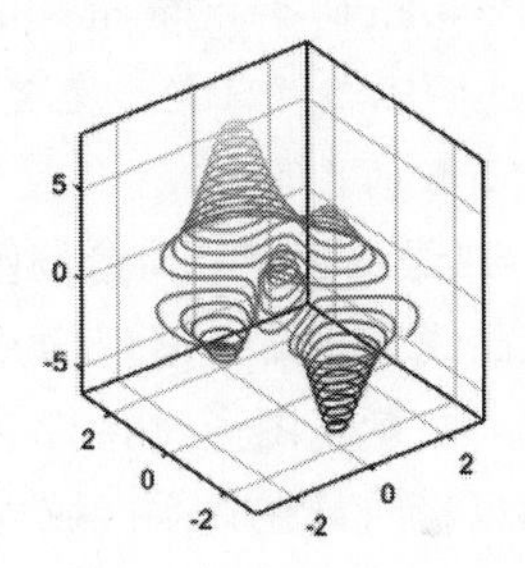

图 4-19 矩阵等高线图例程

说明：

(1) peaks 是软件提供的包含两个变量的示例函数，其返回三个矩阵 $\boldsymbol{X}$、$\boldsymbol{Y}$、$\boldsymbol{Z}$，分别代表一个山峰地形图网格上各个点的三坐标值。

(2) 等高线函数 contour()的第 4 个输入参数代表整体高度的分层数，数字越大，分层越密。

(3) 等高线函数对 z 坐标值并没有特殊要求，等高线完全根据提供的数据进行插值计算得到。

2. 二维标量场：曲面图 surf()函数和网格图 mesh()函数

在二维平面中表示第三维数据时，除了等高线图，曲面图和网格图也是非常有用的表现形式。等高线图专注于揭示极值区域，使我们能够迅速锁定数值的高低变化；而曲面图（使用 surf()函数）和网格图（使用 mesh()函数）则更加突出整体的标量分布特征。尽管它们本质上调用的是相同的函数，但展现形式有所不同：曲面图以实体面的形式呈现，而网格图则以透视的网格线条来表示，如图 4-20 所示。这两种图形手法都为我们提供了直观的三维视图，让数据的空间分布一目了然。

EX 4-17 曲面图和网格图

```
[X,Y] = meshgrid(-5:0.5:5);
R = sqrt(X.^2 + Y.^2) + eps;
Z = sin(R)./R;
ax(1) = subplot(1,2,1);
ax(2) = subplot(1,2,2);
p(1) = surf(ax(1),X,Y,Z);
p(2) = mesh(ax(2),X,Y,Z);
axis(ax,'square');
shading(ax(1),'interp');
p(2).LineWidth = 0.2;
```

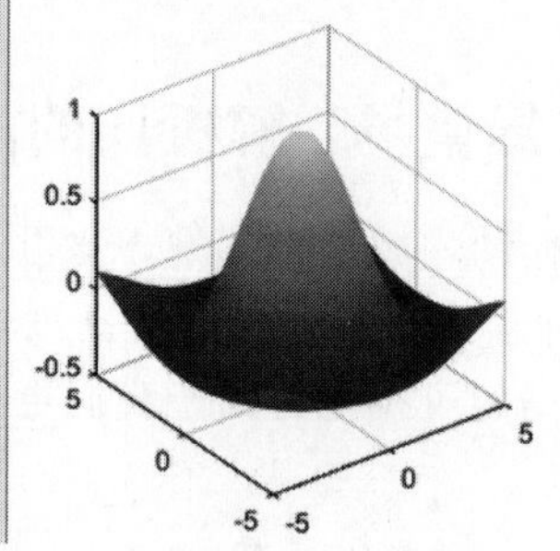

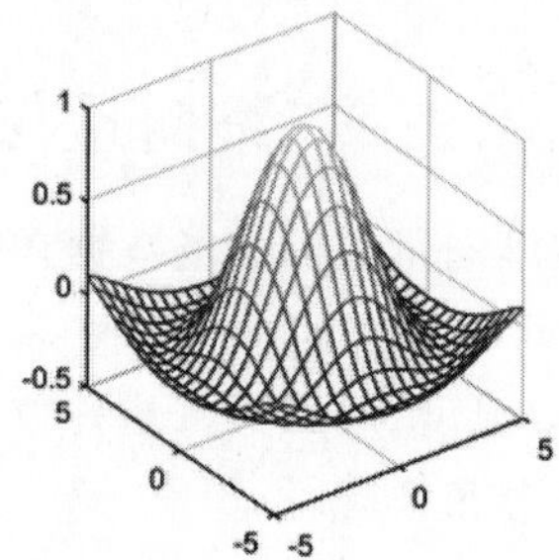

图 4-20　曲面图和网格图例程

说明：

(1) 两函数的输入参数 X 与 Y 特别适合使用 meshgrid()函数自动生成。

(2) 使用 surf()函数时，可配合 shading()函数，赋值 interp，通过在每个线条或面中对颜色进行插值来改变该线条或面中的颜色，让曲面图更加美观。

(3) surfc()函数和 meshc()函数可以同时绘制曲面图/网格图及等高线图，fsurf()函数和 fmesh()函数用于绘制表达式或函数的三维曲面图/网格图，fimplicit3()函数还可以绘制三维隐函数的图像。

3. 二维向量场：向量场图 quiver()函数

等高线图本质上展现的是二维平面上的标量分布，而向量场图则用于描绘平面上的向量数据。向量场图通过在每个坐标点上用箭头表示出该点的向量方向和大小，使我们得以直观地观察向量在整个区域内的流向与强度。这种图形的表现形式如图 4-21 所示，为理解复杂的向量场数据提供了清晰和直接的视觉辅助。

EX 4-18 向量图

绘制函数梯度方向分布：

$z = xe^{-x^2-y^2}$

```
[X,Y] = meshgrid(-2:0.2:2);
Z = X.*exp(-X.^2 - Y.^2);
% 为Z的每个维度上的间距指定间距参数
[DX,DY] = gradient(Z,0.2,0.2);
[~,c] = contour(X,Y,Z,11);
c.LineWidth = 1;
hold on
q = quiver(X,Y,DX,DY);
q.LineWidth = 1.2;
q.MaxHeadSize = 0.5;
hold off
```

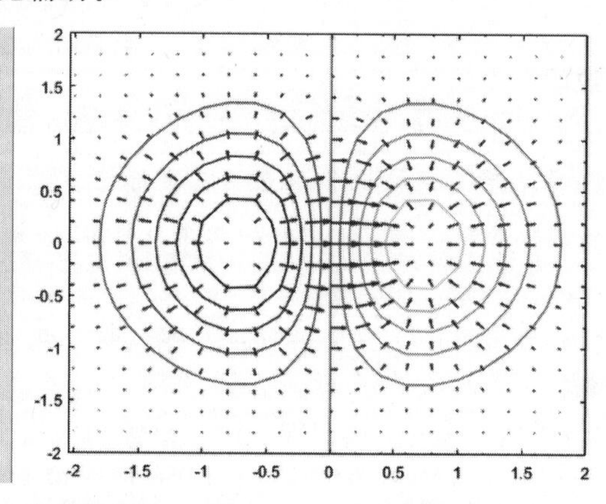

图 4-21　向量图例程

说明：

(1) gradient()函数用于计算数值梯度，返回的是矩阵 $\boldsymbol{F}$ 的二维数值梯度的 $\boldsymbol{x}$ 和 $\boldsymbol{y}$

分量。

(2) 用“～”符号可以略去返回值，相当于不提取该返回值。

(3) 在 quiver()函数中，如果输入参数的 ***X*** 和 ***Y*** 不是矩阵而是向量，只要 ***X***、***Y*** 的长度分别等于 ***u*** 和 ***v*** 的两维度尺寸，MATLAB 会自动将它们展开，展开方式等效于调用 meshgrid()函数，代码为

```
[X,Y] = meshgrid(X,Y);
quiver(X,Y,u,v)
```

4.1.6 三维向量与标量场：深入三维空间的数据探索

在某些情况下，我们处理的数据不仅局限于二维平面上的标量或向量，而是涉及由三维空间坐标和一维标量或三维向量构成的更为复杂的数据。此时，我们采用三维空间的表现形式来展示数据。然而，需要注意的是，无论是在显示器上还是纸张上，我们看到的都是三维空间的投影。因此，挑战在于如何有效地利用这种投影，清晰地表达出我们想要强调的重点，确保信息的直观呈现和准确传达。

1. 三维标量场：三维体切片图 slice()函数

三维体切片图，通过 slice()函数实现，是一种在三维空间中使标量场实现可视化的强大工具。这种方法通过颜色差异来展现标量值的变化，同时，通过对体积进行切片处理，它将多个二维标量场层层叠加，形成一个连贯的三维空间表达。这不仅让我们能够从不同角度和深度探究数据，而且以直观的方式呈现了数据在空间中的分布和变化，如图 4-22 所示。这种视觉表示方法为理解复杂的三维标量场提供了极大的便利。

EX 4-19 三维体切片图

```
[X,Y,Z] = meshgrid(-1:0.1:1);
V = X.*exp(-X.^2-Y.^2-Z.^2);
% 设置要切平面的位置
xslice = [-0.7,0.3,0.9];
yslice = [0.8];
zslice = 0;
s = slice(X,Y,Z,V,xslice,yslice,zslice);
% 去掉所有面上的线条
[s.LineStyle] = deal('none');
% 颜色插补
shading interp
box on
```

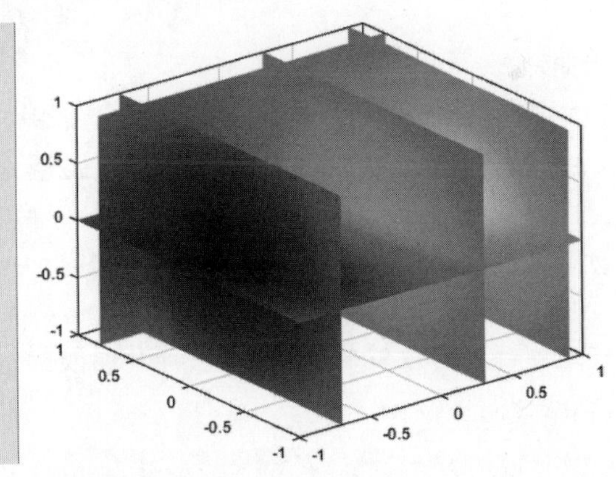

图 4-22 三维体切片图例程

说明：

(1) 三维体切片图的切片位置参数 xslice、yslice、zslice 是向量的形式，如果不需要在某方向上切片，将向量设置为空向量即可。

(2) slice()函数返回的对象是一个 Surface 数组，本例中返回 5 个 Surface 对象，因此需要使用 deal()函数来统一修改属性。

(3) 在三维体切片图中运用颜色插值技术，可以显著提升视觉展示的效果。这种方法通过在颜色之间平滑过渡，增强了图像的连续性和直观感，使得数据的细微差别更加清晰可见，从而为分析和理解三维标量场提供了更为丰富和精细的信息。

2. 三维向量场：锥体图 coneplot()函数

尽管我们常常在二维平面上进行三维作图，但表达三维空间的向量并非易事，因为平面上无法直观地用箭头表示三维向量的方向和大小。为了解决这个问题，锥体图这一概念被创造出来。锥体图是三维向量图的一种形式，它利用锥体的指向来表示向量的方向，锥体的大小来反映向量的模长。此外，通过颜色的变化，我们还可以在特定方向上区分不同的锥体，从而在三维空间中清晰地绘制向量场。这种图形表达方式既直观又信息丰富，如图 4-23 所示，它能够生动地传达复杂的三维向量信息。

EX 4-20 锥体图

```
load wind u v w x y z
[m,n,p] = size(u);
[Cx, Cy, Cz] = meshgrid(1:4:m,1:4:n,1:4:p);
h = coneplot(u,v,w,Cx,Cy,Cz,y,4);
h.EdgeColor = "none";
% 坐标轴紧密围绕数据且单位相等
axis tight equal
% 指定视点
view(37,32)
% 显示坐标区轮廓
box on
% 颜色图配色方案为jet
colormap jet
% 创建光源
light
```

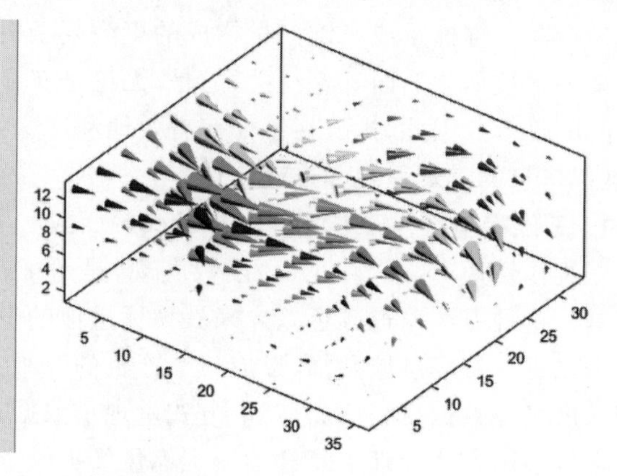

图 4-23　锥体图例程

说明：

(1) view()函数用于指定三维图形的观察者角度，它有两个参数，分别为 az 和 el，方位角 az 是 xOy 平面中的极坐标角，仰角 el 是位于 xOy 平面上方的角度(正角度)或下方的角度(负角度)，如图 4-24 所示。

还有一种更易理解的定位方式，即使用观察者的三维坐标：

```
view([x,y,z])
```

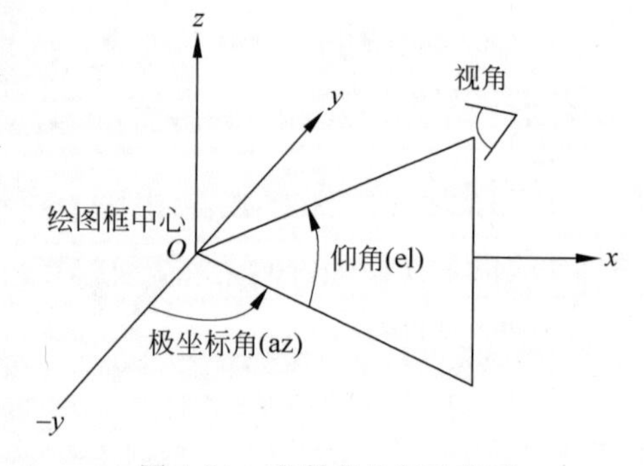

图 4-24　观察者角度示意图

(2) box 用于显示坐标区轮廓而不仅仅是坐标轴，如果需要将三维空间的另三条边也封闭上，可使用代码：

```
ax = gca;
ax.BoxStyle = 'full';
```

其中，gca 是一个无输入函数，表示取得当前坐标区(get current axis)。

(3) light 是创建光源对象，让绘制的图形表面看起来更加有质感，光源对象有很多属性，设置得好可以让图形十分逼真。

4.2 图形设计

图形的设计不仅要精确而直观地传达数据的内涵，还应具备审美价值——美观程度是评价绘图工具的一个关键因素。MATLAB 提供了丰富的功能来美化图形，包括添加注解和符号、调整坐标区的外观、自定义颜色条以及选色方案，甚至还包括三维渲染功能。虽然 MATLAB 强大的绘图能力主要侧重于“数据可视化”，但我们必须明白，图形的核心目标和价值是服务于数学和编程。如果用户的需求是处理小规模、逻辑简单的数据，并且对图形外观有较高要求，而不涉及复杂的数学运算或编程设计，那么专业的图形绘制软件如 GraphPad 的 Prism 10、Originlab 的 Origin 2024，或是通用的办公软件比如 WPS Office 表格可能会是更合适的选择。

此外，MATLAB 为用户提供了一个“绘图案例库”，截至本书编写时共有 25 个案例。用户可以从官方网站下载源代码，并将其应用于自己的项目中。要访问这些资源，只需在官方网站的搜索框中输入“MATLAB Plot Gallery”。通过这些案例，用户可以大致评估 MATLAB 的绘图实力，并据此做出是否选择使用它的决策。图 4-25 所示为案例库中的精选截图，展示了 MATLAB 在绘图方面的能力。

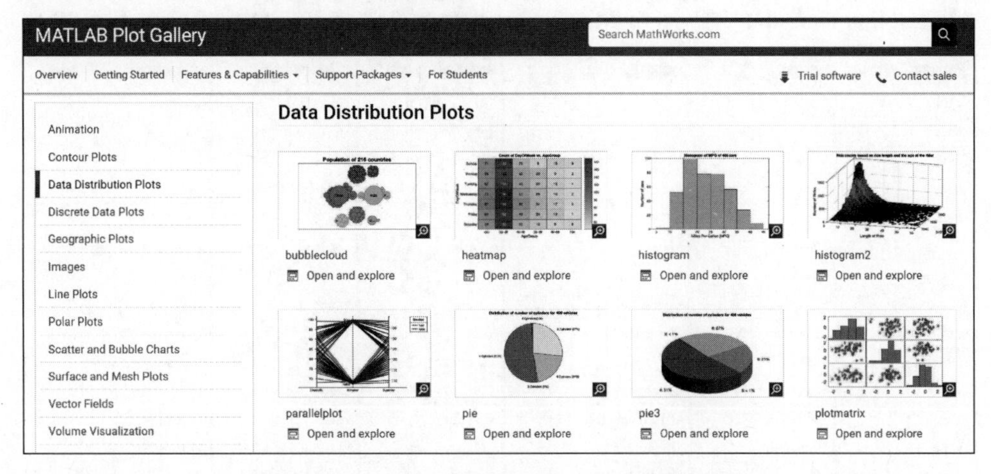

图 4-25 MATLAB Plot Gallery 中的作图示例

4.2.1 文本和符号信息：增加图形的信息量

在图形中嵌入文本信息是提高图形清晰度和表达效果的重要手段。这包括但不限于嵌入标题、坐标轴的标签、注释说明、图例以及数据点旁的文字说明。此外，还可以使用特定的图形元素如矩形、椭圆、箭头，以及垂直或水平线等符号，来高亮特定的数据区域。这些元素能够让观众迅速关注到数据的关键部分，并使得整个图表的信息传递更为直观和精确。在作图中嵌入文本与符号信息例程如图 4-26 所示,我们可以看到这些细节是如何有效地整合到图形中的,从而增强了数据的视觉表现力。

EX 4-21 在作图中嵌入文本与符号信息举例

```
x = 0:0.1:15;
y_alpha = sin(x);
y_beta = sin(x.^1.1);
p = plot(x,y_alpha);
hold on;
plot(x,y_beta,'--');
hold off;
% 标题
t = title('函数图') ;
t.FontSize = 12;
t.FontWeight = "bold";
xlabel('x');
% 图例
l = legend({"y_{\alpha}=sin(x)","y_{\beta}=sin(x^2)"});
l.FontSize = 12;
% 数据点文本说明
te = text(3,sin(3),'\leftarrow sin(3)');
% 常量水平线
yline(0);
% 注释
annotation('textbox',[.18 .2 .1 .1],'String','对比');
```

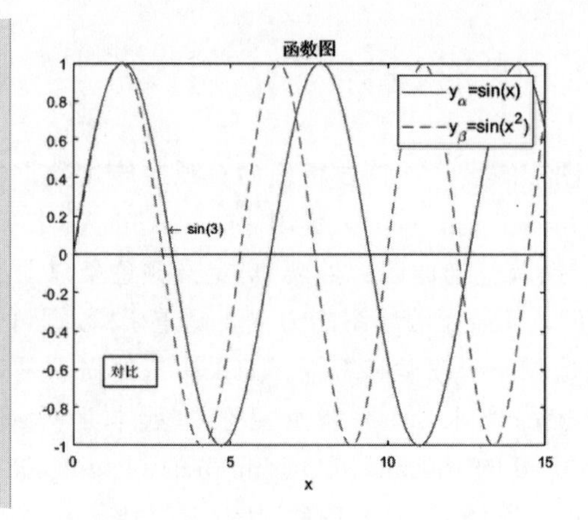

图 4-26 在作图中嵌入文本与符号信息例程

说明:

(1) 插入标题函数 title()返回一个 Text 对象,与图形对象一样,也是包含可以设置的属性的。

(2) 插入图例函数 legend()中展示了特殊格式与希腊字符的代码方式。其中上角标使用"^"符号,下角标使用"_"符号,而 MATLAB 提供的全部可显示特殊字符如图 4-27 所示。

字符序列	符号	字符序列	符号	字符序列	符号	字符序列	符号	字符序列	符号	字符序列	符号
\alpha	α	\upsilon	υ	\sim	~	\pi	π	\exists	∃	\propto	∝
\angle	∠	\phi	ϕ	\leq	≤	\rho	ρ	\ni	∋	\partial	∂
\ast	*	\chi	χ	\infty	∞	\sigma	σ	\cong	≅	\bullet	•
\beta	β	\psi	ψ	\clubsuit	♣	\varsigma	ς	\approx	≈	\div	÷
\gamma	γ	\omega	ω	\diamondsuit	♦	\tau	τ	\Re	ℜ	\neq	≠
\delta	δ	\Gamma	Γ	\heartsuit	♥	\equiv	≡	\oplus	⊕	\aleph	ℵ
\epsilon	ϵ	\Delta	Δ	\spadesuit	♠	\Im	ℑ	\cup	∪	\wp	℘
\zeta	ζ	\Theta	Θ	\leftrightarrow	↔	\otimes	⊗	\subseteq	⊆	\oslash	∅
\eta	η	\Lambda	Λ	\leftarrow	←	\cap	∩	\in	∈	\supseteq	⊇
\theta	θ	\Xi	Ξ	\Leftarrow	⇐	\supset	⊃	\lceil	⌈	\subset	⊂
\vartheta	ϑ	\Pi	Π	\uparrow	↑	\int	∫	\cdot	·	\o	ο
\iota	ι	\Sigma	Σ	\rightarrow	→	\rfloor	⌋	\neg	¬	\nabla	∇
\kappa	κ	\Upsilon	ϒ	\Rightarrow	⇒	\lfloor	⌊	\times	x	\ldots	...
\lambda	λ	\Phi	Φ	\downarrow	↓	\perp	⊥	\surd	√	\prime	′
\mu	µ	\Psi	Ψ	\circ	°	\wedge	∧	\varpi	ϖ	\0	∅
\nu	ν	\Omega	Ω	\pm	±	\rceil	⌉	\rangle	〉	\mid	|
\xi	ξ	\forall	∀	\geq	≥	\vee	∨	\langle	〈	\copyright	©

图 4-27 特殊符号的字符序列

(3) 文本说明函数 text()中后面字符串中的"\leftarrow"表示注释会引出一个左箭头指向数据点。

(4) 注释函数 annotation()中的形状可以有三种，“rectangle”为矩形，“ellipse”为椭圆形，“textbox”为注释文本框，后跟向量为尺寸和位置，指定为[x y w h]形式的四元素向量。前两个元素指定形状的左下角相对于图窗左下角的坐标，后两个元素分别指定注释的宽度和高度，默认使用归一化的图窗单位，即图窗的左下角映射到(0,0)，右上角映射到(1,1)。

4.2.2　坐标区外观：美化图形界面

在调整坐标区外观时，MATLAB 提供了两种主要的方法：函数法和属性法。函数法依赖于 MATLAB 提供的一系列设置函数，例如使用 xLim、yLim 和 zLim 函数来定义坐标轴的范围。这些函数直接作用于图形的特定部分，简单而直接。属性法是 MATLAB 目前积极推广的方法，它提供了更加灵活和标准化的操作。属性法几乎涵盖了函数法的所有功能，并且随着软件的更新发展，预计将完全取代函数法。属性法的一个显著优势是它可以与 deal()函数配合使用，实现对多个图形的同时设置。

坐标区外观例程如图 4-28 所示，无论是调整单个图形还是批量操作多个图形，属性法都能提供一种更为高效和统一的设置方式。这不仅提升了用户的工作效率，也使得图形的外观调整更加规范和可控。

EX 4-22 坐标区外观举例

```
x = 0:0.1:15;
y = sin(x);
ax(1) = subplot(1,2,1); plot(x,y);
ax(2) = subplot(1,2,2); plot(x,2*y);
% 坐标轴取为正方形
axis(ax, "square");
% x坐标轴范围（属性赋值法）
[ax.XLim] = deal([0 16]);
% y坐标轴范围（函数赋值法）
ylim(ax(1), [-2 2]);
% 打开y向网格线
[ax.YGrid] = deal("on");
% 设置x刻度
xticks([0 5 10 15]);
% 对于每个刻度处设置标签
xticklabels({'x = 0','x = 5','x = 10','x = 15'});
```

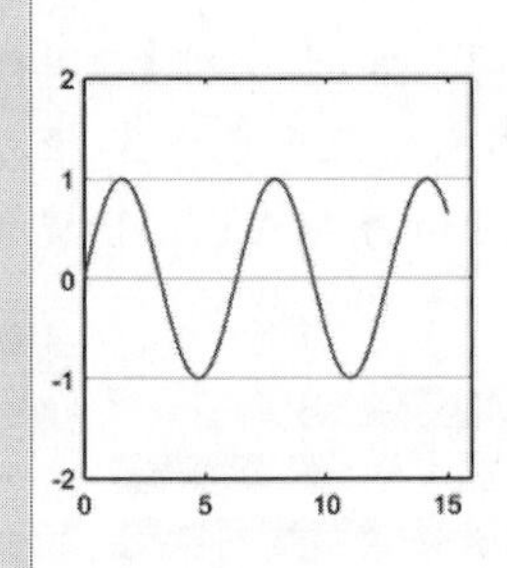

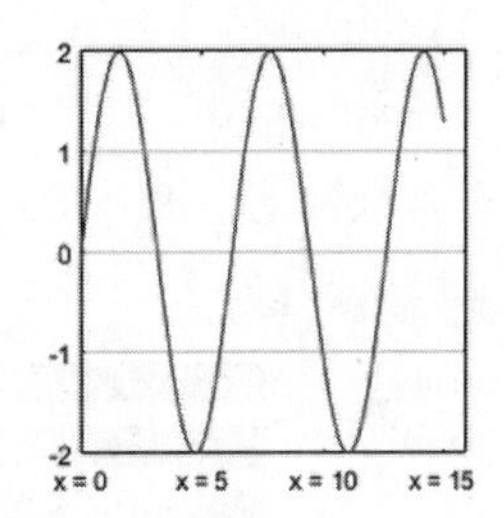

图 4-28　坐标区外观例程

说明：

(1) 网格线设置的两种方法：函数法，使用 grid()函数；属性法则是分为 XGrid/YGrid/ZGrid 属性。

(2) 确保刻度和刻度标签的一一对应是图形制作中的一个重要细节。这种方法主要用于将坐标轴的数值强制替换为字符串，以便在图表中显示特定的文本标签。这种方式在需要自定义或强调轴上特定点的场景下非常有用。

4.2.3　颜色栏和配色方案：丰富图形色彩

在科学和工程领域中，使用颜色来表示数值大小是一种常见且直观的方法。这种技术经常被应用于生成所谓的“云图”，它能够将数值数据通过颜色的变化直观地展现在有限元分析一类的软件中。为了使用户能够清楚地理解颜色所代表的具体数值，这些云图通常会伴随一个“颜色栏”(colorbar)，建立颜色与数值之间的线性关系。

MATLAB支持这种可视化表示，允许用户添加颜色栏以便更好地解读图中的颜色变化。用户不仅可以显示颜色栏，还可以通过调整“配色方案”(colormap)来定制图形的视觉效果。进一步地，MATLAB还提供了工具，比如“rgbplot”，它允许用户分析并显示出配色方案中具体的RGB(红绿蓝)颜色强度值。这些工具和功能的结合使用极大地增强了数据可视化的灵活性和表达力。颜色栏和配色方案例程如图4-29所示。

EX 4-23 颜色栏和配色方案

```
ax(1) = subplot(1,2,1);
surf(peaks); shading interp;
cb = colorbar; % 绘制颜色栏
cb.Position = [0.05,0.25,0.02,0.5];
colormap parula(7); % 选择配色方案
ax(2) = subplot(1,2,2);
rgbplot(parula(7)); % 分析配色方案RGB强度
axis(ax, "square");
ax(2).XMinorGrid = "on"; % 打开副网格
```

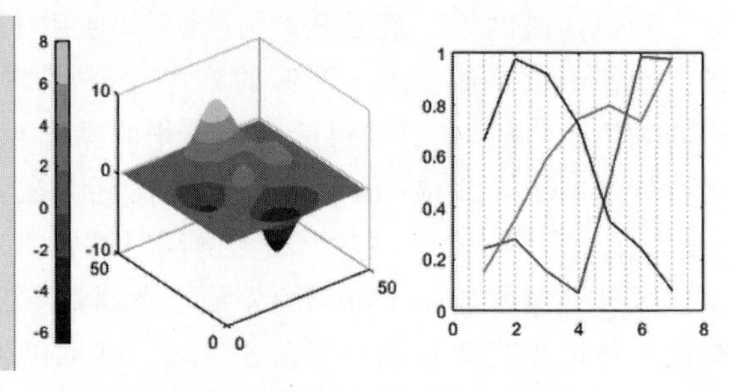

图4-29　颜色栏和配色方案例程

说明：

(1) colorbar()函数返回ColorBar对象，同样有一些属性可以设置。

(2) colormap关键字用来修改配色方案，配色方案函数输入数字表示将配色均匀切分为几个离散颜色。图4-30所示为MATLAB提供的配色方案的颜色图名称和色阶图。

颜色图名称	色阶	颜色图名称	色阶
parula		gray	
jet		bone	
hsv		copper	
hot		pink	
cool		lines	
spring		colorcube	
summer		prism	
autumn		flag	
winter		white	

图4-30　配色方案的颜色图名称和色阶图

4.2.4　三维渲染：让三维图形栩栩如生

虽然MATLAB并非专门设计用于三维绘图，但它仍然具备了实现基本三维渲染功能的工具和设置。通过调整相机视角、选定恰当的配色方案、应用颜色效果、设置光源以及调整材质属性，MATLAB能够创建出具有立体感的三维图形。这些功能的结合使用可以大幅提升三维图形的视觉质量，从而让数据的三维展现更加生动和真实。例如，在如图4-31所示的例程中，我们可以看到通过精心设置这些参数，即使不是三维绘图软件，MATLAB

也能够呈现出令人印象深刻的三维效果。

EX 4-24 三维渲染

```
[x,y,z] = ellipsoid(0,0,0,8,4,4,100);
ax(1) = subplot(1,2,1);     ax(2) = subplot(1,2,2);
s(1) = surf(ax(1),x,y,z);   s(2) = surf(ax(2),x,y,z);
view(ax(2),[30,30]); % 修改视角方向
axis(ax, 'vis3d'); % 旋转时纵横比不变
colormap(ax(1),'copper'); % "铜"配色
colormap(ax(2),'bone'); % "骨"配色
shading(ax(1), 'interp'); % 插值着色
shading(ax(2), 'flat'); % 单片一致着色
l(1) = light(ax(1)); l(2) = light(ax(2)); % 打开光照
l(1).Position = [0 -10 1.5]; % 调整光照位置
lighting(ax(2),"flat"); % 均匀分布光照
material(s(1),"metal"); % 金属质感
material(s(2),"shiny"); % 光亮质感
axis(ax, "equal"); axis(ax,"off");
```

图 4-31 三维渲染例程

说明：

(1) ellipsoid()函数用于绘制椭圆面，前三个输入值代表椭圆中心坐标，后三个输入值代表三个半轴的长度，最后一个输入值代表将椭圆面划分为小平面片的个数；类似的函数还有圆柱面函数 cylinder()和球面函数 sphere()。

(2) view()函数用于指定相机位置，有两种形式，view([az,el])使用极坐标角和仰角，view([x,y,z])使用坐标轴三轴坐标来表征角度。

(3) shading()函数用于设置表面着色，默认着色是具有叠加的黑色网格线的单一着色，此外还有两种着色设置：flat 使每组网格线及面片拥有一致的着色，其颜色取决于该组对象中最小索引的颜色；interp 是插值着色，可以将曲面进化为整体渐变的颜色。当曲面的精细度越高，即面片尺寸越小时，两者区别也越小。

(4) lighting()函数用于设置光照属性，只有两种选择：flat 表示在对象的每个面上产生均匀分布的光照；gouraud 表示计算顶点法向量并在各个面中线性插值。

(5) material()函数用于设置材质，完整设置为 material([ka kd ks n sc])，其中，输入参数分别为环境反射/漫反射/镜面反射的强度、镜面反射指数和镜面反射颜色反射率，通过这几个反射指标来决定材质，软件用关键字提供了三种材质：shiny 是使对象有较高的镜面反射；dull 使对象有更多漫射光且没有镜面反射；metal 使对象有很高的镜面反射、很低的环境和漫反射，反射光的颜色同时取决于光源和对象。

4.2.5 实用技术：提升图形的实用性与可读性

掌握一门编程语言或精通一款软件，如同攀登一座山峰，并不要求攀登者记住每一块石头的位置。真正的智慧在于对其功能全景的理解和掌握，以及灵活地运用查询工具寻找解决问题的路径。这样，当面对实际问题时，读者将以更高效和精准的方式，调用必要的工具，解决问题。记住，探索的精神和解决问题的能力，远比记忆每一个细节更为宝贵。

1. 图窗窗口

本教程采用的是 MATLAB 新版本主推的实时编辑器模式作图，图形显示融入编辑器

整体中，如果需要针对图形进行一些操作，可以单击显示区右上角的箭头按钮，可以将该图形用“图窗窗口”打开，如图 4-32 所示，事实上这可能是使用过老版本或者学习过老版本教程后更为熟悉的形式。这里展示的是一种特殊的二维线图——“双 y 轴图”，（详细代码见教学课件）使用函数为 yyaxis()，用于将两组不同标度甚至不同性质的物理量绘制在同一幅图中。

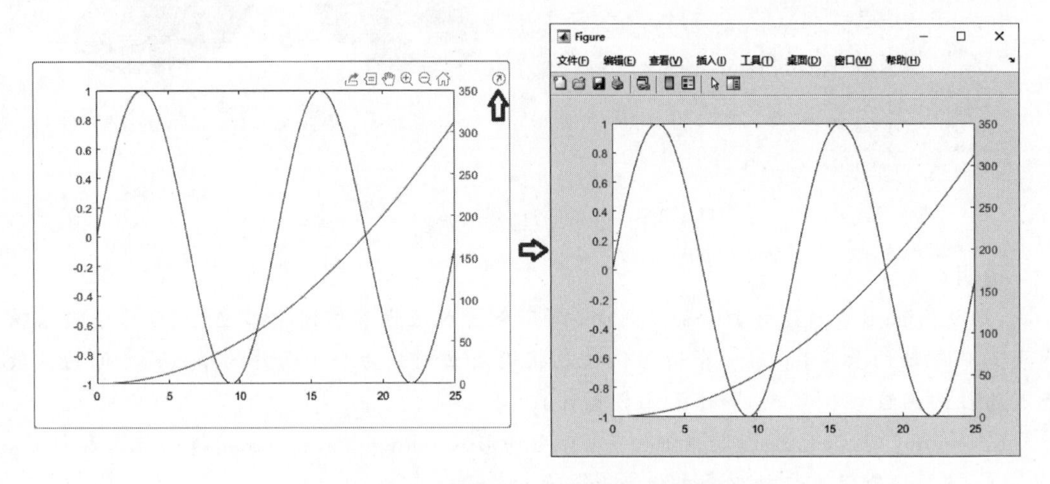

图 4-32 实时编辑器中与独立图窗中的图形显示

在 MATLAB 中，图窗(Figure)本身就是一个对象，构成了图形界面的基石。在这个基础之上，坐标轴对象(Axes)得以建立，形成了一个结构层次。这个层次不仅定义了图形对象之间的关系，还描绘了它们是如何互相构建的。想象一个由不同图形对象层层叠加构成的画布，每一层都扮演着特定的角色，共同作用于最终展示的图形。这种层级关系，如同我们在图 4-33 中所示，为理解和操作图形对象提供了清晰的视角。

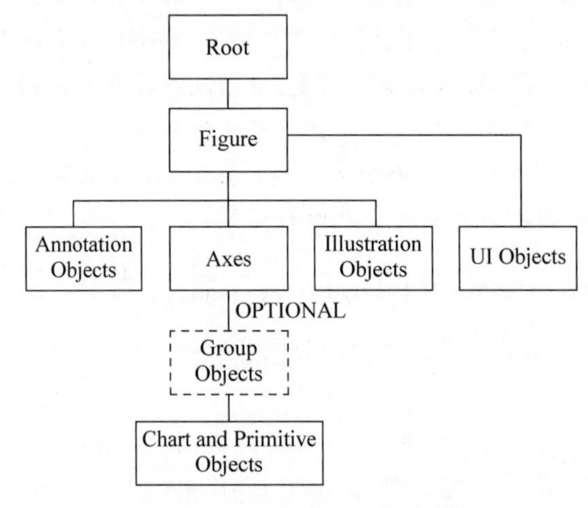

图 4-33 图形对象的层级关系图

在普通编辑器或命令行中，可以通过 figure 函数新建图窗窗口：

```
figure % 新建一个图窗
figure(2) % 新建一个图窗,并将此图窗编号为 2 号
```

MATLAB 每时每刻都有一个"当前的"默认图窗，如果没有新建图窗，则所有绘图都在当前的图窗下，函数 gcf()可以获取当前的图窗，意为 get current figure，用于对当前图窗进行操作；类似的函数还有 gca()，即获取当前的坐标区。

2. 属性提示器与检查器

对图形美化的主要方法就是修改图形的属性，不过图形的属性名称不太好记，根据前述的属性结构体的方式，实际操作过的读者应该已经发现，如图 4-34(a)所示，在实时编辑器中，当输入一个图形结构体名称并输入点符号后，软件将自动提示属性值，如果再输入一个字母 L，则提示窗自动提示由 L 开关的属性，用户只用按 Tab 键即可进入提示窗，用上下键选择属性，并再次按 Tab 键确认。在此之后，如果用户又输入等号(赋值号)，则软件又会自动提示该属性的所有选择项，非常方便。在普通编辑器和命令行中，其实也有相同的功能，只不过并不是自动开启提示窗，而是在需要提示的时候按一次 Tab 键，就可以弹出提示窗了，如图 4-34(b)所示。

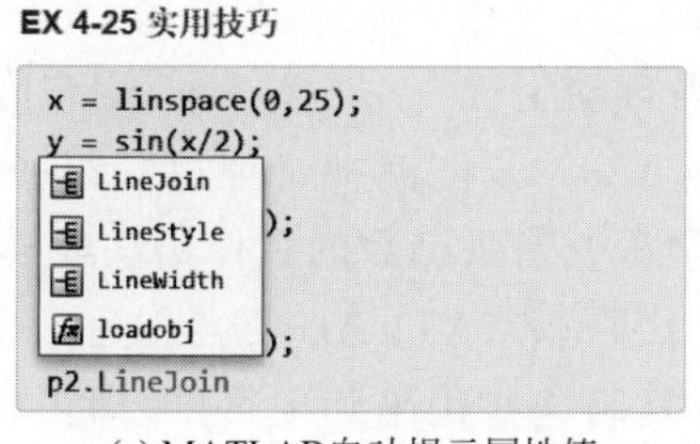

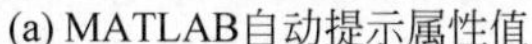

(a) MATLAB自动提示属性值

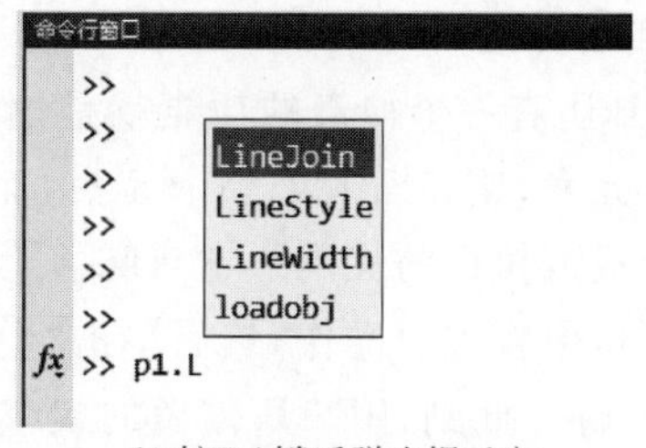

(b) 按Tab键后弹出提示窗

图 4-34 实时编辑器与命令行中的属性提示窗

然而即使是这样方便的属性选择，对于初学者来说还是不太直观，毕竟对于许多属性也不太熟悉，也不清楚哪些属性可以实现想要的功能，或者设置后的实际效果如何。这时就需要 MATLAB 提供的属性检查器了。图窗窗口上方按钮列的最后一项，即为打开"属性检查器"，在这里可以查看和修改图形的所有属性，如图 4-35 所示。属性检查器的第一行显示的是当前的层级，在左侧主窗口中单击对象即可调出对应的属性。在属性检查器中，左侧一例为属性名，右侧为属性值；属性名没有翻译为中文是因为这些属性名可以直接用于代码赋值中。用户可以在属性检查器中编辑调节属性值，以便实时观察并获得一个比较好的图形效果。

还有一种用属性检查器查看属性的方法，比如上例中将 plot()函数返回到对象 p1 中，这样 p1 就在工作区作为一个 Line 对象结构体保存了下来，这里如果在命令行中直接输入 p1，则会按结构体显示的形式显示所有属性，这种方式也有优势，就是所有属性值的形式均与代码中的设置形式一致。用户还可以输入 open p1 或在工作区打开 p1 变量，则会直接用属性检查器打开该变量，不过需要注意的是，此时打开变量只是为了查看属性，将属性应用在代码中，而不能直接在这里修改属性以实时改变显示效果。

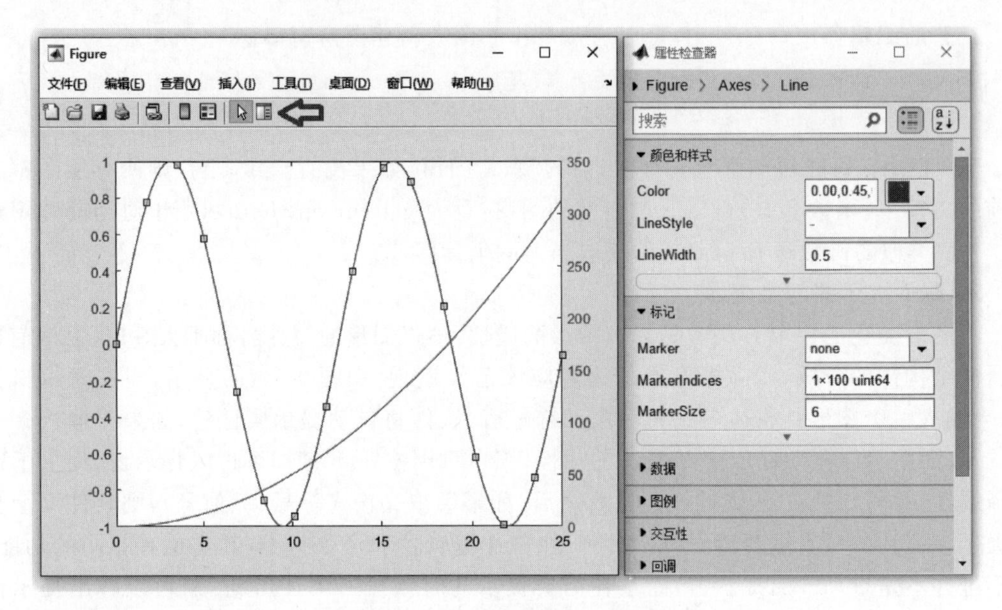

图 4-35　灵活利用属性检查器

3. 代码自动生成

MATLAB 还有一个神奇的功能就是“代码自动生成”。想象一下，用户在图窗中手动调整或添加了元素，比如插入了一个箭头，而 MATLAB 能够神奇地追踪每一步操作，并将这些操作转换成可执行的代码。这意味着，无须深究箭头函数的具体语法或摸索最佳位置，用户只需在图窗中直观地操作，然后单击“生成代码”，MATLAB 便会创建一个包含所有必要代码的 M 文件。此刻，用户所需做的仅仅是复制这些代码到项目中，即可轻松实现所需的图形设计。这不仅极大地简化了编程过程，也让定制化的图形展示变得触手可及。代码自动生成方法如图 4-36 所示，展现了这一过程的直观效果。

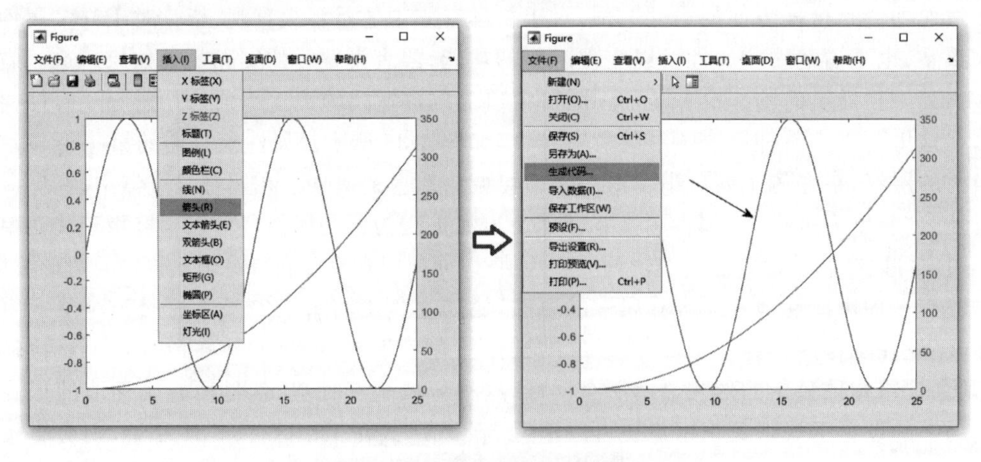

图 4-36　代码自动生成方法

该例中关于箭头自动生成的代码如下：

```
annotation(figure1,'arrow',[0.383928571428571 0.530357142857143], … [0.741788461538462
0.629807692307692]);
```

对于生成的代码应学会灵活使用，这也是一个学习代码的过程。比如上述代码中坐标值的位数过多，显然不需要这么高的精度，而且 figure1 是对应于当时的图窗情况的，因此代码可以修改为

```
annotation('arrow',[0.38 0.53], [0.74 0.63]);
```

4. 作图方法总结

无论是简单地绘制图形还是在编程过程中添加可视化元素，整个过程通常遵循如下四个基本步骤。

(1) 数据准备与分析：开始之前，用户首先要准备数据，然后根据想展示的信息确定合适的图形类型。接下来，查找相应的函数和它们的使用方法，这将是绘图旅程的起点。

(2) 基础绘图：接下来，用准备的数据创建一个无装饰、简单明了的图形。这个初步的图形将为用户提供一个大致的视觉框架。

(3) 属性调整：现在，用户可以开始调整图形的属性以满足相应的需求。对于已经熟悉的属性，可以通过提示进行修改。而对于那些不太了解的属性，打开属性检查器，实时修改它们，直到确定最合适的属性值。

(4) 注释与优化：如果需要，用户可以在图形中添加注释或对图形进行进一步操作来增强信息的表达。此时，利用 MATLAB 的"代码自动生成"功能可以帮用户记录这些更改，并生成可重用的代码。这一步不仅节省了时间，而且能让用户的图形更加个性化和精确。

遵循这些步骤，用户就能够以一种有条不紊的方式，将复杂的数据转换成清晰、有吸引力的视觉表达。

4.3 图像处理

图形(Graph)与图像(Image)，虽为相近概念，却有本质的区别。图形，或称矢量图(Vector Drawn)，是基于几何属性所绘制的，而图像则是位图(Bitmap)，它依靠像素(Pixel)存储所有细节，并可通过绘制、摄影或扫描等方式获得。在更广义上，图形是可以包含图像的。

在 MATLAB 的世界里，一切皆可归为矩阵，图像也不例外。这意味着图像实际上是由矩阵表示的，使得图像处理技术不仅局限于传统意义上的"图像处理"，而是扩展到了对矩阵的广泛处理。因此，在 MATLAB 中，图像处理的应用远远超越了图像本身，它的重要性体现在能够处理广泛的矩阵问题。

图像依据像素存储的数据类型可以分为如下三大类。

(1) 二值图像：又称比特图，每个像素非黑即白，即非 0 即 1。在 MATLAB 中，这种图

像以二维逻辑矩阵形式存储，小巧而且处理速度快，是图像分割、边缘检测和形态学处理中的常客。

(2) 灰度图像：这类图像的显示效果类似于黑白电视，每个像素表示一个介于 0 到 255 的灰度值。0 代表黑色，255 代表白色，而中间的数值代表不同的灰度等级。这种图像通常以二维 uint8 格式存储，但有时也可用 uint16 格式来存储，提供更丰富的灰度级别。

(3) 彩色图像：通常使用三维 uint8 数组存储，它包括红(R)、绿(G)和蓝(B)三原色的信息，因此也被称为 24 位图。

图像文件格式众多，包括 BIN、PPM、BMP、JPEG、GIF、TIFF、PNG 等，但 MATLAB 的用户不需要深入了解这些格式的细节差异。MATLAB 已经将这些格式的处理流程标准化，为用户提供了很大的便利，节省了大量的时间和精力。

4.3.1 读写处理：图像的基础操作

读写处理是图像操作的基础，它涉及将图像文件转换成矩阵数据，以及将矩阵数据保存为图像文件。在 MATLAB 中，这意味着用户可以轻松地将任何图像文件读入工作空间，它会自动转换为一个矩阵；同样地，用户也可以将任何修改后的矩阵数据导出为一个标准图像格式的文件。这种转换是无缝的，让图像的读取、处理和保存变得既直观又高效，如图 4-37 所示。

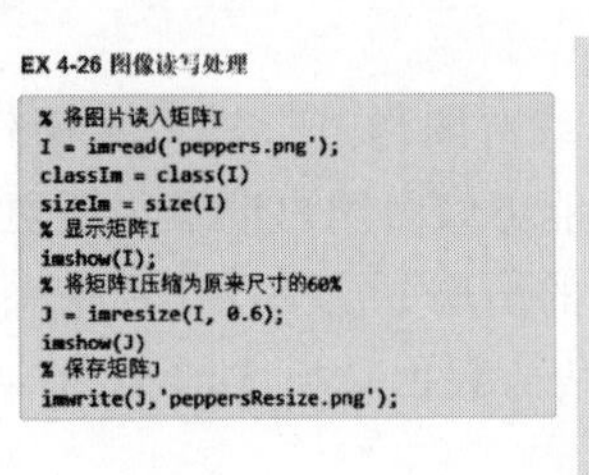

图 4-37 图像读写处理例程

说明：

(1) imread()函数几乎可以读取所有格式的图像文件，并存入矩阵。

(2) 从例程中看出图片被自动读入 unit8 的矩阵，第三维度上规模为 3，即为 RGB 维度。

(3) imshow()函数可以将矩阵以图片的形式显示，显示效果是默认像素的大小，小尺寸的图片就会以较小的尺寸显示在屏幕上，如果需要将图片放缩到整个坐标区范围，则可以使用 imagesc()函数，软件会调整像素大小以适应坐标区尺寸。

(4) imsize()函数用于改变图像的尺寸，既可以输入缩放倍数，也可以输入新图像的尺寸，尺寸变化后各位点的 RGB 值是通过函数对图像进行插值计算得到的，共提供 8 种插值方法供选择。

(5) imwrite()函数可以将图片保存为大部分图像格式的文件。

4.3.2　算术运算：图像数据的数学处理

在 MATLAB 中，图像处理的功能被封存于“图像处理工具箱”(Image Processing Toolbox，IPT)之中。这个工具箱汇集了用户能想象到的大部分图像处理相关的功能函数，是处理图像的得力助手。想要深入了解这些功能，用户可以参阅工具箱的文档，在 MATLAB 的帮助文档界面左侧的树状目录中找到 Image Processing Toolbox，其中已有一些中文翻译，便于理解和应用。

说到算术运算，我们通常想到的是基本的加、减、乘、除。将这些操作应用于图像就意味着对每个对应像素的值执行这些算术运算(Image Arithmetic)。这就像是在两幅图像间进行数学对话，不过前提是，参与对话的图像必须尺寸匹配，像素点要一一对应。简单来说，图像的算术运算让我们能够直接在像素级别上调整图像的亮度、对比度或合成新的图像效果，如图 4-38 所示。

EX 4-27 图像算术运算

```
I = imread('peppersOrigin.png');
J = imread('gradientRamp.png');
% 第一行
subplot(3,3,1); imshow(I); title('I');
subplot(3,3,2); imshow(J); title('J');
subplot(3,3,3); imshow(imcomplement(J)); title('-J');
% 第二行
subplot(3,3,4); imshow(imadd(I,100)); title('I + 100');
subplot(3,3,5); imshow(imsubtract(I,100)); title('I - 100');
subplot(3,3,6); imshow(imadd(I,J)); title('I + J');
% 第三行
subplot(3,3,7); imshow(imsubtract(I,J)); title('I - J');
subplot(3,3,8); imshow(immultiply(I,1.5)); title('I * 1.5');
subplot(3,3,9); imshow(imdivide(I,1.5)); title('I / 1.5');
```

I　J　-J
I + 100　I - 100　I + J
I - J　I * 1.5　I / 1.5

图 4-38　图像算术运算例程

说明：

(1) 本例程读入的两个图片文件是教程自带的图片文件，其中，gradientRamp. png 是作者绘制的一个从中心向四周颜色渐变的图片。

(2) imcomplement()函数称为取反函数，相当于所有像素值被 255 减。

(3) imadd()函数为图像相加函数，如果向图像上加一个数值，则会将图片的整体亮度提高，如果相加之后某像素值超过 255，则函数直接将其“截断”把超出的数值设定为 255。

(4) imsubtract()函数为图像相减函数，会将图片整体亮度降低，同理相减如果溢出(负值)也会截断直接赋值为 0。

(5) immultiply()函数和 imdivide()函数分别为图像乘与图像除，相比于加减的“偏移型处理”，乘除相当于亮度的“缩放型处理”，往往会得到更好的效果。

4.3.3 逻辑运算：基于条件的图像操作

图像逻辑运算的本质就是“按像素逻辑运算”，对于二值图像来说有很强的应用，包含的逻辑运算有非（～）、与（&）、或（|）、异或（xor），其中的概念与集合论中完全一致，在二值图像中，1 代表真（显示为白），0 代表假（显示为黑），如图 4-39 所示。二值图像的逻辑运算实际上是对逻辑矩阵的批量处理。

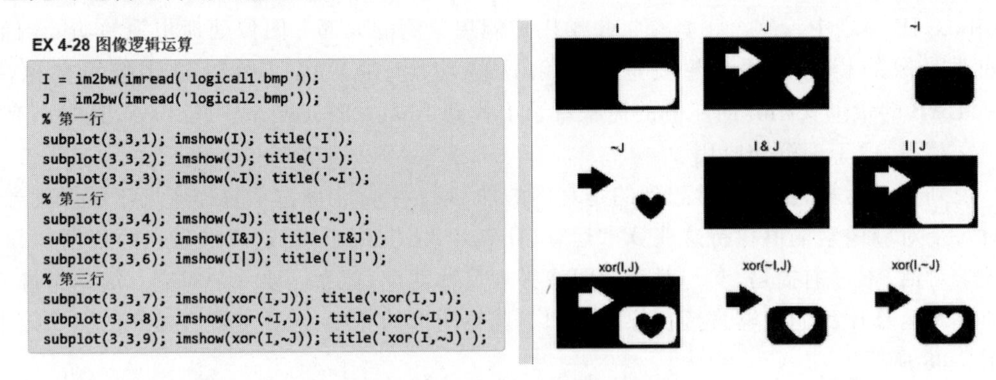

图 4-39 图像逻辑运算例程

说明：

(1) im2bw()函数用于将普通图像转变为二值图像，近年来 MATLAB 推出 im2bw()函数的升级优化版 imbinarize()函数，也可以直接替代，类似的函数还有将 RGB 彩色图像转变为灰度图的 rgb2gray()函数。

(2) xor()异或操作可以这样理解，“或”是并集之意，“异或”就是两者中不同部分的并集。

(3) 对于更广义的图像，如灰度图和彩色图，也有图像的逻辑运算，本质上是“按位逻辑运算”，因此，系列函数都以 bit（比特）开头，如按位非（bitcmp）、按位与（bitand）、按位或（bitor）、按位异或（bitxor），它们对于二值图像的操作与上述的结果也相同，只是原理上有所差异，比如对于像素中值的处理有所不同，int8 存储的 −5 按位展开为 11111011，而 6 的按位展开为 00000110，那么 −5 与 6 的按位与的结果就是 00000010，也就是 2。这种灰度图与彩色图的逻辑运算意义并不那么显而易见，因此实际应用的功效也不甚显著。

4.3.4 几何运算：改变图像的形状与位置

图像本质上是由一系列在平面上有序排列的像素所组成的。在处理图像时，我们经常需要对其执行各种几何操作，以满足不同的视觉需求和功能要求。这些操作包括剪裁、缩放、水平翻转、垂直翻转和旋转。这些操作能够改变图像的大小、形状或方向，为我们提供了丰富的图像编辑能力。

在对数字图像进行几何变换时，我们可能会遇到一个问题：变换后的新图像矩阵可能会有一些像素点“找不到对应的原始值”。这是因为几何变换可能导致像素点移动到了“新的位置”。为了解决这个问题，我们需要采用插值方法。插值是一种数学技巧，可以帮助我们在处理过的图像中估算并填充那些空缺的像素值，确保图像在变换后仍保持平滑连贯的视觉效果。借助 MATLAB 的图像处理工具箱，这些几何变换和插值计算可以轻松完成，使得图像编辑既简单又高效，如图 4-40 所示。

EX 4-29 图像几何运算

```
I = imread('peppersOrigin.png');
% 第一行
subplot(3,3,1);imshow(I); title('原图');
J = imcrop(I, [260 140 300 200]);
subplot(3,3,2);imshow(J); title('剪裁');
subplot(3,3,3);
imshow(imresize(J, 0.1)); title('尺寸缩小');
% 第二行
subplot(3,3,4);
imshow(imresize(J, 10)); title('尺寸放大'); % 默认双三次插值
subplot(3,3,5);
imshow(imresize(J, 10, "nearest")); title('尺寸放大-不插值');
subplot(3,3,6);
imshow(fliplr(J)); title('左右翻转');
% 第三行
subplot(3,3,7);imshow(flipud(J)); title('上下翻转');
subplot(3,3,8);imshow(imrotate(J,10)); title('旋转-不插值');
subplot(3,3,9);
imshow(imrotate(J,10,"bicubic")); title('旋转-插值');
```

原图　剪裁　尺寸缩小
尺寸放大　尺寸放大-不插值　左右翻转
上下翻转　旋转-不插值　旋转-插值

图 4-40　图像几何运算例程

说明：

(1) imcrop()函数用于剪裁(crop)图像，其第二个参数可以输入剪裁尺寸，格式为[xmin ymin width height]。

(2) imresize()函数用于重新调整图像尺寸，其函数的参数为缩放因子，表明新图为原图的放大倍数，小于 1 则为缩小之意，默认情况下采用的放缩插值方法为双三次插值(bicubic)，会有比较好的图像过渡效果，在图 4-40 中可以看出图像比较自然，似乎并没有损失图像分辨率，而其余的插值方式还有“最临近插值”(nearest)和“双线性插值”(bilinear)，其中，最临近插值可以理解为几乎是没有插值的，是直接对新图像素赋予最临近点的值，这样得到的图像比较粗糙，相当于损失了清晰度。

(3) fliplr()和 flipud()函数不是“im”开头，其实是用于矩阵翻转(flip)的函数，当然也适用于图像，分别代表左右(left, right)翻转和上下(up, down)翻转。

(4) imrotate()函数用于图像的旋转，函数的参数为角度，默认方式为不插值(nearest)，而使用双三次插值(bicubic)后有较好的显示效果。

理解和应用图像的几何操作时，关键在于灵活性和实际应用的适应性。归根到底，这些几何操作本质上是对矩阵的操纵。每一次剪裁、缩放或旋转，我们实际上都在对像素矩阵进行精细调整。而在这个过程中，插值方法的选择变得尤为重要。不同的插值技术会根据图像的特性和我们的目标效果产生不同的视觉结果。

4.3.5　灰度运算：探索图像的灰度世界

“灰度运算”这个概念在图像处理中极为关键，它指的是对图像中“每个像素点”的灰度值进行操作，因此也被称为“点运算”。这与“邻域运算”形成对比，后者涉及对像素点及其周

围像素点的处理。由于灰度图像的数据量仅为彩色图像的三分之一，它们在需要快速计算的场景下显得尤为重要，使得灰度运算成为图像增强、信息提取等任务的常用手段。

简单来说，通过灰度运算，我们可以有效地调整图像的亮度、对比度，或执行更复杂的图像增强技术，进而提取有价值的信息。这种运算方式不仅计算效率高，而且在很多实际应用中，如图像分析、模式识别和机器视觉等领域，都有着广泛的应用。灰度运算主要使用函数imadjust()，格式为

```
J = imadjust(I,[low_in high_in],[low_out high_out],gamma)
```

其中，[low_in high_in]表示取输入图像的灰度范围，默认为[0, 1]，[low_out high_out]则表示输出图像的灰度范围，默认也为[0, 1]，gamma 表示伽马值，如图 4-41 所示。

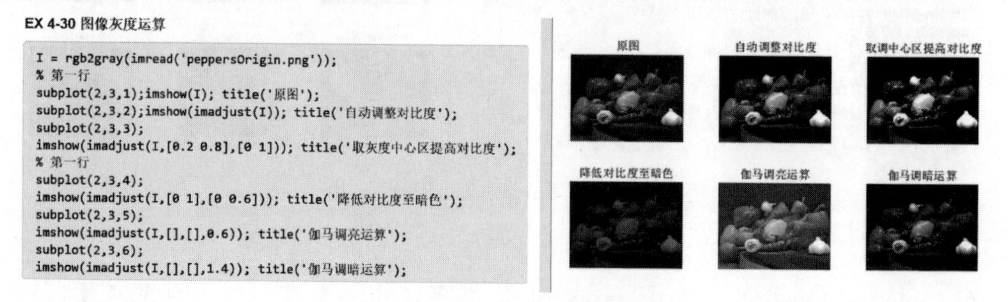

图 4-41　图像灰度运算例程

说明：

(1) imadjust()函数无设置参数时，默认进行自动对比度调整，将输入图像的灰度范围线性扩展到最大输出灰度范围[0, 1]上，实现在不损失信息的同时最大程度提升对比度，该操作可以有效增强图像质量以便观察。

(2) 伽马运算是一种非线性变换，它通过使用一个指数函数来调整图像的亮度，这个指数在变换公式中被称为伽马值，因此伽马运算又被称作“幂律变换”。这种变换的独特之处在于它可以用来调控图像的暗部和亮部细节，从而对图像的视觉效果产生显著的影响。具体来说，当我们在幂律变换中使用小于 1 的伽马值时，图像的暗部会被相对提亮，使得细节更加清晰可见；而使用大于 1 的伽马值，则会使得图像整体看起来更暗，强化了亮部的对比，同时可能会隐藏一些暗部细节。

图像处理的世界是丰富多彩的，涵盖了从基本的读写处理、算术和逻辑运算、几何与灰度运算等基础技术，到更为高级的技术如直方图处理、邻域处理、频域滤波、图像恢复、形态学处理、边缘检测、图像分割、彩色图像处理、图像压缩与编码、特征提取，以及视觉模式识别。这些技术共同构成了图像处理这一领域的庞大体系，它们不仅涉及对图像的基本操作和处理，还包括了对图像内容的深入分析和理解。在 MATLAB 这一强大的平台上，这些技术可以被灵活应用和实现，为研究人员和工程师们提供了一套强有力的工具，使他们能够在诸多领域，如医学成像、卫星图像分析、机器视觉和数字媒体等，进行创新和探索。随着人工智能技术的融入，图像处理的应用范围和深度正在不断扩展，展现出无限的可能性。

4.4　动画制作：让图形动起来

动画本质上仍然是一系列的图形，其独特之处在于它们在平面显示器上随着时间的变化而变化，仿佛在图形中注入了时间的维度。通过这种方式，动画能够以一种生动且直观的形式呈现内容，从而在某些场合下，它比静态图像更能有效地展示和强调创作者的意图。

特别地，在展现复杂概念或流程时，运用动画可以更清晰地描绘出动态过程，捕捉观众的视觉焦点，并以此传达更加丰富和精确的信息。它不仅提高了信息的可理解性，也增强了观众的参与感和兴趣。在 MATLAB 等工具中，动画的制作为数据可视化提供了额外的维度，使得分析结果与模拟过程可以通过时间的流逝来展现，让观察者能够更容易地理解变化的趋势和模式。

4.4.1　揭秘动画原理

动画与所有视频一样，都是由一帧一帧的图片组成的。在 MATLAB 中，可以使用常用的圆点表示法来更新图形对象的属性，比如坐标数据(XData，YData)，然后使用 drawnow 命令更新图形，如此循环，即得到一个实时变化的动画。

建议读者在运行本节的动画代码时，全选代码再按 F9 键执行，这样可以新建一个图窗窗口并显示动画；这里也再次强调 F9 键的独特功能，可以在 MATLAB 的所有场景下直接运行代码，相当于省去了复制代码再去命令区粘贴再回来的烦琐过程，如图 4-42 所示。

EX 4-31 动画实例1

```
% 选中以下代码 按F9键执行
figure
x = linspace(0,10,1000);
y = sin(x);
plot(x,y)
hold on
p = plot(x(1),y(1),'o','MarkerFaceColor','red');
hold off
axis manual
for k = 2:2:length(x)
    p.XData = x(k);
    p.YData = y(k);
    drawnow
end
```

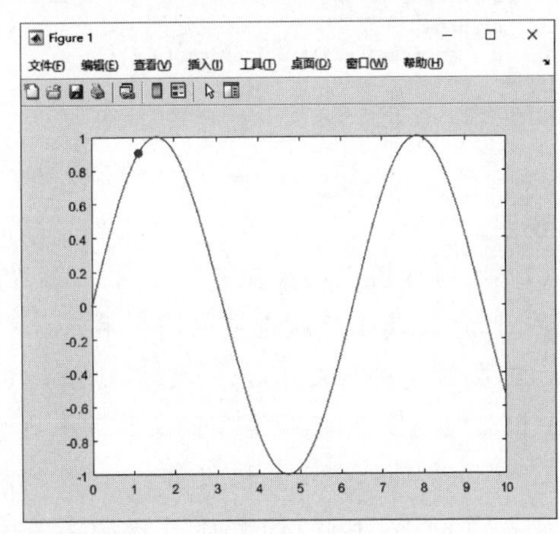

图 4-42　动画实例例程 1

说明：

(1) plot()函数的输入只有一个点时，绘制的图像就是一个点，此时坐标值(XData，YData)均为标量。

(2) drawnow 命令非常方便地起到了更新图形的作用，有些教程中还在使用 EraseMode 属性来生成动画，但这种方法从 R2014b 版本后就不存在了。

(3) 动画速度也可以进行控制，方法是使用 pause()函数在循环中暂停一段时间。

4.4.2 视频生成：动画的终极形态

读者仅学会在 MATLAB 中显示动画的意义比较有限，还必须掌握将动画保存成文件，这样才方便传播展示。下面的实例利用前述三维绘画的椭球展示了动画保存的技术，大致流程分为四步：一是图形准备，把要绘制的主图先绘制出来；二是创建一个视频文件并打开；三是进入动画循环，修改要变化的属性并更新，然后使用 getframe()函数将当前的画面取出，再使用 writeVideo()函数将画面写入视频；四是结束循环并关闭视频文件，示例代码和视频效果如图 4-43 所示，视频请参见本书配套数字文件中的 videoRot. avi。

EX 4-32 动画实例2-保存视频

```
% 选中以下代码 按F9键执行
[x,y,z] = ellipsoid(0,0,0,8,4,4,250);
figure; % 新建图窗
ax = gca; % 取当前坐标区
s = surf(x,y,z);
axis vis3d; % 旋转时纵横比不变
colormap copper; % "铜"配色
shading interp; % 插值着色
l = light(ax);  % 打开光照
l.Position = [0 -10 1.5]; % 调整光照位置
material metal; % 金属质感
axis equal; axis off;
% 创建视频文件并打开
v = VideoWriter('videoRot.avi'); open(v)
for k = 30:2:390
   ax.View = [k 30];
   drawnow
   m = getframe(gcf); writeVideo(v,m);
end
close(v) % 关闭视频文件
```

图 4-43　动画实例例程 2-保存视频

说明：

(1) 本例作图代码来源于 4.2.4 节三维渲染的示例，代码中的修改展示了当只需要一幅主图时，许多属性的赋值可以简化书写。

(2) 在创建视频文件后，一定要用 open()函数将文件打开，这样才能够对文件进行改写，在 MATLAB 中，其他类型的文件写入也需要一样的操作。

(3) View 属性表示相机视角，它的连续改变相当于图形在三维空间中的旋转运动。

(4) VideoWriter()函数还可以指定各种视频文件的编码格式，默认是使用 Motion JPEG 编码的 AVI 文件。

4.5 科研综合绘图实例

在科研的世界里，用图形表达数据的内涵是一项关键技能，它应成为每位接受高等教育的学生的训练重点。在作图时，我们强调三个核心原则：首先是真实性——只有真实可靠的数据，才能引导我们得到正确的结论；其次是明确性——图中的数据和坐标轴的含义必须是清晰无误的；最后是简洁性——好的图形不在于复杂或炫目，而在于用最简洁的元素传递充分的信息。在这三个原则上，我们还补充了"美观性"——图形整体和谐，颜色搭配优雅。

本书作者在 *Advanced Healthcare Materials* 期刊发表的论文 *Quantitative Biofabrication Platform for Collagen-based Peripheral Nerve Grafts with Structural and Chemical Guidance* 中使用的图形案例，将有助于读者进一步理解多元素综合作图的魅力。在本书附带的代码文件中，作者分享了当时的作图代码，展现了属性设置和数据展示方案，希望能为读者提供启发。

本节还特别展示了科研作图通常不仅在 MATLAB 中完成，每位科研人员还应掌握多种类型软件技能。这里，我们特别展示了如何将 MATLAB 绘制的图形在 Adobe Illustrator 中进行精细加工，并提供了前后对比，以供读者学习和参考。一些任务既可以在 MATLAB 中完成，也可以在 Adobe Illustrator 中完成，选择哪个软件取决于哪个软件更高效。我们建议所有与数据直接相关的计算和精确度要求的部分应在 MATLAB 中完成，其他美化工作则交由 Adobe Illustrator 来完成。

本书还设计了一套颜色系统，基于中国风传统色彩，色卡已经包含在代码文件夹中。它包括六种颜色，分别为赭色（＃9C5333）、秋香（＃D9B611）、松花绿（＃057748）、藏青（＃2E4E7E）、紫棠（＃56004F）、枣红（＃7C1823），以上均以十六进制编码（HEX）标注。由于本书没有彩色印刷，我们不在此展示图片。若需要转换为 RGB 或 HSV 色彩空间，读者可以简单地使用 Windows 自带的画图工具（使用 Win＋R 组合键打开运行窗口，输入 mspaint 后按下 Enter 键）获取。对于科研人员而言，模仿顶级期刊的色彩方案也是一种快速而有效的学习方法。

4.5.1　条形图＋误差线：数据的直观展示

图 4-44 所示为加误差线的条形图案例，我们展示了一项关于浓度对胶原神经支架拉伸模量影响的研究，通过实验得到了平均值，并引入了一种特别的误差线来描述实验数据的分布特征。同时，为了更直观地观察不同浓度之间的趋势，我们用虚线连接了三组实验的平均值。

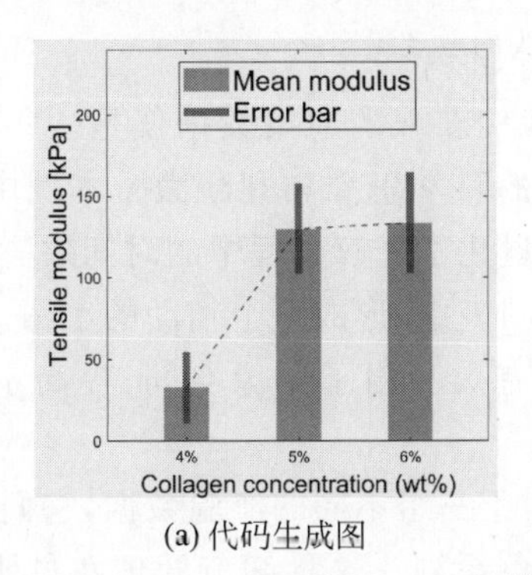

(a) 代码生成图

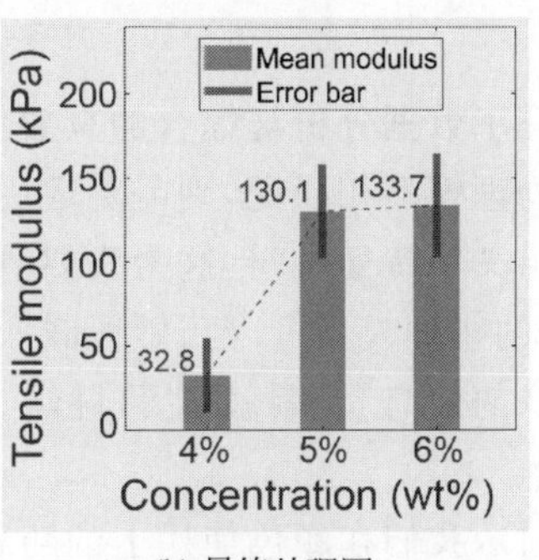

(b) 最终处理图

图 4-44　加误差线的条形图案例

对比使用 Adobe Illustrator 加工前后的图像，可以发现文字部分有所替换。这是因为原始图形中的文字大小可能与论文的整体布局不协调。利用 Adobe Illustrator，我们可以轻松调整文字大小，使之与整体设计风格保持一致。此外，我们还在每个条形图上标注了具体数值，虽然这一步骤也可以在 MATLAB 中完成，但为了提高工作效率，我们选择了在 Adobe Illustrator 中进行这一调整。

值得一提的是，4.5 节的三个案例都配备了自动保存代码，能够自动生成 TIFF 格式的图片，方便后续在 Adobe Illustrator 中进行编辑。除此之外，读者还可以选择绘制图窗图片并直接复制，用此方法进行复制时，MATLAB 为用户提供了“复制为图像”和“复制为向量图”两种选项，均可以无缝导入 Adobe Illustrator。选择“复制为向量图”的方式，可以在 Adobe Illustrator 中继续享受向量图编辑的便利，这一点尤为实用。

4.5.2 散点图＋模型拟合线：洞悉数据背后的规律

图 4-45 所示为加模型拟合线的散点图案例，我们呈现了不同浓度的胶原神经支架在特定条件下随时间降解的动态过程。纵坐标代表了相对损失的质量百分比。通过图 4-45，我们可以看到在固定时间点上的质量测量值，而采用指数衰减模型对这些数据点进行拟合，则揭示了降解的趋势曲线。这一模型的具体实现代码（包括注释说明）已经包含在本书提供的作图代码中，方便读者参考和应用。

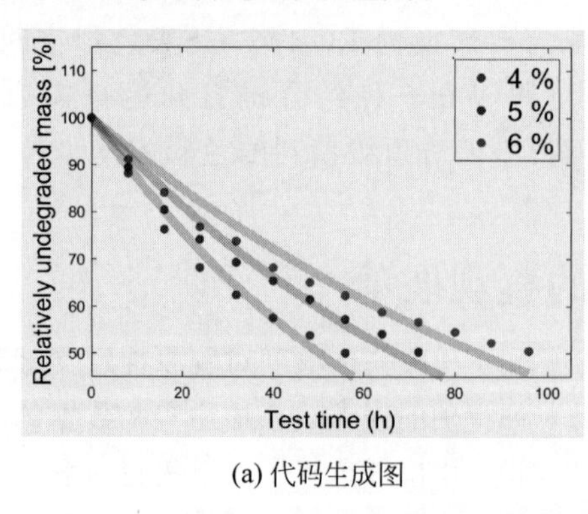

(a) 代码生成图

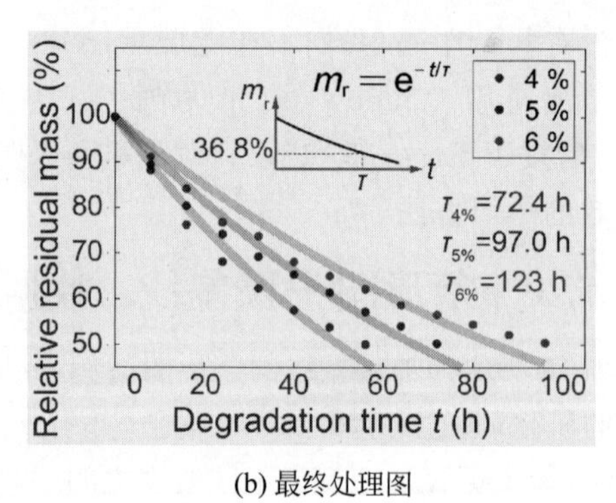

(b) 最终处理图

图 4-45 加模型拟合线的散点图案例

本案例强调了数据分析与综合的重要性。我们获取的原始数据仅是一些散点，而将这些数据与某些物理模型相匹配，则需要运用我们的科学思维和判断力。本例中所选用的指数衰减模型中定义了特征时间，这为我们清晰地量化了降解过程中的时间效应。

此外，所选的物理模型可以巧妙地嵌入数据图表中，形成一个辅助的小图。这样的设计不仅增强了图像的信息量、易读性和科学性，还有效利用了图像空间，提高了整体的审美效果。

本案例还启示我们在颜色使用上的巧思。对于三组不同的实验数据，它们的散点、拟合曲线以及特征时间的标注，都可以使用一致的颜色系列。这种细节处理在科研论文中极为实用，能够帮助读者快速区分不同实验组的信息。希望读者能够从中获得灵感，并在未来的科研工作中加以运用。

4.5.3　散点图+误差线：精准表达数据的不确定性

图 4-46 所示为加误差线的散点图案例，我们可以观察到两组数据，它们分别代表神经支架在湿态和冻干态下孔径的分布特征。这里，我们运用了 MATLAB 中的 swarmchart()函数，以群散点图的形式直观地展示了两组数据点。此外，结合 mean()函数计算平均值和 std()函数计算标准差，我们进一步利用 errorbar()函数绘制了误差线，为数据集提供了统计意义上的描述。通过这种方式，我们不仅清晰地展示了每个状态下孔径的具体测量值，还通过误差线图传达了数据的变异性和集中趋势。这种图表能够有效地揭示数据的分布规律，同时为科研人员进行比较分析提供直观的视觉辅助。

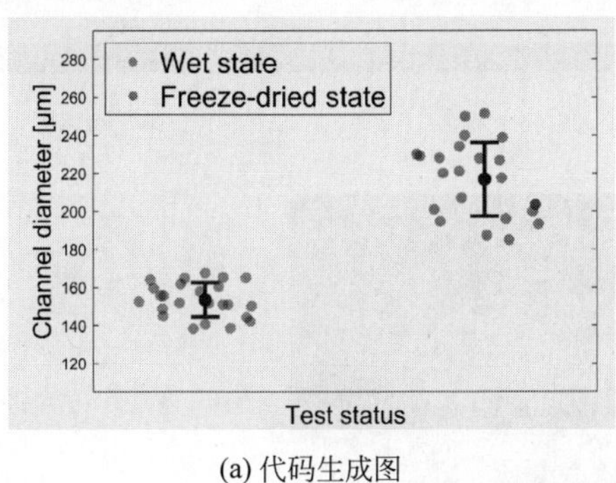

(a) 代码生成图

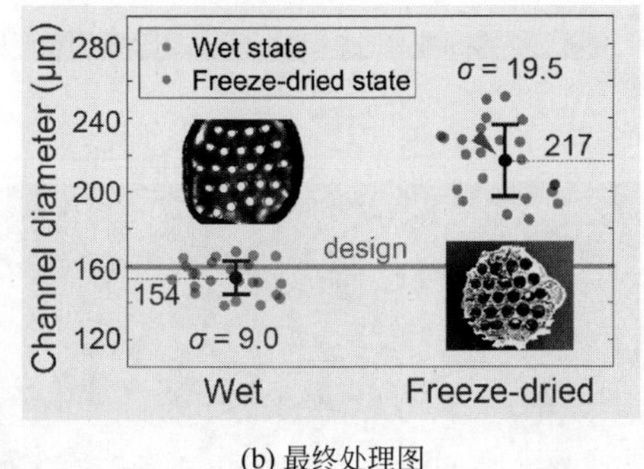

(b) 最终处理图

图 4-46　加误差线的散点图案例

通过对比图 4-46 中处理前后的图像，我们可以看到加入了一些新元素。其中包括设计目标位置的横线标注，这一设计突出了期望达到的孔径大小。为了让数据的分散程度更加直观，我们在图像中明确标出了标准差的值，这样的细节处理强调了孔径的一致性。此外，两组数据的平均值也被清晰标记在了图中，这不仅凸显了两个状态之间的整体差异，还实现了与设计值的直接对比。这种精心的数据表现手法不仅增强了图表的信息传递能力，同时也可以让读者能够一目了然地捕捉到关键数据点，从而深入了解实验结果背后的含义。

4.6　三维体图像处理：探索数据的深度

想象一个三维体，其本质上就是一个三维矩阵。或者，换个角度看，它可以被视为一系列叠加的二维图片。不论我们如何尝试，在平面显示器上看到的图像始终是二维的。我们平时所说的三维作图，实际上是三维图像在二维平面上的投影。那么我们该如何将三维图像呈现出来呢？

幸运的是，MATLAB 提供了一个强大的工具——图像处理工具箱(Image Processing Toolbox)，它不仅涵盖了广泛的二维图像处理功能，还支持对三维图像的操作。无论是进行滤波、分割，还是执行其他图像处理任务，这个工具箱都能派上用场。其中，一个特别实用的功能是三维体查看器(Volume Viewer)App。这个 App 允许用户直接在 MATLAB 的主窗口中查看三维数据及其标注，非常方便。读者也可以通过 volumeViewer()函数快速打开这个应用。

在本节中，我们使用 MATLAB 自带的数据进行了一次直观的三维图像可视化演示，如图 4-47 所示。这个案例充分展示了如何利用 MATLAB 的图像处理工具箱，将复杂的三维数据以直观、容易理解的方式呈现出来，让读者能够更深入地理解三维图像的本质与魅力。代码如下。

```
load mri                  % 加载自带磁共振成像数据
D = squeeze(D);           % 数据预处理，挤掉冗余的维度
volumeViewer(D)           % 用三维体查看器 App 打开矩阵
```

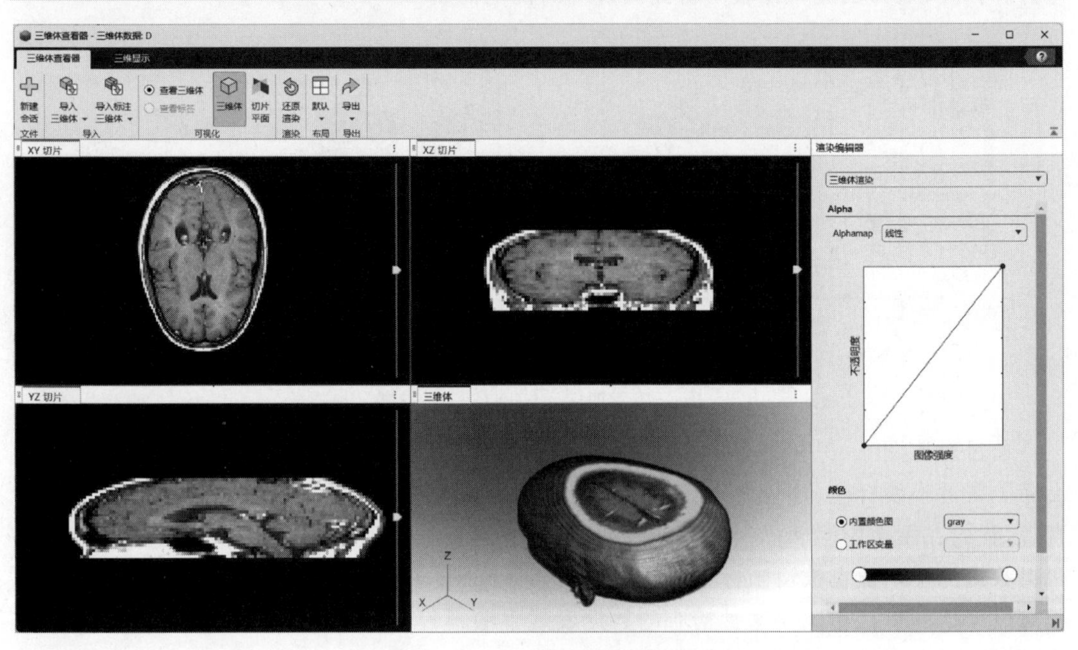

图 4-47　三维图像的显示界面

在我们的日常工作中，volshow()函数也是一个常用且实用的工具，它能够直观地展示三维矩阵，极大地便利了编程和调试过程。事实上，处理三维数据时，我们经常需要进行各种操作，例如图像算术、几何变换、图像配准、滤波与增强、形态学操作、图像分割、图像分析，甚至是使用深度学习增强图像等。

MATLAB 的图像处理工具箱将三维矩阵视作图像处理的一个延伸领域。这个观点为我们提供了一个重要的启示：几乎所有三维矩阵的处理需求，都可以尝试借鉴和应用图像处理领域的工具和技术。因此，当面对三维矩阵处理任务时，我们应保持思维的开放性，灵活考虑是否可以将图像处理的方法迁移到我们的具体需求中。

常见问题解答

(1) MATLAB 的绘图能力有极限吗？

确实，MATLAB 在绘图方面表现出色，拥有广泛的函数库和工具支持各类图形的创建。从本章案例中，我们已经领略到了 MATLAB 在图形处理方面的实力。然而，没有任何一个工具是全能的。在科研的实践中，我们应该掌握并灵活运用多种软件工具，它们之间可以相互补充。尽管 MATLAB 特别擅长数据处理、建模与分析，完成这些任务的可视化部分后，我们完全可以借助其他工具进一步优化和调整这些可视化成果，以达到最高的工作效率。

(2) 图像处理工具箱真的那么重要吗？

图像处理在科研和技术领域起着至关重要的作用。需要强调的是，我们对世界的理解和交流大多数是通过视觉完成的。因此，MATLAB 中的图像处理工具箱不仅是一个专业领域的工具，它对广泛的应用场景都有着重大的价值。作为 MATLAB 三大核心元素（图形、数学和编程）的首要部分，图形处理的重要性不言而喻。

(3) 为什么特别强调三维体处理的重要性？

三维体更贴近我们物质世界的实际维度，它们代表了真实世界的复杂性。相比二维表示，三维体能提供更丰富、更准确的信息，尤其在处理复杂的三维物理场景时更是如此。此外，作为数据存储的一种形式，三维矩阵也占据了核心地位，它们可以通过 MATLAB 中现有的三维图像处理函数进行有效处理。因此，三维体处理不仅对于理解复杂的物理现象至关重要，也在数据处理和可视化方面发挥着关键作用。

本章精华总结

在本章中，我们深入探讨了 MATLAB 在绘图技术、图形设计、图像处理，以及动画制作这四个核心领域的强大功能和应用技巧。通过这一系列的介绍，我们希望读者能够对图形可视化技术有一个全面的认识和理解。借助于作者亲自参与的研究论文，我们精选了三个实际应用案例，直观展示了科研前线的挑战与解决方法，希望可以为读者提供启发。

特别地，我们还特别强调了三维矩阵（即三维图像）的可视化技术，展示了如何将复杂的三维数据以直观、易理解的形式呈现，进一步拓宽了可视化技术的应用范围。

完成本章学习后，相信读者已经掌握了 MATLAB 图形可视化的全套方法，无论是在科研还是工程项目中，都能充分利用这些方法和技巧，释放图形可视化的巨大潜力，为读者的工作带来质的飞跃。

第 5 章

数学：MATLAB 数学计算

MATLAB 的真正力量蕴藏在其对数学运算的精湛处理之中。无论是微积分、线性代数，还是更为复杂的数学分支，MATLAB 都呈现了卓越的解决方案。精通 MATLAB 的工具和功能，读者的高等数学技能将提升至新的高度。

5.1 初等数学

在初等数学的学习中，我们经常遇到离散数学和多项式问题，这些问题往往需要借助像 MATLAB 这样的计算软件来解决。掌握 MATLAB，就意味着读者能以更高效、更精确的方式处理这些数学挑战。

5.1.1 离散数学

虽然离散数学并非严格意义上的初等数学范畴，但我们这里提到的离散数学内容，主要涉及质数、约数、倍数、有理数等计算问题，这些都是高等数学和计算机科学的基础知识。掌握这些基础概念，对深入理解更高级的数学和计算机科学领域至关重要。离散数学例程如图 5-1 所示。

EX 5-1 离散数学

```
% 分解质因数
primeFactors = factor(20)
% 最大公约数
greatestCommonDivisor = gcd(20, 15)
% 最小公倍数
leastCommonMultiple = lcm(20, 15)
% 确定哪些数组元素为质数
isPrime = isprime([2 3 0 6 10])
% 小于或等于输入值的质数
PrimeNumbers = primes(20)
% 所有可能的排列
permutations = perms([1 2 3])
% 输入的阶乘
inputFactorial = factorial(5)
% 有理分式近似值
rationalFraction = rat(pi,1e-7)
```

```
primeFactors = 1×3
     2     2     5

greatestCommonDivisor = 5
leastCommonMultiple = 60
isPrime = 1×5 logical 数组
   1   1   0   0   0

PrimeNumbers = 1×8
     2     3     5     7    11    13    17    19

permutations = 6×3
     3     2     1
     3     1     2
     2     3     1
     2     1     3
     1     3     2
     1     2     3


inputFactorial = 120


rationalFraction = '3 + 1/(7 + 1/(16 + 1/(-294)))'
```

图 5-1　离散数学例程

说明：

(1) gcd()函数和 lcm()函数分别为求最大公约数(Greatest Common Divisor)和求最小公倍数(Least Common Multiple)的函数。

(2) perms()函数用于得到一个向量中所有元素的所有可能的排列，其实是一个应用场景较广的函数，比如常被应用于穷举算法以及一些集合论计算中。

(3) rat()函数用于取得输入量的有理分式，其参数为计算容差，根据不同的容差得到不同精度的有理分式逼近。

5.1.2　多项式

在 MATLAB 中，多项式的表达采用向量形式，向量中的每个元素代表多项式相应次幂的系数，其中，向量的最后一个元素对应常数项。MATLAB 内置了一些处理多项式的常用函数，例如求值函数 polyval()、求多项式根的函数 roots()、由根构建多项式的函数 poly()，以及将多项式转换为符号表达式的函数 poly2sym()。多项式例程如图 5-2 所示，读者还可以利用 MATLAB 绘制多项式的图形，来丰富多项式的表达形式。

EX 5-2 多项式

$p(x)=x^4-10x^3+35x^2-50x+24$

```
% 创建上述多项式
p = [1 -10 35 -50 24]
% 计算x为2时多项式的值
polyValue = polyval(p,2.5)
% 同时计算x为从1到5时的值
polyValue2 = polyval(p,1:5)
% 多项式作图
x=0.5:0.1:4.5;
plot(x,polyval(p,x)); yline(0);
% 求多项式的根
r = roots(p)
% 由根反求多项式
pCalc = poly(r)
% 显示多项式
poly2sym(p)
```

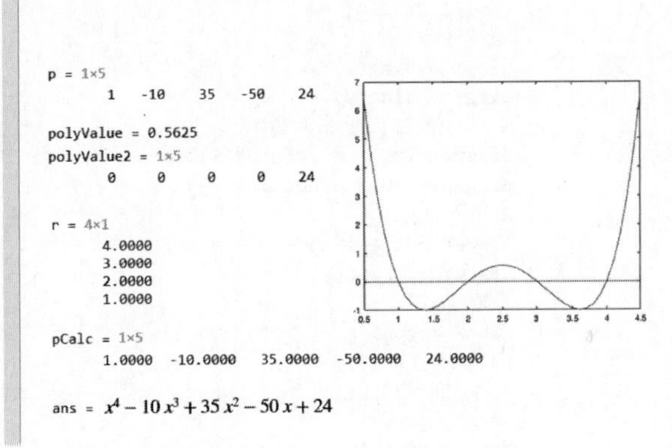

图 5-2　多项式例程

说明：

(1) 在 MATLAB 中表示多项式的向量里，即使某些次幂的系数为 0，也需要用 0 值来正确占位，以保持多项式结构的完整性。

(2) 绘制多项式图形的核心方法实际上是计算多项式在各个点上的值，并据此进行作图。

(3) 多项式显示函数 poly2sym()的本质是将多项式向量转换为符号矩阵。

5.2　线性代数

线性代数，被称为“第二代数学模型”，它是构筑了现代科学的基石之 ，并以其矩阵理论为核心，成为了高等数学思维中至关重要的一环。线性代数是研究“线性问题”的代数理论，线性是线性代数的第一特性。我们可以这样初步地理解线性——“线性就是简单性”，就是“可以任意叠加而不会产生意外”。线性代数无论在数学、自然科学，还是高等数学学习里都具有中心地位。线性代数还是高等数学思维的敲门砖，所谓高等数学，就是将事物抽象到本质结构，再通过结构来反向推知事物规律。因此，线性代数是最值得所有人深度体会与思考的一门数学。我们坚信，线性代数的思想是高等数学中最典型的范例。因此，学习线性代数无疑是进入高等数学世界的最佳途径。

5.2.1 矩阵基础运算

在线性代数的学习中，矩阵的基本运算诸如提取对角线、计算迹（即对角线元素之和）、求秩，以及计算行列式等，是不可或缺的操作。在 MATLAB 中，这些操作的函数可以同时应用于符号矩阵和数值矩阵，如图 5-3 所示。

EX 5-3 矩阵基础运算

```
% 准备符号阵和数值阵
syms a b c d
x = [a b; c d]
y = [1 2; 3 4]
% 对角线向量
diagX = diag(x)
diagY = diag(y)
% 由对角线向量构成对角阵
diagMatrixX = diag(diag(x))
diagMatrixY = diag(diag(y))
% 矩阵的迹
traceX = trace(x)
traceY = trace(y)
% 矩阵的秩
rankX = rank(x)
rankY = rank(y)
% 矩阵的行列式
detX = det(x)
detY = det(y)
```

x = $\begin{pmatrix} a & b \\ c & d \end{pmatrix}$

```
y = 2×2
     1     2
     3     4
```

diagX = $\begin{pmatrix} a \\ d \end{pmatrix}$

```
diagY = 2×1
     1
     4
```

diagMatrixX = $\begin{pmatrix} a & 0 \\ 0 & d \end{pmatrix}$

```
diagMatrixY = 2×2
     1     0
     0     4
```

traceX = $a+d$

```
traceY = 5
rankX = 2
rankY = 2
```

detX = $ad-bc$

```
detY = -2
```

图 5-3 矩阵基本运算例程

说明：

（1）diag()函数对于不同的输入会有不同的输出，如果输入的是矩阵，则输出对角线向量；如果输入的是一个向量，则会依照该向量输出一个对角矩阵。

（2）rank()函数对于符号阵的计算，是按照最大秩获得结果的，即把所有符号都当作非零值来计算，实际意义微弱，因此一般并不常用。数值计算必然是存在精度的，精度大小与算法关系密切，比如 MATLAB 中求秩的算法是基于矩阵的奇异值分解的，在 rank()函数里还可以后跟一个给定误差参数，即为机器精度。

5.2.2 矩阵分解

MATLAB 为用户提供了一系列全面的线性代数函数，涵盖了几乎所有的矩阵分解操作，这些函数同样适用于符号矩阵，如图 5-4 所示。

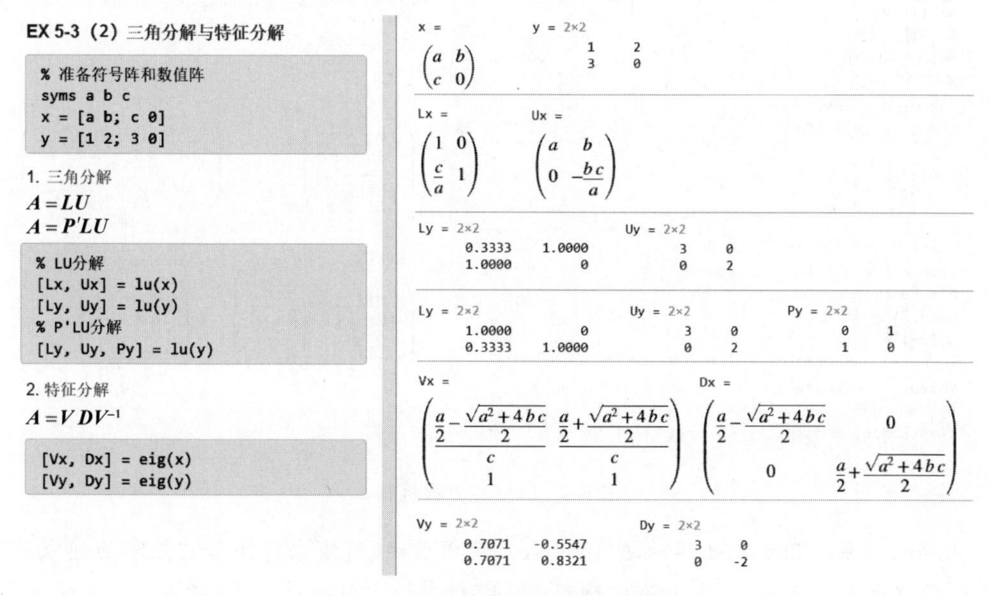

图 5-4 三角分解与特征分解例程

说明：

（1）在 MATLAB 中，对于符号阵的 LU 分解，可以得出与线性代数教材中一致的结果；然而，由于考虑到算法稳定性的问题，在数值计算 LU 分解中，得到的所谓下三角阵（$\boldsymbol{L}$）与定义中并不一致，而是需要进行 PLU 分解才能得到真正的单位下三角阵，这里需要多得到一个置换矩阵 $\boldsymbol{P}$，即 $\boldsymbol{A}=\boldsymbol{P}'\boldsymbol{LU}$。

（2）特征分解在矩阵分解中至关重要，eig()函数提供分解算法得到特征对角阵 $\boldsymbol{D}$ 和特征向量矩阵 $\boldsymbol{V}$，实现满足 $\boldsymbol{AV} = \boldsymbol{VD}$ 的特征阵分解计算。

5.2.3 线性方程及矩阵的逆

线性方程组是许多问题的基础抽象模型，例如，坐标系变换、运动分析、解析几何中直线交点问题等，它们的应用范围极其广泛。MATLAB，这款根植于线性代数学科的科学计算软件，在解决线性方程问题上展现了其领先的技术实力。它以简洁的符号封装了适用于各种特殊情况的算法，并且在求解速度上做到了极致的优化，如图 5-5 所示。

说明：

（1）对于 $\boldsymbol{Ax}=\boldsymbol{b}$ 形式的线性方程求解非常简洁，解即为“$\boldsymbol{A}\backslash\boldsymbol{b}$”，注意斜线的方向，记忆方法是，斜线方向指示 $\boldsymbol{A}$ 为分母项，是从等号左侧移动到右侧的分母项。

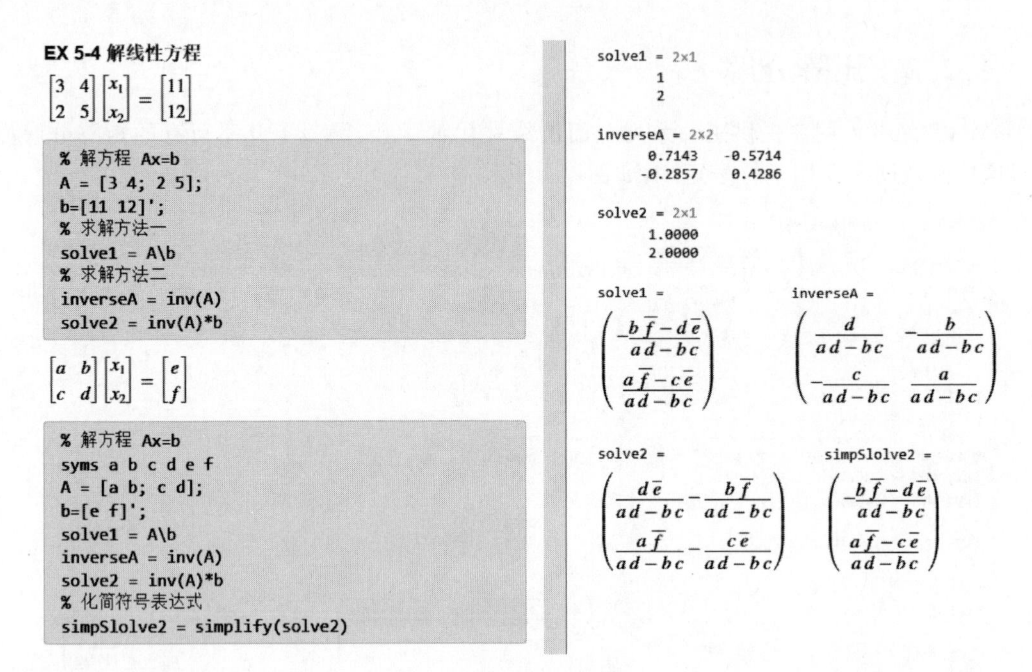

图 5-5　解线性方程例程

(2) inv()函数用于求矩阵的逆(Inverse)，使用前述“斜线求解法”与“矩阵的逆求解法”在求解原理上大相径庭，后者无论从精度、速度、稳定性上都略逊一筹，从图 5-5 中的结果也可看出，前者求解精度足够高，可以显示为整数的形式(当然实际还是 double 类)，而后者显示出了 short 形式，说明求解精度有限，可以使用“format long”命令将显示格式改为长型，则更为明显。

(3) 利用符号形式进行求解往往会得到不错的效果，并且可以避免计算精度的问题，simplify()函数是用于对符号表达式进行自动整理与化简的函数，可以看到化简后的解 simpSlolve2 与 solve1 完全一致。

5.3 微积分

微积分是现代科学的核心数学基础之一，对于经典物理世界的建模几乎完全依靠在微积分的港湾里，这其中的底层逻辑在于，人类对于经典物理世界的理解就是“连续的”且“有因果关系的”，这两个特点正与微积分的特点相符，因而，微积分是对物理世界建模的第一工具。

微积分的英文 Calculus 其实就是“计算方法”之意，在没有计算机的时代，科学家与工程师把微积分看作很有效的计算工具，因此也诞生了许多计算微积分的手算算法，当然这些手算算法也不是万能的，而计算机软件工具促使这一切向前飞跃，MATLAB 强大的符号计算引擎，已经可以瞬间得到许多人工无法得到的解析解，让微积分的计算从此不再是科学家与工程师需要考虑的难点。

5.3.1 极限的艺术

微积分的基础是连续与极限，在 MATLAB 中有 limit()函数可以用于求极限，且兼容符号计算与数值计算，如图 5-6 所示。

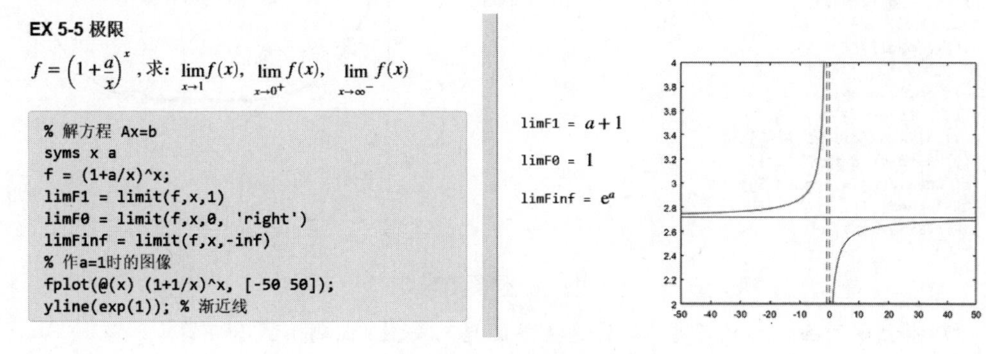

图 5-6 极限例程

说明：

(1) 极限函数 limit()的第三个参数为极限点的位置，可以是正无穷(inf)或负无穷(−inf)，第四个参数可以定义所求极限为右单边极限(right)还是左单边极限(left)。

(2) 在本例中取 a 为 1 后使用 fplot()函数作图时，会提示警告函数处理数组输入时行为异常，原因是在 0 点附近的虚线范围内，函数值的绝对值过大，导致无法正常作图。

(3) 对于多元函数的极限求解，仍然是使用 limit()函数，原理是先对一元求极限，再对另一元求极限，下面两种代码形式等价：

```
limit(limit(f,x,x0), y, y0) 和 limit(limit(f,y,y0), x, x0)
```

5.3.2 导数：原函数的"因"

"导数"是微积分的核心概念，"导"的含义从组词中隐约可见，比如"导致""引导""导向"等，《史记·孙子吴起列传》中讲"善战者，因其势而利导之"，导的含义其实是"引领方向改变"，所以导数大则原函数方向改变多，导数小则原函数方向改变少，导数为零则方向不变。因而可以说，"导数是原函数的原因"。

MATLAB 中求解导数使用 diff()函数，极为简洁实用，如图 5-7 所示，这里与导数的英文 Derivative 并不一致，原因是 diff()同时也是差分(Differences)函数，在 3.4 节的矩阵运算中提及过。

说明：

(1) diff()函数的第三个参数表示要求的是几阶导数，此项为空即为 1 阶导数。

(2) 本例展示了单引号与双引号在文本中的显示方法，单引号文本使用双引号引用，而双引号的文本使用单引号引用，这样不会引发代码歧义。

EX 5-6 导数

$f=2x^4+x$，求：$f'\ f''$

```
syms x
f = 2*x^4+x
% 一阶导数
diffx1 = diff(f,x)
% 二阶导数
diffx2 = diff(f,x,2)
% 绘图
hold on; box on;
p(1) = fplot(f);
p(2) = fplot(diffx1,'--');
p(3) = fplot(diffx2,':');
[p.LineWidth] = deal(2.5);
l = legend('f', "f'", 'f"');
l.FontSize = 15;
```

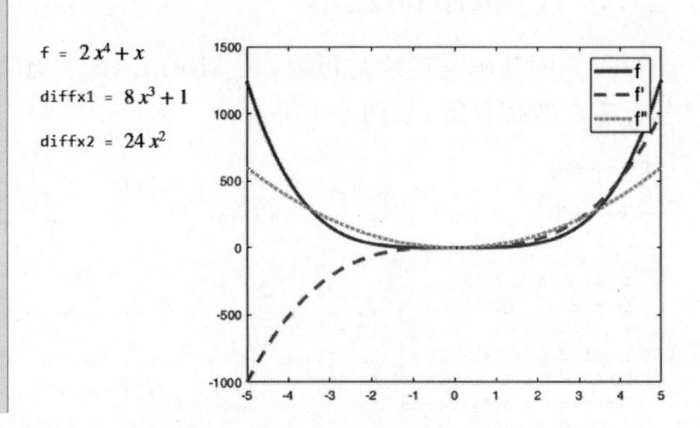

图 5-7 导数例程

（3）对于多元函数的偏导数，与前述极限的思路一致，代码形式如下：

```
diff(diff(f,x,m), y, n) 或 diff(diff(f,y,n), x, m)
```

5.3.3 积分：原函数的"果"

积分(Integral)与导数是相反的运算，导函数是原函数的原因，而积分是原函数的结果。积分包括不定积分与定积分，不定积分是求导函数的原函数，求得结果是由一个函数代表的一族函数，而定积分是求导函数在一个区间内的面积，求得结果是一个值，代表着导函数在该区间内引发的变化，如图 5-8 所示。

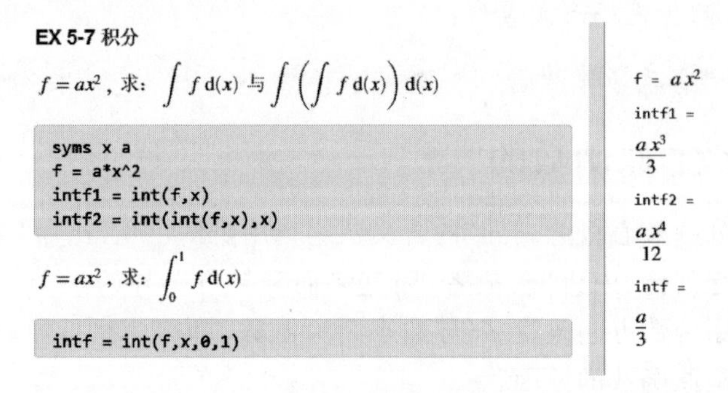

图 5-8 积分例程

说明：

（1）积分函数 int()对于不定积分与定积分通用，且并没有多次积分的输入参数，只能使用函数嵌套多层来实现。

（2）不定积分的结果函数省略了一个常数 C。

（3）对于不可积的函数，即使是 MATLAB 也无能为力。

（4）当定积分区间的一边是无穷值时，称为无穷积分，只需要将区间输入值设置为－inf 或 inf 即可。

5.3.4 泰勒展开：多项式仿真工具

泰勒展开(Taylor Expansion)是微积分体系提供的又一伟大工具，它可以将任意包裹着外壳的函数都展开为多项式函数，可以说泰勒展开是用于模拟任意函数的一个多项式仿真工具，与此同时，由于展开的结果中各项对应着导数次数，因此相当于将原函数的变化原因依照主次进行了分解，对于了解原函数的本质有拨云见日的功效。对函数 $f(x)$ 在 x_0 点的泰勒展开的公式为

$$f(x)=f(x_0)+f'(x_0)(x-x_0)+\frac{f''(x-x_0)^2}{2!}+\cdots+\frac{f^{(n)}(x_0)}{n!}(x-x_0)^n$$

等号右侧即为“泰勒多项式”，其最后一项为“多项式仿真的误差项”，是 $(x-x_0)^n$ 的高阶无穷小项，如图 5-9 所示。

EX 5-8 泰勒展开

展开：$f=\sin(x)$

```
syms x
f = sin(x)
f1 = taylor(f,x,0,'order',3)
f2 = taylor(f,x,0,'order',5)
f3 = taylor(f,x,0,'order',7)
% 作图
fplot(f,'LineWidth',2); hold on;
fplot(f1); fplot(f2); fplot(f3);
```

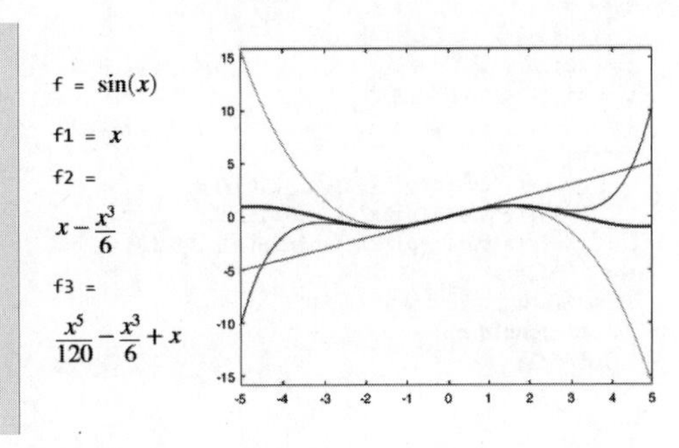

图 5-9 泰勒展开例程

说明：

(1) 泰勒展开函数 taylor()的截断阶数(order)项如果不予输入，则默认截断阶数为 6，该阶数为绝对阶数，从示例中可见。

(2) 如绘制的图形所示，阶数越多仿真结果越准确，离展开点越近仿真结果越准确，这也是为什么 $\sin(x)$ 在 x 接近 0 时可以用 x 来近似表示的原因了。

5.3.5 傅里叶展开：频域上的简谐波仿真

“周期”是一个显然而又隐秘的概念，周期性的变化称之为“波”，波是物理世界的基本组成，而所有的波都以“简谐波”(正余弦)为宗，也就是说所有的周期函数，都可以分解为简谐波的组合。傅里叶展开(Fourier Expansion)就是对周期性函数的简谐波分解，也可以称其为简谐波动仿真系统。5.3.4 节讲的泰勒展开相当于对函数在时域上的多项式仿真，而傅里叶展开则相当于对函数在频域上的简谐波仿真，两者均是解析物理世界的重要模型。

对于一个周期为 T 的函数 $f(x)$，在其一个周期范围 $[-L,L]$ 内，可以展开为如下级数形式：

$$f(x)=\frac{a_0}{2}+\sum_{n=1}^{\infty}\left(a_n\cos\frac{n\pi}{L}x+b_n\sin\frac{n\pi}{L}x\right)$$

其中，

$$\begin{cases} a_n = \dfrac{1}{L}\displaystyle\int_{-L}^{L} f(x)\cos\dfrac{n\pi x}{L}\mathrm{d}x, \quad n=0,1,2,\cdots \\ b_n = \dfrac{1}{L}\displaystyle\int_{-L}^{L} f(x)\sin\dfrac{n\pi x}{L}\mathrm{d}x, \quad n=1,2,3,\cdots \end{cases}$$

对于非周期函数也一样可以进行傅里叶展开，展开的效果其实就是把$[-L,L]$范围认为是周期函数的一个周期，其余部分都默认自动进行了周期性拓展。在MATLAB中并没有专门的傅里叶展开函数，不过完全可以根据上述公式以及前述积分函数写出自己的傅里叶展开算法，如图5-10所示。

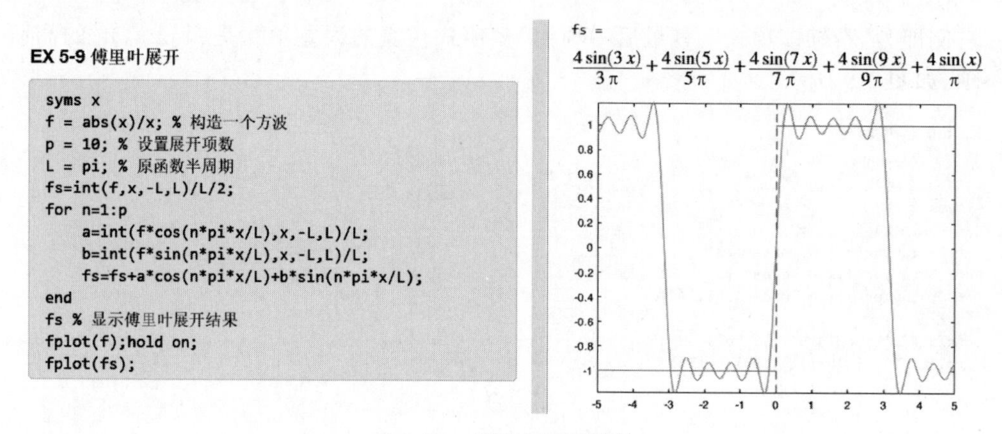

图5-10 傅里叶展开例程

说明：

(1) 例程中p表示展开的项数，在算法中对应于循环的次数；L为函数的半周期，即函数周期为$2L$。

(2) 如图形中所示，在一个周期范围内，傅里叶展开可以将函数值很好地逼近，级数的项数越多仿真精度就越高。

5.4 插值与拟合

在科学及工程研究的过程中，有时会得到一些“成组数据”，这些数据可能是一维的或者多维的，并且代表着某几个变量之间的逻辑关系，这些成组数据被称为“样本点数据”。样本点数据可能不够密集，或者其中恰好没有想要得到的位点的数据，用户可以通过算法，向已知数据中“插入新的位点以得到新值”，称为“插值”。插值算法不改变输入数据，而是尽可能地使插入的新值“和谐”，让得到的新值从逻辑上“最可能”符合数据的内存逻辑关系。

从已知数据中得到新数据，往往并不足够，用户还希望得到数据与数据之间内存逻辑关系——函数关系，这样就需要一套算法“模拟出一个函数使之与样本数据相合”，因此称为“拟合算法”，拟合算法首先需要假设一个可能的“原型函数”，再根据样本点数据求出一套

“可行参数”，保证与所有样本点都尽可能地“接近”，而且一般来说，都只是接近而不能完全通过样本点，但这样拟合的结果函数已经完全足够用于代表数据之间的真实规律了。

5.4.1　一维插值

在已知点范围内进行插值称为“内插”，在范围外进行插值则称为“外插”；从时间概念上讲，如果要插值的位点处于已知点之后，则称为“预报”。一维插值面向的是一维的已知数据的插值方法，如图 5-11 所示，输入的数据为向量形式。

EX 5-10 一维插值

```
x = 0:pi/4:2*pi;
v = sin(x); % 定义已知数据点
xq = 0:pi/16:2*pi; % 定义将查询点（更精细）
% 默认线性插值
ax(1) = subplot(1,2,1);
vq1 = interp1(x,v,xq);
plot(x,v,'o',xq,vq1,':.');
title('(Default) Linear Interpolation');
% 三次样条插值
ax(2) = subplot(1,2,2);
vq2 = interp1(x,v,xq,'spline');
plot(x,v,'o',xq,vq2,':.');
title('Spline Interpolation');
axis(ax, "square")
```

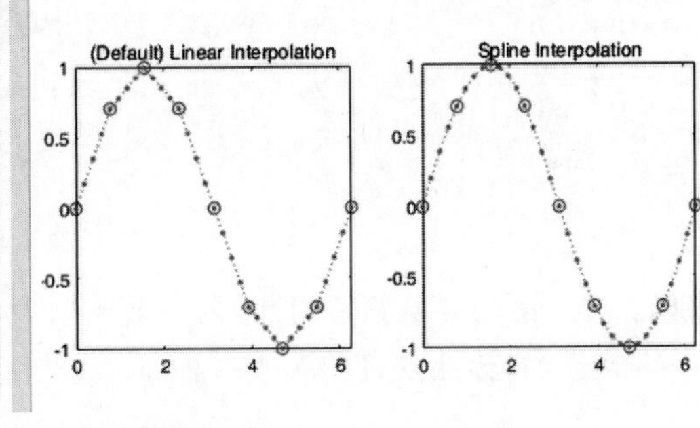

图 5-11　一维插值例程

说明：

(1) 一维插值函数 interp1()对于输入已知点的向量并不要求单调，只要长度一致即可。

(2) 不同的插值方法对于计算结果与计算速度有很大的不同，如图 5-11 所示，一般来说，三次样条插值(spline)插值效果最好，计算速度最慢。主要的插值方法及说明如表 5-1 所示。

表 5-1　一维插值主要的插值方法及说明

方　法	说　　明	连续性	最少已知点
'linear'	邻点的线性插值(默认方法)	C^0	2
'nearest'	距样本网格点最近的值	不连续	2
'next'	下一个抽样网格点的值	不连续	2
'previous'	上一个抽样网格点的值	不连续	2
'pchip'	邻点网格点处数值的分段三次插值	C^1	4
'makima'	基于阶数最大为 3 的多项式的分段函数	C^1	2
'spline'	邻点网格点处数值的三次插值 (比'pchip'需要更多内存和计算时间)	C^2	4

5.4.2　二维网格数据插值

对于二维网格数据插值采用 interp2()函数，同样也有几种插值方法，如图 5-12 所示，与一维稍有不同，代码格式为

```
interp2(x0, y0, z0, x1, y1, 'method')
```

EX 5-11 二维网格数据插值

```
[X,Y] = meshgrid(-3:3);
V = peaks(X,Y);
subplot(2,2,1);
surf(X,Y,V)
title('Original Sampling');
[Xq,Yq] = meshgrid(-3:0.2:3);
%
Vq = interp2(X,Y,V,Xq,Yq);
subplot(2,2,2);
surf(Xq,Yq,Vq);
title('Linear');
%
Vq = interp2(X,Y,V,Xq,Yq,'cubic');
subplot(2,2,3);
surf(Xq,Yq,Vq);
title('Cubic');
%
Vq = interp2(X,Y,V,Xq,Yq,'spline');
subplot(2,2,4);
surf(Xq,Yq,Vq);
title('Spline');
```

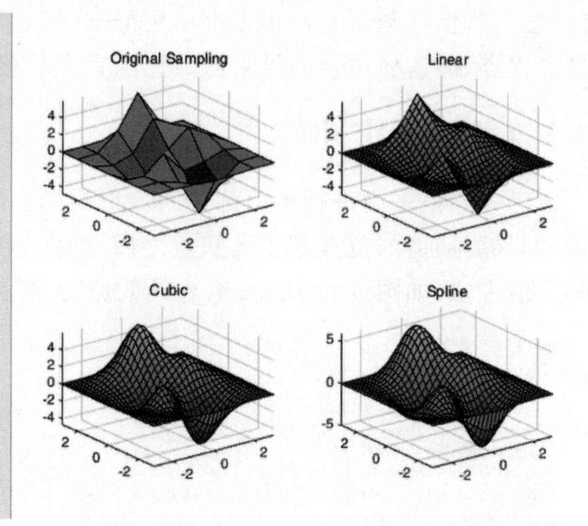

图 5-12　二维网格数据插值例程

说明：interp2()函数只应用于“网格数据”，即要求在平面某范围内，所有网格点上均有数据。该函数常用方法及说明如表 5-2 所示。

表 5-2　二维网格数据插值常用设置及说明

方　法	说　　明	连续性	每维度最少已知点
'linear'	邻点的线性插值(默认方法)	C^0	2
'nearest'	距样本网格点最近的值	不连续	2
'cubic'	邻点网格点处数值的三次卷积插值	C^1	4
'makima'	基于阶数最大为 3 的多项式的分段函数	C^1	2
'spline'	邻点网格点处数值的三次插值 (比'cubic'需要更多内存和计算时间)	C^2	4

5.4.3　二维一般数据插值

对于非网格数据，MATLAB 提供了一个面向更为一般数据的插值函数 griddata()，如图 5-13 所示，代码格式为

```
griddata(x0, y0, z0, x, y, 'method')
```

说明：

(1) 四种插值方法如图 5-13 所示，其中，'natural'方法是基于三角剖分的自然邻点插值，支持二维和三维插值，该方法在线性与立方之间达到有效的平衡。另外还有一种'v4'方法，采用双调和样条插值方法，仅支持二维插值，且不是基于三角剖分，目前公认效果较好。

(2) 对于三维的网格样本点，可以使用函数 interp3()或者更一般的 n 维插值函数 interpn()；而对于多维的非网格样本点，则使用与之对应的 griddata3()和 griddatan()函数。

EX 5-12 二维一般数据插值

```
x = -3 + 6*rand(30,1);
y = -3 + 6*rand(30,1);
v = sin(x).^4 .* cos(y); % 构造已知数据
[xq,yq] = meshgrid(-3:0.1:3); % 构造插值网
subplot(2,2,1);
z1 = griddata(x,y,v,xq,yq,'nearest');
plot3(x,y,v,'o'); hold on
mesh(xq,yq,z1)
title('Nearest Neighbor')
subplot(2,2,2);
z2 = griddata(x,y,v,xq,yq,'linear');
plot3(x,y,v,'o'); mesh(xq,yq,z2)
title('Linear')
subplot(2,2,3);
z3 = griddata(x,y,v,xq,yq,'natural');
plot3(x,y,v,'o'); mesh(xq,yq,z3)
title('Natural Neighbor')
subplot(2,2,4);
z4 = griddata(x,y,v,xq,yq,'cubic');
plot3(x,y,v,'o'); mesh(xq,yq,z4)
title('Cubic')
```

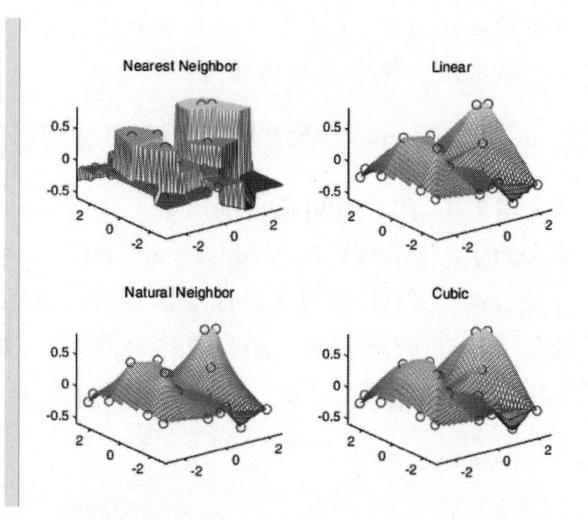

图 5-13 二维一般数据插值例程

5.4.4 多项式拟合

多项式拟合是一种最常用和实用的拟合手法，前述的泰勒展开本质上也属于一种多项式拟合，只不过要求有已知函数表达式，而拟合行为只需要样本点数据作为输入即可，如图 5-14 所示。

EX 5-13 多项式拟合

```
% 准备样本数据并作图
x = linspace(0,1,5);
y = 1./(1+x);
plot(x,y,'o'); hold on
% 原始函数图像
fplot(@(x) 1./(1+x),[-0.5 2],'--')
% 拟合4次多项式并作图
p = polyfit(x,y,4)
% 按三位精度显示多项式
fitFunc = poly2sym(vpa(p,3))
fplot(poly2sym(p),[-0.5 2])
legend('Sample','Origin','Fit')
```

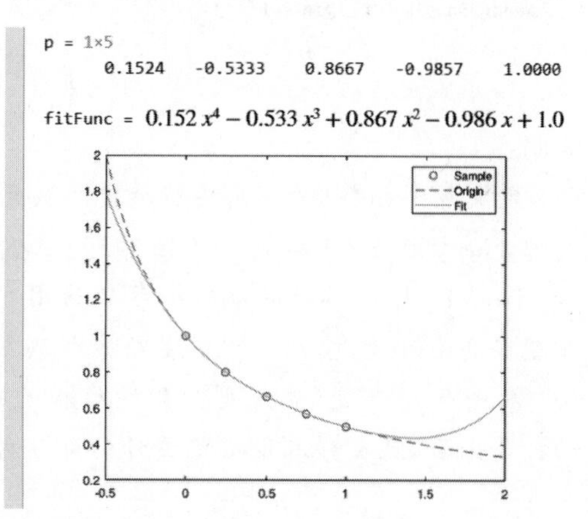

图 5-14 多项式拟合例程

说明：

(1) 多项式拟合函数 polyfit()的第三个参数代表多项式拟合的阶数，阶数越多，精度越高。

(2) vpa()函数用于将输入数据转换为变精度数据(Variable-precision Arithmetic)，第二个参数表示保留小数点后的数字位数，如若此处不采用 vpa()函数，则会输出无必要的长分式数字，影响对于多项式的快速感观。

(3) 从图形中可见，在样本数据点范围内拟合的效果相当好，但是在此范围之外逐渐远

离了原始的函数图像，这是拟合动作所无能为力的，如果想得到足够贴近真相的模型，就必须获得足够范围的样本点数据作为输入。

5.4.5 最小二乘拟合：拟合的优化之路

许多场景下，用户希望拟合的函数形式并不一定总是多项式，对于更一般的原型函数，MATLAB 的优化工具箱（Optimization Toolbox）提供了函数 lsqcurvefit()，基于最小二乘（Least-squares，LSQ）原理实现曲线拟合（Curve-fitting），该函数的输入原型可以是 M 函数名及匿名函数，可以高效地求解出要拟合的参数，如图 5-15 所示。

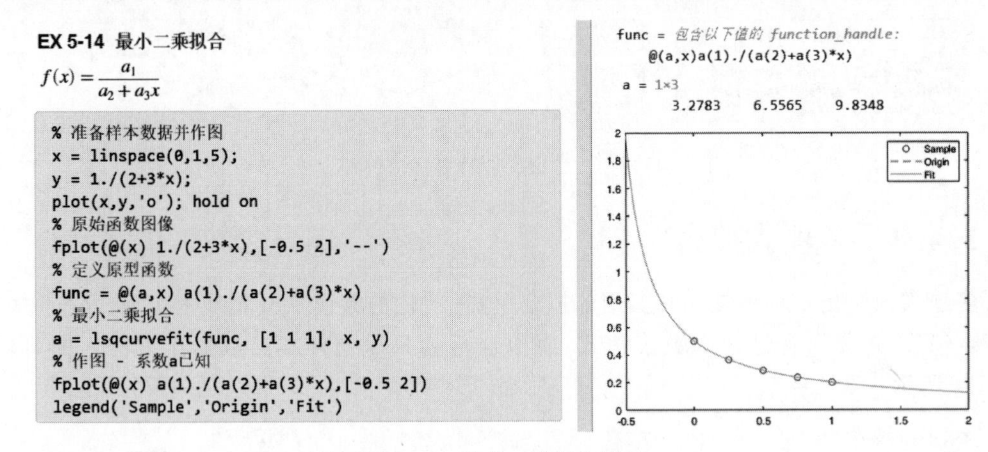

图 5-15 最小二乘拟合例程

说明：

（1）定义原型函数时，注意要将待定参数定义到函数的自变量集中。而在使用 fplot()函数对拟合函数作图时，参数 a 已经不是未知量，需要将其从自变量集中取出。

（2）lsqcurvefit()函数的第二个参数为用户给定的参数初值，一般来说可以随意给定，如果希望提高运算速度，则可以尽量给出预测参数值。

（3）从图 5-15 可见，在原型函数的结构选择准确的前提下，拟合算法可以很好地得到准确的拟合函数，且在样本数据范围外的部分也能很好地进行预测。

5.5 代数方程与优化

由已知数与未知数通过代数运算组成的方程称为代数方程，线性方程作为简单的一次代数方程（组）已在 5.2 节线性代数中展示过解法，本节重点介绍非线性方程的求解问题。

优化（Optimization）问题是运筹学（Operations Research）的主要组成部分，以数学分析和组合学为主要工具，提到数学分析就离不开数学建模，而优化问题的数学模型往往就是代数方程（包括等式与不等式方程），因此优化计算问题最终大多转化为解代数方程问题。

规划（Programming）与优化向来是运筹学中概念区别不清晰的两个词，根据中国运筹学会引用《数学大辞典》的说法来看，优化与规划所包含的内容基本一致，因此也不加以区分；习惯上宏观概念多称为优化，而具体的类别问题多称为规划，如线性规划、非线性规划等。

5.5.1　代数方程的求解

解析求解函数为 solve()，数值求解函数为 vpasolve()，具体应用如图 5-16 所示。

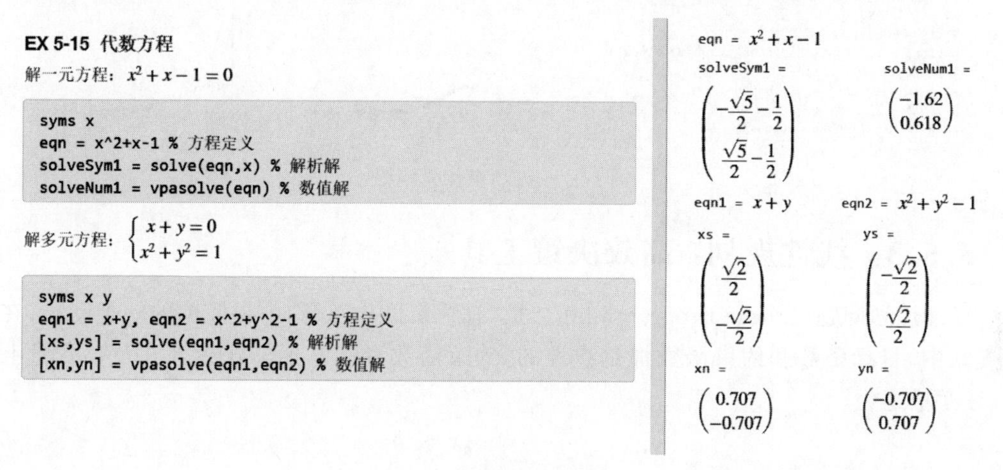

EX 5-15 代数方程

解一元方程：$x^2+x-1=0$

```
syms x
eqn = x^2+x-1 % 方程定义
solveSym1 = solve(eqn,x) % 解析解
solveNum1 = vpasolve(eqn) % 数值解
```

解多元方程：$\begin{cases} x+y=0 \\ x^2+y^2=1 \end{cases}$

```
syms x y
eqn1 = x+y, eqn2 = x^2+y^2-1 % 方程定义
[xs,ys] = solve(eqn1,eqn2) % 解析解
[xn,yn] = vpasolve(eqn1,eqn2) % 数值解
```

eqn = x^2+x-1

solveSym1 = $\begin{pmatrix} -\frac{\sqrt{5}}{2}-\frac{1}{2} \\ \frac{\sqrt{5}}{2}-\frac{1}{2} \end{pmatrix}$　solveNum1 = $\begin{pmatrix} -1.62 \\ 0.618 \end{pmatrix}$

eqn1 = $x+y$　eqn2 = x^2+y^2-1

xs = $\begin{pmatrix} \frac{\sqrt{2}}{2} \\ -\frac{\sqrt{2}}{2} \end{pmatrix}$　ys = $\begin{pmatrix} -\frac{\sqrt{2}}{2} \\ \frac{\sqrt{2}}{2} \end{pmatrix}$

xn = $\begin{pmatrix} 0.707 \\ -0.707 \end{pmatrix}$　yn = $\begin{pmatrix} -0.707 \\ 0.707 \end{pmatrix}$

图 5-16　代数方程例程

说明：

(1) 将方程整理为等号右侧为零的形式后，只需要输入等式左侧即可，等号和等号右侧零的部分会自动补充。

(2) 对于解析解函数 solve()，如果所求方程无法求出解析解，系统会提示，并且自动转为使用 vpasolve()函数求得数值解。

5.5.2　无约束优化

无约束优化是最简单的一类优化问题，其目标就是求某一函数的最小值(最大值只需要乘一个负号即化为最小值问题)；在计算之前，对函数进行作图有一个直观的印象往往是有必要的，在 MATLAB 中，既有软件主体自带的函数 fminsearch()，也有优化工具箱提供的等效函数 fminunc()，函数名意为“find minimum of unconstrained multivariable function”，下面用著名的 Rosenbrock 香蕉函数来举例，如图 5-17 所示，该函数是一个常用来测试最优化算法性能的非凸函数。

说明：

(1) 设置函数时，注意将多元自变量写为 x(1)、x(2)这样的形式。

(2) 从图 5-17 中可见，fminsearch()函数不如优化工具箱提供的 fminunc()函数收敛的速度快，对于绝大部分其他类型函数也是类似的效果，因此后者拥有更优异的计算性能，是优化问题的首选函数。

EX 5-16 无约束优化问题

$f(x)=100(x_2-x_1^2)^2+(1-x_1)^2$，求：$\min_x f(x)$

```
% 作surf图-直观印象
[x,y]=meshgrid(-2:.1:2,0:.1:3);
z = 100*(y - x.^2).^2 + (1 - x).^2;
surf(x,y,z);
shading interp;
% 设置函数
fun = @(x) 100*(x(2) - x(1)^2)^2 + (1 - x(1))^2;
% 设置优化初值
x0 = [-1.2,1];
% 设置显示迭代目标函数图
options = optimset('PlotFcns',@optimplotfval);
% 方法1-MATLAB
x1 = fminsearch(fun,x0,options)
% 方法2-优化工具箱
x2 = fminunc(fun,x0,options)
```

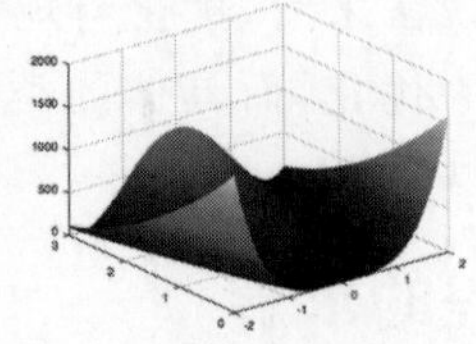

```
x1 = 1×2
    1.0000    1.0000

x2 = 1×2
    1.0000    1.0000
```

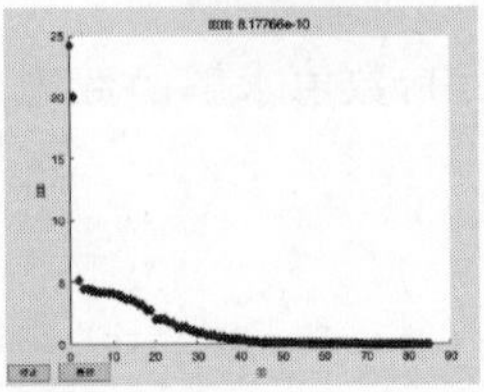

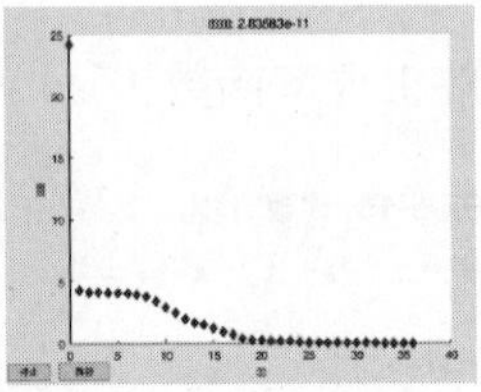

图 5-17　无约束优化例程

5.5.3　线性规划：高效决策工具

线性规划问题(Linear Programming)，是“有约束优化问题”中最简单的一类问题，在线性规划中，目标函数和约束函数都是线性的，约束函数可能是不等式或等式及自变量上下界，数学描述为

$$\min \boldsymbol{f}^{\mathrm{T}}\boldsymbol{x} \quad \text{s.t.}\begin{cases}\boldsymbol{Ax}\leqslant \boldsymbol{b}\\ \boldsymbol{A}_{\mathrm{eq}}\boldsymbol{x}=\boldsymbol{b}_{\mathrm{eq}}\\ \boldsymbol{lb}\leqslant \boldsymbol{x}\leqslant \boldsymbol{ub}\end{cases}$$

其中，记号“s. t.”翻译为“使得”，是“subject to”的简写，是极为常用的数学符号。MATLAB为线性规划问题提供了基于单纯形法的函数 linprog()，如图 5-18 所示，常用代码格式为

```
[x, fval] = linprog(f,A,b,Aeq,beq,lb,ub)
```

EX 5-17 边界约束优化——线性规划

$f(x)=-2x_1-x_2$　其中：$2x_2\leqslant 7$; $x_1+4x_2\leqslant 9$; $x_1\leqslant 4$; $x_2\leqslant 8$,

求：$\min_x f(x)$

```
f = [-2 -1]'; % 函数定义
A = [0 2; 1 4]; b = [7; 9];
Aeq = []; beq = [];
lb = []; ub = [4; 8];
[x, fval] = linprog(f,A,b,Aeq,beq,lb,ub)
```

```
Optimal solution found.
x = 2×1
      4.0000
      1.2500

fval = -9.2500
```

图 5-18　线性规划例程

说明：

(1) 计算结果显示，当 x(1)为 4 且 x(2)为 1.25 时，函数将在满足约束条件的前提下达到最小值 fval 为−9.25。

(2) 计算优化问题的前提是问题合理，如果在已知的约束条件下，函数本身并没有最值，那么即使是 MATLAB 也无能为力，一般会提示“问题是欠约束的”(Problem is

unbounded)。

(3) 对于函数的参数中并有的参数,应使用空矩阵符号"[]"来占位。

5.5.4 非线性规划

非线性规划问题,是"有约束优化问题"中较为复杂的一类,约束中不仅包含线性不等式、等式、自变量上下界,还可能包括非线性的不等式及等式,数学表达形式为

$$\min f(\boldsymbol{x}) \text{ s.t.} \begin{cases} \boldsymbol{Ax} \leqslant \boldsymbol{b} \\ \boldsymbol{A}_{\text{eq}}\boldsymbol{x} = \boldsymbol{b}_{\text{eq}} \\ \boldsymbol{lb} \leqslant \boldsymbol{x} \leqslant \boldsymbol{ub} \\ \boldsymbol{C}(\boldsymbol{x}) \leqslant \boldsymbol{0} \\ \boldsymbol{C}_{\text{eq}}(\boldsymbol{x}) = \boldsymbol{0} \end{cases}$$

这一类问题都可以用 MATLAB 优化工具箱中提供的边界约束优化函数 fmincon()来解决,函数名意为"find minimum of constrained nonlinear multivariable function",例程如图 5-19 所示,函数常用代码形式为

```
[x, fval] = fmincon(fun,x0,A,b,Aeq,beq,lb,ub)
```

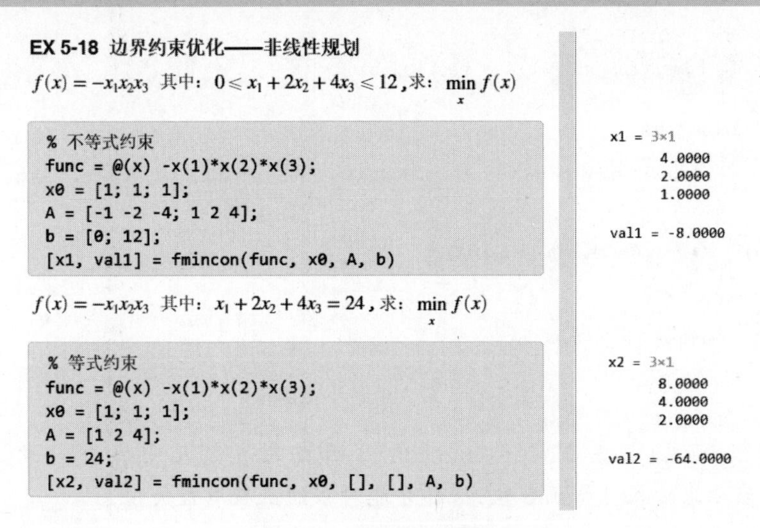
EX 5-18 边界约束优化——非线性规划

$f(x) = -x_1x_2x_3$ 其中：$0 \leqslant x_1 + 2x_2 + 4x_3 \leqslant 12$，求：$\min\limits_{x} f(x)$

```
% 不等式约束
func = @(x) -x(1)*x(2)*x(3);
x0 = [1; 1; 1];
A = [-1 -2 -4; 1 2 4];
b = [0; 12];
[x1, val1] = fmincon(func, x0, A, b)
```

```
x1 = 3×1
    4.0000
    2.0000
    1.0000

val1 = -8.0000
```

$f(x) = -x_1x_2x_3$ 其中：$x_1 + 2x_2 + 4x_3 = 24$，求：$\min\limits_{x} f(x)$

```
% 等式约束
func = @(x) -x(1)*x(2)*x(3);
x0 = [1; 1; 1];
A = [1 2 4];
b = 24;
[x2, val2] = fmincon(func, x0, [], [], A, b)
```

```
x2 = 3×1
    8.0000
    4.0000
    2.0000

val2 = -64.0000
```

图 5-19　非线性规划例程

说明：

(1) fmincon()函数的第二个参数为计算初值；第三个参数 A 和第四个参数 b 为一组，表示约束边界为 $\boldsymbol{Ax} \leqslant \boldsymbol{b}$,第五个参数 Aeq 与第六个参数 beq 为一组,表示约束边界为 $\boldsymbol{A}_{\text{eq}}\boldsymbol{x} = \boldsymbol{b}_{\text{eq}}$。当没有第三个和第四个参数时,使用空矩阵符号"[]"占位。

(2) 注意该函数要求目标函数与约束函数必须都是连续的,否则可能会给出局部最优解而不是全局最优解。

5.5.5 最大值最小化问题

最大值最小化问题(Minimax Constraint Problem)其实是一个实际应用中比较常见的问题,却由于问题类型不易被理解而很容易被忽略。举一个具体的例子来理解该问题,比如在一个战场中对于急救中心的选址,要求它到各阵地的运输伤员的时间 $f_i(x)$ 不可以太长,对于所有选址方案中能保证到达所有阵地中所需最长时间 max $f_i(x)$ 最小的,就是最佳方案。也就是说,伤员在运输过程中所消耗的每分钟都是损失,耽误时间越久就越危险,如何让最大危险降至最小,就是最大值最小化问题。该问题的数学描述与前述非线性规划非常类似:

$$\min_x \max_i f(x) \quad \text{s.t.} \begin{cases} \boldsymbol{Ax} \leqslant \boldsymbol{b} \\ \boldsymbol{A}_{\text{eq}}\boldsymbol{x} = \boldsymbol{b}_{\text{eq}} \\ \boldsymbol{lb} \leqslant \boldsymbol{x} \leqslant \boldsymbol{ub} \\ \boldsymbol{C}(\boldsymbol{x}) \leqslant \boldsymbol{0} \\ \boldsymbol{C}_{\text{eq}}(\boldsymbol{x}) = \boldsymbol{0} \end{cases}$$

而且在 MATLAB 中求解计算的形式也非常类似,如图 5-20 所示,函数使用 fminimax(),其代码格式为

```
[x,fval] = fminimax(fun,x0,A,b,Aeq,beq,lb,ub)
```

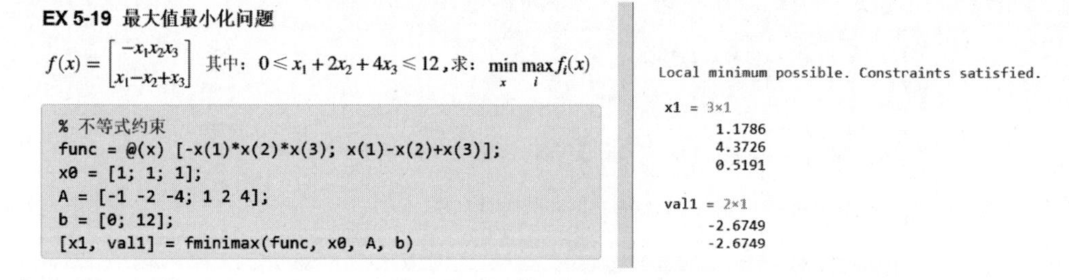

图 5-20 最大值最小化例程

说明:fminimax()函数与前述 fmincon()函数的参数几乎完全一致,不同的是,fminimax()函数要求输入目标函数组,这样才能对一组函数取最大值。

5.6 微分方程

微分方程(Differential Equation,DE)分为常微分方程(Ordinary Differential Equation,ODE)和偏微分方程(Partial Differential Equation,PDE)。常微分方程中的"常"并不是"常系数"的意思,而是"正常"(Ordinary,通常的、普通的)的常,相对于"偏"(Partial,局部的、片面的),理解记忆两种微分方程的区别可以将关注点放在"偏"字上,即包含偏导数的微分方程为偏微分方程,不包含偏导数的微分方程即为常微分方程。目前,人类对于经典物理世界

的认知，基本都是建立在微分方程的基础上的，这其中的底层逻辑在于，物理量的导数代表着该量的原因，积分代表该量的结果，而微分方程正是物理量的因果关系，这也是为什么许多学科的数学模型都是微分方程，而对于这些学科而言，解决变量之间的影响关系，就等同于求解微分方程。

5.6.1　常微分方程解析解

常微分方程相比于偏微分方程更简单易于求解，对于线性常微分方程和一些特殊的低阶非线性常微分方程一般可以求得解析解，而绝大多数的非线性常微分方程是没有解析解的，这时需要退而求其次，求得方程的数值解，得到了求解区域的数值解，也就可以做出该解函数的图像，这无论是对理解函数性质还是分析函数数值都可以提供极大帮助，甚至可以再利用数据进行函数拟合，得到一个近似的解析解。

对常微分方程求解析解首先需要定义符号变量与符号函数，进而将微分方程定义为符号方程，如果方程有初始条件则也需要定义，然后直接使用 dsolve() 函数即可完成求解，如图 5-21 所示。

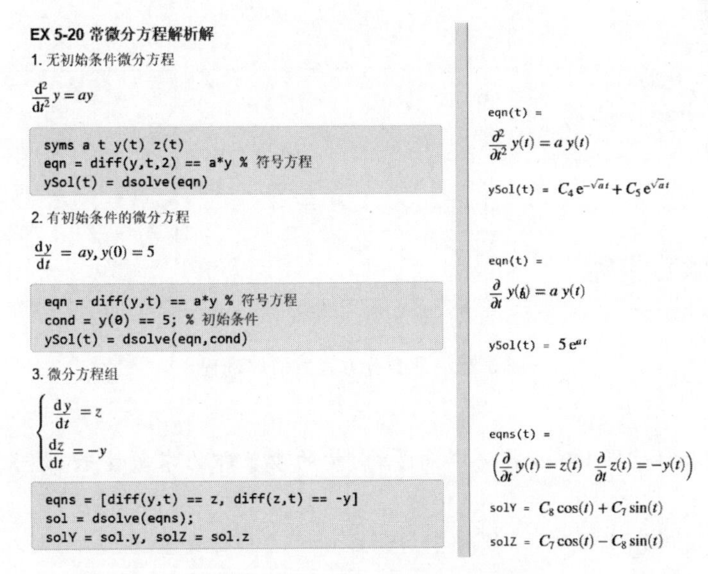

图 5-21　常微分方程解析解例程

说明：

(1) 符号函数的定义即为函数字母加括号带自变量，如 $y(t)$ 等，与数学中的书写完全一致；注意符号方程中的等号是双等号（==），而不是赋值符号（=）；仍然遵从一切都是矩阵的原则，方程组本质是也是方程的矩阵，需要用方括号括起来。

(2) 对于方程组的解，dsolve() 函数将输出一个结构体，结构体的字段即为求解的函数。

(3) 常数 C 的角标完全取决于该程序之前的使用情况，角标值仅区分意义，同一个角标代表同一个常数。

(4) 对于无法求出解析解的方程，软件会提示“无法找到解析解”(Unable to find explicit solution)，这时就要考虑使用数值解法了。

5.6.2 常微分方程数值解

科学家很早就意识到解析解不是大多数微分方程的解决方案，于是纷纷研究探索数值解法，比如欧拉法、龙格-库塔法、亚当斯-莫尔顿法等，MATLAB 内置的求解 ODE 的函数就是基于这些方法的，比如其中最常用而强大的 ode45()函数就是基于四五阶龙格-库塔法的算法。

MATLAB 共内置 8 个 ODE 函数，对于初学者以及不专门研究它的用户，建议不必深究其中的区别，实际使用时选取方法是：首选 ode45()函数，如图 5-22 所示；如果无法解算或速度极慢，则可尝试改用 ode15s()函数；如果 ode45()函数可以求解，但是速度略慢而精度并不要求那么高，则可尝试改用 ode23()函数。更为精微的函数区分可进入帮助文档中搜索“选择 ODE 求解器”查看。

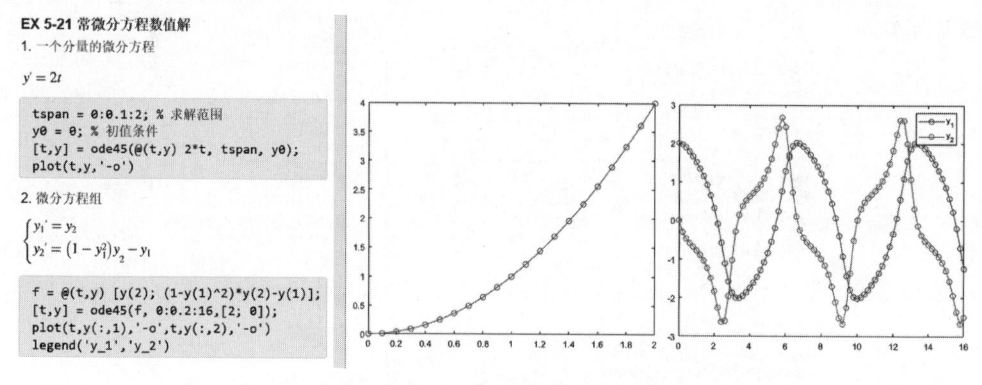

图 5-22 常微分方程数值解例程

说明：

(1) 设定的求解范围 **tspan** 是一个向量，向量的步长即为求解步长，步长越小则精度越高、算量越大。

(2) 注意设定微分方程时，必须将求解函数(如 y)和自变量(如 t)均列入参数列表中。

5.6.3 微分方程 Simulink 求解

Simulink 既是 MATLAB 的一个工具箱，同时也是几乎可以与 MATLAB 相并列的一款独立软件，就是因为其实在过于强劲，在某些方面甚至掩盖了 MATLAB 的光芒。由于 Simulink 也可以用于解一些微分方程，并且还十分方便，因此在这里作简要介绍。

Simulink 将所有数据看成可以传递的信号，从一个模块单元中输出并输入另一个模块单元中，Simulink 打包了各行各业可能会用到的大量的模块，以至于几乎没有可以新增的模块了，用户所要做的，就是将模块单元拖入模型中，连线并进行设置，即可运行计算。Simulink 计算的对象称为“模型”，其意为对于现实物理系统的“数字孪生”，擅长所有可以称为系统的问题，微分方程（组）就是最简单且典型的一类系统，下面举一实例，解微分方程组：

$$\begin{cases} \dot{x}_1 = -x_1 + x_2 \\ \dot{x}_2 = -2x_2 + 1 \\ \dot{x}_3 = -x_1 x_2 \end{cases}$$

首先进入 Simulink 模块，方法是在命令行中输入 simulink 再按下 Enter 键即可，选择新建空模型(blank model)，单击窗口上方模块浏览器按钮(library browser)，选择需要的模块向模型中拖动，如图 5-23 所示，左侧即为搭建的模型，三个积分器的初值均设为 0，使用 Mux 混路器模块将三个输入组合为一个向量输出，再使用 Fcn 函数模块计算方程等式的右侧，再将计算输出回路连接到对应积分器上，并且可以在 $x(t)$ 输出端插入一个示波器 Scope，这样便可以看到计算的输出结果。在本书配套的代码文件中，模型文件为 pdeModel. slx，读者可以直接打开运行。

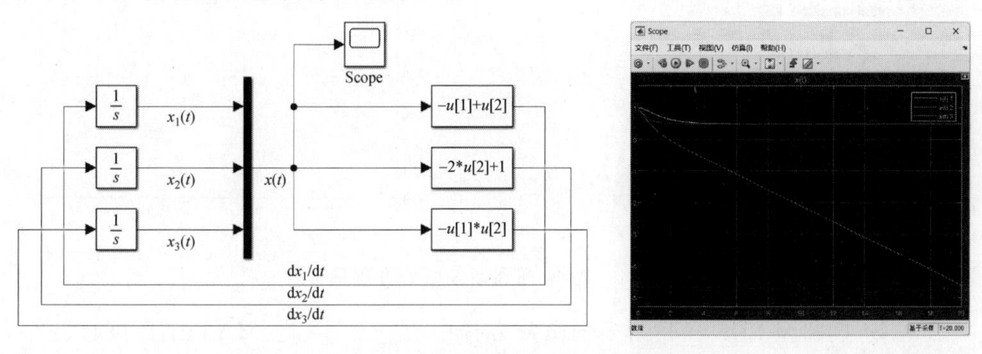

图 5-23 微分方程 Simulink 求解

从示波器图中可以看出，x_1 与 x_2 均稳定在 0.5 的位置，而 x_3 稳定为一条直线，这样即相当于求得了微分方程的数值解。Simulink 的建模求解方式极为强大，虽然对于简单的小型问题，使用 MATLAB 解方程函数会更为快捷，然而对于求解较大规模的问题、模块化系统问题时，则更显示出 Simulink 的四两拨千斤，尤其对于时间延迟性微分方程来说，更是只有用 Simulink 才能实现求解。

5.6.4 抛物-椭圆型偏微分方程

常微分方程的解析解已经比较难求，到了偏微分方程，连求解数值解都困难了，在 MATLAB 的核心组件中，只对一类偏微分方程提供了数值解求解函数，这一类称为一阶抛物-椭圆型 PDE，数学形式如下：

$$c\left(x,t,u\frac{\partial u}{\partial x}\right)\frac{\partial u}{\partial t} = x^{-m}\frac{\partial}{\partial x}\left[x^m f\left(x,t,u\frac{\partial u}{\partial x}\right)\right] + s\left(x,t,u\frac{\partial u}{\partial x}\right)$$

实际求解例程如图 5-24 所示。

EX 5-22 偏微分方程数值解

方程：$\pi^2 \frac{\partial}{\partial t} u = \frac{\partial}{\partial x}\left(\frac{\partial}{\partial x} u\right)$

方程区间：$x \in [0,1],\ t \in [0,\infty]$

初始条件：$u(x,0) = \sin \pi x$

边界条件：$u(0,t) \equiv 0,\ \pi e^{-t} + \frac{\partial}{\partial x} u(1,t) = 0$

```
m = 0; x=0:0.03:1; t=0:0.2:2;
u = pdepe(m,@pdeeqn,@pdeic,@pdebc,x,t);
surf(x,t,u); title('Numerical solution')
xlabel('x'); ylabel('t'); zlabel('u');
plot(x,u(end,:)); title('Solution at t = 2')
xlabel('x'); ylabel('u(x,2)')
```

FUNCTION-EX-5-23

方程（equation, eqn）

```
function [c,f,s] = pdeeqn(x,t,u,DuDx)
c = pi^2; f = DuDx; s = 0;
end
```

初始条件（initial condition, ic）

```
function u0 = pdeic(x)
u0 = sin(pi*x);
end
```

边界条件（boundary condition, bc）

```
function [pl,ql,pr,qr] = pdebc(xl,ul,xr,ur,t)
pl = ul; ql = 0; pr = pi * exp(-t); qr = 1;
end
```

Numerical solution

Solution at t = 2

图 5-24　抛物-椭圆型偏微分方程例程

一阶抛物-椭圆型 PDE 只是诸多偏微分方程中的一类，因此，MATLAB 核心组件对于偏微分方程的求解还远远不够，实际上，MATLAB 将其强大的偏微分方程求解功能集成在了优秀的“偏微分方程工具箱”(Partial Differential Equation Toolbox，PDET)中，而且还拥有图形用户界面，可以让用户非常方便地求解偏微分方程，因此建议初学者或不以此为研究的用户首选 PDET。

5.6.5　偏微分方程工具箱

一个标量物理量在空间中的表示为

$$u = u(x, y, z, t)$$

这也是目前人类对于世界的认知，即三维空间加一维时间(其中，时间单方向流动)，如果把该物理量的值按颜色绘制在空间中，则会显示出一幅“云图”，这就是“三维空间中的物理场”，而场中每点的量值还会随着时间变化，这就是所谓的“瞬态物理场”。物理场是关于时间与空间的函数，导数表示物理量的原因，积分表示物理量的结果，因而该函数所要满足的客观规律即为偏微分方程，这就是为什么物理学几乎全部由偏微分方程所支撑起来，也是偏微分方程为什么会成为科学工程领域至关重要的环节的原因。

物理学中常见的偏微分方程最多包含二阶偏导数，而 MATLAB 提供的偏微分方程工具箱可以非常简易有效地求解“二阶偏微分方程”，还包括多元 PDE 以及 PDE 组，二阶 PDE 的数学形式如下：

$$m\frac{\partial^2 u}{\partial t^2}+d\frac{\partial u}{\partial t}-\nabla\cdot(c\nabla u)+au=f$$

其中∇为 Nabla 算子，∇表示梯度，$\nabla\cdot$ 表示散度，如果 c 为常数，则梯度的散度其实是代表“所有非混合二阶偏导数”之意，即

$$\nabla\cdot(c\nabla u)=c\left(\frac{\partial^2}{\partial x_1^2}+\frac{\partial^2}{\partial x_2^2}+\cdots+\frac{\partial^2}{\partial x_n^2}\right)u=c\Delta u$$

其中，Δ 为 Laplace 算子。

二阶 PDE 与二阶代数方程有所类似，借用按圆锥曲线的分类来划分，包含如下三大类方程形式。

(1) 椭圆型方程(Elliptic)，此时 $m=0,d=0$，数学形式为

$$-\nabla\cdot(c\nabla u)+au=f(\boldsymbol{x},t)$$

椭圆型方程没有对于时间的一阶及二阶偏导，因此定解问题中只有边界条件而没有初值条件，主要用来描述物理中的定常、平衡、稳定状态，最典型的就是泊松方程及二维拉普拉斯方程(梯度的散度恒为零)，物理中常用的有定常状态的电磁场、引力场和反应扩散现象等。

(2) 抛物线方程(Parabolic)，此时 $m=0$，数学形式为

$$d\frac{\partial u}{\partial t}-\nabla\cdot(c\nabla u)+au=f$$

包含场对于时间的一阶偏导，因此不仅需要边界条件，还需要一个初值条件，一般用于描述能量耗散系统，物理中常见的抛物线方程有一维热传导方程。

(3) 双曲线方程(Hyperbolic)，此时 $d=0$，数学形式为

$$m\frac{\partial^2 u}{\partial t^2}-\nabla\cdot(c\nabla u)+au=f$$

包含场对于时间的二阶偏导，因此需要边界条件和两个初值条件，没有一阶时间偏导，可以理解为能量不耗散，一般描述能量守恒系统，常见的比如一维弦振动(波动)方程，波动方程的扰动是以有限速度传播的，因而其影响区和依赖区是锥体状的。

PDET 对于上述这些类型的二阶 PDE 可以很方便地在二维或三维几何空间上完成求解，基本原理是采用三角形及四面体网格划分，采用有限单元法求解并对结果后处理得到物理场云图。

PDET 提供两种使用方法，一是打开 GUI(相当于一个软件界面)进行单击与输入操作，二是使用命令代码输入。后者的功能涵盖了前者，对于初学者可以使用 GUI 实现初步功能，再使用代码自动生成功能得到与操作对应的代码并在其基础上修改。下面按照操作步骤举一实际例子。

1. 打开 PDET 界面

方法是输入命令 pdetool 并按下 Enter 键，或在 App 界面中找到 PDE Modeler。界面

的菜单栏就代表着操作顺序：选项(Options)、几何(Draw)、边界(Boudary)、方程(PDE)、网格(Mesh)、求解(Solve)、作图(Plot)，如图 5-25 所示。

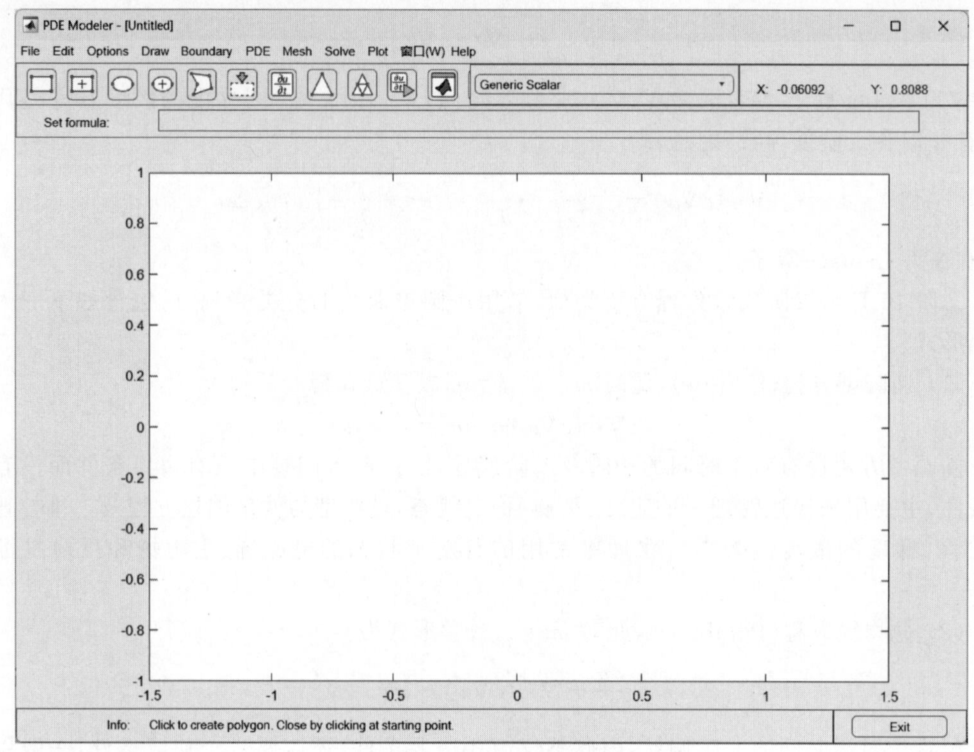

图 5-25 PDET 初始界面

2. 选择 PDE 类型

位于选项(Option)菜单栏下的应用(Application)选项，也位于界面按钮行右侧，10 个选项分别意为：通用标量方程(Generic scalar)、通用系统方程组(Generic system)、机械结构平面应力场(Structural mechanics, plane stress)、机械结构平面应变场(Structural mechanics, plane strain)、静态电场(Electrostatics)、静态磁场(Magnetostatics)、交流电磁场(AC power electromagnetics)、直流电场(Conductive media DC)、热传导温度场(Heat transfer)、扩散(Diffusion)。

正确选择这些物理场，可以在界面上简化参数的输入，获得正确的引导提示。

3. 确定几何域

在 GUI 中指画出平面形状，有 5 项工具：长方形、中心长方形、(椭)圆、中心(椭)圆和多边形，还有一项旋转工具，每创建一个图形，界面上 Set formula 后的文本框内都会出现该图形的"字母+序号"，字母有 R(矩形)、Q(正方形)、E(椭圆形)、C(圆形)、P(多边形)，加减号表示图形之间的布尔运算，可以自行修改顺序与符号以得到目标求解区域。

双击图形可以打开图形位置尺寸的准确设置窗口，如图 5-26 所示设置了中心为零点半径为 1 的正圆。

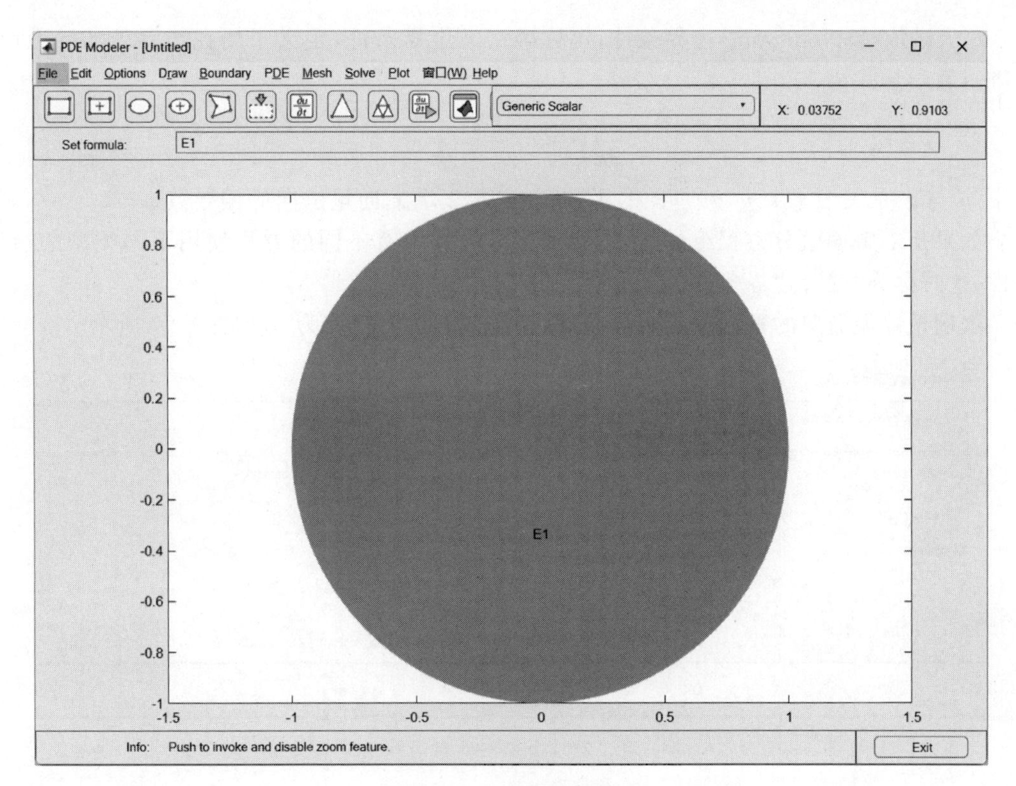

图 5-26 确定几何域

对应代码为

```
pdeellip(0,0,1,1,0,'E1');
```

画图函数只有三个：画(椭)圆函数 pdeellip()、画矩形函数 pderect()、画多边形函数 pdepoly()。还可以载入三维的标准模板库(Standard Template Library,STL)模型,作为三维几何域,此功能并不包含在界面上,需要使用代码来载入,函数为 importGeometry(),代码形式如下：

```
importGeometry(model,'BracketWithHole.stl');
```

4. 设置边界条件

进入边界(Boundary)菜单栏,选择边界模式(Boundary mode)进入状态,这时,边界上会显示颜色与箭头,再进入边界条件设置(Specify boundary conditions),对于单个偏微分方程的边界条件有如下两类。

(1) 狄利克雷(Dirichlet)边界条件,也称第一类边界条件,该边界条件定义了边界处的值,数学形式为

$$hu=r$$

其中,h 与 r 是关于 $\boldsymbol{x},t,u,\partial u/\partial \boldsymbol{x}$ 的函数,更为常见的是 h 与 r 都比较简单,可以将方程向右整理,令 h 为 1 即可。

（2）诺依曼(Neumann)边界条件，也称第二类边界条件，定义了场在边界处的导数（变化率），数学形式为

$$\frac{\partial}{\partial \boldsymbol{n}}(c\,\nabla u)+qu=g$$

其中，q 与 g 是关于 $\boldsymbol{x}, t, u, \partial u/\partial \boldsymbol{x}$ 的函数，$\partial u/\partial \boldsymbol{n}$ 表示 $\boldsymbol{x}$ 向量法向的偏导数。

如果是求解偏微分方程组的话，当然也不排除其中有不同的方程使用不同类型的边界条件，这时称为“混合边界条件”。

本例设置最简单的狄利克雷边界条件，让场量在边界处均为 0，如图 5-27 所示。

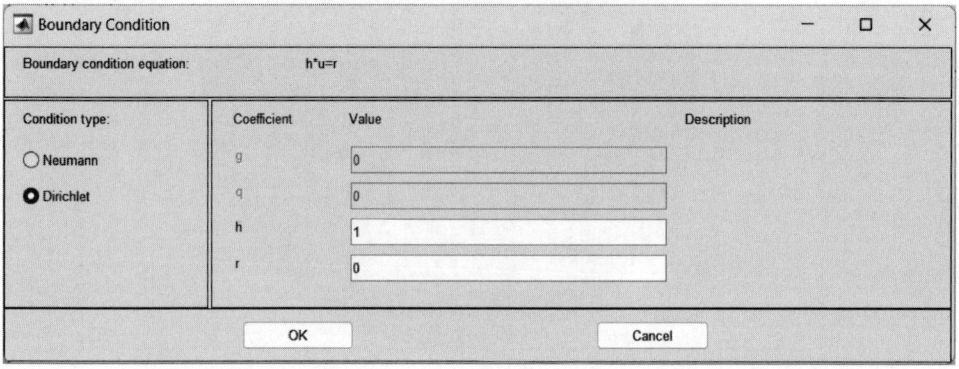

图 5-27　边界条件对话框

不同的边界条件由不同的颜色区分，狄利克雷边界条件为红色，诺依曼边界条件为蓝色。

对于本例的设置，对应代码为

```
applyBoundaryCondition(model,'dirichlet','Edge',1:model.Geometry.NumEdges,'u',0)
```

5. 设置偏微分方程

选择菜单栏中的偏微分方程(PDE)，选择设置偏微分方程(PDE Specification)，进入 PDE 的设置界面，本例选择椭圆型方程(Elliptic)，设置 c=1，a=0，f=10，这也是软件的默认参数，如图 5-28 所示。

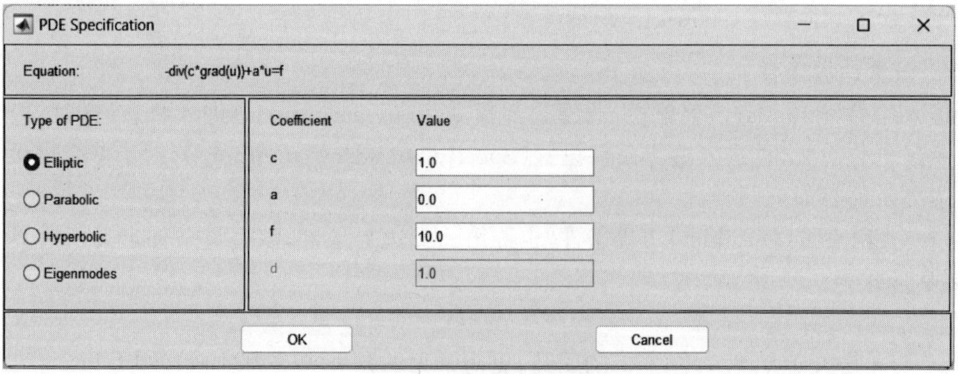

图 5-28　偏微分方程设置

如图 5-28 所示的界面上方已将方程的形式列出，可以参考对应位置的字母，方便设置。对应代码为

```
specifyCoefficients(model,'m',0,'d',0,'c',1,'a',0,'f',1);
```

6. 设置网格

单击网格(Mesh)菜单栏，进入网格模式(Mesh mode)可以看到软件自动为区域划分了三角形网格，可以对网格进行一些更详细的设置和处理，比如细化网格(Refine mesh)，细化前后的网格如图 5-29 所示。

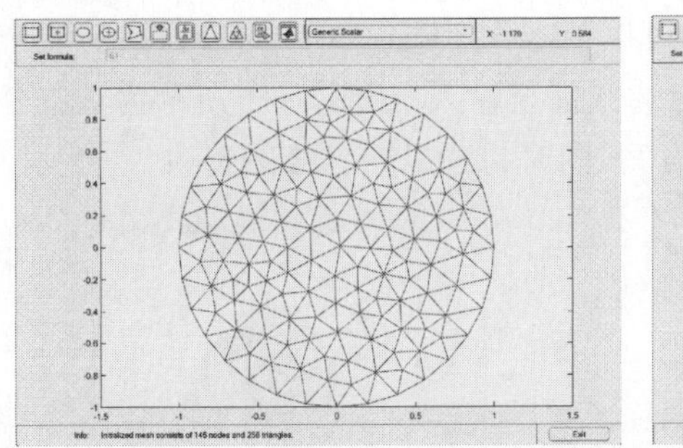

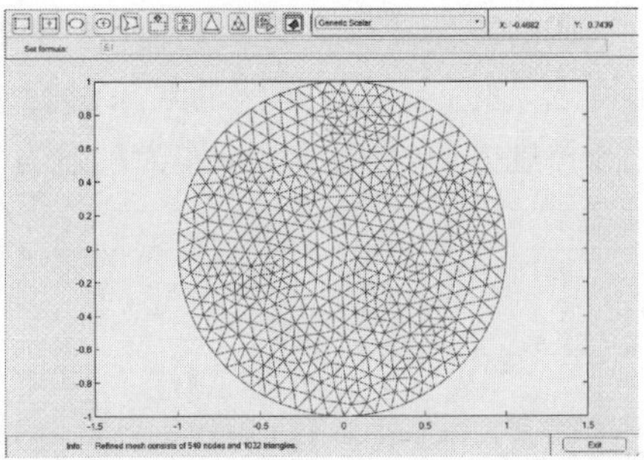

图 5-29　网格细化前后对比

设置最大网格尺寸为 0.1，对应代码为

```
generateMesh(model,'Hmax', 0.1);
```

如需显示网格划分的情况，可以使用如下代码对网格作图：

```
pdemesh(model);
```

7. 求解方程

单击求解(Solve)菜单栏下的求解偏微分方程(Solve PDE)，默认求解结果如图 5-30 所示。

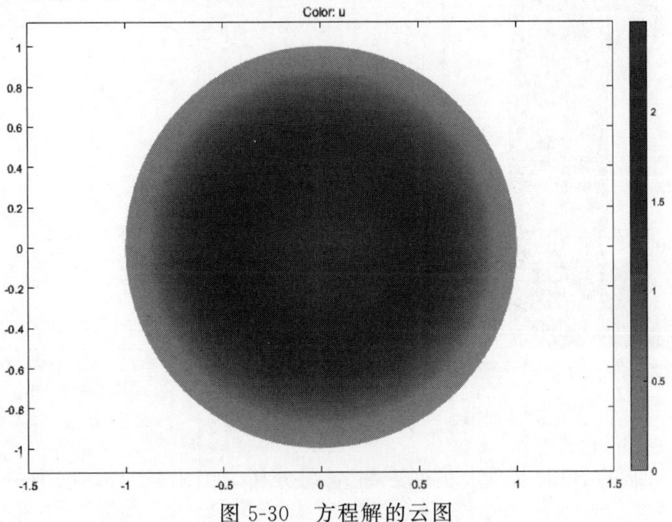

图 5-30　方程解的云图

如图 5-30 所示，边缘上确实如边界条件设置的那样均为零。对应的代码如下，注意求解的直接结果为一个结构体：

```
results = solvepde(model);
u = results.NodalSolution;
```

如需绘图，使用 pdeplot()函数，代码如下：

```
pdeplot(model,'XYData',u)
```

8. 后处理作图

自动生成的图像往往不满足要求，这时可以单击作图选项(Plot selection)，在界面上有多种功能可选，而且可以对作图的对象进行选择甚至输入，如图 5-31 所示为选择使用箭头标注场量的梯度方向，并使用 jet 作为配色方案，同时勾选了三维绘图选项。

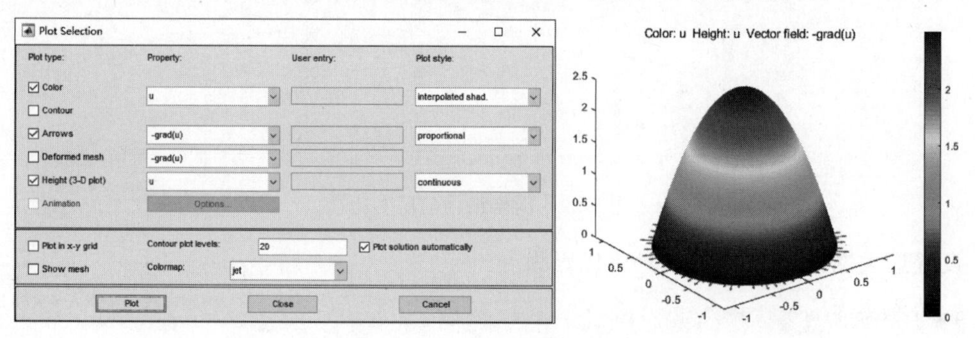

图 5-31　多维数组/矩阵 1

PDET 既然可以解偏微分方程，就可以解决许多物理问题，比如热传递问题，如图 5-32 所示。

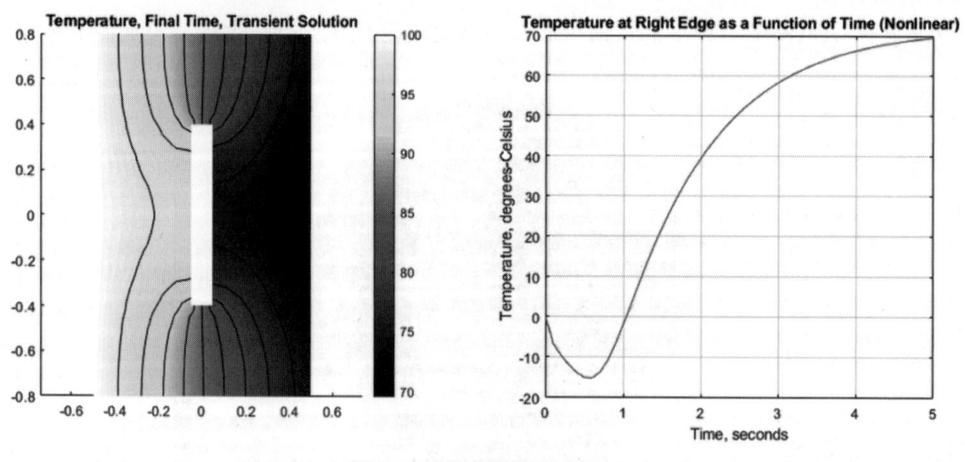

图 5-32　多维数组/矩阵 2

还可以导入三维的 STL 模型，实现三维空间分析，如图 5-33 所示为一个支架结构的变形分析。

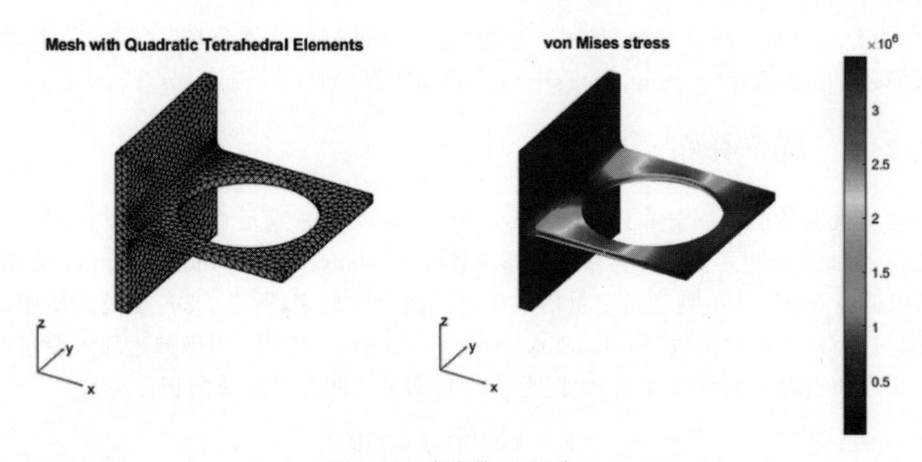

图 5-33　多维数组/矩阵 3

PDET 实质上是一个专为有限元分析而设计的仿真软件。在本质上，单一物理场问题可以归结为偏微分方程的求解，而多物理场耦合问题则涉及偏微分方程组的处理。作为多物理场有限元仿真的先驱，COMSOL Multiphysics 实际上是 MATLAB PDET 的一个高度发展和演化形式，因此 COMSOL 不仅继承了求解偏微分方程的数学功能，还扩展了这些能力。如果遇到一些 MATLAB 难以攻克的偏微分方程挑战，可以转向使用 COMSOL 软件进行求解。如图 5-34 所示，COMSOL 软件提供了一个数学接口，该接口能解决的偏微分方程类型比 MATLAB 更加丰富多样。在物理数学方程的数值求解方面，特别是在二维平面和三维空间问题上，更推荐使用像 COMSOL 这类专业的有限元软件。

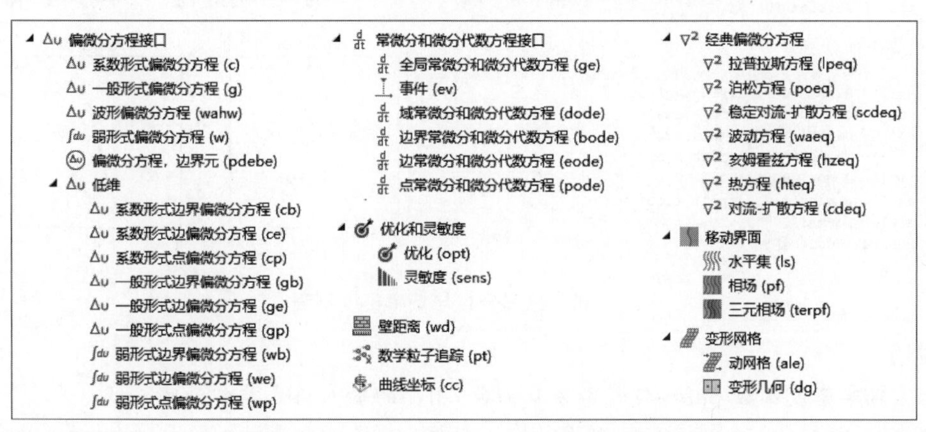

图 5-34　COMSOL 软件中提供的数学工具模块

5.7　概率统计

统计学(Statistics)主要有两大方面的内容：统计描述和统计推断。统计描述，用数字、函数、图像等描述一个概率分布，这个分布可能是总体的，也可能是样本的，用数字来描述分布的，称为分布度量。统计推断，是用来解释“样本分布”与“总体分布”之间的关系的，它分为两大问题：参数估计(Parameter Estimation)和假设检验(Hypothesis Test)。

5.7.1 概率分布

连续随机变量的概率分布函数 $F(x)$，表示随机变量 ξ 满足 $\xi<x$ 的概率，即 $F(x)=P(\xi<x)$，因此也被更形象地称为累积分布函数(Cumulative Distribution Function，CDF)；由于它可以通过简单减法得到随机变量落入任何范围内的概率，所以 CDF 是最为易用的概率描述函数。而概率密度函数(Probability Density Function，PDF)用于描述随机变量的输出值在某个取值点附近的可能性，一般记为 $p(x)$，两者之间存在简单的积分关系：

$$F(x)=\int_{-\infty}^{x} p(t)\,\mathrm{d}t$$

MATLAB 提供了强大的统计和机器学习工具箱(Statistics and Machine Learning Toolbox，SMLT)，其中关于概率统计的相关函数均有涉及，如图 5-35 所示绘制了最典型的离散和连续概率分布——泊松分布和正态分布。

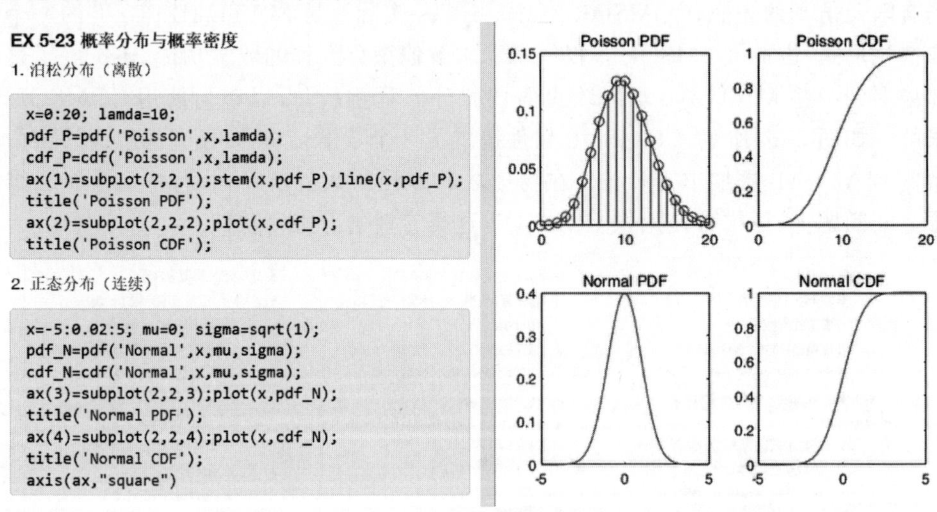

图 5-35　概率分布与概率密度例程

说明：

(1) 概率密度函数 pdf()与概率分布函数 cdf()的输入格式非常清晰：

```
pdf('name',x,A,B,C,D)
cdf('name',x,A,B,C,D)
```

其中，name 表示分布的名称，A～D 即为对应分布的参数设置，输出向量与输入的向量 x 长度一致，因此可以直接作图。

(2) MATLAB 共提供 33 种概率分布选项，基本上兼容了所有可见的概率分布，最常用的 3 种离散型及 8 种连续型分布如表 5-3 所示，如需查看所有分布选项，可以在帮助文档中搜索 pdf 或 cdf。

表 5-3 最常用的 3 种离散型及 8 种连续型分布

类 别	分 布	字 段	参数 A	参数 B
离散型	二项分布	'Binomial'	n(试验次数)	p(单次成功率)
	泊松分布	'Poisson'	λ(均值)	—
	几何分布	'Geometric'	p(单次成功率)	—
连续型	均匀分布	'Uniform'	a(下界)	b(上界)
	指数分布	'Exponential'	μ(均值)	—
	正态分布	'Normal'	μ(均值)	σ(标准差)
	瑞利分布	'Rayleigh'	b(规模参数)	—
	卡方分布	'Chisquare'	v(自由度)	—
	伽马分布	'Gamma'	a(形状参数)	λ(规模参数)
	学生分布	'T'	v(自由度)	—
	贝塔分布	'Beta'	a(形状参数)	b(形状参数)

其中，均匀分布也有离散型，即"等概率模型"(古典概型)，由于比较简单因此并没有对应函数。

如果需要快速地可视化概率分布与概率密度曲线，MATLAB 提供了一个概率分布函数 App(Probability Distribution Function App)，相当于一个方便快捷的小软件，打开方式是在命令行中输入 disttool 并按下 Enter 键即可。如图 5-36 所示为正态分布的 CDF 与 PDF 图像，界面上可以任意选择分布并输入参数，还可以使用鼠标交互式地捕捉坐标位置。

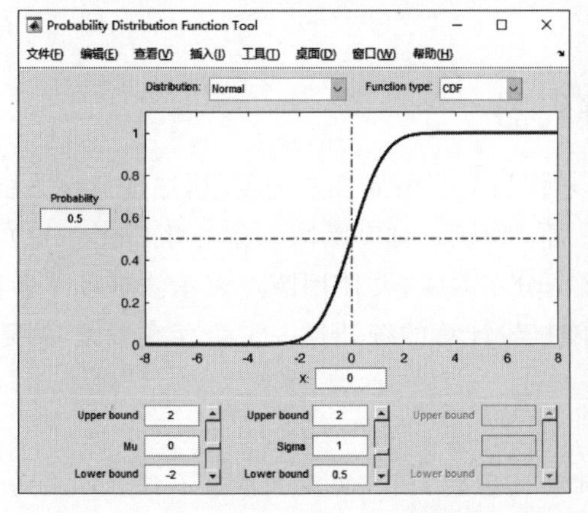

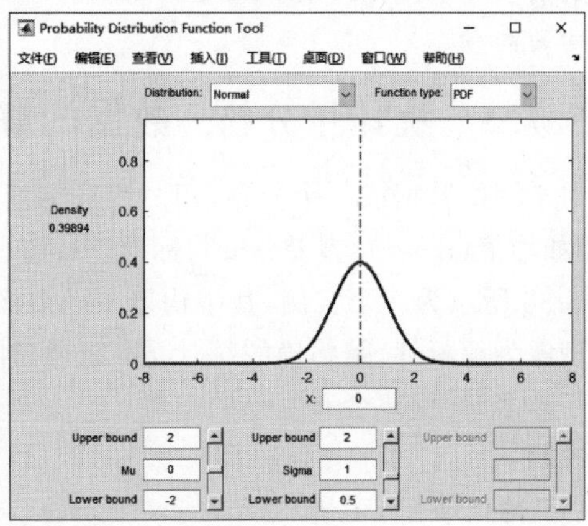

图 5-36 概率分布函数 App

5.7.2 伪随机数的生成与应用

在科学研究和统计分析活动中经常要用到随机数据，然而由计算机生成的随机数据，是通过算法并按照给定的分布规律计算出来的，称为"伪随机数"。

在 MATLAB 核心函数集中，提供了三个最常用的随机数生成函数，分别为产生均匀分布随机数的函数 rand()、产生均匀分布随机整数的函数 randi()、产生标准正态分布随机数的函数 randn()。在统计和机器学习工具箱(SMLT)中还提供了更为通用和强大的随机数产生函数 random()，它可以按任意概率分布规律产生随机数，其代码形式为

```
R = random('name',A,B,C,D)
R = random('name',A,B,C,D,[size])
```

可见如上代码与前述 pdf()和 cdf()函数所能处理的概率分布类型及分布参数输入形式完全一致，后跟向量为输出矩阵的尺寸规模。利用随机数产生函数绘制一些直方图如图 5-37 所示。

EX 5-24 伪随机数

1. 均匀分布和正态分布

```
ax(1) = subplot(2,2,1);
histogram(rand(1e4,1),20);
ax(2) = subplot(2,2,2);
histogram(randn(1e4,1),20);
```

2. 指数分布和卡方分布

```
ax(1) = subplot(2,2,3);
histogram(random('Exponential', 2, [1e4 1]),20);
ax(2) = subplot(2,2,4);
histogram(random('Chisquare', 2, [1e4 1]),20);
axis(ax,'square')
```

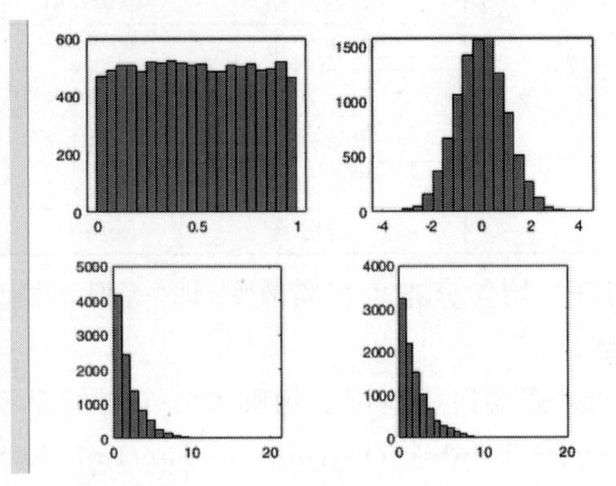

图 5-37　伪随机数例程

说明：1e4 为科学记数法，等价于 10000，这里设置目的是产生一个由随机数组成的特定尺寸的向量。

5.7.3　统计量分析：数据的解码器

对于一组数据或一个分布，用一些数字量来作为某些整体性质的度量，这些量称为统计量，比如均值(mean)、方差(var)、标准差(std)、原点矩(无对应函数)、中心矩(moment)等，如图 5-38 所示为一个实例，其中构造了一个概率分布对象，并使用圆点表示法提取了参数，可以理解为解析解，是精确的统计量；而通过随机量计算的统计量一定会存在偏差，当随机量数目越多时，偏差会有变小的趋势。

说明：

(1) 均值函数 mean()、方差函数 var()、标准差函数 std()的输入参数不仅可以是向量，还可以是矩阵，这时相当于对矩阵中所有的列向量进行计算，因而输出的是一个行向量，如果需要对矩阵中所有元素进行计算，则可以采用简单的代码形式，如下：

```
mean(x(:))
```

(2) 函数 makedist()用于创建概率分布对象，该分布对象的属性中包含特定的分布参数，如 mu 和 sigma 等，还包含一些方法(函数)，也可以直接使用圆点表示法调用，比如 mean、var 及 std 等，与前述对于数据的分析函数完全一致。

EX 5-25 统计量分析

1. 均值、方差、标准差

```
% 构造概率分布随机数
x = random('Normal',2,4,[1e4,1]);
meanX = mean(x) % 均值
s2X = var(x) % 方差
sX = std(x) % 标准差
% 构造概率分布对象
pd = makedist('Normal','mu',2,'sigma',4);
meanX2 = pd.mean % 均值
meanX2_mu = pd.mu % 均值
s2X2 = pd.var % 均值
sX2 = pd.std % 标准差
sX2_sigma = pd.sigma % 标准差
```

```
meanX = 2.0023
s2X = 15.8531
sX = 3.9816

meanX2 = 2
meanX2_mu = 2
s2X2 = 16
sX2 = 4
sX2_sigma = 4
```

2. 原点矩与中心矩

```
A1 = sum(x.^1)/length(x) % 一阶原点矩
A2 = sum(x.^2)/length(x) % 二阶原点矩
B1 = moment(x,1) % 一阶中心矩
B2 = moment(x,2) % 二阶中心矩
```

```
A1 = 2.0023
A2 = 19.8608
B1 = 0
B2 = 15.8515
```

图 5-38　统计量分析例程

(3) MATLAB 没有提供原点矩计算函数，但根据定义可知 k 阶原点矩的代码为

```
Ak = sum(x.^k)/length(x)
```

5.7.4　参数估计：统计的预言家

有时需要根据一组数据(样本数据)的基本形态做出推测，它应该是满足某分布规律的，比如正态分布规律，因此有理由推定总体数据也是满足正态分布规律的，那么这个规律表示成函数形式具体是什么样的，或者说分布函数里的参数应该是多少呢？这个计算过程就是参数估计(Parameter Estimation)。

本书观点认为"参数估计"这个名称略有晦涩，其实际含义比较接近于概率分布函数的拟合(Probability Distribution Fit)，只不过有一点在概念上需要注意，参数估计是用样本数据来估计总体的函数，因此样本数据的个数也是决定算法结果的关键。

对参数的估计，并不是只得到一个值，而是得到一个估计值加一个估计值的变化范围，称为置信区间(Confidence Interval，CI)，与这个区间相对应的可信度称为置信水平(Confidence Level)，置信水平越接近 1，则置信区间就会越小，一般最常用的置信水平是 95%，因此 MATLAB 工具箱中提供的通用参数估计函数 fitdist()即默认为 95%的置信水平，工具箱还提供一些对应于特定分布的参数估计函数，比如正态分布估计函数 normfit()、泊松分布估计函数 poissfit()、均匀分布估计函数 unifit()等，如图 5-39 所示，这些函数可以对置信水平进行设置，得到不同的置信区间。

EX 5-26 参数估计

```
% 构造概率分布随机数
x = random('Normal',2,4,[1e4,1]);
% 方法1
pd = fitdist(x,'Normal')
% 方法2
[muHat,sigmaHat,muCI,sigmaCI] = normfit(x,0.05)
```

```
pd =
  Normal distribution
       mu = 2.01604   [1.93761, 2.09448]
    sigma = 4.00123   [3.94654, 4.05747]

muHat = 2.0160        sigmaHat = 4.0012
muCI = 2×1            sigmaCI = 2×1
      1.9376               3.9465
      2.0945               4.0575
```

图 5-39　参数估计例程

说明：

(1) 通用参数估计函数 fitdist()的常用代码形式为

```
pd = fitdist(x,distname)
```

(2) normfit()函数的第二个参数意为显著性水平，显著性水平与置信水平的和为 1。

对于参数估计计算，MATLAB 还提供了专用 App——参数估计器（Distribution Fitter），打开方式是在命令行中输入 distributionFitter 并按下 Enter 键即可，其界面友好、功能强大，如图 5-40 所示为本节例程中数据 x 的估计结果 PDF 及 CDF。

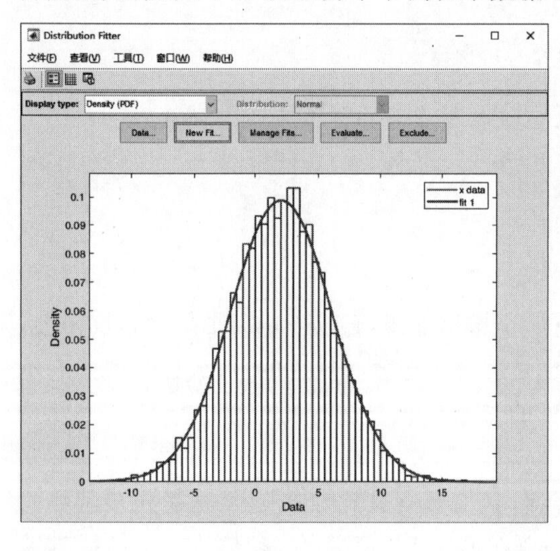

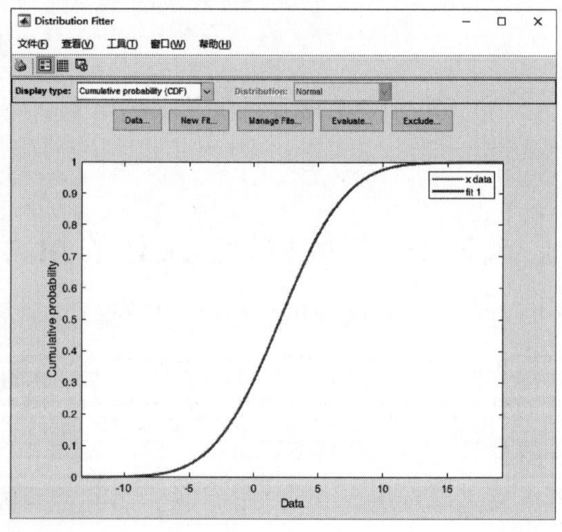

图 5-40　参数估计器 App

5.7.5　假设检验：验证数据的真相

如果一个射击运动员说："我射击的平均成绩是 8 环"，但是对于分析者来说，他说的话不知真假，只能称之为"假设"，如何证明这个假设呢，可以根据"大数定律"让他射击很多很多次取均值来判定，但实际情况很可能是样本数量并不足够多，这时就需要特定的检验算法，这也就是假设检验的过程。

假设检验（Hypothesis Test）先假设总体分布的参数，再用样本来检验这个参数的可信度(置信水平),是一种持怀疑态度的基于反证法思想的验证,实例如图 5-41 所示。

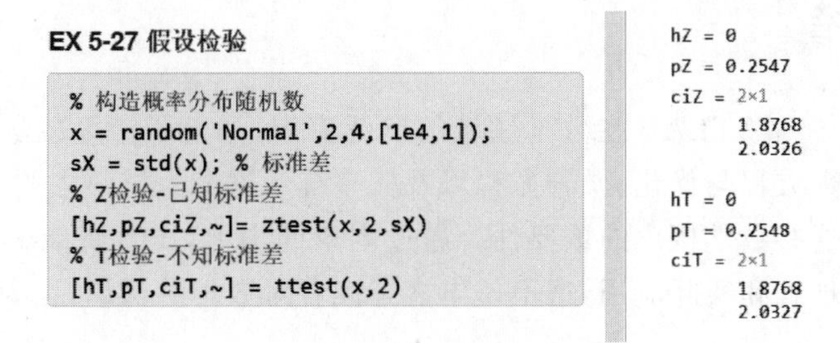

图 5-41　假设检验例程

说明：对于疑似符合正态分布的数据,当已知标准差时,可以采用 Z 检验,函数为 ztest(),若标准差是未知的,可以使用 T 检验。h 为检验结论,为零时表明不拒绝假设,也就是接受假设；p 为该检验的显著性水平；ci 为置信区间。

常见问题解答

(1) MATLAB 在高等数学的学习中会不会起到辅助作用？

MATLAB 在高等数学的学习中扮演了十分重要的角色。它为我们提供了一个实验平台,将抽象的高等数学问题转换为具体的函数和代码,并通过图形展示,极大地促进了我们对高等数学概念和原理的理解。强烈建议想深入掌握高等数学思想和方法的读者,积极利用 MATLAB 作为学习辅助。

(2) 为什么要强调插值、拟合和优化这些概念？

插值、拟合和优化是数学应用中至关重要的概念。插值允许我们在已知数据点之间准确预测未知值,从而在图像处理、气象预测等领域实现数据的连续性和平滑性；拟合帮助我们通过实验或观测数据建立数学模型,从而在统计回归、生物学等学科中揭示和理解潜在规律；优化则是寻找最有效率和最经济的解决方案的过程,它在机器学习参数调整、成本削减、系统设计改进等多个领域中至关重要。这三种数学工具是理解复杂现象、提高决策质量和推动技术进步的关键。

(3) 为什么说微分方程的求解意义重大？

微分方程的求解意义重大,主要因为微分方程是描述自然界和工程技术中各种现象和过程的数学模型。无论是物理学中的运动定律,化学反应的速率,生物种群的增长,还是经济学中模型的构建,许多自然规律和科学问题都可以用微分方程来表达。通过求解微分方程,我们能够预测系统的未来行为,理解不同变量之间的相互关系,以及控制或优化现实世界中的过程。微分方程的求解意义包括但不限于以下几点：理解系统动态、揭示因果关系、指导实验和设计、优化和控制。

本章精华总结

本章精心梳理了 MATLAB 在数学领域的广泛应用，涵盖了初等数学、线性代数、微积分、插值与拟合、代数方程与优化、微分方程以及概率统计这七大核心主题。更重要的是，本章强调了深刻理解这些数学概念的重要性。通过本章的学习，读者将能够把数学知识从简单记忆转变为深刻理解和实际应用，这不仅丰富了读者对数学的认识，也为解决实际问题提供了强大的工具。

第6章

编程：MATLAB程序设计

MATLAB作为一款优秀的编程语言，其程序设计能力非常强大，拥有非常灵活的数据结构、控制流结构和程序文件结构，尤其是极具威力的矩阵化编程应该是所有学习MATLAB的读者重点研究的内容。本书建议读者养成良好的编程习惯，灵活运用程序交互设计与调试分发方法，发挥MATLAB在程序设计方面的优势。

6.1 数据结构

使用任何一门语言进行程序设计，最基本的就是掌握该语言的数据结构；数据结构是编辑语言的基石与工具，掌握的数据结构过于有限与理解不深刻，往往是初学者进阶之路上的绊脚石，因此本节将再次对MATLAB的数据结构进行归纳总结。

所谓高手都是拥有结构化的知识体系，他们擅长分类，可以将所有散落的知识点嵌入自己的知识结构中，完成消化吸收，使之成为自己知识机器中的一个可运转的零件；问题是现实中知识的来源决定了其几乎没有显而易见的类别，所以分类总是难以完美实现的，简单的结构难以涵盖细节，复杂的设计又失去了结构的本意，高手就是善于权衡，抛弃边缘细节，勾画核心结构。MATLAB的数据类型和结构与其他知识体系一样，在漫长的发展过程中添加、弃用、重建、扩展，拨开迷雾抓住脉络尤为重要，本节的归纳与总结将利于读者对于软件关键知识的理解与应用。

6.1.1 数据类型：多彩的数据世界

第3章已经通过矩阵这个核心数据结构讲解了MATLAB中的三大数据类型：数值、字符与符号，这也正是人类语言的三大组成部分。图6-1所示为本书对于MATLAB数据类型的总结，其中，符号与句柄在形式上有相通之处，因此均归为符号型分类中，逻辑型本质是0与1的数字，因此归类为数值型。

说明：

(1) MATLAB的数据类型不止于图6-1，还包括一种比较特殊的"日期时间型"——datetime、duration和calendarDuration，它们支持高效的日期和时间计算、比较以及格式化

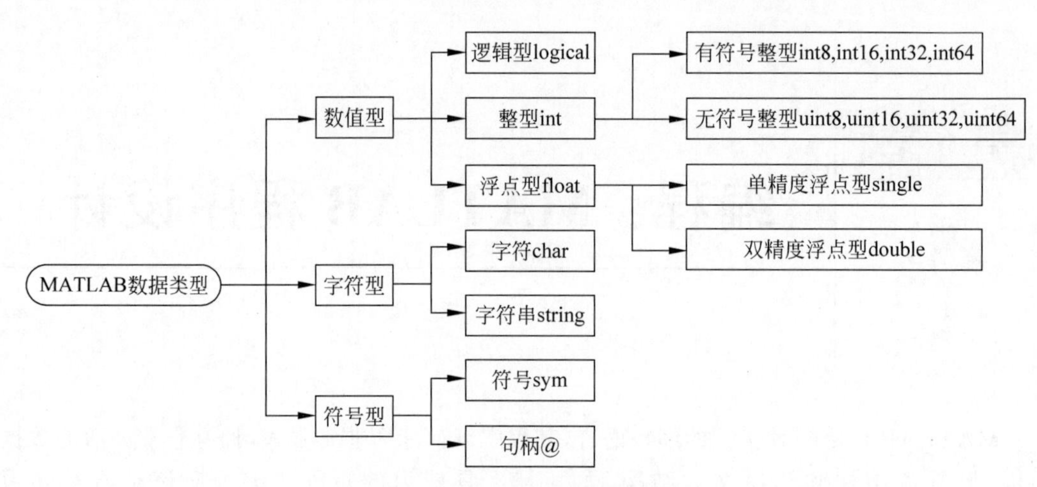

图 6-1　MATLAB 数据类型

显示方式；并且，在未来的发展过程中，不排除还会新增数据类型。

(2) 数据类型的转换函数如图 6-2 所示，其中，数值型与符号型之间没有转换的应用场景。

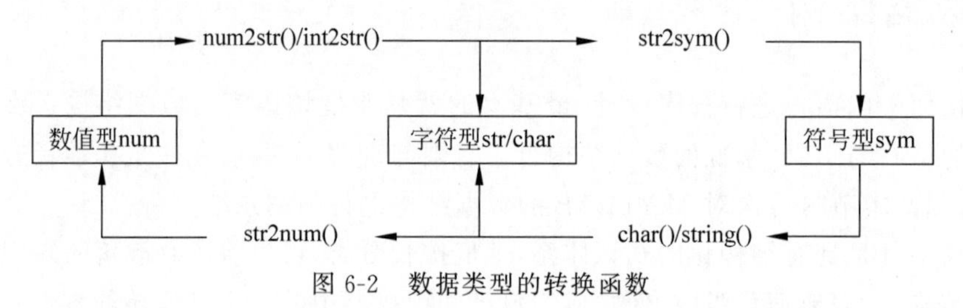

图 6-2　数据类型的转换函数

6.1.2　数据结构：组织数据的智慧

第 3 章从底层原理解释了为什么数据结构拥有强大的力量，核心就在于结构化语言中包含了数据间的关系信息。MATLAB 以矩阵为最核心的数据结构，同时为了弥补矩阵的不足，补充了三种重要的数据结构：元胞数组（Cell）、结构体（Struct）和表（Table），这三者常被称为“数据存储结构”，因为它们一般不直接参与计算，而是擅长数据及数据关系的存储、提取和转移，典型应用场景如下。

(1) 元胞数组的典型应用：需要使用数字作为索引，但每个索引对应的数据又不是规模一致的矩阵，例如第一组是长度为 5 的向量，而第二组是长度为 10 的向量，这时不能用矩阵来存储，就可以使用元胞数组。

(2) 结构体的典型应用：存储一个对象的各种属性，有些属性还有子属性，这就是结构体最典型的应用场景，例如存储一个学生的信息，姓名（字符串）存储在 student.name 中，成绩存储在 student.grade 中，而成绩又分别多个学科，比如数学成绩存储在 student.grade.math 中，这样关于这个学生的所有“属性”都会以树结构的形式清晰地存储下来。

(3) 表的典型应用：表结构擅长作为"小型数据库"，即在编写一个程序或软件的过程中，需要的较大量的一系列可调用的"库数据"，例如存储全班同学的信息，每个同学有一个不重复的学号，还有姓名、成绩这些不同数据类型的数据，此时特别适合将数据先写入电子表格，再把电子表格文件导入并直接存入 table 中，可以提取指定的行或列数据，也可以再反存出电子表格文件，直接修改即可。MATLAB 为表结构准备了许多处理与显示功能，比如表结构可以非常清晰方便地显示在实时编辑器或用户界面(User Interface，UI)中。

四种数据结构之间的转换函数如图 6-3 所示。

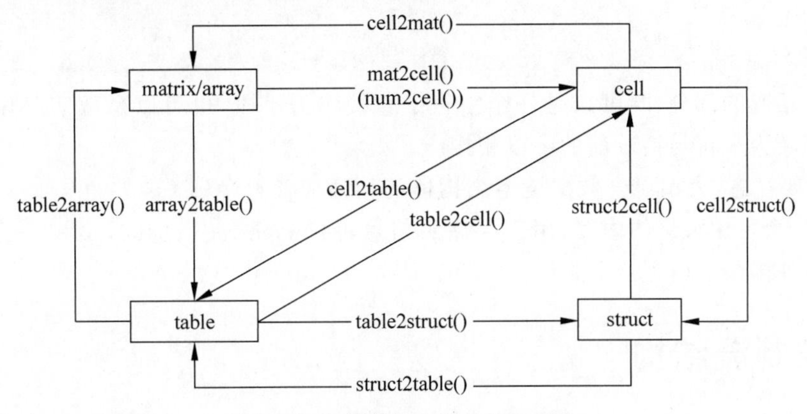

图 6-3 数据结构之间的转换函数

6.1.3 应用技巧：数据处理的巧手

数据类型与数据结构是程序大厦的一砖一瓦，灵活应用可以事半功倍。对于不同基础不同经验的用户，所谓应用技巧也有所不同，建议读者在平日的编程学习中注重积累，记录属于自己的应用技巧。

(1) 公式的计算结果需要是整数时，一般不建议将计算结果使用 int8()等函数直接转为整型，更为常用的是使用如 floor()、ceil()、fix()、round()函数让公式直接输出整数，虽然类型为 double，但同样可以作为索引或其他整数功能使用。

(2) 对于计算速度或存储空间要求不高时，一般不过多考虑数据存储的位数；而考虑计算速度或存储空间时，则应尽量使用存储位数小的类型，比如存储的整数在－128～127时，就可以使用 8 位有符号整型(int8)。因而对于初学者来说，不考虑使用除 double 以外的数值类型是比较明智的。

(3) 在许多图像处理、轨迹规划算法中，常常遇到对于二值图像(1-0 图像)的处理，注意此时由前置算法得到的矩阵数据虽然显示形式是整数但往往是 double 型的，建议转成 logical 再进行计算，不易出错的同时减小计算量，因为 double 是 64 位的，而 logical 与 int8 一样都是 8 位的。

(4) 如何得到工作空间里变量的存储空间大小？方法是在命令行窗口中输入 whos 并按下 Enter 键即可，可得到所有变量的存储空间大小(Bytes)。

(5) 广义矩阵可以是 n 维的，这时可以脱离关于“行”与“列”概念的理解，而是直接理解为“第 1 维”与“第 2 维”等，相当于矩阵可以存储“多维数据对象”，注意将各个维度的意义设置清晰。

(6) 结构体其实是非常灵活的数据结构，它既可以使用字段来索引，也可以使用数字来索引，比如 s(1).a、s(2).a，同时还有“动态字段”的功能，这样甚至可以“对字段进行数字构建”，比如：

```
student = 'Jack';
k = 4;
testScore.(student).week(k) = 95;
```

用括号括起的部分，既可以是一个字符串直接作为字段，也可以是数字，MATLAB 将自动将数字转为字符与括号前的字段相接。

(7) 需要注意，大型混合数据类型结构体的构建应该避免 pixel(1:400,1:400).red 这类赋值，这样会占用大量的内存，用于存储头信息，而 pixel.red(1:400,1:400)这种方式则几乎不会消耗多余的内存空间。

6.2 控制流结构

计算机编程发展至今，有且仅有三种编程范式(Paradigm)——结构化编程、面向对象编程、函数式编程，编程范式即编写程序的“模式”，简单地说就是编程的“套路”。其中，结构化编程是初学者最先接触的编程范式，也是最基本、最实用的编程范式。现已证明，使用顺序结构、分支结构、循环结构即可编写出任何程序，它们正是结构化编程所包含的三大结构，也称为控制流结构(Control Flow)，因为这些结构控制了程序运行的流动方向。这些结构是基于计算机原理和人脑思维原理的底层逻辑，因此在所有的编程语言中都有对应的语句，而并不是 MATLAB 独有的。在 MATLAB 中，还有一种特殊的控制流结构称为“试错结构”，是一种从分支结构中异化而来的控制流，它的存在让 MATLAB 拥有极强的捕捉程序异常的能力。

6.2.1 分支结构：选择的艺术

程序的诞生往往不只应对一种固定的情况，软件之所以“软”(soft)，在一定程度上就是由于其可以应对多种情况，而人脑的理性逻辑思维方式，基本上就是一种“条件判断思维”，即“如果有条件 A，那么可以推理出结果 B”，这种条件判断的分支复杂以后的结构，称为“条件树”，当树枝足够多，就显得程序足够智能，可以应对各式各样的情况了。

1. if-else 语句

2.4 节的程序设计讲解了 if-end、if-else-end、if-elseif-else-end 这三种格式，它们不仅可以单独使用，还可以任意嵌套，拥有极大的灵活性，本节展示判断数组与字符串相等的方法如图 6-4 所示。

EX 6-1 if-else语句

1.判断两个数组相等

```
A = [1 2 3]; B = [1 2 4];
if ~isequal(A,B) % 如果不相等
    disp('A and B are not the same vector.')
end
```

```
A and B are not the same vector.
```

2.判断两个字符串相等

```
reply = 'yes';
if strcmp(reply,'yes')
  disp('Your reply is "yes"!')
end
```

```
Your reply is "yes"!
```

图 6-4　if-else 语句例程

说明：

(1) if-else 及 if-elseif 的运用，往往比较适用于“非选择”，就是说将所有情况中的特殊情况进行单独处理，而其余的普通情况则全部进行同样的处理；一般习惯上把发生频繁的事件放在 if 部分，例外情况放在 else 部分。

(2) 在 MATLAB 中，许多情况下 if 分支结构并不一定是首选，利用矩阵化编程方法往往可以取得更为简洁和高效的代码，这一点将在本章稍后面部分体现。

(3) if 与 end 要配对使用，并且在格式上要对齐，这是一个非常重要的习惯，建议读者经常使用“Ctrl+I”组合键自动将代码整理对齐。

(4) 在判断两个浮点型数字相等时，一定谨慎使用“==”，因为一旦存在一点点的误差就可以判断为“假”，因此习惯上的方法是，定义一个“许用误差”，例如 ERROR=1e-3，然后，每次在判断浮点数相等时，使用差的绝对值小于许用误差的方法，即

```
abs(x - y)< ERROR
```

如果表达式为真，就判定为两个数相等，这是一种最常用的在数值计算环境下对浮点数判定相等的方法，毕竟凡是数值计算就一定会有误差的，只要在允许范围内即可。

(5) 在判断两个矩阵是否完全相等时，要使用 isequal()函数，而在判断两个字符串是否完全相等时，要使用 strcmp()函数，这两个函数都完全可以适应长度不同的两矩阵/字符串的比较，返回 1 或 0 的逻辑值，而“==”符号则无法应付这种情况。

2. switch-case 语句

switch-case 是一种适用于同时存在多种情况的分支结构，简单地说，同时有两三种可能时一般都会使用 if 结构，但是当可能的情况较多时，或可能的情况有可能在后期新增时，或可能的情况很容易用数字或字符来表示时，常会选用 switch-case 结构。一般情况下，遇到字符串的选项，基本采用 switch-case 方案，比较方便。switch-case 结构会测试每个 case，直至一个 case 表达式为 true，如果所有 case 都没有 true，则会执行 otherwise 下的代码，otherwise 语句在原则上可以省略，但是良好的编程习惯是，用 otherwise 来避免不可预测的结果，实例应用如图 6-5 所示。

EX 6-2 switch-case语句

```
order = 'food';
switch order
    case 'food'
        disp('OK, food is coming!')
    case {'drink','fruit'}
        disp('We do not have any.')
    otherwise
        disp('Have no idea.')
end
```

```
OK, food is coming!
```

图 6-5 switch-case 语句例程

说明:

(1) case 后的表达式中不能包含关系运算符,比如大于号、小于号等,这种情况一般使用 if 结构,或者在代码前进行预处理,总之 case 要处理的情况是离散的而不是连续的。

(2) 如果有任一个 case 语句为 true,则程序会自动跳过其后所有代码,结束分支结构,这与 C 语言有所不同。

(3) break 语句用于结束循环结构,而不用于分支结构,因此对 switch 及 if 均无效,这与 C 语言也有所不同。

(4) case 后的表达式如果是元胞矩阵,则表示或的关系,即情况的值符合元胞矩阵中的任意一个值,都判定为 true。

(5) 对于分支结构,建议将比较复杂的分支判据在分支结构之前就进行整理,存入一个临时的判据变量中,这是一个用于判断的逻辑变量,一般可以用 is 等开头,如下:

```
isPrintPicture = isPictureExist && isPictureProcessFinished;
```

本例展示了一种良好的条件表达式书写习惯,使用"&&"符号来表示"且",注意要把存在判据放在"&&"符号之前,这样如果不存在则直接结束表达式的计算,而符号后面的部分直接跳过,不会报错。

6.2.2 循环结构:重复的力量

循环结构是计算机之所以强大的重要原因,它可以实现:(1)自动完成批量处理计算;(2)将大问题分解为小问题解决;(3)将复杂问题递归为简单问题解决。总之,计算机程序的每一行指令,虽然只能解决一点简单的问题,但循环结构的威力却是极为强大的。

1. for 语句

MATLAB 中的 for 循环比许多其他语言更为强大和灵活,for 变量的赋值可以是向量、矩阵、字符矩阵等形式,非常灵活易用,语言书写自然优雅。当 for 变量的赋值是矩阵时,循环单元是列向量,即在 MATLAB 中,矩阵被认为是由一个个列向量组成的行向量,列向量即为其中的基本元素,如图 6-6 所示。

说明:

(1) 在循环中,有两类对循环的特殊处理:一是使用 break 语句退出循环,二是使用

EX 6-3 for语句

1.向量

```
vector = [1 2 4];
for i = vector
    disp(i)
end
```

2.矩阵

```
matrix = rand(3,3)
for j = matrix
    disp(j)
end
```

3.字符

```
str = {'a','b','c'}
for k = str
    disp(k)
end
```

```
     1

     2

     4
matrix = 3×3
    0.8176    0.3786    0.3507
    0.7948    0.8116    0.9390
    0.6443    0.5328    0.8759

    0.8176
    0.7948
    0.6443

    0.3786
    0.8116
    0.5328

    0.3507
    0.9390
    0.8759
str = 1×3 cell 数组
    'a'          'b'          'c'

    'a'

    'b'

    'c'
```

图 6-6 for语句例程

continue语句跳过本次循环中的其余指令，直接进入下一轮的迭代。两者一般均由if语句判断执行。

（2）没有特殊情况，尽量避免在循环内部对for变量赋值，因为for变量一旦改变，整个循环会按照新修改的变量进行下一轮计算，有误入死循环的可能性。当然，这一点在某些特殊情况下，也确实有妙用，可以大大降低程序复杂度。

（3）如上所述，行向量的循环单元是数值，矩阵的循环单元是列向量，所以如果需要对单个列向量的值进行迭代，需要先将列向量转置为行向量。

2. while语句

while循环是for循环的一种补充，它使用的不是循环变量，而是判断循环条件，当循环条件为真时，继续下一轮循环迭代，如果循环条件为假，则跳出循环完成计算。一般来说，for循环是有限的计算次数，而while循环只有等到不满足循环条件才能完成，所以是不确定到底计算多少次的，如图6-7所示。

EX 6-4 while语句

```
n = 10;
fact = n;
while n > 1
    n = n-1;
    fact = fact*n
end
disp(['n! = ' num2str(fact)])
```

```
fact = 90
fact = 720
fact = 5040
fact = 30240
fact = 151200
fact = 604800
fact = 1814400
fact = 3628800
fact = 3628800
n! = 3628800
```

图 6-7 while语句例程

说明：

(1) 之所以建议初学者少用 while 循环，是因为使用不善则有可能一直无法完成循环，陷入“死循环”，这时按下 Ctrl+C 组合键可以强行中止执行循环，这个快捷键也可以作为任意程序在运行过程中强行结束的方法。

(2) 如果循环条件表达式的计算结果不是一个数(0 或 1)，而是一个向量或矩阵，那么只有当所有元素均为 1 时，才认为是 true。

(3) while 与 for 同属循环结构，因此对于 break 和 continue 的用法是相同的。

(4) 许多情况下 while 循环与 for 循环可以实现相同的功能，这时一般对两者的计算量、可靠性、编程量进行评估，择优选取。

3. break 语句

break 语句是循环结构中配合 for 和 while 的重要语句，它的含义正如字面意思，就是“打断”并结束循环，如图 6-8 所示。

EX 6-5 break语句

```
limit = 0.8;
while 1
    temp = rand;
    if temp > limit
        disp(temp)
        break
    end
end
```

```
0.8443
```

图 6-8　break 语句例程

说明：

(1) “while 1”本身是一个死循环，但加入条件判断并在循环体中加入 break，则是一种常用的程序设计手法，往往计算速度快于将所有情况都遍历的 for 循环，但同时也要注意，为防止考虑不周引发的死循环或超多循环次数，可以将判断条件加上一条限制语句，比如伪代码：

```
"if 循环次数>1 万次,则输出某些信息,并 break"
```

(2) break 是 MATLAB 保留关键字，会自动用颜色强调显示。

(3) 注意，当循环是多层嵌套时，break 只是跳出最近的循环层，而不会跳出所有循环层。

4. continue 语句

continue 语句也是循环结构中配合 for 和 while 的重要语句，它的含义正如字面意思，就是“继续”循环，控制权传递到 for 或 while 循环的下一迭代，如图 6-9 所示。

说明：

(1) continue 是循环中的分支筛选方法，常常可以由 if-else 替代，一般建议初学者优选 if 语句，逻辑层次也更为清晰，当然有些场景下 continue 可能会节省大量的代码，灵活取用。

EX 6-6 continue语句

```
for n = 1:40
    if mod(n,7)
        continue
    end
    disp(['Divisible by 7: ' num2str(n)])
end
```

```
Divisible by 7: 7
Divisible by 7: 14
Divisible by 7: 21
Divisible by 7: 28
Divisible by 7: 35
```

图 6-9　continue 语句例程

(2) continue 是 MATLAB 保留关键字，会自动用颜色强调显示。

(3) 注意，当循环是多层嵌套时，continue 只是对当前循环层内的代码有效，而不会直接将控制权交给所有循环层。

小技巧：循环体的注释，建议在 end 后书写，这是因为本书建议开启循环体的代码可折叠功能，(具体操作见 1.2 节)，而循环体代码折叠后，end 后的注释文字可以直接看到，这部分注释用于清晰说明循环体的具体功能。

6.2.3　试错结构：错误处理的护盾

try-catch 结构被称为试错结构，为程序提供了捕捉异常的方法，try 语句后执行的语句如果没有发生错误，则正常执行，如果发生错误，也不会中断程序来报错，而是转而去执行 catch 后的语句。下面这个例子，就是尝试着对两个矩阵相乘，通常情况下，如果两个矩阵在维度上不满足相乘条件，则会直接报错，而这里可以实现让程序继续执行 catch 后的信息显示语句，如图 6-10 所示。

EX 6-7 try-catch语句

```
A=[1 2; 3 4]; B=[2 4; 2 3; 3 4];
try
    A*B
catch
    disp('Error multiplying A*B')
end
```

```
Error multiplying A*B
```

图 6-10　try-catch 语句例程

说明：

(1) try-catch 语句可以嵌套。

(2) try-catch 语句常用于对某些场景下，错误的发生不易判断时，试探性地将代码打包进 try 语句，而在 catch 语句中输出一些相关信息，增强代码的稳健性和可靠性。

6.3　程序文件结构

MATLAB 的主体程序文件分为三种：脚本、函数、类，它们共用一种文件后缀，即".m"后缀。其中，脚本和函数是所有 MATLAB 程序的基础，而"类"属于面向对象编程范式中所使用的特有的程序文件。脚本与函数是极为简单而实用的概念，对它们的理解和灵活应用是对 MATLAB 学习者最基本的要求。

6.3.1 脚本：编程的起点

脚本(Script)是一系列指令的集合，类似于批处理文件，运行一个脚本文件就相当于依次运行了其中每条指令。脚本中可以再插入脚本，直接把脚本名作为一条指令即可，MATLAB 解析时，会将脚本名称替换为脚本中的所有语句再执行，所以，脚本的意义，就在于将多条指令放在一起，用一个名字来完成调用。脚本一般有如下几种用途。

(1) 作为主脚本：在没有 UI 时，用一个脚本作为主程序运行，在编辑器状态下，按 F5 键即可运行脚本程序，程序按顺序依次执行。

(2) 作为打包脚本：在主脚本中代码越来越多时，或者几段代码是简单的重复时，将这一部分提出，保存在另一个脚本中，并将脚本名称作为一行命令放在原处。

(3) 作为临时测试脚本：有一些测试代码可以放在脚本中，用于临时测试，还可以选取其中的部分代码，按 F9 键执行该部分的代码，完成测试。

注意，脚本的本意是将重复的代码打包以多次调用，但是由于脚本的性质决定它不具备良好的封装性，输入输出变量不灵活，而且子脚本会依赖并修改主脚本的内存空间，可能会产生意想不到的后果，因此除主程序以及一些不依赖和修改内存空间的代码外，不建议经常使用子脚本的方式，而是尽量使用"函数"。

说明：

(1) 应当将子脚本文件保存在与主脚本相同的目录下，否则调用时可能出错并提示"未定义函数或变量"。

(2) 由于脚本的原理就是替换，因此在调用子脚本之前的信息完全可以被子脚本所用。

(3) 建议将脚本名称的首字母大写，这是因为脚本的名称被调用时，必须作为一句独立的命令，相当于"一句话"，所以习惯首字母大写。

6.3.2 函数：模块化编程的核心

函数(Function)的概念与数学中的函数非常相似，也是有自变量(输入变量)和因变量(输出变量)，输入变量与输出变量都可以是多个任意类型的变量。"函"本为"木匣"之义，在这里就代表"封装"，它就像一个黑盒，给它一个输入它就通过计算获得一个输出，而内部的所有计算与主程序的环境并没有依赖与修改关系。灵活性与封装性使函数成为编程中最实用的技术之一，无论是否拥有图形界面的程序都是由一个主程序(一般是脚本)加多个函数组成的。

在程序的编写过程中，一般采用脚本或实时脚本进行探索式编程，功能初步实现后再提炼重复的模块进行函数打包，函数打包的原则，并不是按代码量，而是按"功能"，毕竟函数的英文名字就是 function(功能)，即便有些功能只有几句代码，但是它多次重复使用或者是明显的功能模块，则同样适用于使用函数封装。正是由于封装性的考虑，在实际操作中，本书建议尽量多使用函数，少使用脚本，一般习惯使用一个主脚本带多个函数，主脚本略微复杂时，可以分隔成比如数据输入脚本、数据处理脚本、主算法脚本、结果输出脚本等，而其他的复杂计算均使用函数来实现，而且函数的运算速度比脚本略微快一些，当需要反复调用时优势就更为明显。

函数有自己的工作空间，当函数运算结束后，这个工作空间就会被释放掉，其中的变量值都不会影响主工作空间中的任意变量，即使是变量名完全一致也没关系，相当于隔离开了，这就给了函数良好的封装性。如果需要把某个变量穿透函数的"壳"，让它既能在函数外的脚本中使用，也能在函数内部使用，并且函数计算完成后，该变量的数据仍保留，则可以使用"全局变量"，这里需要在使用前进行声明，比如：

```
global a
```

就是声明变量 a 为全局变量，这时变量 a 的颜色会变化（蓝色）以突显它作为全局变量的地位。需要注意的是，在函数中使用全局变量时，也要再次声明，否则在函数中使用无效。另外，建议在脚本中使用全局变量时，也要再次声明，虽然不是必需的，但是只有声明之后才能显示蓝色，便于编程的推进。

对于全局变量，要注意常规的 clear 命令是不能清除它们的，应使用：

```
clear global
```

才能清除。全局变量会损害函数的封装性，一般不推荐使用，但是也要区分应对不同的具体情况，比如有时使用 App Designer 设计带 UI 的软件时，可以使用全局变量来存储设置参数或配置参数，可以大大简化参数的传递过程。

如果一个脚本或函数中，将要使用某一子函数，而这个子函数不会在其他的位置再次用到，这里建议直接将该子函数书写在原脚本或函数的代码后端，这种写法称为"局部函数"，局部函数拥有优先的搜索权，这意味着可以把局部函数另存为同名的 M 文件作为备份，而局部函数的修改直接有效。

说明：

(1) 函数文本要注意格式，因此新建函数时，可以使用软件主页中的新增函数按钮，这样产生的新建函数本身就拥有正确的格式。

(2) 函数第二行开始，建议使用注释将函数功能说明清楚。

(3) 函数的输入与输出变量名，与函数文件第一行（函数声明行）中的输入输出变量名称没有关系，也就是说可以一致也可以不同，都不影响函数的正常使用。

(4) 由于函数不依赖主程序的内存空间，因此在函数中无法直接使用主程序内存空间中的变量，且在函数内部生成的中间结果变量，只要不是输出变量，则在退出函数时即刻被清除，内部变量是函数的局部变量，不会影响主程序内存空间。

(5) 函数的命名建议形式上与变量一致，即"驼峰命名法"，但建议以动词开头，如 getLocation、calculateEnergy、plotPicture 等。

(6) MATLAB 对于函数保留了两个神奇的关键字：nargin 和 nargout，它们分别代表函数输入参数数目(Number Arguments Input)和函数输出参数数目(Number Arguments

Output)，在任意一个函数中，这两个关键字可以直接使用，用以判断输入输出的变量个数，从而可以针对不同的输入变量个数进行不同的计算，也可以输出不同数量的变量，这就意味着 MATLAB 可以轻易实现函数的复用，或者说实现函数的“多态”(多种行为/形态)。与之相配合作用的“可变长度输入及输出参数列表”也有保留关键字，分别为 varargin(Variable-length Argument Input)和 varargout(Variable-length Argument Output)。

(7) 在函数中还有一个常用的关键字 return，它的作用是“将控制权返回给调用函数”，这就意味着，无论在函数中何处运行到这一句 return 代码，则直接结束函数运算，并返回控制权给调用此函数的程序或函数。其实这个关键字也可以在脚本中使用，但是很少会这样用，因为在脚本中的 return 会直接把控制权返回给命令行。

6.3.3 类：面向对象的精髓

MATLAB 其实也有极强的“面向对象程序设计”(Object Oriented Programming，OOP)的功能，而不仅仅是“面向过程的程序设计”(Procedural Programming)。面向对象程序设计是一种比较适用于较大型程序软件的程序设计方法，它可以把任务分解为一个个相互独立的对象(Object)，通过各个对象之间的组合和通信来模拟实际问题。

而类(Class)是面向对象程序设计中最核心的概念，也是最重要的编程环节。既然称为面向对象思想，那么整个程序就都会围绕着对象来进行，而对象与对象之间是拥有共同的特征的，对这些共性进行抽象就得到了类。比如说，班级里的学生，他们都有姓名、性别、学号这些特征，那么他们就可以抽象成一类，称为“学生”，而姓名、性别、学号就称为这些学生的“属性”，而且他们还有共同的行为，比如上课、考试、求职，这些行为就被称为这些学生的“方法”。

类在 MATLAB 中也是以“. m”为后缀的文件，只不过要求特定的格式，这种格式也不需要记忆，可以选择新建一个类，即可得到默认格式。一个简单的类格式如下：

```
classdef untitled                                          % 类名
   properties                                              % 属性
      Property1                                            % 属性名
   end
   methods                                                 % 方法
      function obj = untitled(inputArg1,inputArg2)         % 构造对象的方法
obj.Property1 = inputArg1 + inputArg2;
      end
      function outputArg = method1(obj,inputArg)           % 其他方法
         outputArg = obj.Property1 + inputArg;
      end
   end
end
```

其实，在前面的应用中，我们已经接触过许多 MATLAB 面向对象的编程方式了，比如在第 4 章 MATLAB 图形可视化中，大量地使用了“点语言”，比如：

```
p = plot(x,y)
p.LineStyle = "--";
p.Color = [0.4 0.8 0.1];
```

这其实就是面向对象的语言，plot()方法返回的是对象 p，即一个图形线条对象组成的列向量，而 LineStyle 和 Color 都是对象 p 的属性，更新属性就得到了对象 p 新的性质，即新的线型与颜色。另外，了解 MATLAB 中 GUI 的编程思想的读者，现在也可以理解，为什么感觉 GUI 中的语言与通常见到的 M 语言不太一致，原因就是 GUI 使用的面向对象的编程语言，平时不太常用而已，在第 7 章中会着重讲解。

无论对于脚本、函数还是类，凡是 M 文件，建议在文件开头（或第二行起）注释清楚文件的功能、用法，甚至编程思路。

6.4 矩阵化编程

MATLAB 的核心数据结构就是矩阵，核心先进性也体现在矩阵编程中。如果使用矩阵编程方法，MATLAB 无论从计算速度还是编程速度上，都远远超过其他所有编程语言，因此，矩阵编程就是 MATLAB 的生命。矩阵化编程的思想，简言之，就是以矩阵作为最小的运算对象，而不是单个的数字，矩阵本身的意义之一也是“批量化计算”，在 MATLAB 中设置了许多针对矩阵的运算方法，这些算法在底层已经被反复优化过了，运算速度极快，而且编程的代码量和可读性都非常优异，从第 3 章应该可见一斑了。

6.4.1 基础操作与运算

矩阵编程的思想一定要多学多练，这样才能真正灵活运用，掌握 M 语言的精髓。

(1) 索引操作：灵活使用矩阵的索引操作，掌握冒号与 end 的使用方法，掌握“单索引”(Index)和“角标索引”(Subscript)之间的转换，掌握通过索引取矩阵的部分并进行赋值的方法。

(2) 逻辑操作：将逻辑判断式作为索引进行操作，也可以对矩阵整体进行逻辑判断，也可以通过逻辑判断来获取矩阵的索引值。

(3) 函数操作：M 语言中有大量的函数可以直接对矩阵进行各种各样的操作，其中有一些是典型的矩阵化编程的核心函数，见附录 A。

(4) 矩阵运算：有大量的运算方法也是为矩阵准备的，比如一些算术运算、逻辑运算、关系运算等。

矩阵化编程，除了掌握上述这些基础的操作之外，还有一些基础的编程意识：

(1) 编程前要对矩阵进行内存预分配；

(2) 矩阵意义要单一且明确；

(3) 编程过程中检查和确认矩阵的规模；

(4) 优先使用逻辑索引操作；

(5) 慎用循环语句，经常思考循环语句是否可能被矩阵化编程替代；

(6) 多向量计算时的遍历网格化，灵活使用 meshgrid 和 ndgrid。

6.4.2 矩阵化算法函数

矩阵化编程，除了索引操作、逻辑操作、函数操作、矩阵运算这些基本技术以外，还有一套看似复杂，其实很有规律的“矩阵化算法函数体系”，它们分别是：

(1) 将函数应用于矩阵中每个元素——arrayfun()；

(2) 将函数应用于元胞阵中的每个元胞——cellfun()；

(3) 将函数应用于结构体中的每个字段——structfun()；

(4) 将函数应用于稀疏矩阵中的每个非零元素——spfun()；

(5) 对两个数组应用，按元素运算并且启用隐式扩展——bsxfun()。

这些矩阵化算法函数，看起来就是把结构中的每个元素单独拿出来计算，似乎就是代替了 for 循环的作用。那么，矩阵化算法函数究竟有什么优势呢？

一是计算速度极快，远超 for 循环。面对大型数据结构时尤其明显，虽然 MATLAB 的 for 循环的执行效率在近几代版本中有较显著的提升，运算速度完全可以同其他语言比肩，但是这还远没有体现出 MATLAB 矩阵化的优势，在较大型数据结构的运算中，使用矩阵化算法函数可以将计算速度提升 2 个数量级左右，这种加速是惊人的，也是计算速度碾压其他语言的原因。至于为什么计算速度这么快，其实准确地说并不是所谓的并行计算，因此算速跟计算机的核数没有关系，而是由于底层的计算处理更适应矩阵式的高速计算，不过有一点与并行计算类似，就是各元素之间计算过程的先后顺序并不像 for 循环那样是指定的，而是不确定的，所以矩阵化算法函数不会依照什么顺序去计算，这点是要注意的。

二是代码非常简洁。循环体之所以让编程人员又爱又恨，是因为循环是编程的必经之路，却又略显复杂，经常出现使代码结构变得混乱的情况，尤其对于多层嵌套的 for 循环，代码段相对臃肿烦琐，有了矩阵化算法函数，对于大量的 for 循环以及多层嵌套循环，有了一个简洁的解决方法，并且不易出错，可读性大大提高。

那么具体怎么使用呢？先来看一个 bsxfun()函数的例子，并对比一下 for 循环编程方法与矩阵化编程方法：

for 循环编程方法：

```
K1 = zeros(size(A,1),size(B,1));
for i = 1 : size(A,1)
   for j = 1 : size(B,1)
      K1(i,j) = ...
exp( - sum((A(i,:) - B(j,:)).^2)/beta);
   end
end
```

矩阵化编程方法：

```
sA = (sum(A.^2, 2));
sB = (sum(B.^2, 2));
K2 = exp(bsxfun(@minus,bsxfun(@minus,
… 2 * A * B', sA), sB')/beta);
```

两个编程方法的计算速度相差百倍，后者没有使用循环。隐式扩展确实可以提供更快的执行速度、更好的内存使用率以及改善的代码可读性，不过在 MATLAB 中很大一部分的函数和运算符，都支持隐式扩展，也可以直接调用，效果是一样的，图 6-11 所示为软件内置的本身就支持隐式扩展的二元函数。

函数	符号	说明
plus	+	加
minus	-	减
times	.*	数组乘法
rdivide	./	数组右除
ldivide	.\	数组左除
power	.^	数组幂
eq	==	等于
ne	~=	不等于
gt	>	大于
ge	>=	大于或等于
lt	<	小于
le	<=	小于或等于
and	&	按元素逻辑 AND
or	|	按元素逻辑 OR
xor	不适用	逻辑异 OR
max	不适用	二进制最大值
min	不适用	二进制最小值
mod	不适用	除后的模数
rem	不适用	除后的余数
atan2	不适用	四象限反切线；以弧度表示结果
atan2d	不适用	四象限反切线；以度表示结果
hypot	不适用	平方和的平方根

图 6-11　支持隐式扩展的二元函数

再举一个 MATLAB 的帮助文档中的 arrayfun()函数的例子，目标是对数字索引结构体中的各个 X、Y 分别对应作图，作图效果如图 6-12 所示。

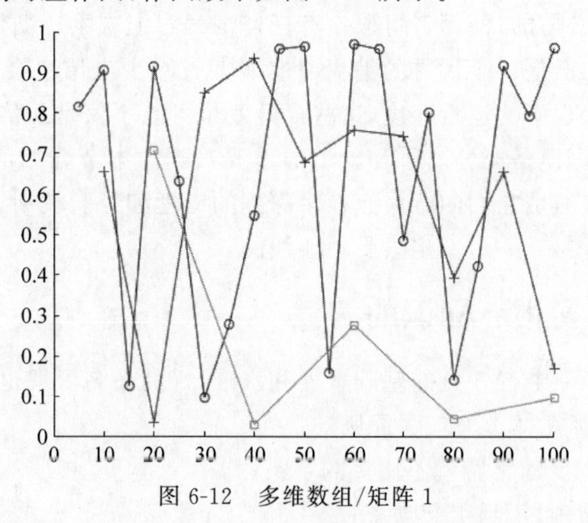

图 6-12　多维数组/矩阵 1

```
S(1).X = 5:5:100; S(1).Y = rand(1,20);
S(2).X = 10:10:100; S(2).Y = rand(1,10);
S(3).X = 20:20:100; S(3).Y = rand(1,5)
figure
hold on
p = arrayfun(@(a) plot(a.X,a.Y),S);
p(1).Marker = 'o';
p(2).Marker = '+';
p(3).Marker = 's';
hold off
```

MATLAB的结构体极为灵活，此处认为S一级是一个矩阵，矩阵的数字索引为1、2、3，因此arrayfun()在应用时，所用的自变量a其实就代表着S(1)、S(2)、S(3)这个S矩阵。

那么，对于非数字索引的结构体，自然就要使用structfun()函数了，如：

```
S.f1 = 1:10;
S.f2 = [2 3; 4 5; 6 7];
S.f3 = rand(4,4)
A = structfun(@mean,S,'UniformOutput',false)
```

返回的A也是一个结构体，字段分别为f1、f2、f3，其中存储着对应字段的计算结果。

对于元胞矩阵的应用函数cellfun()原理也是相同的，这里举一个很实用的场景，比如需要将元胞矩阵 ***a*** 中所有空元胞删掉，代码如下：

```
a(cellfun(@isempty,a)) = [];
```

此处应当有所启发，许多需要逐个元素判断的场景中，都可以使用矩阵化算法函数来统一处理。

6.5 编程习惯

编程习惯并不是必需的，使用者可以没有任何编程习惯或不遵循任何编程习惯，也能完成很优秀的程序设计，但是一个优秀的编程习惯能大大减少出错机会、增强程序可读性、加快编程速度，甚至加快程序的运行速度，这些提升效果可能不仅是几倍的，甚至是十几倍的，可以说一个好的编程习惯是区分高手和新手的重要判据。本节介绍的编程习惯，虽然看起来不影响编程的实质，但是它们的背后有很多深刻的道理和经验教训，建议初学者从一开始就按照良好的编程习惯来练习，一定会受益匪浅的。

6.5.1 命名习惯：标识的智慧

命名习惯，体现了一个程序员的基础素养和水准，好的命名习惯也会大大减少程序阅读和编程成本。命名习惯总体上有三大原则：

(1) 简洁：可以用少的字符就不用多的字符；

(2) 明确：意义清晰，不易引起误解；

(3) 唯一：不易与其他命名发生重叠。

M语言首先要遵循其他各类编程语言中的命名习惯通识，比如不使用拼音命名，而应使用英文命名，遇到不会表达的英文单词，或者查词典或者使用较简单的较熟悉的单词；尽量不使用单个字母的命名，如a、b、c这类命名看似简化了命名，其实是既对后期的阅读造成了困难，又容易造成重叠。

下面是按命名类别的优秀习惯总结。

1. 普通变量命名：驼峰命名法

使用"驼峰命名法"，即首字母小写，单词与单词之间直接相连，从第二个单词开始就首字母大写，如：

```
cityLocation robotPosition
```

如果需要表示"下角标"的意义，仍然首选驼峰命名法，但如果需要特别强调，则可以使用下画线来表示：

```
location_a1 date_2
```

其实下角标的情况，也建议使用结构体或者元胞矩阵来实现，这样也便于后续的检索或循环，当然也要根据程序的复杂度来灵活处置。

2. 特殊意义变量命名：特征字命名

有一些有特殊意义的变量，可以从命名前缀中一眼看出它的一些性质，比如一些计算的特征值或中间值，完全可以把计算用的函数名作为前缀：

```
maxGrade 最大成绩值
minCost 最小的花费
sumCost 消费的和
numStreet 街号
```

再如一些需要注意强调是特定的数据类型的变量，完全可以把数据类型名作为前缀，如：

```
arrayLine 用于存储直线的数组
matrixPoint 用于存储点位置的矩阵
vectorColor 颜色向量
```

还有非常实用和常用的循环变量，不要仅仅使用i、j、k这样的单字母变量，而是要对循环变量也赋予意义，但是同时使用i、j、k作为前缀，明显提示该变量为循环变量，如：

```
iFiles 代替 for 循环中的 i 的有"意义"的变量
jPosition 代替 for 循环中的 j 的有"意义"的变量
```

另外，在面向对象编程中，一般习惯将类的属性以大写字母开头，以表示与一般变量的区别，因为在调用对象属性时使用的格式与普通结构体都一样采用圆点表示法，所以为了区分，习惯将对象的属性命名为大写字母开头，如：

```
plot1.LineStyle = "--";
para.ColorChanged = [0.4 0.8 0.1];
```

3. 常量命名：大写加下画线

一般在程序开头定义一些常量(不变量)，一般来说，只要程序中会使用2次以上的量，都要使用常量来定义，这样的好处是意义明确、方便修改、不易出错。使用全大写字母配下画线命名方法，如：

```
COLOR_RED COLOR_YELLOW
```

这样的常量命名，虽然看起来比较长，但是这样命名常量的意义就在于它的字面意义非常清晰易读，而且一眼可知它是常量，在MATLAB编辑中，也会自动将其识别为一个名称，双击即可选择到整个名称，然后再进行复制、粘贴，特别方便。

许多初学者为了少写代码，不对常量进行定义，而是直接使用数字，这种习惯要尽量避免，因为当同一个数字用到两次以上后，需要修改和调度时，纯数字带来的工作量可能会高得惊人。

4. 变量和常量的长度规则：对应意义范围

较长的命名当然意义清晰，却会让书写时间更长、也让每行代码更长，所以变量与常量的长短也不是绝对的，那么有什么规则吗？有，就是“长短上要对应意义范围”，也就是说，如果一个量的应用范围是整个程序，一般就使用足够长足够清晰的命名，比如上述的cityLocation，而如果只是在一个函数中或者一个局部使用，那么可以适当简写为cityLoc，甚至说当它只是在一个非常小的局部使用，此处用完可以马上清除，则直接使用loc都是可以的。

5. 脚本与函数的命名：意义清晰

脚本与函数的命名就是M文件的文件名，仍然使用驼峰命名法，不要怕长，因为调用脚本的次数不会太多，重点关注脚本名称意义的清晰性，一定要一眼看出其功能与作用，这里强调尽量不要使用单词的简写，比如函数命名可以写成computeTotalWidth()而不要简写成compwid()，时间一长，自己也很难看懂了。也要注意不要与MATLAB自带的函数重名，确认方法是使用exist命令，如果返回值为5，则说明是已经存在的内置函数，如果返回值为2，则说明用户自己已经建立了同名的M文件。

对于脚本与函数，建议使用功能性前缀，让M文件的功能可以直观展现在命名中，比如：

```
computeLocation() 计算功能
getChar() 取值功能
setPosition() 设置功能
findKeyPoint() 寻找功能
initializeMessageMatrix 初始化功能(脚本)
isColorExist() 判断条件真假功能
```

这些函数的命名一目了然。

另外，在MATLAB的当前文件夹窗口中，软件会自动识别M文件是脚本、函数还是类，但是在普通的Windows浏览器中，它们都是一样的，也不建议花工夫通过命名来区分

M 文件是脚本、函数还是类，当查看时只需要在 MATLAB 中即可轻松区分。如果希望从命名上区分脚本与函数，可以将脚本的首字母大写，原因是脚本都是被当作“一句话”来使用，所以首字母要大写，比如：

```
Main.m
ScriptDispPlot.m
```

函数及脚本使用驼峰命名法还有一个好处，因为绝大多数 MATLAB 内置函数都是全小写命名的，这样在编程过程中可以一眼分辨函数是内置函数还是自建函数。

小结：在 MATLAB 中，除了常量使用大写字母下画线法命名，其余的无论是变量名还是函数名，均为驼峰命名法，对于脚本命名和对象的属性的命名，可以选择将首字母大写，作为一个简单有效的区分方法。

6.5.2　代码习惯：清晰的编程风格

编写代码满足基本格式不就可以了吗，为什么一定要再限制一下呢？其实，正所谓“自律即自由”，表面上看起来是限制了格式，但是格式的限制会让用户在编程时拥有一个固定的“低成本框架”，不需要在编程时考虑任何无关紧要的选择题。

1．空格的代码习惯

其实在 MATLAB 中，空格只是一个无意义的符号，它不会影响代码的运行，但是也有关于空格使用的良好习惯，帮助读者高效编程。建议空格出现且仅出现在以下位置：=、&、| 的两侧；逗号之后；注释号前后。下面这一个例子即可说明：

```
cityLocation = [45.5, 12.2], disp('cityLocation') % 定义城市坐标并显示
```

在括号里的逗号，如果分隔的是单个数字或字母的时候，可以不加空格，空格的唯一意义是明显地区分两个相邻的数据，而单个数字或字母较易区分。

2．换行的习惯

代码中每一行不宜太长，这是一个基本的习惯，一般原则就是单屏可显示。那么，如果这一句代码就是很长呢，这时用换行(...)符号在合适的位置换行即可。通常情况下，一行代码中只有一个可执行语句。对于非常简短的循环结构，也可以放在一行语句中，比如：

```
if isPrint, ScriptPrintPicture; end  % 如果打印全为1,则运行打印图像的脚本文件
```

如同例子中所示，一般在这种情况下，需要准备一个使能变量，和一个打包好的脚本或函数，代码的书写非常简短和清晰。

3．注释的代码习惯

会写注释是优秀程序员的特点之一，一个好的编程习惯是“先写注释”，然后在注释后面“填写代码”。有时注释的字符量甚至可能会超越代码量，这都是再正常不过的操作。注释内容一般会包含代码的功能、用户在编程时的思路和思考、一些尝试性代码，甚至一些从网上搜索的代码，把代码写在注释中的好处是，正常情况下是这种代码不运行的，而调试到此处，可以使用 F9 键来直接运行某段代码。

在MATLAB编程器中，注释自动识别并显示为绿色，如果想注释掉一段代码，可以选中代码后直接按Ctrl+R组合键，软件自动在这段代码前面加上%符号，而取消注释的快捷键为Ctrl+T组合键。其实MATLAB还提供了许多其他编程IDE的“块注释”功能（%{}），但是有了上述这一对快捷键，则基本不需要块注释功能了。

“缩进”在MATLAB编辑器中并不是问题，可以直接Ctrl+A组合键全选代码，再Ctrl+I组合键就自动将所有代码都智能缩进好了，目前的智能缩进完全满足代码设计需求，并且对代码编写大有裨益。如果说缩进后的格式并不是用户想要的，那说明用户对代码的理解有问题，应向自动格式靠拢。

4. M文件的代码习惯

编写M文件代码，无论是脚本还是函数，都有一个非常重要的核心思想——“模块化”。首先，脚本或者函数的初心之一，就是打包，要学会将一项反复使用的功能代码打包起来，并首选使用函数以获得更好的“封装效果”。其次，注意每个模块最好仅有一项功能、处理一项任务，在编程过程中，比较好的顺序是先写调用函数，再将函数的内部代码填充完整，不要因为实现功能所用的代码量比较少，就不进行封装，也不要因为代码量过多，就将实现一个功能的代码打包成多个函数，一切以功能为准。

不仅要注意到整体代码的结构性（其实“数据的结构性”也是非常有必要强调的优秀编程习惯，这里并不是在讲数据结构），更要注意输入、输出、传递的数据要成结构化。比如，一个程序需要的输入和传递数据比较多，就应该对其进行结构体分类和使用设计独立的数据输入脚本，分类的意思是，从思路上整理出输入数据的按功能、按类型或按作用位置的类别，这样可以将它们保存在特定结构体中，当需要对一类数据整体进行处理时，比如清除、函数传递、整体输出等，可以直接使用一个结构体而不再需要对每个数据逐一处理，当需要对一组数据进行循环处理时，就直接调用结构体并用数字索引，这样比较方便简洁。

小结：高级的MATLAB用户都会有怎样的编程习惯呢？①程序结构化，一目了然；②代码一致性，前后统一，自律即自由；③模块化，无论数据还是算法，都按功能进行打包。好的代码习惯不仅能让编程效率提升，还能让编程者享受其中。

6.5.3 项目习惯：管理的策略

无论在工作中还是在学习中，使用MATLAB时，往往是要针对一项具体的任务或是问题，这就称为项目（Project），一个项目需要一个工作目录（Working Directory），在这个工作目录下有且仅有与此项目有关的文件。当开启一个新的项目时，则需新建一个工作目录。“项目思维”是一个工程师的基本素养，即使是在处理最简单的任务时也要牢记，否则当一个目录下有多个项目的文件，或者一个项目的文件分散在不同的目录下时，这种习惯带来的成效是令人印象深刻的，本书强烈建议所有工程系同仁重视项目习惯。

1. 子工作目录

在一个项目的工作目录下，可以有该项目的相关文件，比如主脚本、函数、类等M文件，也包括输入输出数据文件等，甚至一些参考文件。而项目往往还包括“子项目”，比如，项目任务是分析图片，那么对于每个图片都会有一系列的输入参数、输出数据或图片等，这一系列衍生文件最好都要保存在一个目录下，这就是“子工作目录”，这就是典型的项目思维的应用。

对于一个项目来说，比如它是一款软件，那么原来的子项目在这里就可以称为项目了，主脚本或UI，在程序运行之初，就要开启设置项目工作目录的功能，这样所有的文件和数据都可以自动在新目录下处理。例如：

```
%% 设置工作目录
workDir = uigetdir(workDir,'设置工作目录');
save Workspace.bpcdir workDir        % 把工作目录保存为一个文件
% load Workspace.bpcdir - mat        % 恢复上次设置工作目录
```

每个子项目的相关数据都保存在自己的工作目录下，还有一个好习惯，就是“参数留存”，意思是说，如果每次处理的子项目，都是改变了许多参数，那么此时可以把所有参数的赋值保存为一个子脚本，如前所述，当参数调试完成后，可以直接把参数脚本另存在子工作目录下，这样再次回顾时可以直接使用、清晰了然，效率极高。

2. 数据流及文件关联

当项目较大时，可能会需要各种类型的大量的文件，比如脚本、函数、类，甚至是Simulink模型、库、其他语言文件等，还有各种输入输出数据文件，这时要利用MATLAB自带的项目分析功能，新建一个项目（MALTAB中的新建项目文件后缀为.prj），通过首次运行检测，软件会自动将数据流和文件关联分析清楚并绘制出图像，如图6-13所示。

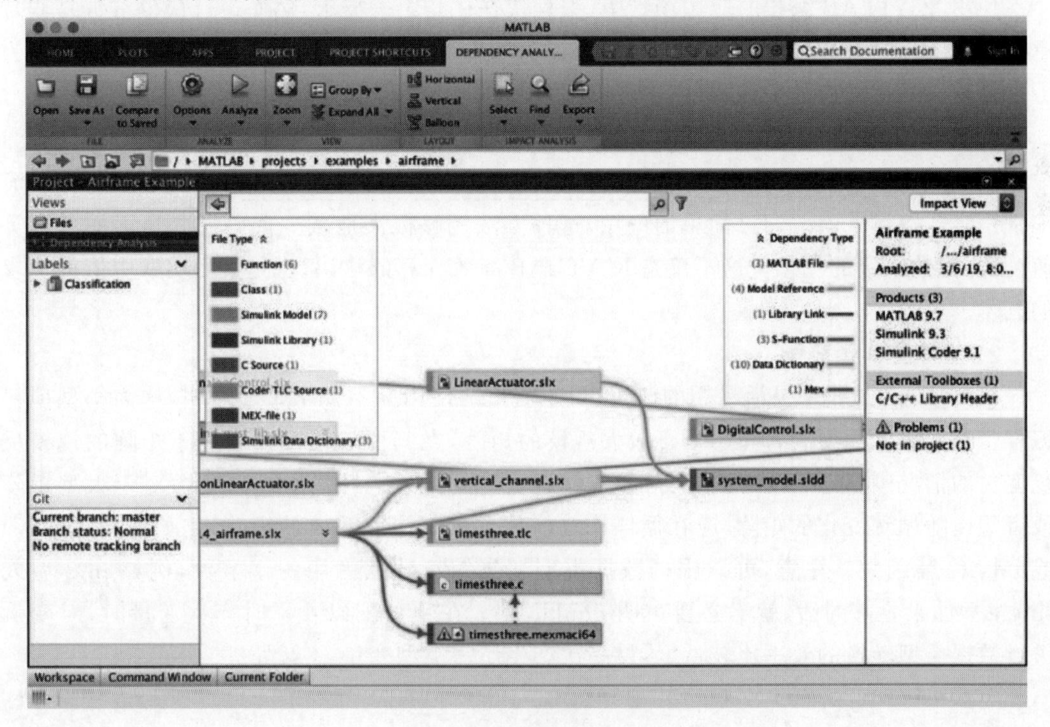

图 6-13　文件依赖性分析

通过分析信息，用户可以全面掌握数据的流向，思考有警告提示的节点，找出有问题的逻辑关系，剔除在试探性编程过程中产生的垃圾文件，有必要的话还可以据此个性软件架构，提高程序的稳健性和升级潜力。对于大型的项目，项目视图是非常重要且核心的，对于更新后的视图建议留存以便后期的升级使用。

3. 版本管理

作为一个软件，无论大小，在开发过程和使用过程中，都会出现版本更新的情况，有时确实需要回看以前的代码甚至回退到以前的版本上。对于非高级 MATLAB 应用者来说，版本管理保持这样的习惯基本足够，即架构换代直接新建项目，代内微调按时间复制打包即可。意思是说，如果软件架构进行了大幅修改，这就算是换代了，那么直接新建一个项目，打上设定的代数；如果软件只是部分算法的修改，没有涉及架构，那么可以按日期对项目打包，保存在一个目录下，以日期命名，当时间较长后认为没有保存的必要时，就可以直接删掉。对于 MATLAB 的使用者来说，大多数情况下，这样的版本管理基本上就足够了。

作为专业的编程软件，MATLAB 其实已经为更加高级的编程者提供了 Git 源代码管理功能，还可以在 GitHub 上共享工程，这是作为程序员最为专业的版本管理方案，当工程进入较大规模，维护人员数量也较多时，自然就会拾起这样专业的高级用法。

6.5.4 性能习惯：追求代码的极致

使用 MATLAB 编程的应用场景中，编程快往往是第一需求，然而运行快也常常是非常重要的需求，尤其对于较大型的程序，那么如何编程可以提高程序的运行效率呢？或者说为了提升程序的性能应该养成哪些良好的习惯呢？

1. 矩阵化编程

本书多次强调，矩阵化编程（也称为向量化编程）是 MATLAB 运行速度超越其他主流编程语言的关键策略。通过简单的应用，这种方法能够极大地减少代码量并显著提升计算速度，实现数量级的优化。这不仅是 MATLAB 高效计算的秘诀，也是编程实践中值得追求的艺术。

2. 矩阵空间预分配

MATLAB 是非常灵活易用的语言，对于变量的使用并不要求事前声明，这为小型项目编程带来了极大的便利，但是，对于较大规模的矩阵，尤其面对循环体中对于矩阵的规模反复变更的情况，将带来“动态内存分配”的问题，会非常影响计算速度。因此，对于大型矩阵或者规模随循环变化的矩阵，应在循环体之前就预分配出所需要的矩阵，比如使用 zeros() 或 false() 等函数。注意，可以根据数据类型适当缩小数据占用的字节数，例如 int8 型或 single 型如果足够的话，就不必要声明 double 型。在预分配以及平时产生变量时，对变量进行数据类型转换的效率比较低，尽量一次产生所需类型变量：

```
results = int8(zeros(1,1000));        % 较差
results = zeros(1,1000,'int8');       % 较好
```

3. 稀疏矩阵处理

一个矩阵中绝大多数位置都是 0 的阵列称为稀疏矩阵，MATLAB 的独特算法可以仅存储矩阵中的非零元素及其索引，存储时也只是存储这些非零元素及其索引，所以存储时间与存储空间的优化也非常可观，并且实际计算中直接跳过零元素，可大大减少计算时间。所以，如果把矩阵中非零元素的个数除以所有元素的个数称为矩阵的"密度"，那么密度越小的矩阵采用稀疏矩阵的格式越有利，一般处理密度大于 25%的稀疏矩阵耗用的成本还不如将其当作一般矩阵进行处理耗用的成本低。要将一般矩阵转换为稀疏矩阵，可以使用函数 sparse()，如 B＝sparse (A)，是指将矩阵 **A** 转换为稀疏矩阵。另外，使用函数 full()则可把稀疏矩阵转换为一般矩阵。

4. 避免冗余计算

冗余计算的常见实例是在循环体内部放置与循环变量无关的计算。虽然这看似对计算结果无影响，但每次进入循环都需要进行此计算，实际上是对计算能力的无谓消耗。为了优化程序性能，我们可以采取几种策略。首先，当使用 if-else 结构时，我们可以将最常见的条件配置在 if 语句中，以此减少整体的计算次数。其次，我们可以利用短路运算符，它只有在第一个表达式无法单独确定结果时才会计算第二个表达式，从而有效地减少了计算量。

另外，函数的调用是需要消耗资源用于路径搜索的，这本身花费的时间极少，但是要尽量避免这种花费出现在循环中，累计起来的花费会比较惊人。解决方法是使用"函数句柄"，也就是一个函数的唯一识别码，这样就不需要每次使用它时都搜索了，将会使程序大大提速，这可能是函数句柄的最重要的应用之一了。

5. 并行循环计算

当编写的 for 循环中的迭代变量是整数，并且每次迭代的计算与其他迭代相互独立，不受先后顺序影响时，用户可以轻松将 for 替换为 parfor，开启并行计算的大门。这一简易转换意味着计算机将为该程序分配多个计算核心，实质上将计算能力提升了数倍。不过，值得一提的是，要充分利用并行计算的威力，单次迭代的计算负载应当是相对较重的。因为启动并行工作池本身大约需要耗费 30s，如果处理的计算任务本身比较轻松，那么使用并行计算可能适得其反，拖慢整体速度。简而言之，适度地使用并行计算，可以在处理繁重任务时显著提高效率。

掌握以上几点已基本发挥出了 MATLAB 的真正性能，这时的 MATLAB 就可以说是编程最快且计算最快的编程语言了。

6.6 程序交互设计

程序就是要给人们使用的，首先编程者在开发过程中需要使用，然后测试者(有时也是编程者自己)在测试时需要使用，最后用户使用。广义的人机交互是指程序有输出，或者操作者有输入，完成人与机器交流的过程。狭义的人机交互，就是指"人机交互界面"或者"用户界面"(UI)，更狭义就是"图形用户界面"(GUI)。使用恰当的方法把交互做得完善，对编程者来说，可以提高调试和程序进化的效率，对于使用者来说，可以更容易地理解程序的功能和使用方法，好的交互是不需要过多的说明与培训的，用户甚至可以直接上手使用。

6.6.1 命令行交互：简洁的指令互动

命令行是最初的计算机程序与用户之间的交互界面了，用户可以在命令行中会输入数据或指令，而程序也会在命令行中输出结果。在 MATLAB 中，有一些现成的内置函数功能可以实现命令行交互，下面一一介绍。

1. 输入函数 input()

输入函数 input()应用于需要用户输入一些数据并将数据读入作为程序的输入数据的场景，如：

```
numPicture = input('What is the number of the picture?')
```

这时用户可以在命令行输入一个数字，比如 2，这个数字就会被直接存入 numPicture 这个变量中了。需要注意的是，如果想要输入一个字符串，则必须由用户自己加上字符串的单/双引号，或者把命令写作如下形式：

```
isPrintPicture = input('Should the printer begin to work? (y/n)','s')
```

这时，无论用户输入什么，返回值都自动变为字符形式。

2. 键盘控制命令 keyboard

键盘控制命令 keyboard 其实就是“断点命令”，在程序的中间写上 keyboard 指令后，当程序运行到这一句时，会自动暂停运行，将控制权交给命令行，此时命令行后显示为“K >>”，这就是调度模式的意义，这时可以在命令行输入任何命令，比如修改变量值或显示结果数据等。要终止调试模式并继续执行，可在命令行中输入恢复执行命令 dbcont（debug continue），要终止调试模式并退出文件而不完成执行，可在命令行中输入退出调试模式命令 dbquit（debug quit）。

3. 程序暂停函数 pause()

pause()函数可以实现程序的暂停运行，并且时间可控，如：

```
pause(5)        % 程序暂停运行 5 秒
```

程序暂停函数还有一个妙用，如果需要观察绘图过程，而 MATLAB 本身绘图速度又太快时，可以灵活使用 pause()函数来实现绘图慢动作。同时动画速度也可以通过 pause()函数来调整，这一点在第 4 章中动画的生成部分已有讲解。

4. 输出显示函数 disp()和 fprintf()

disp()和 fprintf()函数的作用都是在命令行中显示一些数据和信息，它们的不同之处在于，disp()函数更为简洁易用，而 fprintf()函数的可设置选项更多，比如可以设置显示数据的小数点位数和格式，比如：

```
disp(isPrint)                                    % 显示名为 isPrint 的变量的值
disp('Done!')                                    % 显示字符串
fprintf()
a = 5.06; fprintf('%s%1.1f\n','a=',a);          % 显示结果为"a=5.1"
```

disp()函数更为常用和简洁，而示例中的 fprintf()函数还设置了字段宽度和精度参数，并且它还可以向文件中输入，详细用法见 fprintf()函数的 doc 说明。

5. 信息输入函数 warning()和 error()

warning()和 error()函数其实都跟 disp()函数的用法一致，只不过对于警告信息来说，软件会在命令行中把信息显示为橘红色，并且在信息前面显示"警告："字符，但这种信息提示是不影响后面的代码运行的。对于报错函数 error()来说，不仅显示字符为深红色，并且后面的代码也不会继续执行，而是直接停止程序。

因此，程序的交互设计，实现的不仅是程序与用户之间的沟通，还是程序与编程者、编程者与用户之间的沟通，灵活运用可事半功倍。

6.6.2　文件交互：数据的进出通道

一个初阶的 MATLAB 用户往往缺乏文件交互的意识，而编写程序的目的其实就是在处理文件，数据也是文件的一种。前文提到了工作目录与子工作目录的设定与意义，这就是一种文件交互，前述代码再复习一下：

```
workDir = uigetdir(workDir,'设置工作目录');
save Workspace.bpcdir workDir          % 把工作目录保存为一个文件
% load Workspace.bpcdir - mat          % 恢复上次设置工作目录
```

uigetdir()函数是以 UI 的形式让用户选择目录的对话框，并返回目录字符串，用 save 函数把工作目录字符串保存在一个文件中了，这个文件可以自己定义后缀，当然，后缀是什么并不重要，它的本质还是 MAT 文件，所以第三句加载(load)文件时，给定的文件类型就是 MAT 文件。这样一个过程，完成了目录的输入、保存和加载，这也正是文件操作的基本和常用方法。其中，save 和 load 函数必须熟悉掌握，对于 MAT 文件的存取也是最为重要和基本的操作。

uigetdir()函数以 ui 为前缀，这其实是一类局部 UI 函数，同类型函数还有：打开文件选择对话框的 uigetfile()函数、打开用于保存文件的对话框的 uiputfile()函数、打开文件选择对话框并将选定的文件加载到工作区中的 uiopen()函数、打开用于将变量保存到 MAT 文件的对话框的 uisave()函数。

虽然 MAT 文件是 MATLAB 最方便存取的文件，但是对于没有安装 MATLAB 的其他用户来说，有没有可以不借助 MATLAB 就能打开及修改文件的文件格式呢，本书推荐 CSV 格式的文件，用户既可以用普通的文本编辑器打开，也可以用 Excel 打开，后者格式清晰易于分辨，非常适合数据库一类的表或结构体数据的保存。(CSV 格式是以逗号分隔数据，结构上属于表类)读写 CSV 文件的代码如下：

```
writetable(tableDatabase, 'database.csv');    % 把 tableDatabase 数据存入 CSV 文件
tableDatabase = readtable('database.csv');    % 把 CSV 文件的数据读取存入表 tableDatabase
```

文件交互还有一个常用的操作，就是新建一个文件（比如 TXT 文本文件），然后在文件中写入一些内容再关闭，举一个具体的典型例子：

```
[fileName,pathName] ...
    = uiputfile('*.txt','请命名文件', [workDir,'\name.txt']);
fileID = fopen([pathName fileName],'w');
fprintf(fileID,'%s\n','此处为要输入的文本');     % 向文件中输入文本
flagFclose = fclose(fileID);                     % 解除占用
```

本例共 4 句，第 1 句使用 uiputfile()函数，调用保存文件的对话框 UI，其中，workDir 是本小节第一段代码中输入的工作目录，而\name.txt 字符串的意思是在给出默认的文件名，即当用户不予命名时的默认文件名；第 2 句使用 fopen()函数打开刚才确认的文件，并设置为擦写模式('w')，其中，返回并存入 fileID 的是一个由整数代表的文件标识符，它是这个文件的唯一身份标识，相当于数字代码；第 3 句使用 fprintf()函数向文件中打印信息，该函数可以详细设置文本格式；第 4 句则是需要特别注意的，使用 fclose()函数将处理的文件关闭，这样才能解除对该文件的占用，否则只要不关闭 MATLAB，该文件就不能被其他软件再进行处理，甚至无法删除和移动，其返回值为 0 时表示关闭操作成功，返回 −1 表示关闭操作失败，建议对此变量进行监视，以确保关闭操作无误。

6.6.3 局部 UI 交互：界面的精细操作

MATLAB 提供了一些内置的局部 UI 模块（也称为“对话框”），可以利用它们实现直观的人机交互，对于脚本形式的主程序软件是一个很好的解决方案，尤其当所需输入参数较少时，其效果完全与整体设计 UI 相差无几，而且还能使用 P 文件加密法（6.7.3 节详细讲解），是一种迅捷的编程手法。

前述的选择目录的对话框函数 uigetdir()以及其他与文件交互相关的 UI 均属于局部 UI 交互，这种对话框非常清晰而明确，用户首次使用即能一目了然，这就是 UI 的效用。MATLAB 中常用的局部 UI 大致分三类：信息 UI、选择 UI 和输入 UI。

1. 信息 UI

信息 UI 是计算机中最常见的一类局部 UI，在操作 Windows 系统时，经常出现的那一类警告、消息等，就都属于信息 UI，它们只是程序对于用户的信息提示，而没有用户的数据输入，它们本质上都是非常简单的字符串显示而已，只是在 MATLAB 中提供了多种图标和设置选项，代码如下（图 6-14 所示为显示效果）：

```
errordlg('文件丢失!','错误');
warndlg('文件已被修改','警告');
msgbox('计算完成!', '成功');
helpdlg('建议更新参数设置.','帮助');
```

以上 4 种信息 UI 在实际应用时，不必要过于强调区分形式，而是应以准确快速地传递

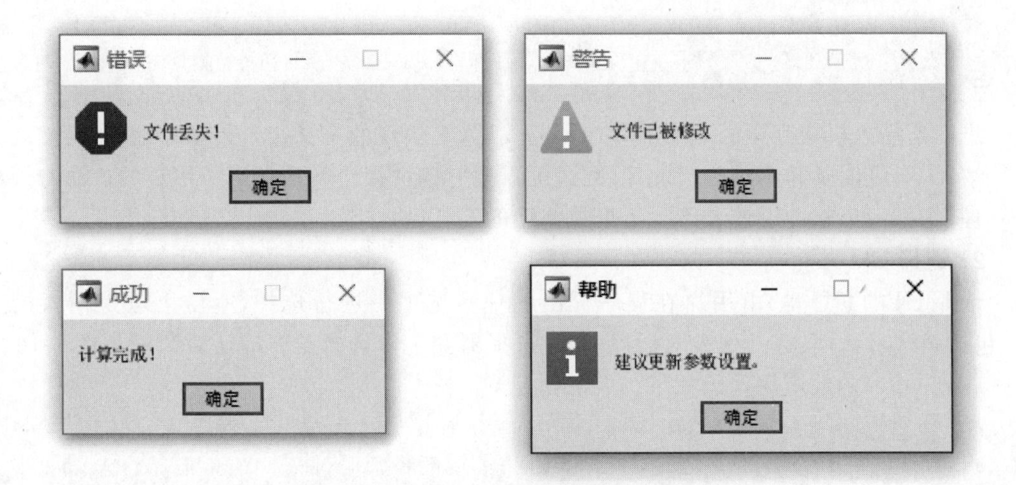

图 6-14 信息 UI 显示界面

信息为核心目标，灵活使用。还有一种信息 UI 略有特别也很重要，它就是“进度条”，使用方法代码如下（如果拥有整体软件 UI，则不需要新建图窗和关闭图窗，代码运行效果如图 6-15 所示）：

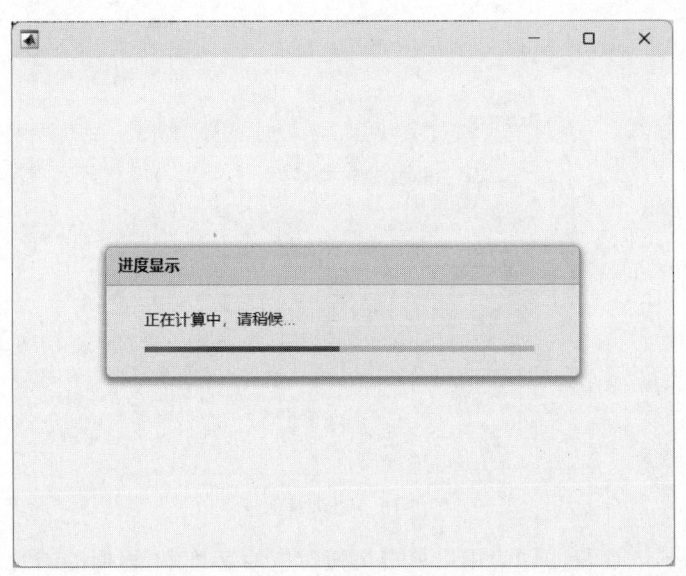

图 6-15 进度条运行效果

```
f = uifigure;        % 新建一个图窗
d = uiprogressdlg(f,'Title','进度显示','Message','正在计算中,请稍候...');
for i = 0:0.01:1
    d.Value = i;
    pause(0.04)      % 此处的暂停时间决定了进度条的动画速度
```

```
end
close(d)        % 关闭进度条
close(f)        % 关闭图窗
```

进度条是人机交互中的一个非常伟大的发明，它出现的意义甚至是革命性的，虽然在大多数情况下，进度条并不是严格的"时间进度"，但它四两拨千斤地抚平了用户的焦急与疑惑的心理，是每一个软件设计者不得不重视使用的工具。

2. 选择 UI

选择 UI 的意思是，由用户在程序提出的一些选项中进行选择，本质上也是输入的一种，包括确认对话框、选择列表对话框、颜色选择器和字体选择器。确认对话框如图 6-16 所示，uiconfirm()函数应用代码如下：

```
f = uifigure;
selection = uiconfirm(f, '退出前需要保存吗?', '请选择',...
    'Options',{'保存','不保存','取消'});
close(f)
```

图 6-16　确认对话框

返回给 selection 变量的即为用户单击按钮对应的字符串，返回的同时确认对话框自动关闭，程序可以通过返回的字符串来决定下一步的运行。uiconfirm()函数功能强大，适用多种情况，详情见帮助文档。

还有一种选择列表对话框，不但可以选择更多项，而且可以进行多选，即使用函数 listdlg()，代码如下(显示效果如图 6-17 所示)：

```
list = {'红色','黄色','蓝色','绿色','橙色','紫色'};
[indx,tf] = listdlg('PromptString','选择喜欢的颜色','ListString',list);
```

还有两种非常常见的 MATLAB 内置的选择对话框函数：颜色选择器函数 uisetcolor()和字体选择器函数 uisetfont()。这两个函数的功能都是打包好的，可以直接使用，非常方便，它们的显示界面如图 6-18 所示。

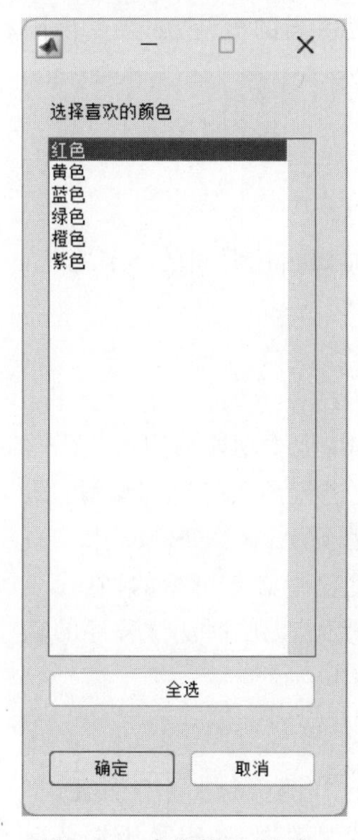

图 6-17　多维数组/矩阵 2

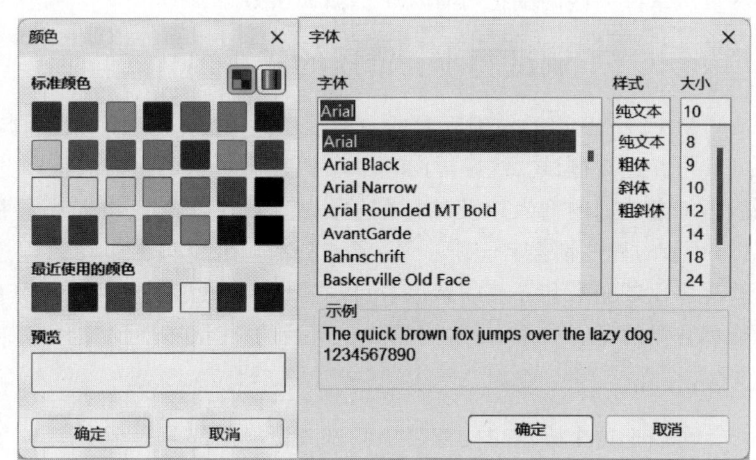

图 6-18　颜色选择器和字体选择器

3. 输入 UI

在大多数情况下，用户需要对程序进行一些参数的输入，这时可以用到输入 UI，具体的代码和结果如下（显示界面如图 6-19 所示）：

```
prompt = {'name:','age:'};
definput = {'小杰克','20'};
answer = inputdlg(prompt,'输入学生信息',[1 50],definput);
```

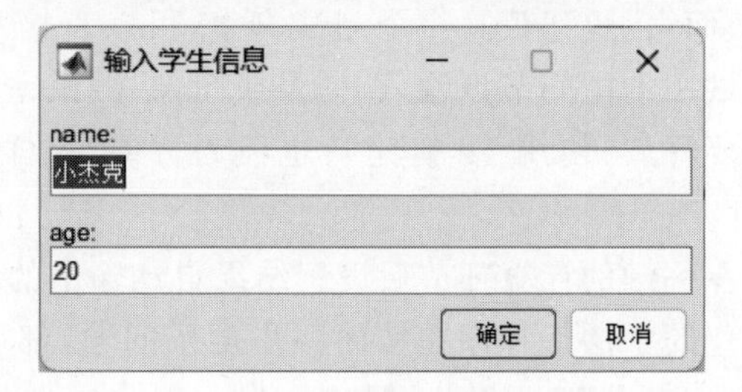

图 6-19　输入 UI

变量 prompt 是以元胞阵的形式输入各参数的提示信息字符串，而 definput 变量表示各参数的默认输入值，这意味着即使用户不进行输入也会返回默认字符。这种输入 UI 在没有软件界面的以脚本为主程序的软件中，非常常用，也可以反复出现。需要注意的是，返回值 answer 也是对应尺寸的元胞阵，提取后对重要参数可以进行适当的检验，如果超出限制，应及时报错并设置重新输入。

6.7 调试与分发

设计程序离不开程序的调试以及软件的分发，程序调试甚至是最占用时间的环节之一，尽量多掌握一些调试技巧有利于提高调试效率。

6.7.1 调试脚本：错误的猎手

MATLAB 用户在编程时的一般顺序是：首先写一个基础脚本，把主功能的测试代码写入其中并运行测试；然后再向其中添加其他非主要功能的程序并进行函数打包和编写；最后再考虑数据的输入以及结果的输出方案，或者考虑将程序移植到 App Designer 中。所以，一般的程序都会有至少一个"调试脚本"，这个脚本是在编程过程中必不可少的，它代表着程序比较初级和开放的状态，可以在其中随意添加和注释部分代码，以临时测试程序的功能和数据的运算结果，最常用的就是所谓的"主脚本"了，文件名如下：

```
Main.m
```

可以把这个脚本中任意需要测试或更换的部分提至子脚本，这样测试起来非常方便，举个具体例子，比如程序中需要几组测试的输入数据，一组为普通情况数据，一组为极端情况数据，还有一组为特殊情况数据，那么 Main 脚本的数据输入位置可以写为

```
% 数据输入
ScriptNormal;        % 普通数据
% ScriptExtreme;     % 极端数据
% ScriptSpecial;     % 特殊数据
```

代码就这么简单，需要换哪组数据时，就把哪组数据脚本取消注释，再把不需要的注释掉，就行了。

对于每个单独的函数而言，也建议写一个测试脚本，可以直接写在函数内部，一般包含一些基本的输入数据、测试用的中间节点输入、变量或图像，测试完成后直接注释，等待需要时再释放即可，甚至不需要释放，使用 F9 键运行也极为方便，这样做可以提高初期版本的质量和改进版本的可靠性。

在调试脚本中，建议在关键的计算环节后设置结果自动输出的代码，比如 disp()函数或一些作图函数，这种可视化的手法让程序在任何一步出了问题，都可以一目了然，节省大量的反复查 bug 时间。即便一些作图动作比较耗时，也可以将它们打包注释，一旦需要检查结果时，再进行释放。

6.7.2　程序调试：追踪程序缺陷(bug)的技巧

对于程序的调试，最常用的还是编辑器自带的功能按钮与断点的配合使用。在编程器工具栏中，绿色的三角符号为运行，相当于 F5 快捷键，单击这里脚本就会开始运行，直到遇到断点。断点可以通过单击代码行左侧的短横线产生，产生后显示为一个红色的圆点，程序将会运行到这个圆点处中断，不会运行该行处的代码。这时进入调试模式，命令行中显示为"K >>"，表示此时为调试模式，变量空间也为当前的变量空间，用户可以在此时运行一些测试代码，来验证调试时的一些猜想。结束后还可以继续运行。在调试模式下，鼠标在变量位置停留时，会自动提示变量值，非常方便。

在编辑器上方按钮中，包含好几个与"节"有关的运行键，比如"运行当前节并前进到下一节"(Ctrl＋Shift＋Enter 组合键)以及"运行到当前节"(Ctrl＋Enter 组合键)等，这也是为什么本书多次强调要把代码分节的原因，在调试程序或者说在寻找 bug 的过程中，代码越模块化，结构越清晰，节省下来的时间将是几何级数级的。

如果在 MATLAB 命令行输入 dbstop if error，然后再运行程序，这样程序会自动停在出错的那一行，这时可以直接观察各个变量的值，省去了自己加断点的过程。而且，不需要每次运行程序前都输入 dbstop if error，只需要输入一次就可以了。如果想要在每次提示 warning 前暂停程序，也可以在命令行输入 dbstop if warning。在一定程度上，这一条命令可以大大减少卡断点的频率，对程序的调试有提高效率的作用。

这里再次强调一下 F9 键的使用，用户可以选中想运行的代码，直接按 F9 键即可立即执行，不仅如此，在帮助文档中的代码也可以直接使用该快捷键运行，在调试过程中可谓是极为实用。

前面讲解过注释的用法，在调试过程中，注释也是一个很好的工具，注释组合键 Ctrl＋R 和去除注释组合键 Ctrl＋T，配合使用，十分强大。另外，如果在调度过程中发现程序过长时间地运行，则可以随时中止运行，使用 Ctrl＋C 组合键，可以防止死循环以及突发情况。

关于程序运行时间，有时是需要监测的，比较常用的方法是使用 tic-toc 命令，代码如下：

```
tic
% 程序
toc
```

tic-toc 命令会把两者中间部分的代码执行用时记录下来，存入 toc 变量中，单位为 s。不过这个时间并不精确，它属于 wall clock，与当时计算机的状态有关，比如是否也同时运行了其他的程序。而且测试者需要不停地压缩 tic-toc 命令的作用范围来确定程序中最慢的环节。这时还有另一种可以详细分析运行时间的工具，称为"探查器"，使用方法就是在运行程序时，单击编辑器中的"运行并计时"，由于该功能的调用，程序运行时间会比实际运行时间略长一些，运行结束后会弹出"探查器"信息，如图 6-20 所示。

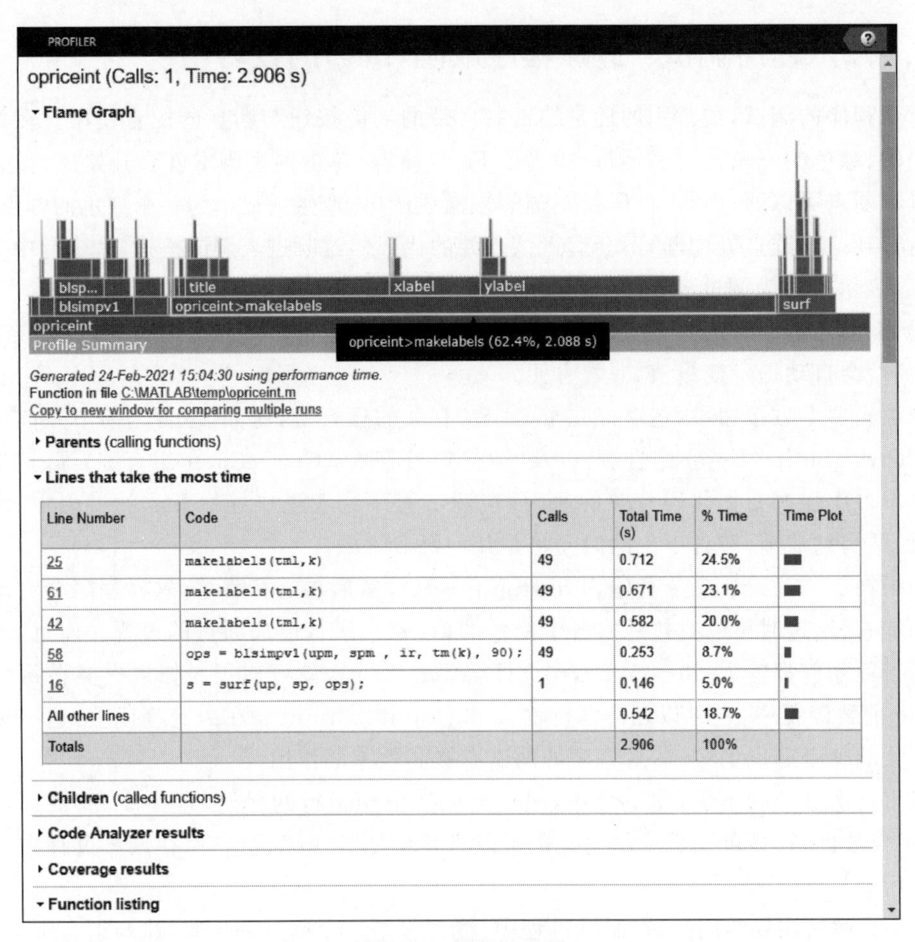

图 6-20　程序探查器

6.7.3　加密分发：保护智慧成果

最简单的分发，就是把工作目录打包，复制分发，也就是把源文件进行分享。

还有一种分发方式，在编辑器工具栏中，找到"发布"工具下的发布按钮，运行后生成一份 HTML 文件，以整理的格式显示对应 M 文件的代码，自动生成目录和标题，这也是一种非常适合学习代码的分发方式。

如果 MATLAB 程序既希望别人能使用，又不希望把源代码分发出去，应该怎么做呢？其实这是作为程序员的一种非常常规的操作，对于带软件界面的 MATLAB 软件来说，用户是在软件界面上完成的交互和使用，因此，只需要将软件打包为 EXE 可执行文件就可以了，代码自然是相当于加密了的，这与其他语言的软件编译是相同的道理。关于 MATLAB 的 UI 如何打包，详见第 7 章中关于 App Designer 的讲解。

另外，在 MATLAB 中还有一种非常厉害的文件加密方法，称为"P 文件加密法"。

在 MATLAB 中，如果打印软件后第一次运行程序，有可能会感觉到稍微有一点慢，而后面再去运行时，就会比较快了，这是因为MATLAB在首次执行M文件时，需要对其进行一次解析(Parse)，这个解析文件即为P文件，会存入内存，下一次运行时则直接运行P文件。P文件作为一个中间文件，与M文件一一对应，但是又完全无法打开或查看，这就是一种加密方法。

生成M文件对应的P文件的方法是在命令行中输入：

```
pcode name.m        % 将 name.m 文件生成对应的 P 文件,存于当前目录
pcode *.m           % 将目录下所有 M 文件都保存一份对应的 P 文件
```

在当前目录下生成的P文件，与原对应文件同名，无论是函数、脚本还是类，作用完全相同，可以直接替代原文件，并且无法从中获得源代码。需要注意的是，如果在工作目录下，既有一个文件的M文件也有P文件，那么MATLAB运行程序时，会直接跳过M文件的解析，而选择已经解析完成的P文件，这样就会造成即使修改了M文件中的代码，在实际运行时也不会体现出来。在实际的分发时，如果没有UI，比较常用的方法是，留下一个可以公开的数据输入脚本或配置文件脚本，而其他关键的函数与脚本则打包为P文件。

这个P文件的保密性到底有多强呢？会不会被破解或者反编译呢？从原理上讲，P文件的加密性不会优于二进制，而且MATLAB的帮助文档也不建议使用P文件用于保护知识产权，其实这是一种严谨的说法，程序员都知道“没有破不开的锁”。不过本书的观点认为，P文件的加密性极高，可以认为是安全的，主要原因是来源于MATLAB的官方动作，MathWorks公司把软件的核心底层函数均使用P文件进行打包，这其实就从侧面反映了P文件加密法的可靠性。

常见问题解答

(1) 我是新手，不太理解数据结构的重要性，能简单解释吗？

数据结构是编程中组织、管理和存储数据的方式，它让我们能高效地访问和修改数据。选择合适的数据结构可以极大提升程序的性能和可维护性。

(2) 分支结构和循环结构有什么区别？

分支结构允许程序根据条件选择不同的执行路径，而循环结构则用于重复执行一段代码直到满足某个条件。两者都是控制程序流程的重要工具。

(3) 为什么要使用函数，直接写在脚本里不行吗？

使用函数可以提高代码的重用性和模块化程度。它允许用户将复杂的问题拆分成更小、更易管理的部分，使程序更加清晰和易于维护。

(4) 矩阵化编程听起来很高级，对于初学者来说难吗？

矩阵化编程是MATLAB的强项，它利用MATLAB强大的矩阵运算能力来提高代码效率。虽然一开始可能有些挑战，但通过实践和学习，用户会发现它极大地简化了编程工作，并提升了运算速度。

(5) 我的代码运行很慢，怎么办？

代码运行缓慢可能有多种原因，如使用了不高效的数据结构或算法，没有利用矩阵化编程的优势等。回顾编程习惯章节，检查是否有可以优化的地方，并尝试使用性能分析工具查找瓶颈。

本章精华总结

本章深入探讨了 MATLAB 程序设计，从基础的数据结构到高级的矩阵化编程技术，涵盖 MATLAB 编程的各个方面。我们学习了如何有效地组织数据，控制程序的流程，并通过函数、脚本和类实现代码的模块化。特别强调了矩阵化编程的重要性，这是利用 MATLAB 进行高效编程的核心。

此外，本章还讨论了良好的编程习惯，包括命名、代码编写和项目管理习惯，以及如何设计用户友好的程序交互。最后，介绍了调试技巧和程序的安全分发，为读者提供了全面的 MATLAB 编程指南。

通过本章的学习，读者能够掌握 MATLAB 编程的基础和一些高级技巧，提升编程效率，编写出更加高效、易于维护的 MATLAB 代码。

第7章

MATLAB软件设计：App Designer

MATLAB作为最为优秀的编程软件之一，也拥有非常优秀的软件界面设计能力，并且MATLAB提供的软件界面设计方案也延续了它的一贯风格——编程简洁、实现极快。

这里有必要先做一个概念澄清——"软件""应用""程序"有何不同？

从计算机学的角度来讲，三者还是有区别的。"软件"（Software）是相对于硬件而言的广义概念，包括所有程序和数据，从功能上分为系统软件和应用软件。"程序"（Program）就表示一系列控制指令。"应用"（Application）也称为应用软件（Application Software）是面向终端用户的一组程序和数据，使用图形用户界面（GUI）完成交互。它需要依赖于系统软件。以下表述可以总结它们之间的概念范畴：

功能角度：软件＝系统软件＋应用软件

性质角度：软件＝程序＋数据

不过，大众的认知还是从使用者角度出发，也比较易于理解。在大众概念中，系统软件称为"系统"，而应用软件就称为"软件"，所以应用与软件没什么区别。而程序是指与用户关系不大的后台的代码。这样的大众认知比较形象且易于沟通，这也是本书选择的语境：

大众语境：软件＝应用软件＝应用

在大众语境下，软件与应用都包含图形用户界面（GUI），在习惯上，软件（Software）与应用（App）略微有所偏重。常常把用软件（如MATLAB/COMSOL）生成的子软件称为应用（App），所以在这样的语境下，App就是子软件的意思；当然，当App分发给其他用户时，在用户看来，这就是一款软件，正如第6章所述项目与子项目之间的关系一样。另外，由于移动端软件一般都称为App，所以App也逐渐被用于取代软件这个词语，成为一个替代软件的更为时尚和流行的用语。

本书结合计算机学概念、大众认知、MATLAB语境，大致上，把以脚本和函数为主任务的设计称为"程序设计"（如第6章所述），把以GUI为主任务的设计称为"软件设计"，即"App设计"。本章全面解析App Designer的应用方法，进而给出一个具体的应用实例，最后展示App的编程构建方法。

7.1 App Designer 介绍

App 与常见的软件界面一样，可以包含各种交互式控件，例如菜单、按钮和滑块等，当用户与这些控件交互时它们将执行相应的指令。App 也可以包含用于数据可视化或交互式数据探查的绘图。设计完成的 App 可以打包并与其他 MATLAB 用户共享，或者使用 MATLAB Compiler 生成独立的应用程序分发给没有 MATLAB 软件的计算机。在 MATLAB 中，App 的设计工具的名称就叫 App Designer，是 MathWorks 公司在 R2016a 版本中正式推出的 GUIDE(GUI Development Environment)的替代产品，它旨在顺应 Web 的潮流，帮助用户利用新的图形系统方便地设计更加美观的 GUI。

7.1.1 为何 App Designer 是 GUIDE 的"终结者"

提到 App Designer，就不得不拿它与 GUIDE 做一下对比，二者之间的关系如下。

1. App Designer 是 GUIDE 的替代品

GUIDE 是老版 MATLAB 的 GUI 开发环境，是许多 MATLAB 前辈开发者钟情的工具，但是，由于 GUIDE 自身存在一些技术和功能上的问题，MathWorks 于 2016 年春推出了它的替代性产品 App Designer，而老版的 GUIDE 已经停止维护并将在未来几年内退出系统。全新的 App Designer 虽然在刚刚推出时也存在许多问题和不足，但是作为 MathWorks 公司重点开发的核心产品，每版均有大量的更新与升级，已经成为颇得市场关注的希望之星。

2. App Designer 与 GUIDE 的主要区别在于所使用的技术

GUIDE 的基础是 Java Swing，它本身由于各种原因，成为甲骨文公司已经停止投入开发的一项技术，因此不是长久的选择。另外，时代的变迁使得软件行业逐渐兴起了基于 Web 的工作流，而 GUIDE 也无法提供类似的服务。App Designer 就是建立在现代 Web 技术的基础上，比如 JavaScript、HTML 和 CSS，这样就搭载上了一个非常灵活的平台，与时代同行。

3. App Designer 与 GUIDE 的编程模型有所不同

App Designer 为应用程序生成了一个 MATLAB 类，这使得 App 整体的程序回调与数据传递逻辑清晰可靠，远胜于 GUIDE 中所谓句柄结构以及各类数据概念的复杂逻辑。这既能大大提高 App Designer 的编辑效率，也是对于 App 稳健性的一种保障。

4. GUIDE 可向 App Designer 中迁移

2018 年春，MATLAB 为照顾 GUIDE 的老用户发布了 GUIDE 到 App Designer 的迁移工具，自动化地将 GUIDE 程序转换为 App Designer 程序，布局上尽量保持原意，还能自动复制回调。这个迁移工具可以从 MATLAB 中心的文件交换或 MATLAB 桌面上的 Add-On Explorer 中下载，它还会生成一个报告，解释后台是如何进行代码更新的，并提供了一些问题的解决办法。

小结：App Designer 是 GUIDE 的优质替代品，效率高、界面友好，是设计 App 的优秀工具。建议学习过 GUIDE 的用户可以直接转学 App Designer，而没有学习过界面设计的读者，可以直接学习 App Designer 而无须再考虑与 GUIDE 相关的一切事宜。

7.1.2 探索基础功能

App Designer 主要用来做什么？它有怎样的功能呢？

1. 布局界面

首先，App Designer 提供了一个非常友好的 App 界面的布局方法，内置诸多控件，可以直接拖动控件进行摆放，并提供诸多工具对控件进行对齐、排列、间距控制，还能直接对控件的属性进行编辑，比如外观属性和基本功能属性。App Designer 设计的 App 界面美观大方，将信息化与工业化质感融为一体，富有现代气息，设置简洁高效，上手迅速。

2. 编写程序

App 界面的控件摆好的同时，App Designer 就会在后台自动生成对应的标准代码，包括用户对于控件的各种设置也都自动形成代码了，此时已经是一个可运行的 App 了，无须用户自己填写代码。对于控件可直接自动创建回调函数，用户只需要在特定的位置填写代码即可，工作量被压缩到了极致。

3. 打包分发

完成 App 设计后，App Designer 提供了完善的打包工具，可以将 App 打包为 MATLAB App、Web App，或者是独立运行的“桌面 App”（也就是最常用的 EXE 可执行软件）。这三种分发方案基本可以满足绝大多数应用场景。

4. 搭建框架

当编程进入比较高级的阶段，App Designer 提供的界面框架可能会满足不了编程者的特殊要求，比如需要动态创建、修改、删掉一些控件，或者将控件状态随数据变化而更改，这时就可以采用 App 的编程构建方法，先使用 App Designer 来搭建 App 的基本框架，然后再导出为 M 文件，并在此基础上修改代码，实现 App 的编程构建。

以上 4 点精要地概括了 App Designer 的基本功能以及使用方法，下面直接为读者介绍一个最简单的案例以便最快速度入门 App Designer。

7.1.3 快速上手指南

本节旨在指导读者用最短时间，理清 App Designer 的使用流程和框架，建议按步骤操作，预计用时仅 10 分钟，操作完成后可以再回看复习 7.1.1 节和 7.1.2 节，加深一下感受。

1. 新建 App

首先，建立一个工作目录，在本章文件目录下建立一个名为“01 quickGuide”的工作目录；定位到这个目录后，在命令行输入“AppDesigner”即可打开，选择“新建空白 App”。显示界面如图 7-1 所示。

这时 App 的标题还是未命名的，建议单击保存，保存名为“quickGuide. mlapp”，注意后缀为. mlapp。

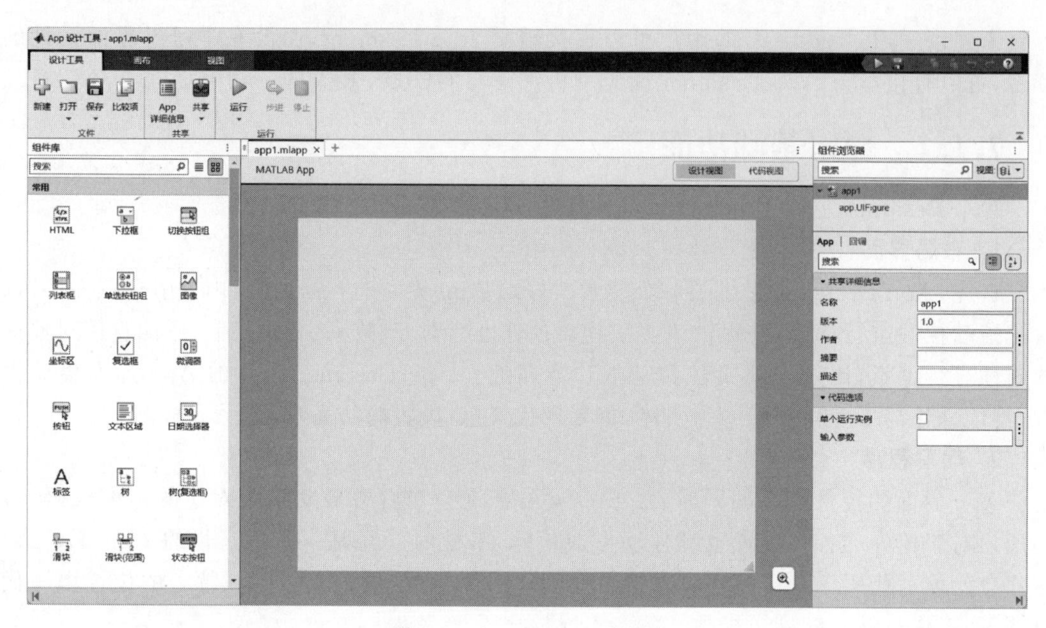

图 7-1 App Designer 界面

2. 布局控件

将左侧“组件库”中的“坐标区”和“滑块”拖到合适的位置,并调整大小,整个界面窗口的大小也可以调整,如图 7-2 所示。

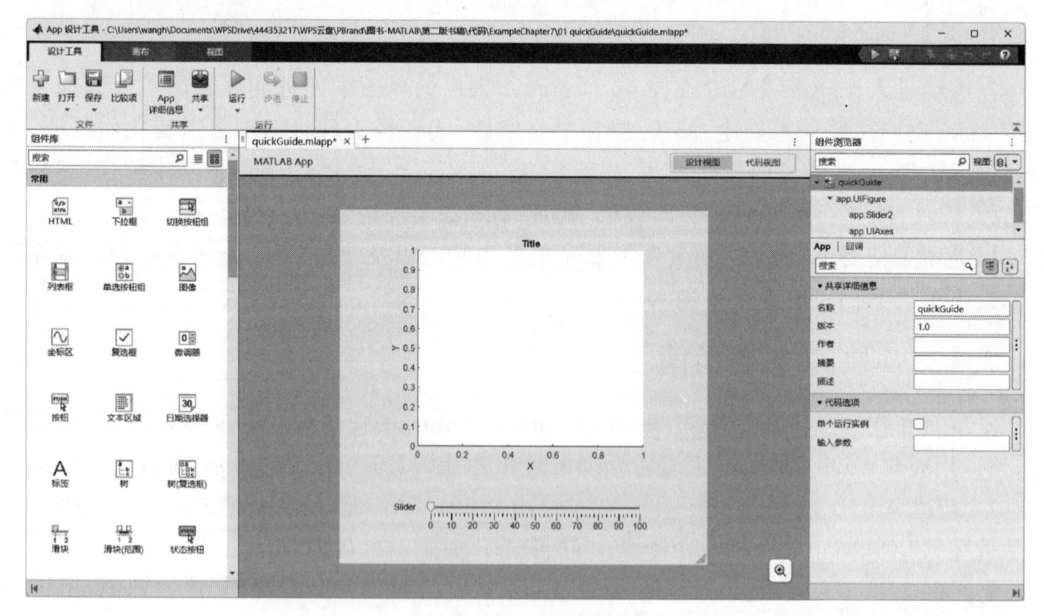

图 7-2 布局控件

3. 添加回调

在右侧“组件浏览器”中找到 app. Slider，右键单击“回调”，选择“添加 SliderValueChanged 回调”，这时界面会自动跳转到“代码视图”，同时帮用户创建好回调函数，并且将光标定位于回调函数体内，用户只需要填写函数体代码即可。代码如下：

```
a = app.Slider.Value;
theta = linspace(0,1,60);
c = linspace(0,1,length(theta));
x = exp(theta). * sin(a * theta);
y = exp(theta). * cos(a * theta);
scatter(app.UIAxes,x,y,30,c,'filled');
```

效果如图 7-3 所示。

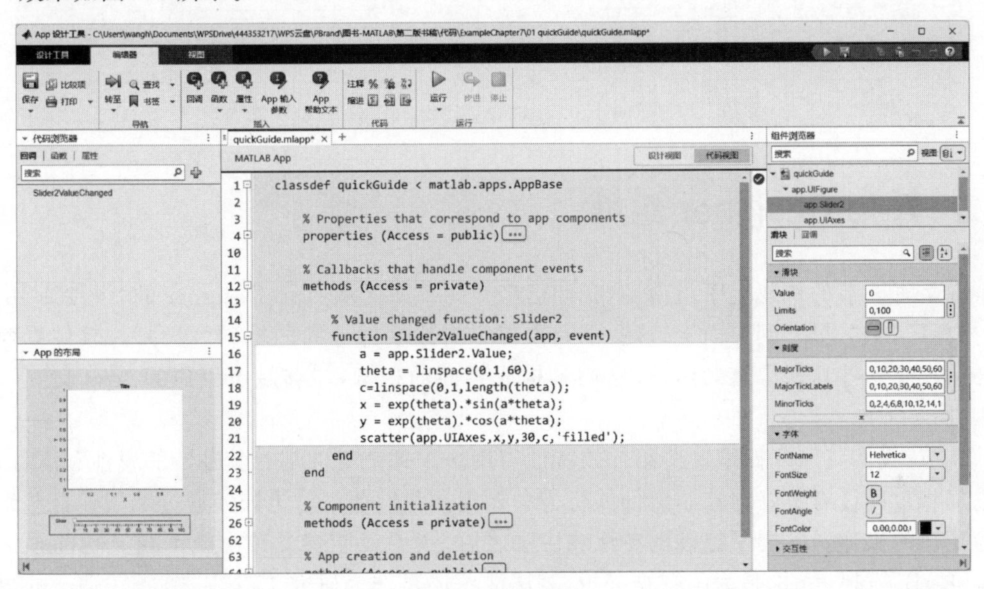

图 7-3 添加回调

什么叫“回调函数”呢？在本例中，用户希望滑动滑块的位置时，坐标区内可以依据滑块位置作图，那么作图这个动作就自然需要一个触发。用户添加的是 SliderValueChanged 函数，意味着当滑块值变化后，会触发的一个函数，这就是回调函数。回调函数是软件界面设计中一个最重要的功能，几乎所有软件的动作反应都是由回调触发的。

4. 运行 App

至此，软件的设计就完成了，下面运行软件，按快捷键 F5 或单击上方编辑器工具栏中绿色的运行按钮即可，拖动滑块观察坐标区的变化(基于第 4 章图形可视化中的案例)，如图 7-4 所示，这就是 App 运行时的实际效果。

读者可以自行在各个环节大胆修改、尝试，再运行，感受 App Designer 设计 App 的原理和流程。

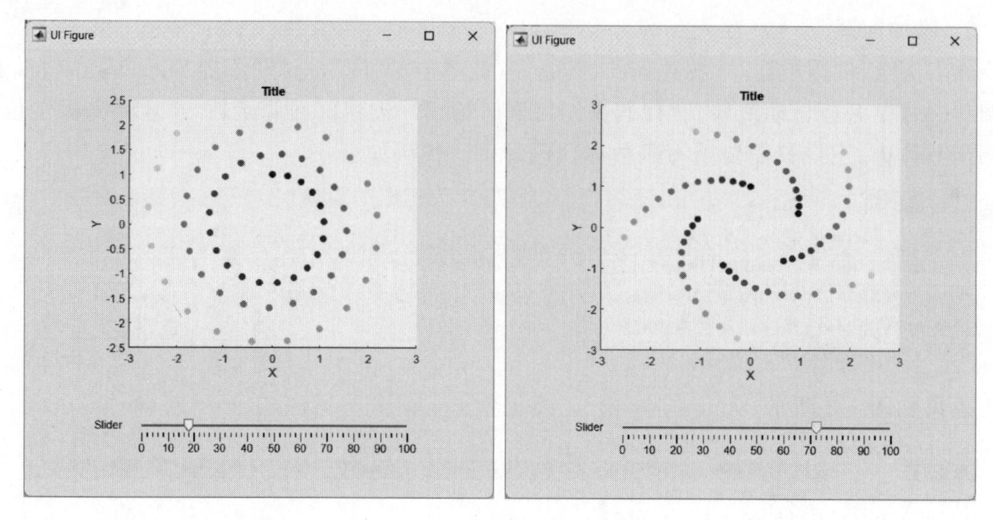

图 7-4　运行 App 实际效果

7.2　App Designer 组件

在 7.1.3 节的快速上手指南中，我们已经介绍了如何从 App Designer 的“组件库”中拖曳“坐标区”和“滑块”到界面上，这两个元素都是构建软件界面的基础“组件”。软件界面的核心就在于这些功能丰富的组件，它们是构成界面的积木，能够赋予用户的 App 交互性和实用性。

本节，我们将深入探索这些组件的特性与用法。每个组件都有其独特的属性和事件，了解它们将帮助读者更好地控制组件的行为和外观。我们还将讨论如何通过编程让这些组件响应用户的操作。掌握了组件的特性和用法之后，读者就能够设计出既美观又功能强大的 MATLAB App。无论是为了数据分析、算法演示还是作为研究工具，一个良好设计的界面都可以极大地提升用户体验和应用的专业度。

7.2.1　常用组件

在 App Designer 中，组件的选择是丰富多样的，每个组件都是设计 App 时不可或缺的构建块。随着技术的不断进步和用户需求的变化，MathWorks 公司在每次更新 MATLAB 时，都可能引入新的组件，以便用户设计出更加现代化和功能丰富的应用程序。到了 R2023b 版本，我们已经有了 24 种常用组件，它们涵盖了从基本的按钮和文本框，到更高级的图表和控制器等。图 7-5 所示为这些组件的名称和示例。这不仅为用户提供了一个直观的组件参考，也方便用户在设计 App 时，快速找到需要的组件并理解其功能。

每个组件其实就是一个 MATLAB 对象，对于组件的操作就是修改个性对象的属性值，所以 MATLAB Designer 组件的逻辑清晰，只要掌握思路、多查帮助文档，很容易就能精通其使用方法。

组件	示例	组件	示例	组件	示例
Button	 Plot Data	CheckBox	 Remove Outliers Add Trendline	DatePicker	 mm/dd/yyyy July 2018 Su Mo Tu We Th Fr Sa 1 2 3 4 5 6 7 8 9 10 11 12 13 14 15 16 17 18 19 20 21 22 23 24 25 26 27 28 29 30 31 1 2 3 4 5 6 7 8 9 10 11
DropDown	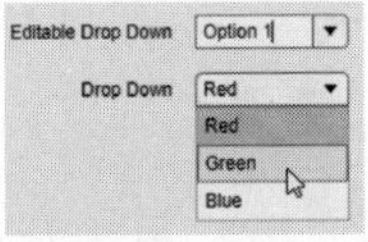 Editable Drop Down Option 1 Drop Down Red Red Green Blue	NumericEditField	 Sample Size 12	EditField	 Name Cleve
Hyperlink	 MathWorks home page https://www.mathworks.com	Image	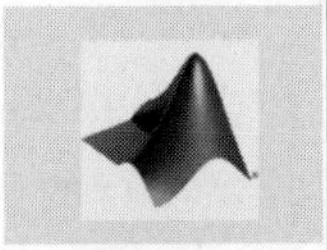	Label	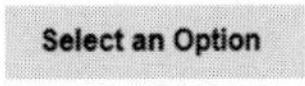 Select an Option
ListBox	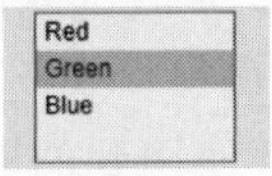 Red Green Blue	ButtonGroup/RadioButton	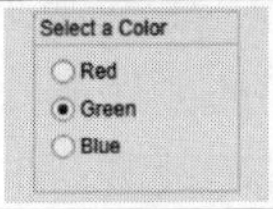 Select a Color Red Green Blue	Slider	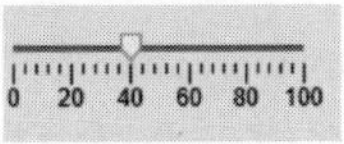 0 20 40 60 80 100
RangeSlider	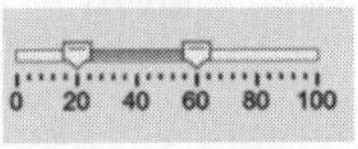 0 20 40 60 80 100	Spinner	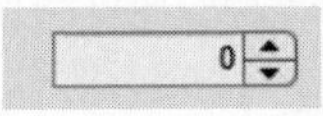 0	StateButton	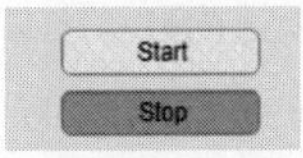 Start Stop
Table	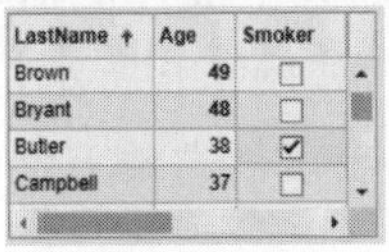 LastName Age Smoker Brown 49 Bryant 48 Butler 38 Campbell 37	TextArea	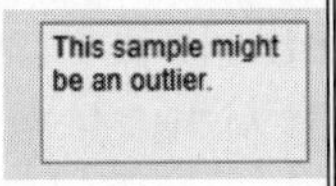 This sample might be an outlier.	ButtonGroup/ToggleButton	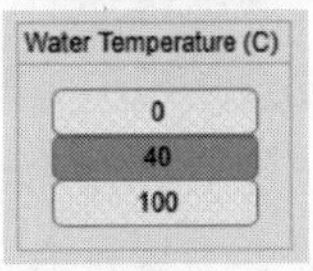 Water Temperature (C) 0 40 100
Tree/TreeNode	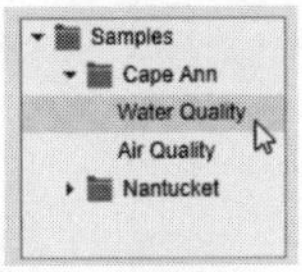 Samples Cape Ann Water Quality Air Quality Nantucket	CheckBoxTree/TreeNode	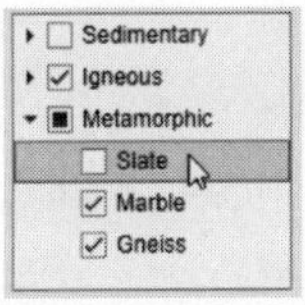 Sedimentary Igneous Metamorphic Slate Marble Gneiss	UIAxes	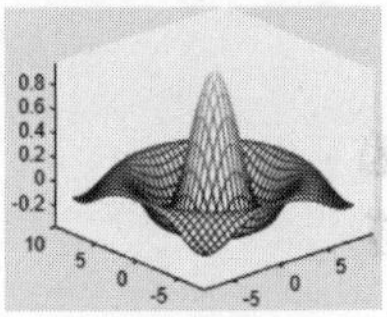 0.8 0.6 0.4 0.2 0 -0.2 10 5 0 -5 -5 0 5
Axes（仅编程）	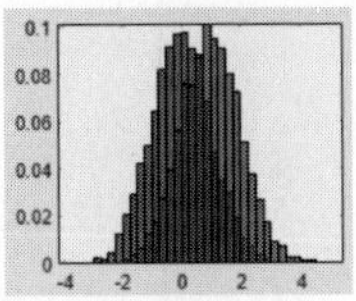 0.1 0.08 0.06 0.04 0.02 0 -4 -2 0 2 4	GeographicAxes（仅编程）	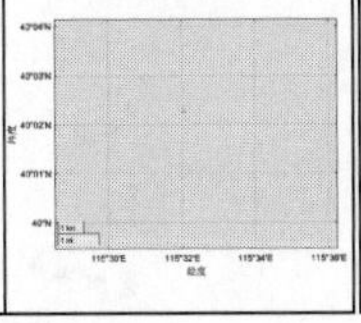	PolarAxes（仅编程）	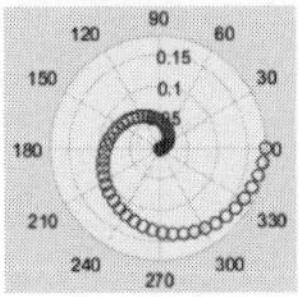 90 60 120 30 150 0.15 0.1 180 0 210 330 240 300 270

图 7-5 常用组件信息

下面介绍几种重要的组件。

1. 坐标区（UIAxes）

MATLAB 最顶尖的三个领域为数学、图形与编程，时代的潮流也是将各种可视化功能作为越来越基本的一项需求，因此，App 构建中难免要有作图区，也就是“坐标区”。坐标区的本质就是把平时作图的部分移动到了 UI 中，因此 UIAxes 对象的属性虽然非常的多，但是绝大多数都比较常用，包括字体、刻度、标尺、网格、标签、多个绘图、颜色图和透明度图、框样式、位置、视图、交互性等，使用圆点表示法，先取到坐标区对象，再对其属性进行赋值即可，代码如下，当然，也可以在 App Designer 右侧的属性检查器中直接修改，效果是一样的。

```
ax = uiaxes;
c = ax.Color;
ax.Color = 'blue';
```

坐标区的回调函数包括：

```
SizeChangedFcn()          % UI 坐标区大小调整回调函数
CreateFcn()               % 创建函数
DeleteFcn()               % 删除函数
```

其中，SizeChangedFcn()函数是当用户调整坐标区尺寸时要执行的函数，创建函数 CreateFcn()是创建这个坐标区时要执行的函数，而删除函数 DeleteFcn()是删除这个坐标区时要执行的函数，它们是组件中非常常见的回调函数，用法也基本一致。不过，在使用 App Designer 设计 App 时，它们的使用频率并不高，最常用的是在设计视图中布局好组件，而在使用过程中都不会对组件进行改变，即静态组件，这种情况下使用到的回调函数一般比较少且简单，比如坐标区基本不会使用回调函数。在后面要讲到的编辑构建方法中才会大量用到坐标区的回调函数。

坐标区还有一项强大的功能，在 7.1.3 节中，用户使用坐标区生成作图后，坐标区的右上方会出现一排按钮，分别是导出、移动、放大、缩小、还原视图，如图 7-6 所示，其中，导出选项还包括另存为、复制为图像、复制为向量图，这些默认的功能按钮极大地方便了用户，也大大减少了编程者的工作量。

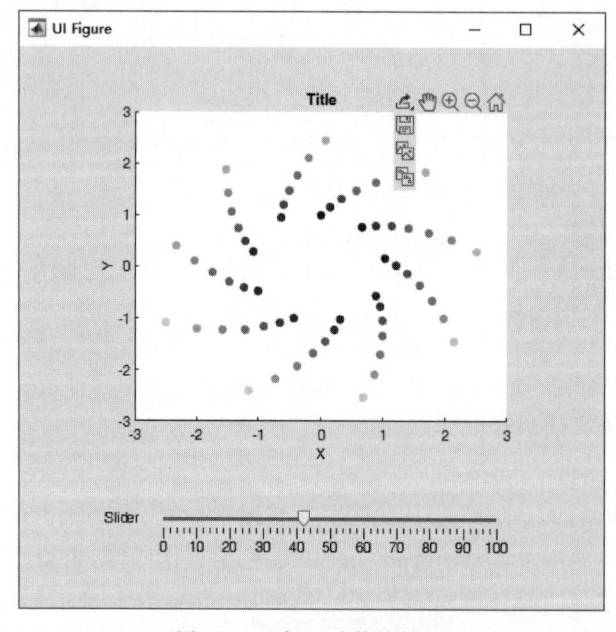

图 7-6　坐标区功能按键组

2. 按钮（Button）

按钮是非常常用的UI组件，它来源于工界中机器上的按钮，人们都理解它的含义——按下就会触发事件，所以按钮一定是要写回调函数的，即

```
ButtonPushedFcn()        % 按下按钮后执行的回调
```

每按一次按钮，这个回调函数中的代码就会执行一次，并且是立即执行。

按钮有一个有趣的属性是Icon，用户可以选择一张图片作为按钮的图标，这时把文本设置为空，就得到了一个图片按钮，虽然按钮的边缘线还是存在，但是在有些场景下可以灵活应用提高美观度。

背景色属性（BackgroundColor）也是其他组件经常会用到的，组件的颜色、字体都是方便可调的，按钮的默认背景色为[0.96 0.96 0.96]，这与图窗的默认背景色[0.94 0.94 0.94]略有不同，显示出了层次感。对于颜色的选择也是UI设计的一个重要的要求。

3. 复选框（CheckBox）

复选框一般有两种用途：一是显示预设项的状态；二是由用户来改变各选项的状态。复选框只有两种状态（Value属性值），或者为选中状态（1，true）或者为清除状态（0，false）。当其值更改后执行的回调函数为ValueChangedFcn()。复选框自带了复选标签（Text），作为复选框的提示信息。

4. 日期选择器（DatePicker）

日期选择器是一个打包得非常好的高级功能，返回的Value值就是用户选定的日期，是一个datetime对象，datetime对象是一个表示时间点的数组，具有灵活的显示格式，比如可以把此时此刻的时间按格式打印出来。

```
datetime('now','TimeZone','local','Format','d-MMM-y HH:mm:ss Z')
ans = 29-1月-2024 15:26:33 +0800
```

5. 下拉列表（DropDown）

下拉列表的作用，在于引导用户在诸多选项中选择一项，这项功能与"单选按钮组"一致，只是在选项比较多而且只想显示选中的这一项时，下拉列表就非常合适了。下拉列表中的选项使用Items属性来准备，比如下面的代码表示有红、绿、蓝三个选项（代码可直接运行）：

```
uf = uifigure;
dd = uidropdown(uf);
dd.Items = {'Red','Green','Blue'};
```

当然，在App Designer右侧的属性探查器中有更为直观的输入方式。我们可以发现下拉列表还有一个ItemsData属性，它与Items有什么区别呢？如果没有设置ItemsData属性，那么返回值（Value）就是Items中的诸多字符串之一；然而，有时选项卡中字符较长，含有提示信息，不易作为一个判断用的字符串，或者是在选项较多的时候，用户希望用数字来表示选项以便后期形成数字索引用于循环，这时就要用ItemsData了。ItemsData中同样可

以保存 $1\times n$ 字符串元胞，也可以是 $1\times n$ 数值向量，它们在位置上与 Items 一一对应，当选定了选项卡中某一项后，自动返回 ItemsData 中的对应项，且忽略 Items 值。

下拉列表同样也有“变值回调”函数 ValueChangedFcn()，还有一个有意思的属性功能，就是下拉列表是可以允许用户修改选项内容的，只需要将属性 Editable 设置为'on'即可。这时建议读者使用 ItemsData 设置功能，否则由于 Items 是可变更的，返回值对应的情况也难以准确判断了。

6. 编辑数值字段（NumericEditField）和编辑文本字段（EditField）

编辑数值字段和编辑文本字段极为相似，却有单独成为对象的原因，在于二者返回的值的类型不同，编辑数值字段返回的是双精度数字，而编辑文本字段返回的是字符向量或字符串标量。编辑数值字段的输入框内，是无法输入非数字字符的，这就很好地限制了用户输入非法信息。除此之外，两者在其他方面基本完全一致。

这里再介绍一个工具提示属性（Tooltip），这个功能意味着，当用户将鼠标指针悬停在组件上时，将显示准备好的提示消息，这是对于编辑字段组件非常常用的一个属性，可以非常有效地指引用户的输入以及对于 UI 的理解。提示消息的内容就是 Tooltip 属性值，要想显示多行文本，可使用字符向量元胞数组或字符串数组。

对于编辑字段组件还有一个新的回调函数 ValueChangingFcn()，这个回调函数与前述 ValueChangedFcn()是不同的，它们中的单词一个是现在分词，另一个是过去式，正如字面意思，ValueChangingFcn()函数表示正在修改值时要执行的函数，也就是说，当用户在编辑字段中键入时，回调将重复执行，或者当用户按 Enter 键时，回调也会执行。ValueChangingFun()函数不太常用，但在有些场景下字段需要随用户输入马上刷新时采用。

7. 图像（Image）

UI 中常常需要在某一位置旋转图像，有的是作为信息提示，有的是作为可视化的数据，还有的是纯粹的美化用途，图像对象的 ImageSource 属性可以设置为图像源或文件，指定为文件路径或 $m\times n\times 3$ 真彩色图像数组也可以。图像对象和其他几乎所有对象一样，有一个可见性属性 Visible，对这个属性设置'on'或者'off'即可决定图像是否可见，非常实用。其实，图像还有一种用法，就是使用回调函数 ImageClickedFcn()，它的作用是单击图像即执行回调，这就与前述的按钮对象（Button）拥有一致的功能了，所以图像也可以用来当作按钮，并且没有按钮周围的边缘线，虽然没有按下去的那种视觉效果，但是有些场合下是比较适用的，还可以增强美观度。

8. 标签（Label）

其实前述多项组件中都包含了标签这个组件，它的本质就是一个文本显示组件，没有输入功能，常常作为 UI 上固定的信息提示。如果动态修改标签的 Text 属性，还可以动态修改显示内容，也可以作为一个动态信息的提示组件。

9. 列表框（ListBox）

列表框几乎与前述的下拉列表（DropDown）完全一样，这里的列表框只是将所有选项同时显示在 UI 上了，而不像下拉列表那样需要单击下拉才显示。如果选项过多显示不全时，列表框会自动形成右侧滚动条，允许用户滑动选择。列表框的另一不同是，它可以允许多项选择，只要设置 Multiselect 属性为'on'即可实现，用户只要按住 Ctrl 键再单击鼠标就可以完成多选功能。

10. 单选按钮组（ButtonGroup/ RadioButton）

单选按钮组是一个由两个对象组成的复合组件，包括控制按钮组的 ButtonGroup 和控制单选按钮的 RadioButton。这里解释一下，为什么单选按钮叫作 RadioButton，因为老式汽车上的收音机按钮，按下一个时，其余的都会因为机械机构的巧妙设计而自动跳起来，这与单选按钮的功能完全一致，所以就起名为 RadioButton。

可以看出，按钮组其实是单选按钮"容器"，容器有许多管理能力，比如按钮组容器就完成了保证有且只有一个单选按钮被选中，再如按钮组会返回 SelectedObject 表示当前选择的单选按钮，再如用户可以设置 Scrollable 属性为'on'，这样容器就拥有了滚动能力，假如容器没有显示完整，则会自动展开上下或左右滚动条，保证所有信息在用户的操作下可以完整显示。

11. 滑块（Slider）

滑块就是 7.1.3 节中使用的组件，它允许用户非常直观地在一个范围内连续地选择一个值，多数情况下也不要求非常精准，只是大概值，但是希望快速操作即可选定。这些特征也决定了滑块一般不是在输入参数，而是在实时调节参数，需要一些 App 的实时输出让用户判断效果。属性 Limits 可以控制滑块的取值范围，赋值为二元素数值向量，比如[10 100]；属性 Orientation 可以控制滑块的方向，分为水平方向（'horizontal'）和竖直方向（'vertical'）。

12. 微调器（Spinner）

微调器本质就是上述编辑数值字段（NumericEditField），唯一区别是增加了"单击增减"功能，向上或向下的小箭头单击一次就可以在现有数值上增加或减少一次，增减幅度称为"步进值"，由属性 Step 控制。那么为什么还要有微调器这种组件呢？不要小看微调器，这个步进值本质上是在对用户进行很重要的提示，比如对于一个输入参数的调整，范围是从 1 到 10（编辑数值字段也可以设置范围），如果步进是 1，那么用户就知道这是一个粗调量，调整时就会以 1 甚至 2 来调整尝试，但如果步进值是 0.1，那么用户就知道这是一个精调量，需要一点点测试，所以，优秀的步进值设置会向用户直接传递一个非常高效的参数对效果影响的提示。

13. 状态按钮（StateButton）

状态按钮与普通按钮的区别就是，状态按钮按下后，不弹起，只有再次按下后，才会弹起。与状态按钮功能最接近的，应该是复选框（CheckBox），它们同样都是保持并显示逻辑状态的组件，两者仅在外观上有所区别。

14. 表（Table）

表其实是非常强大而便捷的组件，它可以直接与 MATLAB 中的数据结构——表（table）相匹配，当然也还可以与各种类型的矩阵适配。表可以非常清晰地显示一个小型数据库，并且可以为用户开放编辑表中内容的功能。表比较常用的属性如下。

ColumnWidth：表列的宽度。

ColumnEditable：编辑列单元格的功能。

ColumnSortable：对列进行排序的能力。

ColumnFormat：单元格显示格式。

表比较常用的回调函数如下。

CellEditCallback()：单元格编辑回调函数。

CellSelectionCallback()：单元格选择回调函数。

DisplayDataChangedFcn()：在显示数据更改时执行的回调。

表的属性与回调都比较复杂，对于简单的数据可能不太必要使用表，但是一旦数据量和数据类型都比较复杂时，表往往会让 UI 特别清晰易懂。

15. 文本区(TextArea)

文本区与前述的编辑文本字段(EditField)基本相同，唯一区别是，文本区可以输入多行文本，宽度不足时自动换行，长度足时还会自动展开右侧的滚动条。

16. 切换按钮组(ButtonGroup/ ToggleButton)

切换按钮组也是由两个组件形成的复合组件，按钮组组件仍然是一个容器。切换按钮组本质上与前述的单选按钮组(ButtonGroup/RadioButton)在功能上完全相同，其中的切换按钮(ToggleButton)有且仅有一个保持为 1 的状态，其余为 0；两者的关系，正如状态按钮(StateButton)与复选框(CheckBox)，只是外观上存在不同。

17. 树(Tree/ TreeNode)

树是 MATLAB 的 UI 中另一个极其强大的组件，绝大多数的工程问题都适合表达成树的结构形式，比如 3 维(3 Dimensional，3D)建模的软件、有限元分析软件、编辑软件的 IDE，甚至办公软件，它们都不约而同地在软件界面的左侧展开了一个“模型树”结构，因为这种结构可以清晰地展现一个复杂工程的构成，所以树无疑也是 App Designer 的巨大成功之处。

树也是复合组件，先由一个树对象(Tree)构成框架，然后向其中添加树节点对象(TreeNode)，树对象返回 SelectedNodes 属性表示当前选定的节点，并且只要设置 Multiselect 属性为'on'还可以实现多项选择，Editable 属性设置节点文本可编辑性，树对象的常用回调函数如下。

SelectionChangedFcn()：所选内容改变时的回调。

NodeExpandedFcn()：节点展开时的回调。

NodeCollapsedFcn()：节点折叠时的回调。

NodeTextChangedFcn()：节点文本更改回调。

对于树节点对象来说，有三个显性属性：Text(节点文本)、NodeData(节点数据)、Icon(图标图像文件)，其中，节点文本可以读取或改写，图标图像文件可以用于提示信息，而节点数据可以存储各种类型信息，这就为结构化的参数输入提供了方便的途径，为动态 UI 组件的设计提供了解决方案。

小结：本节全面讲解了 17 项 UI 组件，其中每一种都可以在不同的应用场景下发挥重要的作用，初学者以用带学，多参考帮助文档，学会总结它们的共通点。本节的组件中，以表和树这两种组件最为高级和强大，在普通的小型 App 设计中使用的不多，可以放在后面学习，不过一旦使用则会让 App 变得更加高端。

7.2.2 组织界面的容器组件

7.2.1 节介绍了按钮组(ButtonGroup)和树(Tree)作为容器在复合组件中的作用，本小节总结可以单独使用的容器组件(Containers)，如图 7-7 所示，并介绍几种重要的容器组件。

组件	示例	组件	示例	组件	示例
GridLayout	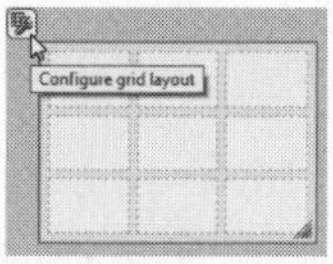	Panel	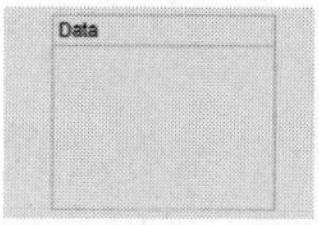	TabGroup/ Tab	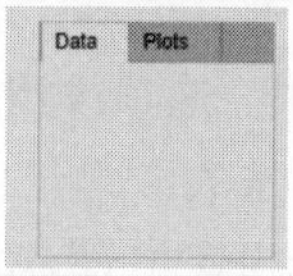
Menu	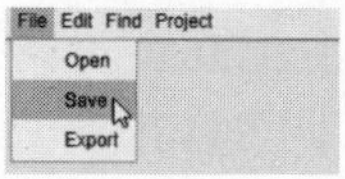	ContextMenu	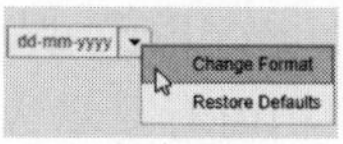	Toolbar/ PushTool/ ToggleTool	

图 7-7 容器和图窗工具

1. 网格布局(GridLayout)

网格布局也称为"网格布局管理器"，它相当于用不可见的网格将 UI 划分为了几部分，这几部分的分布类似于矩阵或表格，成行成列，其效果类似于作图时的子图。同样，作为容器，它可以使用 Visible 属性控制子级的可见性，也可以使用 Scrollable 属性实现滚动效果，设置效果如图 7-8 所示。

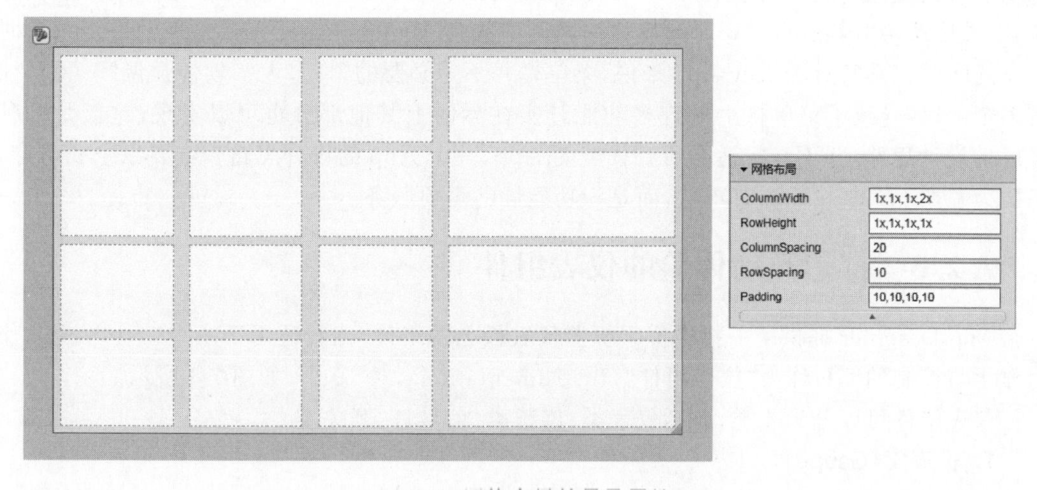

图 7-8 网格布局效果及属性

从图7-8中可见，可以使用“倍率×”的形式让网格布局管理器自动完成布局分配，而具体的数字表示像素，比如图中Padding为10表示围绕网格外围进行的填充间距为10像素。这种布局管理在初学者使用App Designer进行UI设计时，并不实用，意义也不大，而在高级应用中使用编程构建方法时，会产生巨大的意义，本书后续会对其进行讲解。App Designer新建App时，会提示可供选择的模板还有“可自动调整布局的两栏式App”和“可自动调整布局的三栏式App”，这两者就是依靠“网格布局管理器”实现的。

2．面板(Panel)

面板是最常用的容器，一类单独的UI组件放到一个面板中，就非常整齐并且是成体系的，用户一眼可知这些参数的设置是一个模块中的。面板自带标题(Title)，但是也可以设置标题为空，另拖入一个标签组件，这样的好处就是可以去除标题下自带的分割线，外观优美一些。

3．选项卡组(TabGroup/Tab)

选项卡组是用来对选项卡进行分组和管理的容器，它有TabLocation属性可以设置选项卡标签位置，还有SelectedTab属性可以读取当前选择的选项卡，所选择的选项卡改变时还可以使用回调属性SelectionChangedFcn。选项卡组常用于分配几个不同模块的参数设置界面，这样的好处是在有限的面积内有显示大量内容的能力，不过，选项卡组是初学者在使用App Designer设计App时的一种解决方案，如果是编程构建App时，则可以对面板进行动态地显示与隐藏，这样就不需要选项卡组了，从外观方面以及对用户的引导方面都有好处，本书后续会对其进行详解。

4．菜单栏(Menu)

严格地讲菜单栏并不属于容器，它在当前流行App的构建中几乎是必须出现的一项，菜单栏在App窗口顶部显示带选项的下拉列表。菜单栏使用Text属性设置菜单标签，可以是字符向量或字符串标量，Menu的父对象仍然可以是Menu，这就是子菜单栏的设置方法，本书后续会对其进行详解。菜单栏的回调函数为MenuSelectedFcn()，表示选定菜单时触发的回调。其实对于一款App来说，菜单栏并不是必要的，许多大宗软件强调“一种功能有多个入口”导致了菜单栏上的许多功能其实在界面上其他部分也可以实现，这仅是一种App的设计思路，并不一定适合所有种类的App，一个App的设计思路一定要以主线贯穿，不要为了加上菜单栏而加菜单栏，而是为功能性的需要服务。

7.2.3 打造互动体验的仪表组件

App Designer提供了一批类似于机器仪表板上的组件，比较适用于一些工业化App作为显示与控制的UI，称为“仪表组件”(Instrumentation)，共10个，如图7-9所示。

仪表组件可以分为4类，包括仪表类、旋钮类、信号灯、开关类。

1．仪表类(Gauge)

仪表类仪表组件包括仪表(Gauge)、90度仪表(NinetyDegreeGauge)、线性仪表(LinearGauge)、半圆形仪表(SemicircularGauge)，它们只是在外观上有所不同，实际上都是

组件	示例	更多信息
仪表	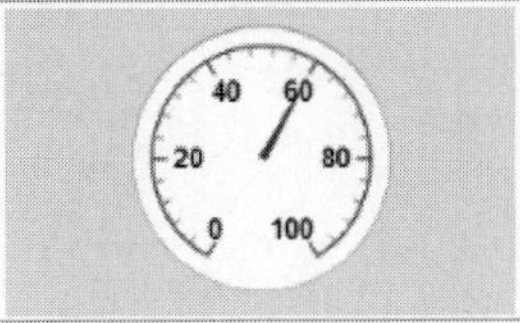 40 60 20 80 0 100	Gauge 属性
90 度仪表	 75 100 50 25 0	NinetyDegreeGauge 属性
线性仪表	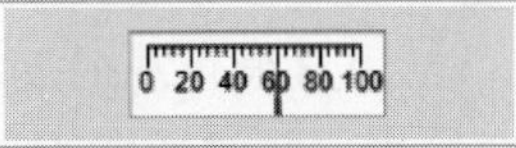 0 20 40 60 80 100	LinearGauge 属性
半圆形仪表	 40 60 20 80 0 100	SemicircularGauge 属性
旋钮	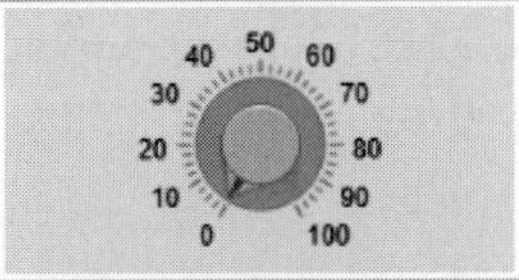 50 40 60 30 70 20 80 10 90 0 100	Knob 属性
分挡旋钮	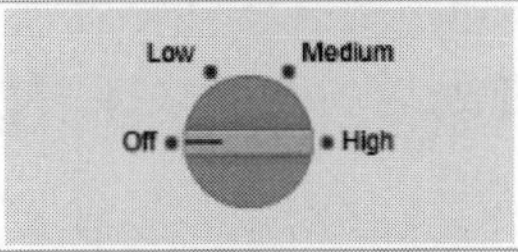 Low Medium Off High	DiscreteKnob 属性
信号灯		Lamp 属性
开关	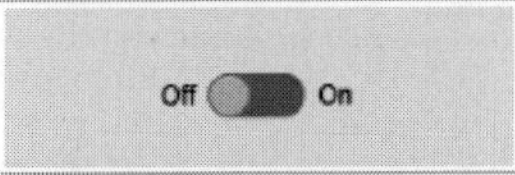 Off On	Switch 属性
跷板开关	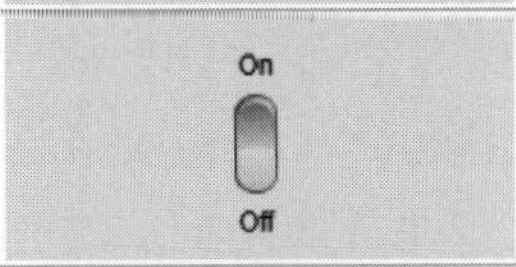 On Off	RockerSwitch 属性
切换开关	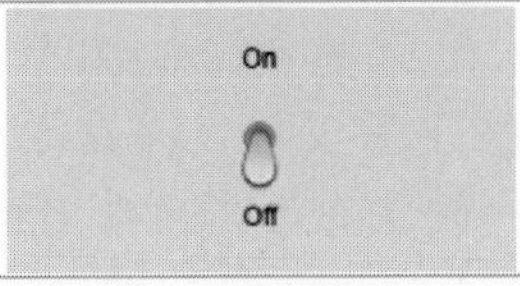 On Off	ToggleSwitch 属性

图 7-9 仪表组件

用仪表的形式形象地显示一个值而已。使用 Value 属性控制仪表指针的位置，Limits 属性设置最小和最大仪表标度值，ScaleColors 和 ScaleColorLimits 属性还可以控制标度颜色和色阶颜色范围，这样就可以非常直观地监控一个变量在它的变化范围内所处的位置了，如图 7-10 所示。

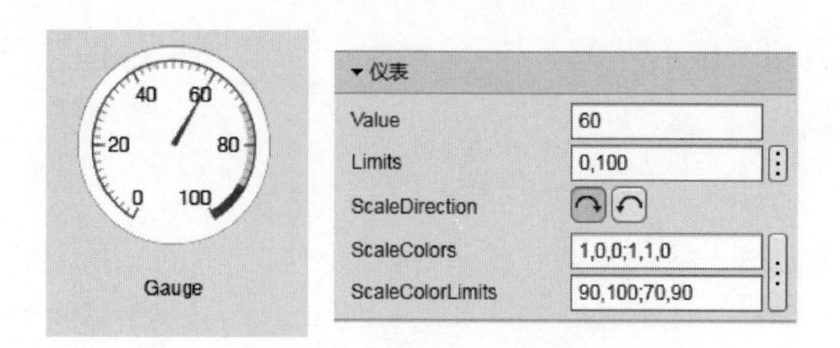

图 7-10　仪表外观及属性

仪表类仪表组件应用场景的特点：一是工业或有工业风格的 App；二是用于一些实时变化的标量值的显示，指针的实时摆动可以给用户很直观的反馈；三是数值类监控参数较多时，不同性质、单位、限幅的纯数字阵列会给用户非常糟糕的观察体验，此时建议修改为整齐的仪表，用仪表清晰地显示这些内容。

2. 旋钮类（Knob）

旋钮类仪表组件包括旋钮（Knob）和分档旋钮（DiscreteKnob），普通旋钮的功能与前述滑块（Slider）的功能完全一致，只不过是外观上将直线型组件变为旋转型了；分档旋钮与切换按钮组（ButtonGroup/ToggleButton）以及单选按钮组（ButtonGroup/RadioButton）的功能完全一致，也只是外观上的不同，分档旋钮更适合于几个选项是某一参数的几个挡位的情况，因为它们互相之间还有一个大小或者先后的相对关系，使用分档旋钮观察起来更为直观。

3. 信号灯（Lamp）

信号灯是以颜色的形式来提示信息的，在工业仪器仪表中最为常见，便于大众认知里对于各类颜色所表达信息的直接理解，无须解释，比如：灰色表示灯灭，对应功能没有使能；绿色表示对应功能运行正常；红色表示对应功能出现错误；黄色或橙色表示对应功能出现警告，需要用户注意。用户可以使用 Color 属性直接控制信号灯的颜色，非常简单易用。

4. 开关类（Switch）

开关类仪表组件包括普通开关（Switch）、跷板开关（RockerSwitch）、切换开关（ToggleSwitch），它们三个功能完全一致，仅是外观不同。这里作一个概念提示，"开关"与"按钮"的区别在于，开关有且仅有开（1）与关（0）两个状态，并且任何时间必定有一个状态有效，开关等效于状态按钮；而按钮既可以按下后仅触发一次动作，也可以按下后保持不抬起，还可以多个按钮组合使用表示复杂的逻辑状态等。在常用组件中，复选框和状态按钮可以与开关相互替换使用。

7.3 App Designer 编程

App 除了 UI，就是 UI 背后的代码了，本节全面解析 App Designer 的编程方法。

7.3.1　代码视图

在 7.1.3 节中读者已经使用过代码视图，它的主体代码完全由 App Designer 自主生成，并且绝大部分是灰色背景的，这就意味着这些代码是不可修改的，而背景为白色的部分，则是允许用户添加和修改代码的部分。代码视图除代码区外，还有三个窗口：代码浏览器、APP 的布局、组件浏览器，如图 7-11 所示。

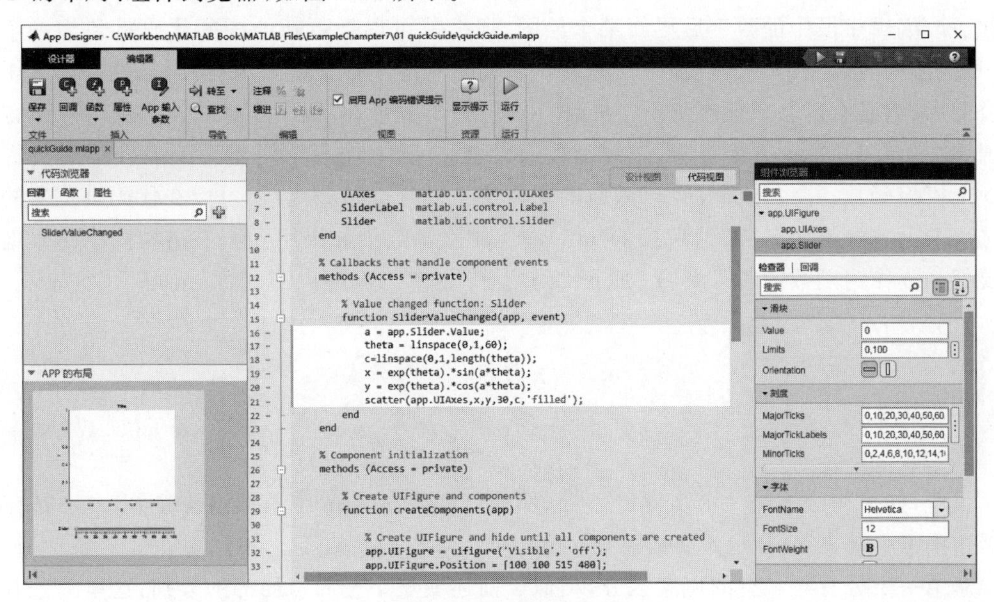

图 7-11　代码视图界面

(1) 代码浏览器相当于一个目录，可以在回调、函数、属性中任意单击一项，即可跳转至对应代码的位置，还可以直接单击鼠标右键删掉对应模块；通过选择要移动的回调，然后将回调拖放到列表中的新位置，来重新排列回调的顺序，此操作会同时在编辑器中调整回调位置。

(2) APP 的布局是一个缩略视图化的 UI 目录，虽然不能移动其中的 UI，但是可以通过视图快速选择单击某个 UI 组件，这时右侧组件浏览器会更新为对应的组件。

(3) 组件浏览器相当于组件的属性和回调的一个查看与修改器，在这里可以非常直观地对组件的功能与外观进行设置，也可以检查回调函数。另外，组件浏览器的上部，构建了一个 UI 组件树，这里不仅可以当作组件的目录进行快速选择，还可以一眼而知组件与组件之间的父子关系，甚至还可以在此处直接修改组件的名称以便编程者的调用（双击即可修改名称，修改后全局代码中所有对应名称都自动更新）。还有一个很方便的功能，当用户在代码区单击一处编辑位置后，鼠标可在组件树上右键一个组件，选择“在光标处插入”，则组件的整体名称（包括 app. 的部分）就直接复制插入了光标位置，非常方便。

此处解释一个重要的问题，如果需要在不同的函数之间传递数据，怎么做呢？这时就需要添加一个自定义属性，方法是在编辑器选项卡上展开属性下拉列表，然后选择私有属性或公共属性（公共属性在 App 内部和外部均可访问，而私有属性只能在 App 内部访问），比如

选择公共属性，则代码显示为

```
properties (Access = public)
        Data % 要传递的数据
end
```

那么，无论在哪个函数中使用，都可以直接使用 app. Data 来直接调用。

如果要在 App 中的多个位置执行同一个代码块，可以自行创建函数。比如用户可能需要在更改编辑字段中的数字后更新某个绘图，那么就可以把更新绘图的代码打包为一个函数，每次使用时调用即可。创建方法是在编辑器选项卡上展开函数下拉列表，选择私有函数或公共函数，私有函数只能在 App 内部调用，公共函数可在 App 内部或外部调用。私有函数通常在单窗口 App 中使用，而公共函数通常在多窗口 App 中使用。App 设计工具将创建一个模板函数，并将光标放在该函数的主体中。要想删除该函数，可以在代码浏览器的函数选项卡上选择函数名称，然后按 Delete 键。注意函数中如果用到 app 结构体中的数据的需要把 app 作为函数的输入参数，如下代码：

```
methods (Access = private)
        function myFunction(app)
 % 函数主体
        end
end
```

最后，如果构建的是一个多窗口 App，那么就需要在 App 中添加输入参数，方法是在编辑器选项卡上单击 App 输入参数。

总结一下公有与私有的概念区分，类似于前述变量中全局与局部的分别，这里的公有与私有面向的都是"当前类"，比如在代码区的第一句可以看到：

```
classdef quickGuide < matlab.apps.AppBase
```

这一句代码的意思是，建立的名为 quickGuide. mlapp 的文件其实是 matlab. apps. AppBase 的一个子类，而后面所有的代码都是在描述这个类，也就是说，私有就是在这个类文件内部用到的属性或函数，而公有意味着可能传递到类的外部使用，初学基本以单窗口的简单架构为主，因此几乎不用区分公有与私有，建议都按私有处理。

7.3.2 编写回调

回调也称为回调函数，它是在用户与 App 中的 UI 组件交互时执行的动作。大多数 UI 组件都至少包含一个回调，但是，某些仅用于显示信息的组件（如标签和信号灯）就没有回调。创建回调的方法很多，比如前述的在组件上单击鼠标右键，再如在组件浏览器中选择回调选项卡中创建回调，甚至还可以在代码视图中的编辑器选项卡中单击回调。

细心的读者可能已经发现，回调函数的输入参数中，都有两个参数：app 和 event，比如 7.1.3 节案例中的滑块组件回调函数：

```
function SliderValueChanged(app, event)
```

其中，app 是一个对象，从下面所示的代码（构造函数）中可以看出，它是属于建立的 quickGuide 类的一个对象，在这个 app 对象中保存着关于 UI 组件的一切信息，也保存着建立的属性信息，这一点从经常使用的圆点表示法中可见一斑。

```
function app = quickGuide
```

event 也是一个对象，这个对象包含了交互信息，而且根据所处回调的类型的不同，会自动返回所需要的不同属性，比如滑块的 ValueChangingFcn()回调中的 event 就包含一个名为 Value 的属性，这个属性存储的是用户移动滑块时（释放鼠标之前）的滑块值，有了它，就可以实现使用仪表组件来实时跟踪滑块的值了。与 event 有关的使用帮助可以在对应组件的帮助文档中查看。

需要提醒的是，当用户从 App 中删除组件时，组件下的回调函数不一定能够同时被删除，这是因为回调函数有可能关联了其他函数或数据。这时需要搬运删除回调，方法是在代码浏览器的回调选项卡上选择回调名称，然后按 Delete 键。

7.3.3　启动任务

大部分 App 在启动之初都要自动地去执行一些设定好的动作，这就叫作“启动任务”，在 MATLAB 中使用 StartupFcn()回调来实现。创建 StartupFcn()回调的方法是右键单击组件浏览器中的 UIFigure 组件，然后选择回调及添加 StartupFcn()回调。App Designer 会自动创建该函数并将光标置于函数的主体中，在这里添加的代码将在 App 启动时自动开始执行。

```
function startupFcn(app)
% 启动任务代码
end
```

有哪些动作可能会在初始任务中执行呢？具体如下。

（1）清空历史使用痕迹。比如清空有可能残留的变量和作图区，防止残留内容对本次 App 的使用产生不利影响，这也是平时在使用软件时出现问题后重启即可解决的原理所在。

```
clc;                  % 清屏
clear;                % 清除工作区变量
clear global;         % 清除全局变量
cla(app.UIAxes);      % 清除 UIAxes 中的图形
```

（2）数据和状态初始化。有一些变量需要设置初始值，比如一些标识符变量的初始值；一些 UI 组件也需要设置初始状态，比如信号灯的初始颜色。

（3）数据库载入。一些 App 在启动时是需要同时运行一些数据库文件的，这些数据库文件可以在初始任务中就全部载入，存入工作区变量中，这样在 App 中可以随时调用，不必再临时加载数据。

（4）自动调整布局。这一项功能在编程构建 App 操作中非常常用，在软件启动时，读取当前屏幕的尺寸，进行判断，并自动调整 UI 的整体布局与组件尺寸，这一系列操作都可以在启动任务中完成。

(5) 启动画面。许多 App 都有一个启动画面，一个原因当然是品牌展示，另一个原因是启动任务较多、耗时较长，启动画面可以从心理上帮助用户减少等待的感觉，这项功能放在启动任务中，配合 pause()函数暂停几秒时间，再把 Visible 属性设置为'off'即可让画面消失。

上述(4)与(5)既可以在启动任务函数 StartupFcn()中实现，也可以在创建元件函数 createComponents()中完成，用户可以根据实际需要来决定。一般来说，由于使用 App Designer 设计的 App 中的 createComponents()函数是不可编辑的，所以往往需要把它们放在启动任务中完成。

7.3.4 构建多窗口应用

日常生活中许多常用的 App 包含多个窗口，也就是说一个主窗口不能满足所有需求，根据情况会跳出一个新的子窗口(通常被称为对话框，Dialog Box)，在其中进行一些设置与操作，这种 App 被称为“多窗口 App”。准确地说，多窗口 App 由两个或多个共享数据的 App 构成，一般的逻辑是，主窗口中有一个按钮用于打开子窗口，当用户在子窗口中完成设置和操作后，子窗口关闭并把得到的数据发送给主窗口，主窗口继续完成其他任务。其关系如图 7-12 所示。

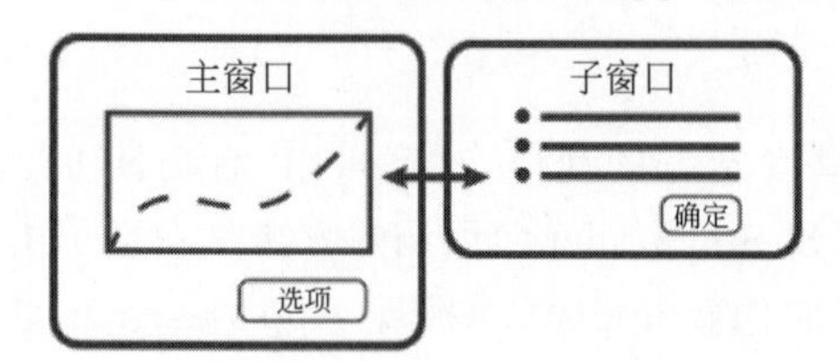

图 7-12 多窗口 App 结构关系

总体实现方法是，当子窗口打开时，主窗口将使用输入参数调用子窗口，将信息传递给子窗口。当用户单击子窗口中的确定按钮时，子窗口将使用输入参数调用主窗口中的公共函数，将数据返回。具体操作分为以下 5 个步骤(可参见案例文件，目录为\02 multiApp)。

1. 分别创建 App

将主窗口与子窗口分别创建 App，创建方法与前述一致，并将其在同一工作目录下分别保存为单独的文件，比如 MainApp.mlapp 和 DialogApp.mlapp。

2. 分别创建属性

首先在主窗口中，创建一个用于存储子窗口对象的属性。代码为

```
properties (Access = private)
    DialogApp % 子窗口对象
end
```

对应地，在子窗口中，创建一个用于存储主窗口对象的属性。代码为

```
properties (Access = private)
    CallingApp % 主窗口对象
end
```

这里需要提醒的是，两个属性均为私有属性，均仅在自己的类文件范围内起作用。

3. 将信息发送给子窗口

在编辑器选项卡上，单击“App 输入参数”，在对话框中输入变量名(以逗号分隔)列表，其中一个就是主窗口对象，比如起个名字为 mainapp。然后在初始任务函数中把主窗口对象保存即可。对话框自动显示输入的变量都是 StartupFcn()初始任务函数的输入参数，也就是说，如果使用编程法构建 App 的话，直接修改 StartupFcn()函数的输入参数即可。本步骤至此全部内容相当于代码：

```
function StartupFcn(app,mainapp,sz,c)
    app.CallingApp = mainapp;              % 把主窗口对象保存下来
end
```

注意，此处代码是位于子窗口中的，因此 app 只是一个对象的代号，在本文件内代表子窗口对象，类似于一个函数中的变量，它在本文件之外是无效的。

然后，在主窗口代码中，为选项按钮添加回调 OptionsButtonPushed()。该函数的功能，一是可以禁止该按钮再次被按下，以防止重复打开多个子窗口；二是创建子窗口并将对象信息存入 app.DialogApp。代码如下：

```
function OptionsButtonPushed(app,event)
    app.OptionsButton.Enable = 'off';      % 将按钮禁用，防止重复打开子窗口
    app.DialogApp = DialogApp(app);        % 创建子窗口并将对象信息存入 app.DialogApp
end
```

注意，这里的 DialogApp()函数就是 DialogApp 类中的“构造函数”，因为是公有函数所以可以在类文件外部直接调用，输入参数为 app，由于本代码是在主窗口代码中编写的，所以这里的 app 就代表主窗口对象。

4. 将信息返回给主窗口

首先，在主窗口中创建一个公有函数，用来更新 UI。函数名称可以修改，比如改为 updateplot()，输入参数为 app。

```
function updateplot(app, sz, c)
    % 更新 UI 界面的程序
    app.OptionsButton.Enable = 'on';      % 这里让选项按钮恢复可用
end
```

然后，在子窗口的确定按钮回调函数中，调用公有函数 updateplot()，记得要按照设置好的输入参数格式输入对应数据，此时由于是在子窗口代码中书写，app.CallingApp 代表主窗口对象。调用完成后，再使用 delete()函数删除子窗口。

```
function ButtonPushed(app,event)
    updateplot(app.CallingApp, app.EditField.Value, app.DropDown.Value);
    delete(app)      % 删除子窗口
end
```

5. 关闭窗口时的管理任务

初学者常常想不到，但是却必须要注意的是，无论是主窗口还是子窗口，在窗口关闭之

前应该自动去执行一些必要任务，所以需要在两个 App 中各编写一个 CloseRequest()回调，在窗口关闭时执行维护任务。

（1）子窗口关闭前，必须让主窗口中的选项按钮恢复功能，代码如下：

```
function DialogAppCloseRequest(app,event)
    app.CallingApp.OptionsButton.Enable = 'on';       % 恢复选项按钮功能
    delete(app)                                       % 删除子窗口
end
```

（2）主窗口关闭前，必须保证让子窗口也关闭，代码如下：

```
function MainAppCloseRequest(app,event)
    delete(app.DialogApp)        % 删除子窗口
    delete(app)                  % 删除主窗口
end
```

至此，多窗口 App 的设计就完成了，过程比较复杂，但可以加深读者对于 App 设计的理解。

7.3.5 应用的封装与打包

App 既然拥有优秀的人机交互界面，就决定了它的诞生是为了让更多人使用，App 打包就是实现分发的最后一步。在 App Designer 中打开一个 MLAPP 文件后，就可以在设计器工具栏中看到"分享"这一项，其明确提供了三种 App 打包方案。

1. MATLAB App

MATLAB App 是指在 MATLAB 中嵌入运行的 App，其实，在 MATLAB 主界面上方就有一个 APP 工具栏，其中包含的工具就是 App，只不过这些是官方发布的 App 而已。

打包工具会自动分析除了主文件外的其他 App 包含的文件，如图 7-13 所示。打包成功后会生成一个安装文件：

```
Display Plot.mlappinstall
```

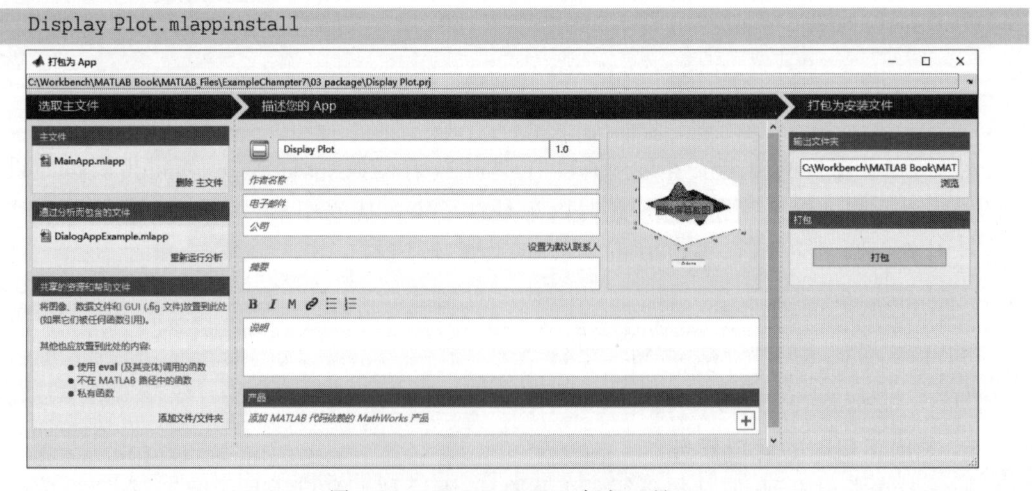

图 7-13　MATLAB App 打包工具

在主界面 APP 工具栏下，选择“安装 App”，选择刚才生成的安装文件，即可把 App 安装在工具栏中，与其他官方 App 一起使用，如图 7-14 所示。

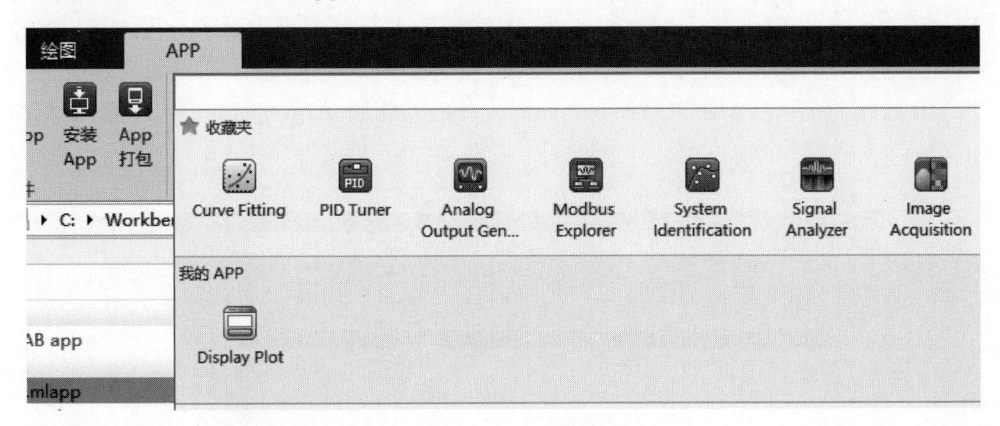

图 7-14 APP 工具栏显示区

这种 MATLAB App 的打包方式，显然是适用于待分发的计算机都装有 MATLAB 的情况。MATLAB 的 App 安装完成后，每次使用需要先打开 MATLAB，再单击打开 App，如果仅计算打开 App 的时间，则启动速度还是比较快的。

2. Web App

Web App 是指使用 MATLAB 编译器将 App 打包到 Web 上，并将编译后的应用程序复制到用户已经建立的 MATLAB Web 应用服务器上的 App。这样，任何访问服务器的人都可以在 Web 中访问相应的 URL。即使不是 MATLAB 用户，也可以在浏览器中运行应用程序。这种方法对于共享应用程序来说是理想的，可以让合作者通过 Web 轻松访问 App。Web App 打包工具界面如图 7-15 所示。

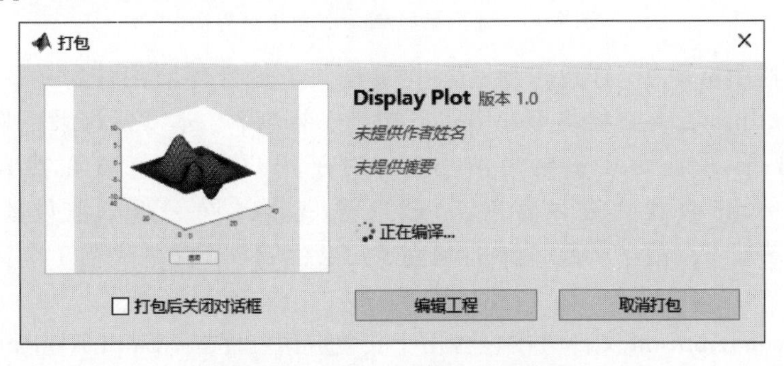

图 7-15 Web App 打包工具界面

Web App 的方式，既不要求使用者计算机上装有 MATLAB，也不要求其装有 MATLAB 的运行环境（MATLAB Runtime），只要有浏览器以及可靠的网络即可使用，并且间接实现了将算力瓶颈转移到服务器上，是一种先进的分发模式，只是需要部署一台服务器并完成基于 MATLAB Web App Server 的托管即可。

3. 独立桌面 App

独立桌面 App 仍然是当前需求量最大的方案，由于使用者计算机上未必装有 MATLAB 或稳定的 Web 接入部署服务器，独立桌面 App 是要求最低的分发方式。独立桌面 App 相当于一个编译好的可执行程序（EXE 文件），只不过需要计算机用户预先安装好 MATLAB 的运行环境（MATLAB Runtime）。独立桌面 App 打包工具界面如图 7-16 所示。

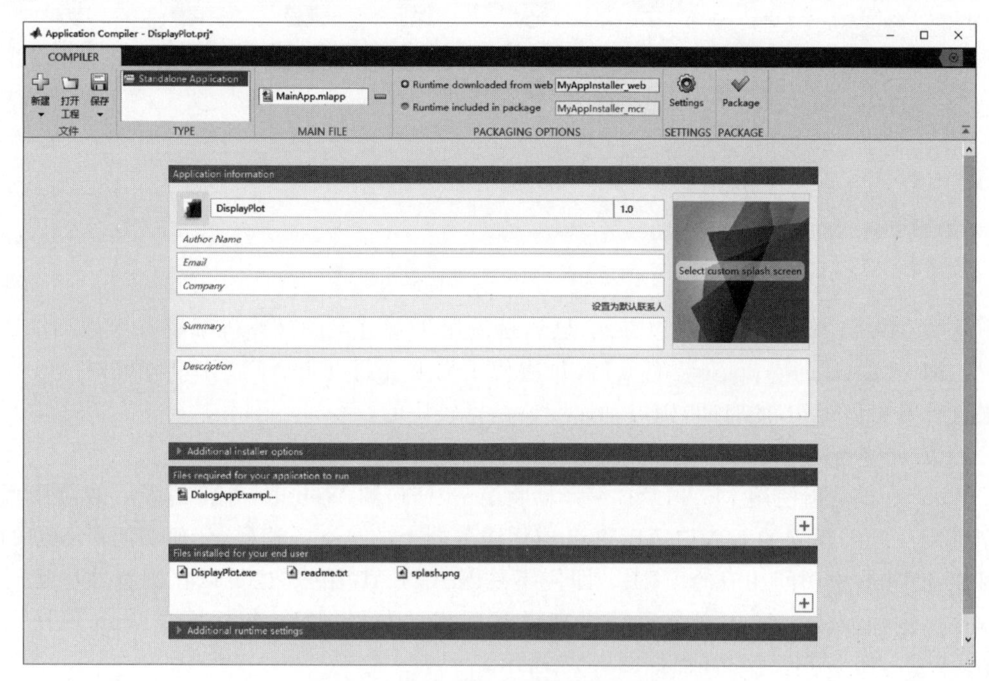

图 7-16　独立桌面 App 打包工具界面

打包工具栏中有两个“打包选项”，这其实是关于运行环境的选择的，一是网上下载 MATLAB Runtime，二是直接将 Runtime 打包到安装包中。本书建议采用第一种方式，更为可靠不易出错，并且安装包更简洁小巧。对于用户来说，直接在搜索引擎中输入 MATLAB Runtime 查找并进入官网，下载与 App 设计同一版本下最新的 MATLAB Runtime 并安装即可。独立桌面 App 打包完成后会生成 3 个文件夹与 1 个文件，它们的具体介绍如下。

（1）for_redistribution 文件夹内包含用于安装应用程序和 MATLAB Runtime 的文件，这也就是安装包文件夹，在用户计算机上可以用这个文件夹里的安装包来进行安装。

（2）for_redistribution_files_only 文件夹内包含应用程序的重新发布所需的文件。如果用户计算机已经使用 for_redistribution 文件夹中的安装包进行过安装，而程序需要更新时，可以将本文件夹中的文件直接替换到安装目录下即可。

（3）for_testing 文件夹内包含所有由 MCC 创建的文件，如二进制文件、jar 文件、头文件和源文件，使用这些文件来测试安装。说是测试，其实就是不需要安装的“绿色版本”，把该文件直接复制到用户计算机中，其中的EXE文件可以直接运行，并不一定要使用安装包。

(4) PackagingLog.txt是由编译器生成的日志文件。

不过，使用过独立桌面App的读者应该知道，这种方式打包的App每次启动时，需要先加载MATLAB Runtime和其他一些数据，因此每次启动时间非常长，基本要在20s左右，对于这么优秀的App设计工具来说这是非常可惜的。

好在，本书在后续的编程构建App部分中，还会提出另一种独立桌面App的打包方案，实现启动速度的大幅提升。

7.4 软件设计实战

本节的目标，是设计一款有一定复杂度的小软件，同时展示作图应用技法、表数据结构和UI组件的应用方法，借此加强读者对于软件设计思路与流程的理解。本例做了一定程度的精简，可以加速读者的学习进度，减少不必要的精力浪费。

7.4.1 设计的艺术：功能篇

App就是为了实现功能的，所以一款App的功能设计应该位于全部设计之初进行。

本节准备设计一款用于数据库显示分析的App，并对三国时期各势力文臣武将的数据进行分析，以得到一些对于数据库信息的理解。

给要设计的App制订以下3个基本功能目标：

(1) 显示全部人物的各项数据，并且可以进行排序操作；

(2) 对于选定的某个人物，可以直观地显示其4项能力值(统率、武力、智力、政治)；

(3) 基于数据库中的全部人物数据，可以分析出各项能力之间的影响关系。

从App功能角度而言，MATLAB的App开发，与其他语言下的App开发常常会有一些不同之处，比如使用M语言开发App时，大多数情况下比较偏重算法和关键结论，而往往不提出细节功能要求，以面向功能快速实现为核心目标，实现核心功能后再逐步添加附属功能，所以对于功能的设计不仅是第一步，而且还是比较重要甚至有难度的一步。

对于普通的MATLAB用户来说，真正设计一款App的流程往往是螺旋上升式的，比如先初步规划要实现哪些功能，然后对于不太有把握实现的部分，进行分别独立的代码试验，根据试验情况规划App架构，调试后根据使用情况再增加新功能。所以，设计App的第一步是提炼核心功能，实现后加入边缘功能，切忌一开始就抓住一些细节功能不放。

7.4.2 数据的准备与管理

本章开篇就解释过，软件等于程序加数据，对于App的设计而言，数据不仅是应用过程与调试过程中必不可少的，而且应该是在App设计之初就应该准备好的，因为后续的设计都要围绕数据的具体情况来展开。

为制作这款三国时期文臣武将数据库展示分析软件，笔者以网络上的三国志游戏资料为基础，整理编写了一份 Excel 文件，如图 7-17 所示，包括姓名、字、性别、性格等数据（这些数据只是游戏中的设定，只能在一定程度上反映历史人物的特点，此处仅作为一个有趣味和文化历史背景的用于练习的数据集）。

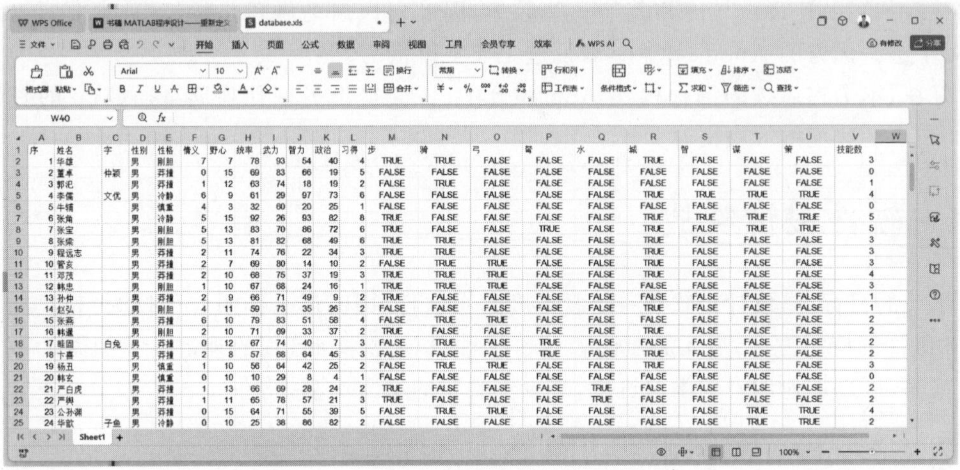

序	姓名	字	性别	性格	情义	野心	统率	武力	智力	政治	习得	步	骑	弓	弩	水	城	智	谋	策	技能数
1	华雄		男	刚胆	7	7	78	93	54	40	4	TRUE	TRUE	FALSE	FALSE	FALSE	TRUE	FALSE	FALSE	FALSE	3
2	董卓	仲颖	男	莽撞	0	15	69	83	66	19	5	FALSE	FALSE	FALSE	FALSE	FALSE	FALSE	FALSE	FALSE	FALSE	0
3	郭汜		男	莽撞	1	12	63	74	18	19	2	FALSE	TRUE	FALSE	FALSE	FALSE	FALSE	FALSE	FALSE	FALSE	1
4	李儒	文优	男	冷静	6	9	61	29	97	73	6	FALSE	FALSE	FALSE	FALSE	FALSE	TRUE	TRUE	TRUE	TRUE	4
5	牛辅		男	慎重	4	3	32	60	20	25	1	FALSE	FALSE	FALSE	FALSE	FALSE	FALSE	FALSE	FALSE	FALSE	0
6	张角		男	冷静	5	15	92	26	93	82	8	TRUE	FALSE	FALSE	FALSE	FALSE	TRUE	TRUE	TRUE	TRUE	5
7	张宝		男	刚胆	5	13	83	70	86	72	6	TRUE	FALSE	FALSE	TRUE	FALSE	TRUE	FALSE	TRUE	TRUE	5
8	张梁		男	刚胆	5	13	81	82	68	49	6	TRUE	TRUE	FALSE	FALSE	FALSE	TRUE	FALSE	FALSE	FALSE	3
9	程远志		男	莽撞	2	11	74	76	22	34	3	TRUE	TRUE	FALSE	FALSE	FALSE	TRUE	FALSE	FALSE	FALSE	3
10	管亥		男	莽撞	2	7	69	80	14	10	2	FALSE	TRUE	TRUE	FALSE	FALSE	TRUE	FALSE	FALSE	FALSE	3
11	邓茂		男	莽撞	2	10	68	75	37	19	3	TRUE	TRUE	TRUE	FALSE	FALSE	TRUE	FALSE	FALSE	FALSE	4
12	韩忠		男	刚胆	1	10	67	68	24	16	1	TRUE	TRUE	TRUE	FALSE	FALSE	FALSE	FALSE	FALSE	FALSE	3
13	孙仲		男	莽撞	2	9	66	71	49	9	2	TRUE	FALSE	FALSE	FALSE	FALSE	FALSE	FALSE	FALSE	FALSE	1
14	赵弘		男	刚胆	4	11	59	73	35	26	2	FALSE	FALSE	FALSE	FALSE	FALSE	TRUE	FALSE	FALSE	FALSE	1
15	张燕		男	莽撞	6	10	79	83	51	58	4	FALSE	TRUE	TRUE	FALSE	FALSE	FALSE	FALSE	FALSE	FALSE	2
16	韩暹		男	刚胆	2	10	71	69	33	37	2	TRUE	FALSE	FALSE	FALSE	FALSE	TRUE	FALSE	FALSE	FALSE	2
17	眭固	白兔	男	莽撞	0	12	67	74	40	7	3	FALSE	TRUE	FALSE	TRUE	FALSE	FALSE	FALSE	FALSE	FALSE	2
18	卞喜		男	莽撞	2	8	57	68	64	45	3	FALSE	FALSE	FALSE	TRUE	FALSE	TRUE	FALSE	FALSE	FALSE	2
19	杨丑		男	慎重	1	10	56	64	42	25	2	FALSE	TRUE	TRUE	FALSE	FALSE	TRUE	FALSE	FALSE	FALSE	3
20	韩玄		男	慎重	0	10	10	29	8	4	1	FALSE	FALSE	FALSE	FALSE	FALSE	FALSE	FALSE	FALSE	FALSE	0
21	严白虎		男	莽撞	1	13	66	69	28	24	2	TRUE	FALSE	FALSE	FALSE	TRUE	FALSE	FALSE	FALSE	FALSE	2
22	严舆		男	莽撞	1	11	65	78	57	21	3	TRUE	FALSE	FALSE	FALSE	TRUE	FALSE	FALSE	FALSE	FALSE	2
23	公孙渊		男	莽撞	0	15	64	71	55	39	5	FALSE	TRUE	TRUE	FALSE	FALSE	FALSE	FALSE	TRUE	TRUE	4
24	华歆	子鱼	男	冷静	0	10	25	38	86	82	2	FALSE	FALSE	FALSE	FALSE	FALSE	FALSE	FALSE	TRUE	TRUE	2

图 7-17　数据库准备

图 7-17 中的数据形式有字符、数字、逻辑值等，这样一份 Excel 文件比较适合使用表(table)结构来存取。其实，对于数据处理而言，拿到的第一手资料往往是不能直接使用的，一般都需要进行数据的预处理，这时可以在命令行环境下进行一些初步的尝试，比如代码：

```
t = readtable('database.xls','PreserveVariableNames',true); % 读取数据库
```

将 Excel 文件以 table 的形式读入变量 t，并显示表头数据，显示效果如图 7-18 所示，可以看出数据库中共有 527 个人物，每个人物有 22 项数据。

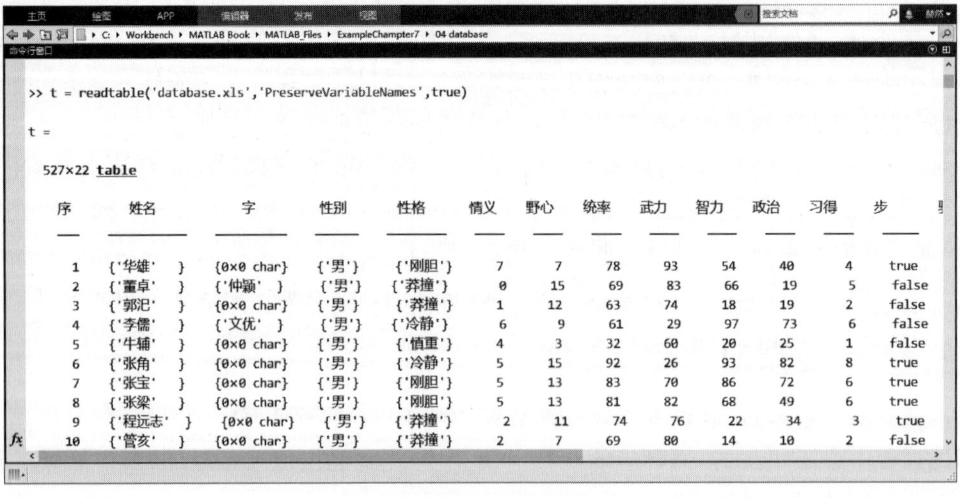

```
>> t = readtable('database.xls','PreserveVariableNames',true)

t =

  527×22 table

    序     姓名        字           性别      性格       情义  野心  统率  武力  智力  政治  习得  步

    1   {'华雄'  }  {0×0 char}  {'男'}  {'刚胆'}   7     7    78    93    54    40    4    true
    2   {'董卓'  }  {'仲颖'  }  {'男'}  {'莽撞'}   0    15    69    83    66    19    5    false
    3   {'郭汜'  }  {0×0 char}  {'男'}  {'莽撞'}   1    12    63    74    18    19    2    false
    4   {'李儒'  }  {'文优'  }  {'男'}  {'冷静'}   6     9    61    29    97    73    6    false
    5   {'牛辅'  }  {0×0 char}  {'男'}  {'慎重'}   4     3    32    60    20    25    1    false
    6   {'张角'  }  {0×0 char}  {'男'}  {'冷静'}   5    15    92    26    93    82    8    true
    7   {'张宝'  }  {0×0 char}  {'男'}  {'刚胆'}   5    13    83    70    86    72    6    true
    8   {'张梁'  }  {0×0 char}  {'男'}  {'刚胆'}   5    13    81    82    68    49    6    true
    9   {'程远志'  }  {0×0 char}  {'男'}  {'莽撞'}   2    11    74    76    22    34    3    true
   10   {'管亥'  }  {0×0 char}  {'男'}  {'莽撞'}   2     7    69    80    14    10    2    false
```

图 7-18　表数据在命令行中的显示

7.4.3 界面设计的思考

打开 App Designer，新建一个空白 App，拖入 UI 组件如图 7-19 所示。

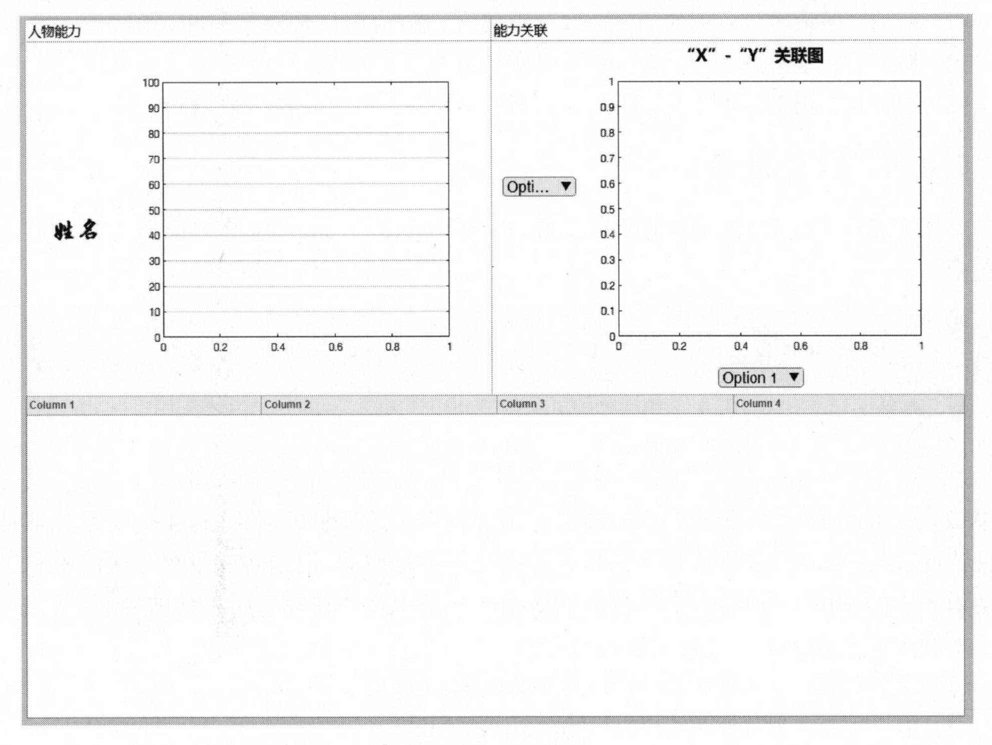

图 7-19 UI 布局

这个 UI 具体来说如何得到的呢？

(1) 界面分为三部分，左上与右上分别为两个面板，名称分别为“人物能力”和“能力关联”，下方为一个表组件；

(2) 两个面板中分别拖入一个标签和一个坐标区，能力关联面板中再拖入两个下拉列表；

(3) UI 在颜色方面也有所优化，此处将多处灰色的背景色直接改为白色了，目的是让坐标区绘图与背景融为一体；

(4) 其余均为一些细节设置，比如面板标题与标签的字体字号设置、坐标区的显示选项设置(如选择 Box 选项，让坐标区绘制框轮廓，这样外观效果更和谐)。

App 的 UI 设计与软件的程序设计是密不可分的，千万不要以为设计软件只是设计程序，而不用考虑 UI 的设计，把 UI 设计完全交给工业设计师是极不负责的，因为 UI 与软件的使用深度交叉，UI 组件设计会直接影响 App 的使用，因此本书建议，UI 设计是 App 设计过程中必须重视的环节，应由软件设计师结合工业设计师的美学建议与指导开发 UI。

App Designer 在外观方面提供的功能设置已经远远超过老版的 GUIDE，在大多数场景下都能胜任，即便在默认选项下也比较美观，如果需要更多外观设置，也有更为高级和复杂的用法，在编程构建方法中可以实现。

UI 设计要遵守以下三个重要原则。

(1) 简洁：尽量减少不必要的元素，花哨的设计会给用户带来负担和误解。

(2) 易懂：一定考虑用户语境，而不要使用编程者的语境。

(3) 结构化：用 UI 布局引导用户正确理解，提炼逻辑使软件尽量清晰。

7.4.4 自建准备

首先准备一下需要用到的属性和函数，因为是单窗口 App，这里均选择为“私有”。属性包括：

```
properties (Access = private)
    databaseTable      % 存储数据的表
    numSelect          % 当前选择的行号
    xName              % x 的名称
    yName              % y 的名称
end
```

其中，x 与 y 的名称代表关联图中 x 轴与 y 轴分别表示的变量的名称，这 4 个变量分别是从文件读取、表格中的单击动作和下拉列表选择动作中返回的，把这些变量存入属性中利于在其他函数中的调用。另外，每个属性都应该附加一条中文的注释表明属性的含义。

本例中需要准备 4 个自建函数，分别为：

(1) 用于更新人物姓名标签的函数：updateName()；

(2) 用于更新关联图标签的函数：updateXYLabel()；

(3) 用于更新人物图的函数：updatePlot()；

(4) 用于更新关联图的函数：updatePlot2()；

先把这 4 个函数建立起来即可，并不是需要现在就将函数内容补充完整，App 中的自建函数与无 UI 的脚本程序中的函数相比，并没有什么不同，它们都是把一些可能会重复使用的功能打包而已。

7.4.5 动态互动的回调逻辑

先来分析一下 App 中需要添加哪些回调，首先需要实现对于表格组件的单击的响应，就要添加一个单元格选择回调函数：

```
function UITableCellSelection(app, event)
    app.numSelect = event.Indices(1);        % 提取选择行号
    updateName(app);                         % 更新人物姓名
    updatePlot(app);                         % 更新人物能力图
end
```

其中，event. Indices(1)表示返回的是单击表格的行号，若要返回列号则为 event. Indices(2)，行号存储在了前述准备好的属性 app. numSelect 中备用。提取行号后只需要执行两个动作——更新人物姓名和更新人物能力图，而这两者都由前述自建函数准备完成，此处直接调用。

然后，对于两个下拉列表来说，当然需要两个回调函数，即"更改值后执行的回调"，即

```
function DropDownXValueChanged(app, event)
    app.xName = app.DropDownX.Value;          % 读取下拉列表值
    updateXYLabel(app);                        % 更新关联图标签
    updatePlot2(app);                          % 更新关联图
end
function DropDownYValueChanged(app, event)
    app.yName = app.DropDownY.Value;          % 读取下拉列表值
    updateXYLabel(app);                        % 更新关联图标签
    updatePlot2(app);                          % 更新关联图
end
```

原理也是一样，首先把下拉列表返回的值读取并保存在自建属性中，然后要执行的动作由两个自建函数完成，即"更新关联图标签"和"更新关联图"。

最后，也是最复杂的，需要建立一个启动任务回调函数，把所有在App启动时需要执行的代码都放在这个函数中，代码如下：

```
function startupFcn(app)
        clc;                                           % 清空命令行区
        % 读取数据库,存入表中,并处理类别数据
        app.databaseTable = readtable('database.xls','PreserveVariableNames',true);
        app.databaseTable.('性格') = …
            categorical(app.databaseTable.('性格'),{'冷静','慎重','刚胆','莽撞'});
        % 建立UI表,显示表头
        app.UITable.Data = app.databaseTable;
        app.UITable.ColumnName = app.databaseTable.Properties.VariableNames;
        % 定义表格的列宽
        w1 = 58; w2 = 38;
        app.UITable.ColumnWidth = {45 70 45 50 70 w1 w1 w1 w1 w1 w1 w1 w2 w2 w2 w2 w2… w2 w2 w2
            w2 'auto'};
        % 控制"性格"列为可编辑
        app.UITable.ColumnEditable = [false(1,4) true false(1,17)];
        app.UITable.ColumnSortable = true(1,22);  % 控制所有列为可排序
        %% 初始化下拉列表
        app.DropDownX.Items = app.databaseTable.Properties.VariableNames(6:12);
        app.xName = app.databaseTable.Properties.VariableNames{6};
        app.DropDownY.Items = app.databaseTable.Properties.VariableNames(6:22);
        app.yName = app.databaseTable.Properties.VariableNames{6};
end
```

说明：

(1) 读者要习惯在启动任务开头清空命令行与工作区变量，防止意外的影响。

(2) app.databaseTable.('性格')是一种很灵活的索引方式，表示将表格中以"性格"为表头(变量)的部分提取出来，并按照{'冷静','慎重','刚胆','莽撞'}4类进行分类。

(3) 将表格整体赋值给 app.UITable 的 Data 属性，即可在 UITable 中显示表格，非常方便。

(4) UITable 的 ColumnName 存储的是表头信息，该信息在表数据的 VariableNames 属性中，注意 table 不直接拥有 VariableNames 这类属性，而是全部存储在上级属性 Properties 中。

(5) 表格的列宽默认是自动的，此处会导致内容不能完全显示，因此要手动设置，单位为磅，对 ColumnWidth 属性赋值即可，其中不进行手动设置的部分可以用'auto'代替。

(6) 控制"性格"列为可编辑的操作是为了展示如何让表格中的某一区域可编辑，需要注意的是，编辑的只是表格中的数据，并没有自动修改数据库文件，如需修改文件可以进行读取保存操作。

(7) ColumnSortable 属性控制表格的排序功能。

(8) 对于下拉列表要特别注意，需要用 Item 属性定义下拉列表中有哪些选项，并且 app 属性中存储的两个下拉列表值也需要初始化，否则，在选择某一个下拉列表而另一下拉列表并未被单击时，另一下拉列表的返回值为空，这样更新关联图时则会报错。

启动任务函数中编写了较多的代码，主要是帮助读者复习表(table)的使用技法以及一些属性的应用实操。

7.4.6 填写函数

在自建准备中已将所有动作进行了函数打包，在回调的填写中也将各种返回值存储在自建的属性中了，下面要做的就是把自建的函数内容补充完整。

(1) 用于更新人物姓名标签的函数。给标签组件的属性 Text 赋值即可改变其显示文字，这里就可以直接调用所选择表格行号 numSelect 属性了。

```
function updateName(app)
    app.LabelName.Text = app.databaseTable.('姓名')(app.numSelect);
end
```

(2) 用于更新关联图标签的函数。这里使用了一个字符串串联的操作，其实就是矩阵的串联操作，其中 xName 和 yName 两个属性在上述回调中已存储好了两个字符串。

```
function updateXYLabel(app)
    app.XYLabel.Text = [app.xName,' - ',app.yName,'关联图'];
end
```

在(1)和(2)中为什么把一句代码都要打包为函数？是否可以直接将这一句代码放在对应位置呢？当然可以，但这里展示的是按“功能”而不是代码量来决定是否打包函数，这种操作不容易在“先写脚本后写函数”的流程中出现，而是在如本例的“先按功能建函数，再添加函数内容”的流程中出现。

(3) 用于更新人物图的函数。人物图准备将 4 项能力的数据可视化显示出来，这 4 项能力位于表格的 8～11 列，代码如下(复习柱形图绘制方法及圆点表示法)：

```
function updatePlot(app)
    x = categorical(app.databaseTable.Properties.VariableNames(8:11));    % 能力名称
    y = table2array(app.databaseTable(app.numSelect,8:11));               % 能力数据
    b = bar(app.UIAxes,x,y);                                               % 绘制柱形图
    b.FaceColor = 'flat';                                                  % 面颜色模式
    cmap = colormap(app.UIAxes,lines);                                     % 取颜色图
    b.CData = cmap(1:4,:);                                                 % 设置颜色
    b.LineStyle = 'none';                                                  % 设置轮廓线形
    b.FaceAlpha = 0.8;                                                     % 设置透明度
end
```

(4) 用于更新关联图的函数。用于将任意两种能力或技能进行数据对比，可视化两者的分布与关系，并对两者进行二次曲线的拟合，以明确提炼因素之间的影响。代码如下（复习散点图绘制方法，学习散点尺寸的控制技法，复习曲线拟合与绘制方法，学习坐标区标尺显示控制技法）：

```
function updatePlot2(app)
    x = app.databaseTable.(app.xName);               % 提取x数据
    y = app.databaseTable.(app.yName);               % 提取y数据
    pointSize = ones(size(x));                       % 预分配"点尺寸"向量
    for i = 1:size(x,1)
        temp = ismember([x y],[x(i) y(i)]);          % 相同坐标提取
        numPoint = sum(all(temp'));                  % 相同坐标点的个数
        pointSize(i) = 500 * sqrt(numPoint);         % 此处的标记尺寸
    end
    % 绘制散点图
    s = scatter(app.UIAxes2,x,y);
    s.SizeData = pointSize;
    s.Marker = '.';
    s.MarkerEdgeAlpha = 0.5;
    hold(app.UIAxes2,"on")
    % 坐标区标尺显示控制
    app.UIAxes2.XLimMode = 'auto';
    app.UIAxes2.YLimMode = 'auto';
    app.UIAxes2.XLim = app.UIAxes2.XLim + app.UIAxes2.XLim(2) * [ - 0.05 0.05];
    app.UIAxes2.YLim = app.UIAxes2.YLim + app.UIAxes2.YLim(2) * [ - 0.05 0.05];
    % 绘制拟合曲线图
    p = polyfit(x,y,2);
    f = fplot(app.UIAxes2,poly2sym(p));
    f.LineWidth = 2;
    hold(app.UIAxes2,"off")
end
```

说明：

(1) pointSize()如果不进行内存预分配的话，将在循环中不停地扩展尺寸，对于计算是不利的，MATLAB也会提示警告，因此预分配的良好习惯一定要养成，本例就是一个最典型的应用场景。

(2) ismember()函数非常强大，它可以用于判断数组元素是否为集数组成员，当数组元素是集数组成员，返回数组的相应位置为逻辑1，其余为逻辑0。

（3）本例中计算散点尺寸的意义是，散点图中每个点的尺寸可以直观表示该数据出现的频数，并且出现频数越多颜色就越深（这是因为后面使用 MarkerEdgeAlpha 属性设置了透明度），使得可视化效果非常强烈，富有科技感，这是一种高级的散点图，应用于坐标为整数导致较多重合点出现的情况，称为“热力散点图”。

（4）本例还对坐标区标尺显示使用了特殊的控制技法，首先在绘制热力散点图时，设置 XLimMode 及 YLimMode 为'auto'，这样 MATLAB 会自动识别数据范围并自动设置适合的标尺，这时把标尺尺寸做一个处理，让标尺向左右（或上下）分别扩展原标尺的 5%（扩展是为了让有较大尺寸的散点可以完全在坐标区中显示），这里提醒一下，虽然标尺模式在默认情况下就是'auto'的状态，但是一旦设置了标尺的具体数字（扩展 5%），则自动变更为数字模式，那么下一次再在此图形中作图时，就不会再按照数据范围自动匹配标尺了。

（5）此例中还展示了 hold()函数的最典型用法之一，首先将 hold()函数中相应的参数设置为"on"，让第二次作的曲线图可以画在第一次作的散点图上，再将 hold()函数中相应的参数设置为"off"，使得下次重画时软件会自动清除坐标区。

7.4.7 分析与优化：效果篇

终于到了运行的时刻了，App 启动时会自动加载数据库，单击智力的箭头从高到低排个序吧！此时，表格会自动将所有人物按智力分数重新显示，可以看到最高分为诸葛亮，单击诸葛亮这行的任意位置，都会在左上方的坐标区中显示该人物的 4 个能力值，由于提前设置了坐标区的 y 轴标尺为 0 到 100，所以更换其他人物时可以对比区别。运行界面如图 7-20 所示。

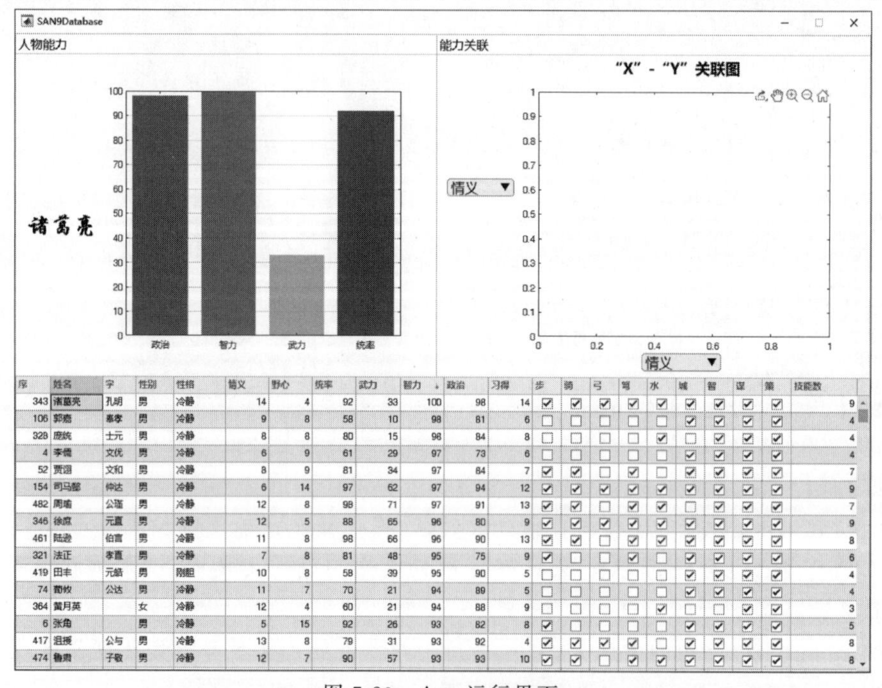

图 7-20　App 运行界面

从图 7-20 中还可以观察到许多规律，比如智力较高的人中性格多为“冷静”；性格有 4 种，前面设置了性格可修改，这里尝试双击任意一个性格列中的位置，显示效果如图 7-21 所示。这就是前面性格列更改为“类别数组”的意义之一了，此处就可以进行选择修改。

序	姓名	字	性别	性格	情义	野心
343	诸葛亮	孔明	男	冷静 ▼	14	4
106	郭嘉	奉孝	男	冷静	9	8
328	庞统	士元	男	慎重	8	8
4	李儒	文优	男	刚胆	6	9
52	贾诩	文和	男	莽撞	8	9
154	司马懿	仲达	男		6	14
482	周瑜	公瑾	男	冷静	12	8
346	徐庶	元直	男	冷静	12	5
461	陆逊	伯言	男	冷静	11	8

图 7-21　分类数据的修改展示

下面单击下拉列表，分析一下智力与政治（处理政治事务能力）之间的关联，如图 7-22 所示，从中可以看出，智力越高则政治也越高。

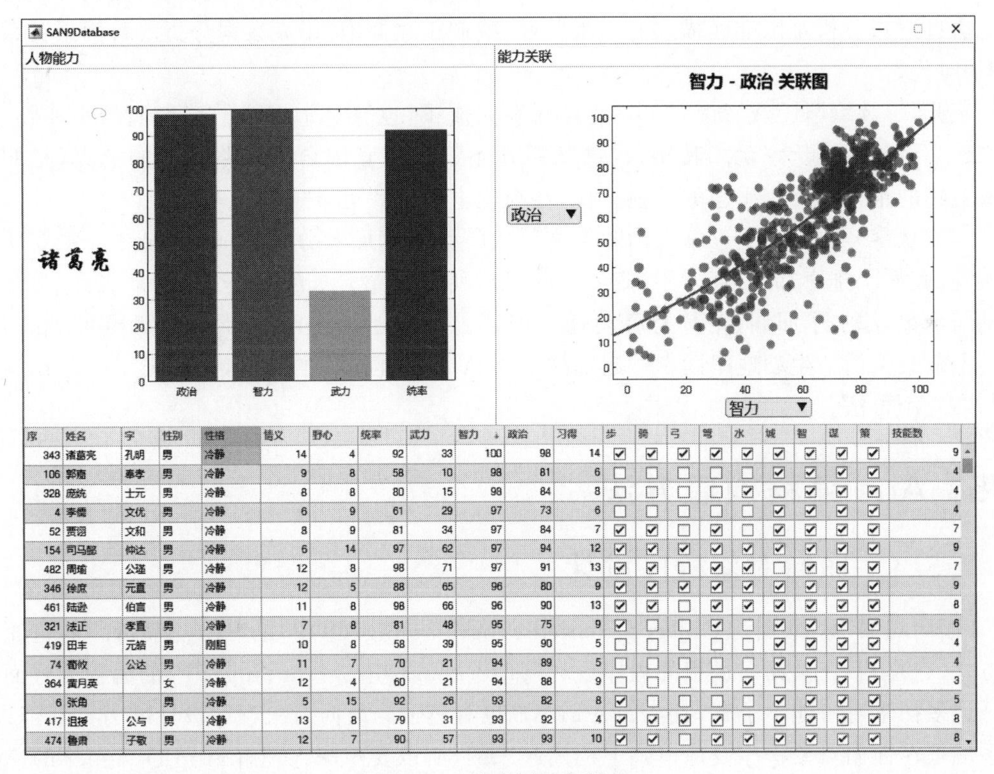

图 7-22　关联图运行效果

尝试修改下拉列表的选项，可以分析出各种各样的有趣的关联，比如从图 7-23 就可以说明智力对于各种变量的影响。(1)有一定智力时，武力会较高，所谓聪明人练武也快；但智力很高的人，可能就由于以智力为谋生之道而不再弥补武力的短板，所以很高智力的人武力一般不太高。(2)智力普通的人野心最低，智力高的人野心比较大，因为见识广这容易理解；有意思的是智力低的人野心也很大，可能是无知者无畏吧。(3)智力越高，习得(学习)就越多，而且最高智力的人习得会非常多，可能智力越高越能意识到学习的重要性吧。

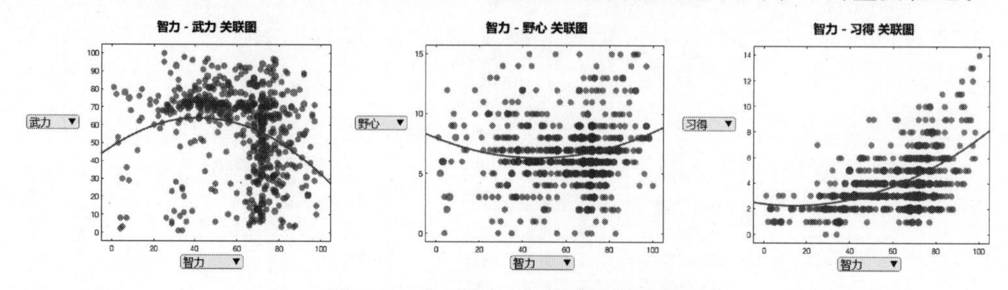

图 7-23 智力对于各能力的影响图

其实，这里的数据也只是游戏中的设定，另外对于人物的分析也没有这么简单，此处的二次多项式拟合也不是很科学的表达(从线与点之间的位置关系即可看出)，不过当数据足够准确且足够多时(最好是数据的种类也足够多)，运用类似的数据分析方法，确实可以得到一些通过逻辑分析难以准确描述的因果关系，我们正在拥抱“用大数据分析代替因果关系分析”的时代。

至此，一款“软件”或者说“App”就算开发完成了，也算是本书赠给读者们的小礼物，可以当作小游戏一样玩一玩。其实，自己从零开始开发一套按自己思路构建的 App，是非常有成就感的也是非常有乐趣的一项工作，甚至比电子游戏更有乐趣。

本节从零开始构建了一款三国时期文臣武将数据库展示分析 App，面向三个主要功能的实现(表显示排序、能力直方图、变量关联图)，利用 App Designer 完成了 UI 设计，自建了属性与函数，添加了回调(尤其是启动任务回调)，填写了功能函数，最终实现了 App 的设计。本节案例简洁生动地跟读者一起加深了对 App 构建流程的理解，并加强了一些作图技法与表应用方法。

7.5 App 编程构建方法

7.5.1 面向对象程序设计

“面向对象程序设计”(Object Oriented Programming，OOP)是“大中型软件”的主流编程方式，它是相对于“面向过程的程序设计”(Procedural Programming，PP)的编程方式而言的。许多初学者可能不了解，其实 MATLAB 也有极强的面向对象程序设计能力，尤其 GUI 体系就是在面向对象程序设计模式下构建起来的，所以要想深入理解 App Designer 的应用以及掌握编程构建 App 的设计方法，就首先要了解面向对象的编程原理。

面向过程的程序设计的实现思想就是把问题分解为步骤，一步一步地解决问题；而面向对象程序设计解决问题的思路有所不同，简单地讲，是这样的：(1)把与问题相关的事物提炼为一个个对象；(2)对象与对象之间，可以像积木一样组合，也可以像手机一样通信；

(3)用以上两点，来模拟实际问题的发生。

面向对象程序设计的最核心的概念就是“对象”(Object)与“类”(Class)。对象就是指具体的事物，比如在7.4节的数据库中，可以说诸葛亮就是一个对象，郭嘉是另一个对象，把这些对象的共性抽象一下，说这些对象都属于“人物”，这就是类的概念。所以可以总结，许多拥有同一性质的对象被归纳总结为一个类，可以利用这个类再演绎出(新建)任意一个新的对象。所以，这个新的对象有什么特点能做什么事，在它创建的那一刻就被定义了，因为它属于那一类，所以那一类有什么特点能做什么事，这个对象就都可以。

诸葛亮的智力就称为诸葛亮这个对象的“属性”(Property)，把这个智力变量写成“诸葛亮.智力”(圆点表示法)，郭嘉也有同样的属性即为“郭嘉.智力”，这些都是对象的属性。另外，对象还可以有一些变化或活动，比如说，诸葛亮的智力还可以通过读书再提高，那么读书这个活动就可以被定义为对象的“方法”(Method)，可以把诸葛亮读书记为“诸葛亮.读书()”，这个“读书()”就是属于诸葛亮这个对象的一个方法(函数)。而对象被抽象为类后，对应的类当然也拥有这个对象所拥有的属性与方法。所以，如果用OOP思想解决“诸葛亮读了一本书后，现在的智力值是多少?”的问题，步骤是：

(1) 建立“人物”类，该类含有一个“智力”属性和一个“读书”方法；

(2) 完善“读书”方法的具体函数内容，比如：

```
method 读书()
    对象.智力 = 对象.智力 + 1;
end
```

(3) 新建一个对象“诸葛亮”，它属于“人物”类；

(4) 对“诸葛亮”施加“读书”方法，即

```
诸葛亮.读书();
```

(5) 读取对象“诸葛亮”的“智力”属性，并输出：

```
disp(诸葛亮.智力)
```

如此，就使用OOP思想解决了一个具体问题。这样看起来OOP方法要比PP方法麻烦许多，为什么还会成为一个非常流行的编程思想呢？OOP的核心思想其实就是机械电气工程中常讲的“模块化”，每个对象就是一个模块，每个类就是一种类别的模块，OOP的主要优势有如下3点：

(1) OOP善于把复杂的问题解构为许多简单的模块的组合与信息交换，模块自己既拥有数据还拥有方法，这种逻辑其实更接近真实世界，更适用于搭建模型；

(2) OOP可以通过继承的方式实现代码的复用，从底层逻辑实现对模块之间的关系的建模；

(3) OOP修改或增加模块不会影响原有模块，这是一种优异的稳健性，它源于架构对于模块之间隔离与接口的完美模拟。

所以，这种模块化的思想，就决定了OOP非常适用于较大型较复杂的软件工程，便于

搭建更仿真的模型，也更易于形成架构逻辑，同时也不惧怕频繁的后期维护。总之，在MATLAB中，面向对象程序设计（OOP）是一种强大的编程范式，允许开发者以对象为中心来组织和结构化代码，它的重要特性有模块化、重用性、扩展性、抽象性、封装性，在复杂系统开发、软件工程、模拟和建模、图形用户界面开发、工具和库的开发方面有重要应用。

7.5.2 App类应用

MATLAB软件整体就是基于OOP思想构建起来的，在M语言中，每个值都是一个类。比如，在命令行中输入“a=1;”来创建一个变量a，然后输入命令“whos”查询变量的信息，如图7-24所示。

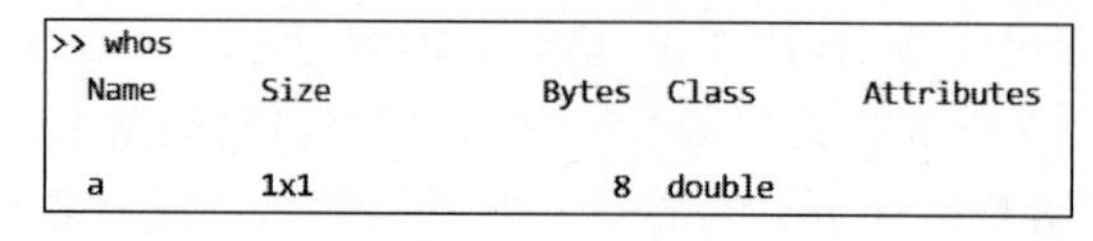

图7-24 类查询

可以发现，变量a是属于一个类（Class）的，这个类叫作double。进一步地，还可以用类检查工具函数isa()来检查a到底是不是一个double类：

```
isa(a,'double')
```

输出的结果是逻辑1，证明a确实是double类，所以，所谓数据类型本质上就是“数据类”。这里的isa()函数可以说非常形象，上面的代码可以翻译为

```
"a" is a double class
```

而在构建App时的代码，最能反映OOP思想。使用7.4节中的具体代码举例。

1. App整体就是一个类文件

进入代码视图，可以看到App代码整体的结构为

```
classdef databaseApp < matlab.apps.AppBase
    % 代码主体
end
```

也就是说，构建的App文件，其实是在编写一个类文件，只不过这个类文件有点特殊，部分代码是App Designer构建好的并且不可修改（灰底），而且拥有对应的UI设计视图，这才整体被打包为一个MLAPP文件。从代码文件的头就可以看出端倪，“classdef”就是新建类文件的默认关键字，意为class definition。定义的类的名称即为databaseApp（这个名字是保存MLAPP文件时定义的文件名），也就是说，构建App所做的一切工作都是在定义这个databaseApp类。matlab.apps.AppBase也是一个类，这个类是MATLAB软件自己早就定义好的，中间显示的“＜”符号的意思是“继承”，也就是说databaseApp类是matlab.apps.AppBase类的“子类”，而matlab.apps.AppBase类是databaseApp类的父类，子类继承父类的意思是，子类拥有父类所拥有的一切属性和方法。换言之，MATLAB早已为用户定义好了App的父类，对于用户自己要做的App还有什么特殊需求的话，则自己可以再定

义子类。完成 App 设计后，可以在工作目录下命令行中输入这个类的名称 databaseApp 并运行，可以看到 App 界面启动并正常运行了，这时就是在"运行这个类"。

2. App 也是由属性和方法构成的

App 的代码文件的结构，显然也是"属性＋方法"。属性无非是在定义变量或者对象，比如在下面这段代码中，定义了属性 SAN9DatabaseUIFigure，后面紧跟的 matlab. ui. Figure 代表这个属性本身是属于 matlab. ui. Figure 类的，SAN9DatabaseUIFigure 本身就拥有父类的所有属性与方法了。

```
properties (Access = public)
    SAN9DatabaseUIFigure matlab.ui.Figure
     % 属性
end
```

App 中的方法代码也是类似的：

```
methods (Access = public)
  % 方法
end
```

3. App 的构造函数

在 App 的方法中，有一个函数的函数名与类名相同，即 databaseApp 函数，代码如下：

```
function app = databaseApp
          createComponents(app)
          registerApp(app, app.SAN9DatabaseUIFigure)
          runStartupFcn(app, @startupFcn)
                  if nargout == 0
                    clear app
                  end
end
```

这个函数被称为类的"构造函数"，前述所谓的"运行类"其实是在运行这个构造函数。这个构造函数的输出为 app 这个变量，app 就是属于 databaseApp 类的一个对象，只不过在类文件内部，这个 app 只是一个代码，就如同函数内部的变量一样，此处的代码换成其他字母也可以。createComponents()函数的作用是创建元件，从整体图窗到每个按钮都是在这个函数中创建的。registerApp()函数是 matlab. apps. AppBase 父类中定义过的一个方法函数，用于注册。App. runStartupFcn()函数用于启动任务回调，回调都需要输入回调函数的指针，如@startupFcn。

4. 每个 UI 组件都是一个对象

正如在属性中定义过的一样，每个 UI 组件其实都是属于某一个类的对象，比如 UITable 就是属于 matlab. ui. control. Table 类的对象，它的创建代码为

```
app.UITable = uitable(app.SAN9DatabaseUIFigure);
```

就是在创建一个名为 app. UITable 的对象，并且它建立在 app. SAN9DatabaseUIFigure 父

容器上。这个 app. UITable 对象也有自己的属性与方法，因此创建后可以进行属性与方法的设置。

```
app.UITable.ColumnName = {'Column 1'; 'Column 2'; 'Column 3'; 'Column 4'};
app.UITable.RowName = {};
app.UITable.CellSelectionCallback = ...
  createCallbackFcn(app, @UITableCellSelection, true);
app.UITable.Position = [1 1 1134 378];
```

其实整个 MATLAB 都是建立在 OOP 思想基础上的，App 的构建更是完全依赖于类文件，只不过 App Designer 为了减少使用者的工作量，把不需要修改的部分都打包好了，还加入了 UI 设计视图，让 App 的设计非常简洁迅速。不过，要想真正深入地理解和运用 App 构建的技术，还是建议读者要对 MATLAB 中的 OOP 思想有一定的认识。

7.5.3 App 编程构建解析

学习至此，很多的读者可能也已经思考过，其实完全可以在脚本中用代码创建一个图窗，并在图窗上创建 UI 组件，再对组件编写回调函数，这样不就完成了一个 App 的构建了吗？是的，这是一种面向过程的程序设计(PP)的 App 编程构建方法，对于非常简单的局部交互 UI，完全可以这样去做(具体教程可参见帮助文档“以编程方式创建简单的 App”)，不过对于较复杂的 App 设计，以及以灵活控制界面组件行为为目的的 App 设计，本书建议仍然以面向对象程序设计(OOP)思想为基础，以 App Designer 提供的类架构为蓝本，开展 App 的编程构建方法。原理及操作步骤非常简单易行：

(1) 打开 App Designer，新建一个 App，在 UI 设计视图中将需要用到的基础组件拖入适当位置，并完成一些基本的外观设置，还可以创建一些属性与回调，此处的目的是借助 App Designer 的易操作性，将大部分功能性代码自动生成出来；

(2) 在设计器工具栏中，单击保存，导出为 M 文件，这时 MATLAB 会自动为用户创建一个后缀为. m 的类文件，其中的代码就是原来在 App Designer 的代码视图中的全部代码，这个类文件可以直接运行，就是目标 App；

(3) 现在就可以关闭 App Designer，完全利用编程的方式在类文件中修改已有的 App 了。

那么，采用这种方式有什么特别之处吗？或者说原来的 App Designer 有哪些功能实现不了吗？

(1) 完全控制 App 的界面尺寸与布局。

由 App Designer 制作的 App，对于不同尺寸屏幕、不同尺寸界面的适用能力有限，比如 App 分发到其他计算机上或其他屏幕上进行全屏展示，或者手动调节界面的尺寸时，UI 组件的布局是很容易错位的，这对于 App 来说是很严重的问题。为了解决这个问题，App Designer 在新建 App 界面中提供了两款适应性模板，分别为“可自动调整布局的两栏式 App”和“可自动调整布局的三栏式 App”，它们可以在一定程度上解决该类问题，但是功能范围仍然比较有限。这两款自动调整布局的 App 模板实现的原理其实就是在创建组件函数 createComponents()中，对网格布局(GridLayout)进行了适应性的设置，针对不同的尺寸情况做出对应的反应而已。完全可以将这两个模板另存为类文件，并在其基础上修改函数 createComponents()，实现预期的功能。

(2) 精准控制 UI 组件的尺寸及坐标。

拖动组件确实比较方便，但是拖动的位置也不够准确，在 App Designer 中 UI 设计界面里的布局，一旦复杂起来，很容易造成位置上的不协调，比如组件的长、宽、坐标都可能出问题。在类代码中，不仅可以以数字形式准确设置组件的尺寸和坐标，还可以设置变量，批量修改坐标，这样如果遇到界面布局的修改，只需要在代码中修改变量的值即可，对于 App 后期维护与升级有极大的优势。

(3) 可以实现 UI 组件的动态创建、删除、显示和隐藏。

其实，许多大中型 App 的 UI 组件都存在一些动态的行为，比较创建、删除、显示、隐藏，对于复杂的功能性 App，这些往往都是难以避免的，这时就需要使用编程的方式来构建 App 了。在类文件中可以准备一个与组件信息相对应的变量属性，一旦这些变量发生了改变就立即更新 UI，这种操作在制作含有"模型树"的 App 时非常常用。

(4) 批量设置 UI 组件的属性和方法。

当 App 中组件较多时，如果需要将许多个组件的属性(如外观)或方法进行统一修改，原来的 App Designer 就比较麻烦，只能一个属性一个属性地修改，而通过编程的方式修改这些组件就灵活得多，可以将一组组件归入一类中统一设置与修改，也方便后期的维护与升级。

总之，编程式 App 构建方法最大的特点就是由于开放所带来的灵活，可以根据需要来订制化设计，这对于大中型 App 的构建及维护升级有极大的优势。

7.6 科研一线软件设计案例：BiopDesigner

在作者多年的一线科研生涯中，主要负责生物 3D 打印技术的开发。作者的项目团队迫切需要一款专门为生物 3D 打印设计组织器官并规划打印工艺的软件。正是出于这样的需求，作者利用 MATLAB 环境开发了 BiopDesigner 软件。如今，它已经升级至 8.3.15 版本。

7.6.1 架构篇：界面布局与逻辑框架

当用户启动 BiopDesigner 软件，首先会看到的是一个精心设计的启动画面，如图 7-25 所示。为了确保画面上显示的版本号始终保持最新，软件采用了一个"自动更新机制"，避免了频繁的手动修改。方法是在软件目录中存放了一张设计好的启动图片，该图片在版本号的位置预留了空白。每次软件启动时，程序会自动加载这张图片，并且借助 MATLAB 的 insertText()函数，在适当的位置动态地插入当前的版本号。这样，用户每次打开 BiopDesigner 时都会看到最新的信息。

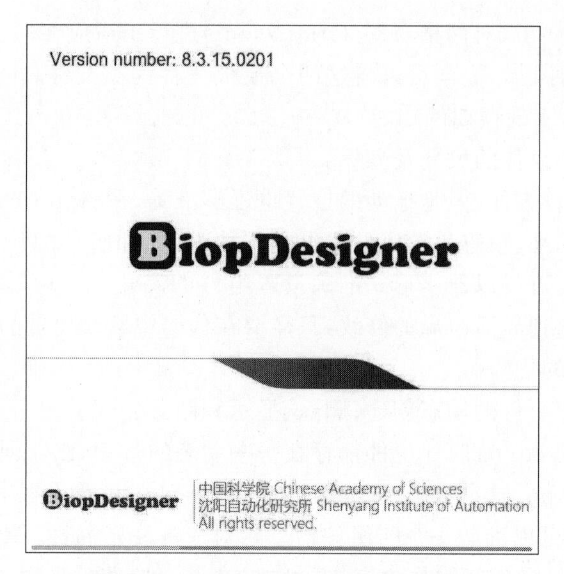

图 7-25 BiopDesigner 软件启动画面

打开 BiopDesigner 软件，用户将看到软件界面，如图 7-26 所示。除了功能丰富的菜单栏外，界面被划分为四个主要区域：模型树区、参数设置区、图形区和消息区，这些都是通过网格布局来组织的。软件的标题栏会自动显示当前的版本号，这是通过编程精心实现的一个细节。我们还考虑到了用户体验的细节。意识到不同计算机屏幕的分辨率可能会有所不同，软件被设计为在每次启动时自动检测屏幕尺寸，并相应地自动调整字号大小。这确保了无论在何种屏幕上，文字的显示都能保持美观和易于阅读。

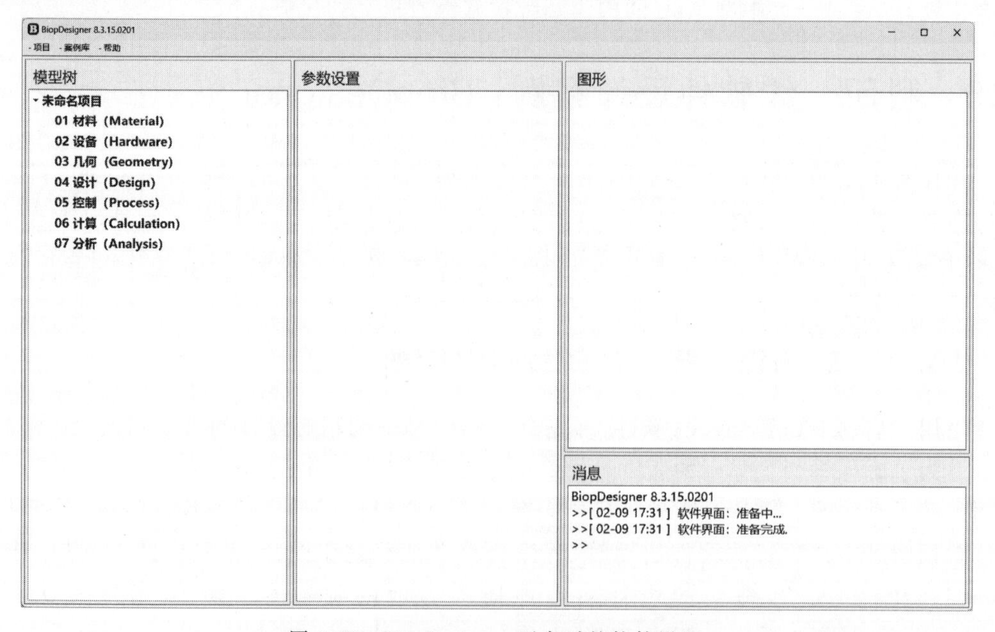

图 7-26 BiopDesigner 开启时的软件界面

BiopDesigner软件的整体架构实际上非常直观和简洁，如图7-27所示，其核心并不比前文介绍的小型软件复杂。在图7-27中，读者会注意到一个特别的“事件”部分。这一环节是专门针对树状结构中的动作而设计的函数。当读者在树状图中选择任何一个节点时，软件都能够通过预设的函数响应选择，确保交互的流畅性和直观性。BiopDesigner不仅提供了强大的功能，也在用户体验上下足了功夫，让每一次的操作都成为顺畅愉快的过程。

```
1    classdef BiopDesigner8 < matlab.apps.AppBase
2        properties (Access = public)
3            %% 图窗控件 ...
14           %% 软件传参 ...
19           %% 版本号 ...
22       end
23       methods (Access = public)
24           %% 方法 创建窗口 ...
51           %% 方法 删除窗口 ...
55       end
56       methods (Access = private)
57           %% 方法 创建元件 ...
315          %% 方法 初始化 ...
321          %% 事件 选择节点 ...
328      end
329  end
330  %% BiopDesignerCompiler; % 编译的脚本 ...
```

图7-27 BiopDesigner软件的整体架构

BiopDesigner的菜单栏采用了简洁实用的设计理念，旨在为用户提供高效的操作体验。它被分为三个主要部分：项目、案例库和帮助，如图7-28所示。每一部分的功能都是根据软件自身的需求精心设计的。项目栏方便用户快速访问和管理他们的工作；案例库栏提供了丰富的预设案例，供用户参考和学习；而帮助栏则是用户遇到疑问时的首选指南。这样的布局不仅保证了操作的直观性，也确保了用户可以在最短的时间内找到所需的功能，提高了工作效率。

- 项目 - 案例库 - 帮助
新建项目 - 空模板 Ctrl+M
新建项目 - 基础模板 Ctrl+N
打开项目 Ctrl+O
保存项目 - 全部数据 Ctrl+S
保存项目 - 仅含参数 Ctrl+D
恢复项目 Ctrl+R

- 案例库 - 帮助
A ------------ 快速入门 ------------
A1 - 方块打印 - 填充
A2 - 圆柱打印 - 层壁分区 - 螺旋管
A3 - 圆柱打印 - 层壁加填充
A4 - 六棱柱 - 层壁区扫描 - 三角网格
B ------------ 单元功能 ------------
B1 - FDM打印 - 启停测试
B2 - 生成体素 - 血管组织打印
B3 - 文字打印展示
C ------------ 血管打印 ------------
C1 - 立式血管 - 血管自动建模 - 1 二合一

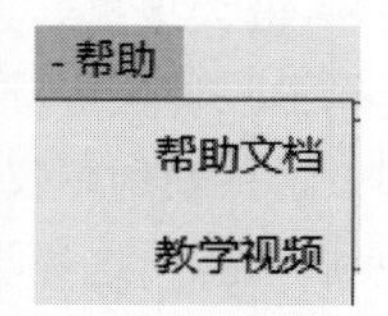

图7-28 菜单栏

让我们通过案例库中的一个实际案例来探索 BiopDesigner 的应用场景。打开一个脊椎模型的案例,我们可以看到软件如何自动设计支撑结构、打印轨迹和整体结构,如图 7-29 所示。在图 7-29 所示的界面中,左侧的模型树在用户的操作过程中会自动刷新。这不仅是一个模型树,而且是一个可以动态创建和删除节点的结构,用户可以根据自己的需求自由地添加或移除节点,灵活构建不同的功能模块。

图 7-29 所示界面中央的参数设置区可以直观地显示与模型树当前选中节点相对应的可操作控件,让用户的每一步调整都精确而直观。右下角的消息区域会实时展示软件的反馈信息,增强了用户对软件操作的信心和安全感,提供了一个有反馈的交互体验。占据界面右上方的是图形区,这是软件的视觉焦点,这里展示的三维模型使用了之前提到的 volshow() 系列函数,不仅操作简便,而且视觉效果也极为出色。通过图形区,用户可以获得对模型最直观的认识,进一步提升了使用 BiopDesigner 的体验。

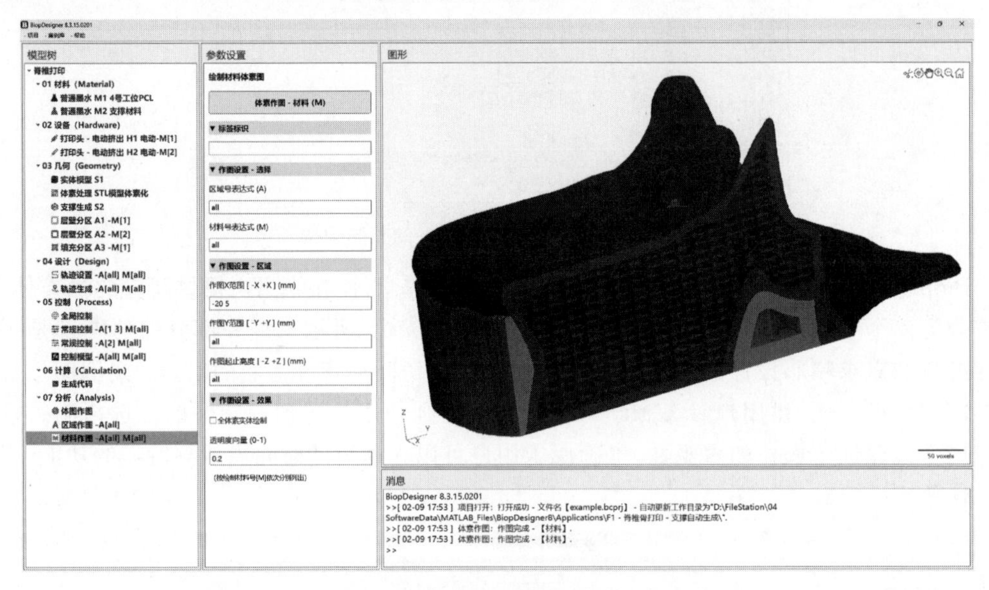

图 7-29　实际案例展示

这种软件的设计理念和架构具有极高的通用性,在许多大型的软件项目中均可找到其影子。以 MATLAB、COMSOL、Solidworks 等知名软件为例,它们在界面设计上与 BiopDesigner 有着类似之处,尤其在模型树的应用上,更是将复杂的软件逻辑进行了有效的整理和简化。通过这种方式,它们成功地将庞杂的信息和操作流程以直观易懂的形式展现给用户,极大地提升了用户的操作体验和软件的可用性。在软件架构方面,BiopDesigner 同样遵循了一种被广泛认可且普遍适用的模式,这一点在许多通用软件和大型软件中都可以见到。这种架构不仅保证了软件功能的强大和稳定性,也为软件的进一步开发和维护提供了便利。显然,这种设计模式已被证明是一种有效的模式,为软件开发人员指明了方向,同时也为用户带来了更加优质的产品体验。

7.6.2 功能篇：探索软件的心脏

在软件设计领域，功能性始终是核心。BiopDesigner 软件的设计理念就是紧紧围绕功能需求来构建每一个外观、界面和运行逻辑。这款软件的三大特色都是为了更好地服务其功能：首先，模型树的动态增减功能可以应对软件需求的频繁变动和对灵活性的迫切需要。考虑到用户可能需要不断添加新功能或利用现有模块创建新组合，模型树的设计成为了一个必然选择。其次，图形区的三维展示功能专为数字化组织器官模型的体素化特征量身定做。这使得用户可以精确地为每个体素着色以区分不同的墨水类型，并且帮助用户深入观察到内部结构，包括每一条打印线的细节。最后，参数设置区的可调整选项是在反复实验中精心挑选和优化的。这个区域的设计旨在平衡灵活性和易用性，确保用户既不会因为参数过少而感到受限，也不会因为参数过多而感到困惑。

这里有一点经验可以和读者分享：由于参数繁多且需要经常优化，软件的设计采取了一种自动化策略。所有参数控件的属性被当作数据存储在一个 CSV 表格文件中，BiopDesigner 会在每次刷新界面时读取这些数据来重建控件，从而大大简化了界面更新的过程。新控件或节点的添加只需要在 CSV 文件中简单修改即可实现，如图 7-30 所示。

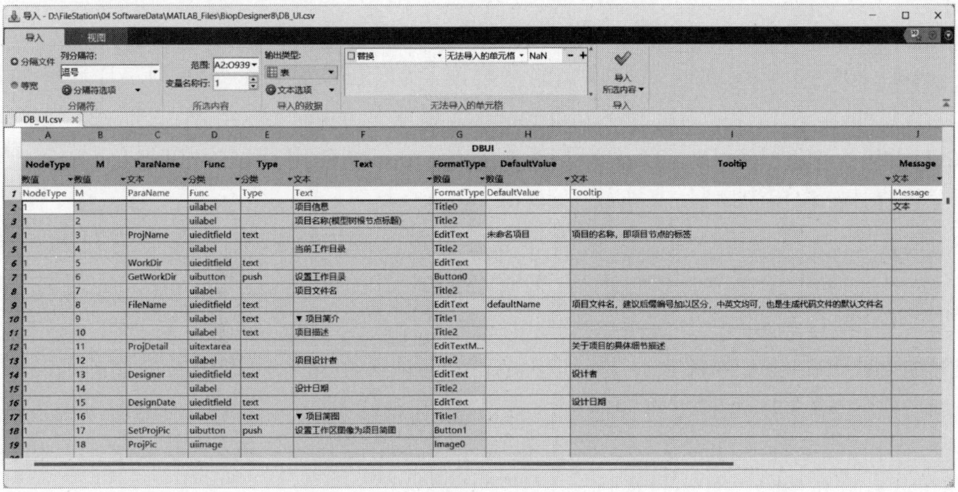

	A	B	C	D	E	F	G	H	I	J
	NodeType	M	ParaName	Func	Type	Text	FormatType	DefaultValue	Tooltip	Message
	数值	数值	文本	分类	分类	文本	数值	数值	文本	文本
1	NodeType	M	ParaName	Func	Type	Text	FormatType	DefaultValue	Tooltip	Message
2	1	1		uilabel		项目信息	Title0			文本
3	1	2		uilabel		项目名称(模型树根节点标题)	Title2			
4	1	3	ProjName	uieditfield	text		EditText	未命名项目	项目的名称，即项目节点的标签	
5	1	4		uilabel		当前工作目录	Title2			
6	1	5	WorkDir	uieditfield	text		EditText			
7	1	6	GetWorkDir	uibutton	push	设置工作目录	Button0			
8	1	7		uilabel		项目文件名	Title2			
9	1	8	FileName	uieditfield	text		EditText	defaultName	项目文件名，建议后缀编号加以区分，中英文均可，也是生成代码文件的默认文件名	
10	1	9		uilabel	text	▼ 项目简介	Title1			
11	1	10		uilabel	text	项目描述	Title2			
12	1	11	ProjDetail	uitextarea			EditTextM...		关于项目的具体细节描述	
13	1	12		uilabel		项目设计者	Title2			
14	1	13	Designer	uieditfield	text		EditText		设计者	
15	1	14		uilabel		设计日期	Title2			
16	1	15	DesignDate	uieditfield	text		EditText		设计日期	
17	1	16		uilabel	text	▼ 项目简图	Title1			
18	1	17	SetProjPic	uibutton	push	设置工作区图像为项目简图	Button1			
19	1	18	ProjPic	uiimage			Image0			

图 7-30 控件数据的 CSV 文件

然而，BiopDesigner 设计的最大挑战并非界面实现或编程技术，而是它的业务逻辑。在这款软件诞生之前，市场上并没有能够完全满足作者团队对于设计与打印需求的软件。软件大部分功能都是在不断的实验和研究中逐步创造的，这也保持了作者团队科研工作的领先性和独特性，是 BiopDesigner 经历了八次迭代的主要原因。BiopDesigner 软件已在 2022 年获得了软件著作权登记证书(登记号：10557151)，它是一个集设计与工艺规划于一体的软件平台，专为组织器官体外构建而设计，并为多个国家级重点科研项目提供了强有力的支持。

7.6.3 实现篇：编译与运行环境

在软件开发完成之后，通常有三种途径来进行软件的分发：第一种是作为本地可执行文件，通常是EXE格式；第二种是作为MATLAB应用程序，也就是App；第三种则是Web应用程序，或称为Web App。针对BiopDesigner这款软件，最合适的分发形式是作为本地可执行文件。为了将BiopDesigner软件转换成用户友好的可执行文件，作者团队采取了使用MATLAB的MCC编译器。通过MCC命令，作者团队能够将MATLAB代码编译成独立的应用程序，这样用户无须安装MATLAB环境即可运行软件。这种方法不仅提高了软件的可访问性，也为非专业用户提供了方便，进而扩大了软件的潜在用户群。

```
mcc -e BiopDesigner8.m ...
    -o 'BiopDesigner'...
    -d 'C:\FileStation\04 SoftwareData\MATLAB_Files\BiopDesigner8\BiopDesigner...8.3.15.0201'...
    -r 'C:\FileStation\04 SoftwareData\MATLAB_Files\BiopDesigner8\icon.ico'...
    -W 'WinMain:BiopDesigner,version = 8.3.15.0201'
```

完成编译的BiopDesigner软件将生成一个EXE可执行文件，同时也可能伴随生成几个非关键的说明性文本文件。重要的是，所有辅助性文件，例如案例库文件夹等，都应该在分发软件时包含在同一个文件夹内，以确保软件的完整性和功能性。

MATLAB Runtime是一系列独立的共享库，允许在没有安装MATLAB环境的计算机上运行已编译的MATLAB和Simulink应用程序或组件。结合MATLAB、MATLAB Compiler、Simulink Compiler以及MATLAB Runtime的使用，用户可以轻松、安全地创建和分发数值计算应用程序、仿真或软件组件。

简而言之，一旦BiopDesigner被编译成独立的EXE文件，只需在安装有MATLAB Runtime的计算机上，该软件即可运行，无须安装MATLAB本身。这不仅大大便利了软件的分发，也为没有MATLAB正版软件的用户提供了一个官方的解决方案。图7-31所示为打包好的BiopDesigner软件文件夹，其中，Applications存储案例库所有的案例，Icon文件夹存储所有图标，STL文件夹存储所有内置STL几何模型，temp文件为临时项目文件，它是用于实时存储软件项目信息的，一旦软件因错误关闭或其他原因，需要恢复项目信息，可使用"Win+R"快捷键恢复项目信息。

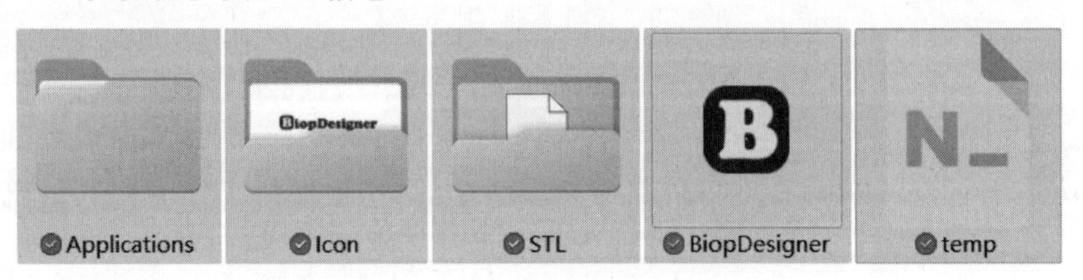

图7-31　打包好的软件文件夹

常见问题解答

（1）App Designer 为什么会取代 GUIDE?

App Designer 是 MATLAB 内置的一个图形化用户界面设计环境，它提供了一个直观的拖曳式界面，使得用户能够快速设计和构建出具有现代感的应用程序。它取代 GUIDE 的原因在于，App Designer 提供了更加丰富的组件，更好的布局管理功能，以及更为紧密集成的编码和调试体验。此外，App Designer 支持面向对象程序设计，这使得设计更加模块化，易于维护和扩展。

（2）在 App Designer 中如何管理和编写回调函数?

在 App Designer 中，回调函数是响应用户交互（如单击按钮）而触发的函数。管理和编写回调函数非常简单。首先，在设计视图中，用户可以通过选择一个组件并设置它的回调属性来创建回调。然后，自动跳转到代码视图，在相应的回调函数模板中编写用户的代码逻辑。App Designer 会自动管理回调的连接和执行，使得用户可以专注于实现功能。

（3）如果用户设计了一个 App，如何将它打包和共享给没有 MATLAB 的用户?

利用 MATLAB Compiler，用户可以将设计好的 App 打包成一个独立的可执行文件（对于 Windows 系统是 EXE 文件）。这个过程会生成一个安装包，其中包括了必要的 MATLAB Runtime，让其他用户即便没有安装 MATLAB 也能运行这个 App。用户只需要将整个安装包发送给其他没有安装 MATLAB 的用户，其他没有安装 MATLAB 的用户安装后就可以在他们的计算机上运行这个 App，享受到与在 MATLAB 环境中相同的用户体验。

本章精华总结

本章深入浅出地介绍了 MATLAB 的强大工具——App Designer，它允许用户以直观的方式设计和构建交互式应用。从 App Designer 的基本介绍到组件详解，再到编程和实战演练，本章全方位展示了如何利用 App Designer 创建专业级应用程序。

本章探讨了 App Designer 的核心功能，包括其如何作为 GUIDE 的替代品提供更优的设计体验，以及组件的使用方法，如常用组件、容器和仪表组件。在编程方面，本章介绍了编写回调函数、启动任务和设计多窗口应用的技巧。通过实战演练，本章指导读者从零开始构建应用，包括功能设计、UI 设计、添加回调和填写函数，直至最终打包和分发，使得即便是没有 MATLAB 环境的用户也能运行这些应用程序。

简而言之，本章为 MATLAB 初学者提供了一种从入门到精通 App Designer 的方法，旨在激发读者利用这一强大工具开发出具有实际应用价值的软件。

第 8 章

MATLAB 数学建模

科学是探索和理解这个宇宙的桥梁，而心中构建的那个桥梁，其最根本的支柱便是数学模型。数学不仅是一套符号和公式的集合，它还是人类最深刻思维的体现，一种用逻辑和理性去精确描绘我们周围世界的方式。在这个构想中，“模型”等同于“理解”。通过数学来构建模型，我们实际上是在用我们最精细的思考工具去捕捉世界的本质。

然而，数学的真正魅力往往在传统课堂上被忽视。问题不在于数学本身有多难，而在于它的教授方式常常不能激发出学习它的真正目的——用数学去建立模型，去理解世界。如果我们无法将学到的数学知识应用于模型构建，那么就等同于没有真正学过数学。此外，数学建模应该是一种易于理解的过程。数学揭示了人类头脑中最本原的思维结构，这种结构本质上是清晰和直观的。因此，数学和数学建模，本应是我们能够自然而然掌握的技能。

在第 5 章中，我们深入探讨了数学的多个核心领域，包括初等数学、线性代数、微积分、插值与拟合等。这些内容不仅是学术研究的基础，更是理解世界的重要工具。我们详细解读了这些数学分支的含义，并实操了它们的使用方法。其实，这些章节涉及的正是数学建模在各个领域的应用精髓。本章可以视为第 5 章关于 MATLAB 数学计算的自然延伸，同时也是深化。我们将基于第 5 章介绍的数学工具，进一步探索数学建模的基本思路。数学建模作为一种将数学理论应用于解决实际问题的方法，它不仅需要我们掌握各种数学计算技巧，更重要的是理解如何将这些技巧和理论应用于构建模型，以精确描述和预测现实世界的现象。

8.1 图论与网络分析：揭示事物间的隐藏联系

在数学的世界里，“图”(Graph)是一个独特的概念，它由顶点(代表事物)和连接这些顶点的边(代表事物间的联系)组成，如图 8-1 所示。这不仅是一个抽象模型，它还深刻地描绘了事物间错综复杂的关系网。正如张载在《正蒙》中所言：“物无孤立之理”，图的概念恰恰体现了这一点，

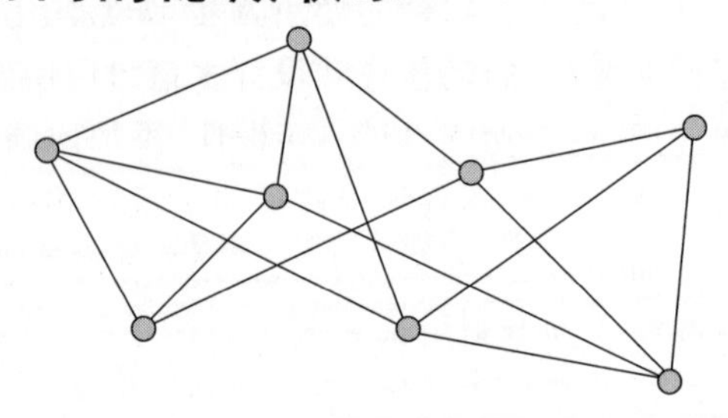

图 8-1 数学中的图结构

让我们能够在数学的语言中探索和理解事物之间的相互作用。

8.1.1　图论：构建与分析抽象网络的基础

图论(Graph Theory)，离散数学(Discrete Mathematics)的一颗璀璨明珠，探索的是事物间离散而非连续的关系。它不同于微积分和分析学这样的“连续数学”，而是专注于像整数、图和命题这样具体且分割明确的概念。图论不仅自成一体，还与群论、矩阵论、拓扑学等数学领域紧密相连，展现了数学语言的强大表达能力。

图是由点(顶点)和边组成的二元离散系统。将点集合定义为V，边集合定义为E，我们就得到了图G的数学表达式：$G=(V,E)$。这个表达式揭示了图的本质——为具有二元关系的离散系统提供了一个清晰、精确的数学模型。想象一张由简洁线条与点构成的极简图G，如图8-2所示，在图G中，我们有点集V和边集E，点集V包含三个元素$V=\{1, 2, 3\}$，边集E包含两对点，表示它们之间的连接：$E=\{\{1,3\}, \{2,3\}\}$。

正是这些点和边的有机组合，构成了我们所说的“图”。在集合论中，我们用绝对值符号“| |”来表示一个集合中元素的数量。这里，$|V|$表示图中点的总数，它也被称作图的“阶”。同理，$|E|$表示图中边的总数，它被称为图的“尺寸”(Size)。根据这些定义，我们可以描述上述图为一个“尺寸为2的3阶图”。这意味着图8-2所示的图拥有3个点，2条边连接其中的顶点，形成了一个既简单又有序的结构。该图的结构完全可以由矩阵形式来等价表达，就是“邻接矩阵”，表达规则为当两点间有边连接，则邻接矩阵的相应位置为1，否则为0，如图8-2所示。

在我们之前讨论的图中，所有的边都是无方向性的线段，这样的图被称为“无向图”。如果我们将所有边变成有方向的箭头，如图8-3所示，我们得到的便是“有向图”。有向图中的边不再是简单的线段，而是明确指示了方向的线段。对于有向图，图$G=(V,E)$的定义依然成立，点集V保持不变，即$V=\{1, 2, 3\}$；边集E变为有序对，表示边的方向，即$E=\{(1,3), (2,3)\}$。这种变化意味着，边的方向成为了图的重要因素，它不仅展示了点与点之间的联系，还指出了这些联系的方向性。无向图的邻接矩阵是对称阵，而有向图的邻接矩阵是非对称阵，如图8-3所示。

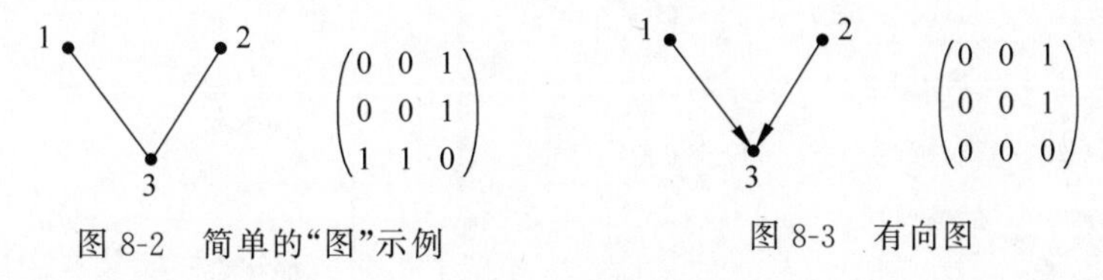

图8-2　简单的“图”示例　　　图8-3　有向图

当我们在图中的每条边上赋予一个数值，这个数值被称为“权重”，此时的图就转变为“加权图”。如图8-4所示，边上的数值就是权重的直观表示。加权图通常用于表示边的某种属性，比如距离、成本、时间或任何其他需要量化的度量。

在加权图中，权重的意义取决于图所模拟的具体场景。例如，在网络路由中，权重可能代表信息传递的延迟；在交通图中，权重可能代表道路长度或行车时间；而在经济网络中，权重可能表示交易额或成本。简而言之，加权图通过边的权重为图的结构提供了附加的信息层次，从而使得图的应用更加丰富和多维。这时，原来的表达 $G=(V,E)$ 就不够了，需要增加一个表示"权"的邻接矩阵 $\boldsymbol{W}$，即 $G=(V,E,\boldsymbol{W})$。邻接矩阵 $\boldsymbol{W}$ 写法如图 8-4 所示，这样一个矩阵就能表达出图中各边上的权值。同理，加权图也可以有向，此处从略。

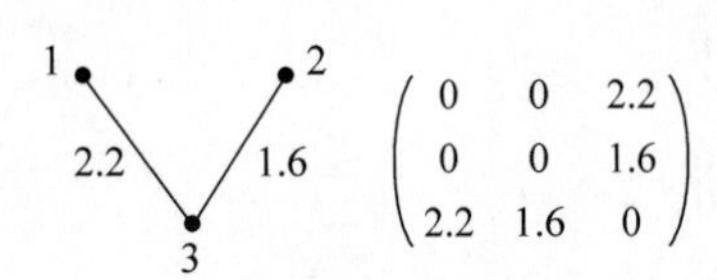

图 8-4　加权图与其邻接矩阵

8.1.2　社交网络图：描绘人际关系的图形结构

让我们一起走进 MATLAB 的世界，探索如何以最简单的方式绘制和分析社交网络图。在 MATLAB 中，图论问题的处理核心在于图和矩阵之间的同构关系，这意味着我们可以通过矩阵来操作图。通过这种方法，我们可以轻松地描绘出社交网络的结构，并对其进行分析，从而揭示个体间的联系。我们的目的是借助 MATLAB 这一强大工具，以简洁明了的方式绘制出社交网络图，并运用 MATLAB 提供的强大网络分析函数库，执行如节点度量计算、寻找最短路径等基础分析任务。

（1）网络数据构建：我们首先来构建一个体现社交网络的基础数据集。在这个数据集中，每个节点都是一个社交个体，而边则代表着人与人之间的社交联系。

（2）绘制网络图：我们将借助 MATLAB 内置的绘图工具，将这个社交网络生动地绘制在屏幕上。

（3）网络分析：我们将应用 MATLAB 的网络分析工具，对该社交网络进行细致的分析。

如图 8-5 所示，通过这个案例的学习，我们不只是将一个社交网络图形象地呈现出来，更能通过分析得到对网络结构的深刻认识。这个案例将为读者揭示 MATLAB 在社交网络分析领域的强大实际应用价值，并帮助读者进一步挖掘对更为复杂的网络问题的好奇心和研究热情。

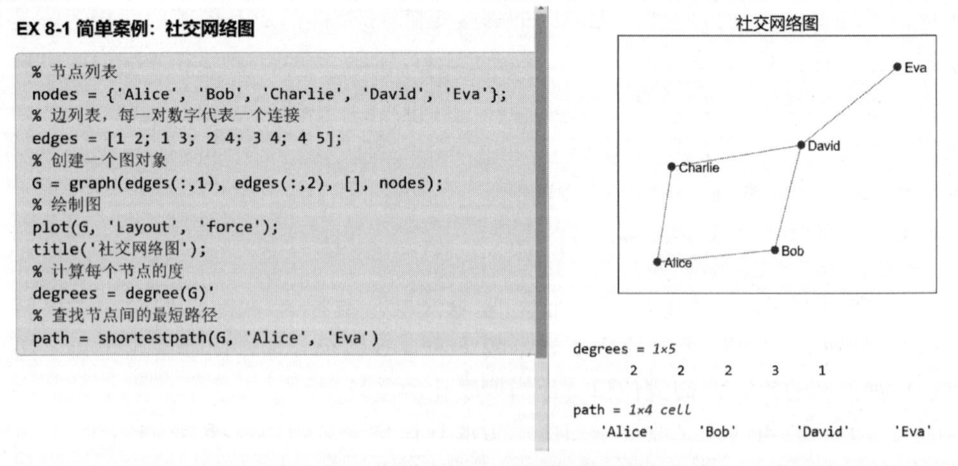

图 8-5　社交网络图绘制与分析

说明：

(1) graph()函数用于创建无向图对象。它接受两个主要参数：一个定义边的起点的向量和一个定义边的终点的向量。graph()函数的添加边的权重和节点的名称的功能是可选的。创建图对象时，需要确保边的起点和终点向量长度相同，并且对应的索引代表了边的连接。

(2) degree()函数返回图中每个节点的度，即与该节点直接相连的边的数量。在使用这个函数时，应注意它返回的是一个向量，其长度与图中节点的数量相同，向量中的每个元素对应一个节点的度。当分析社交网络时，节点的度可以帮助用户识别出那些连接最多的关键节点，也就是潜在的“影响者”。

(3) shortestpath()函数用于计算图中两个节点之间的最短路径。如果图中的边具有权重，函数将考虑这些权重来确定最短路径。在调用这个函数时，用户需要指定起始节点和目标节点。需要注意的是，如果图中的某些节点间不存在路径，函数会返回一个空数组。因此，在解释结果时，用户需要检查路径是否存在。

8.1.3 交通网络分析：加权图的应用与优化

在本案例中，我们将深入探索如何利用 MATLAB 的强大功能来分析一个城市的交通网络，进而揭示出该网络中的关键路口。通过构建一个加权图模型，其中节点象征着城市的交叉路口，边代表连接这些路口的道路，而边的权重则映射了道路的通行时间，我们能够精准地模拟出城市交通流动的动态特性。这种建模方式不仅反映了不同道路段的拥堵程度和速度限制，还揭示了它们对整体通行效率的影响。

利用 graph()函数，我们可以建立一个直观的图模型，它为我们提供了一个强有力的工具，让我们能够以数学和编程的方式操作和分析复杂的网络结构。随后，通过 distances()函数，我们可以计算网络中任意两点间的最短路径长度，这一步骤对于理解交通流动的主要路径至关重要。通过对所有可能的最短路径进行计算和统计分析，我们成功地识别出了网络中的关键节点，即那些最短路径经常通过的路口。这些关键路口在城市的交通流中扮演着至关重要的角色，它们的识别对于改善道路拥堵和减少通行时间具有显著的实际意义。

MATLAB 的可视化功能进一步丰富了这一数据分析过程，如图 8-6 所示。通过 plot()函数及其 EdgeLabel 属性，我们能够清晰地在交通网络图上展示各道路的通行时间。并且，利用 highlight()函数，我们突出显示了这些关键路口，并以红色和较大的标记大小在图像上展示它们，为决策者提供了直观而有力的信息。这个案例不仅展示了 MATLAB 在处理图与网络问题上的卓越能力，而且通过图形化的方式直观地展示了分析结果，为交通规划和管理提供了宝贵的参考价值。

EX 8-2 交通网络图（加权图）绘制与分析

```
% 路口列表
intersections = {'A', 'B', 'C', 'D', 'E'};
% 道路列表，三元组分别表示起点、终点和通行时间
roads = [1 2 10; 1 3 5; 2 4 2; 3 4 8; 4 5 6; 2 5 5];
% 创建加权图对象，表示交通网络
G = graph(roads(:,1), roads(:,2), roads(:,3), intersections);
% 绘制加权交通网络图
figure;
p = plot(G, 'EdgeLabel', G.Edges.Weight);
title('城市交通网络图');
axis tight;
set(gca, 'XTick', [], 'YTick', []); % 清除坐标轴刻度以增强清晰度
% 计算所有节点对之间的最短路径长度
allDistances = distances(G);
% 找到每个节点的平均通行时间，识别通行时间最少的关键节点
averageDistances = mean(allDistances, 2);
criticalNode = find(averageDistances == min(averageDistances));
% 在图中突出显示关键路口
highlight(p, criticalNode, 'NodeColor', 'r', 'MarkerSize', 8);
title('突出显示关键路口的城市交通网络图');
% 输出关键路口
disp(['关键路口: ' intersections{criticalNode}]);
```

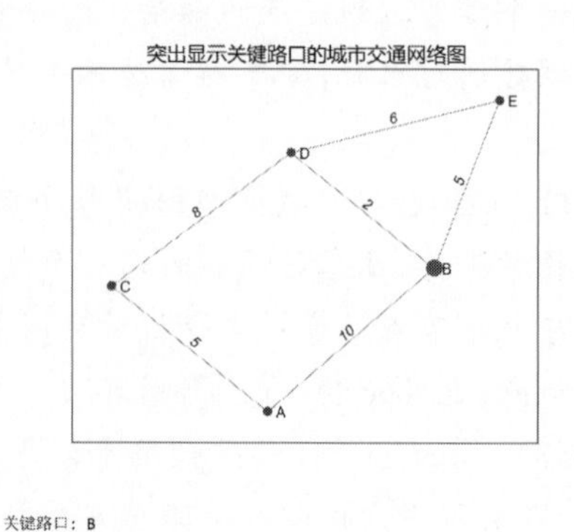

关键路口: B

图 8-6　交通网络图(加权图)绘制与分析

8.1.4　动态规划与最短路径问题：高效路径的探索

动态规划(Dynamic Programming,DP)是一种算法策略,其核心在于解决复杂问题中的“多阶段决策问题”。在数学领域,动态规划对应于一棵决策树,这是图论中的一个特定类型。通过这棵树,我们可以探究各个决策阶段之间的联系,从而一步步揭示每个阶段的最优决策,最终达到解决原问题的目的。

动态规划中的“动态”,指的是伴随问题规模变化的多个状态。我们将决策问题的每个可能情况都定义成一个具体的状态,这些状态随着问题的发展而演变。这种方法将一个抽象的决策问题具象化,使其可以通过数据和状态的形式来描述和解决。

至于动态规划英语中的 programming,虽然现代含义常指编程,但在动态规划的语境中,它更接近于“制订计划”或“建立表格”。这意味着前述变化的状态会被组织在一张表格中,或者说是在一个矩阵里。随着问题的逐步分析,这张表格会不断更新,以反映每个状态的最优解决方案。

因此,动态规划实际上是一种特殊的图论应用,它利用图的结构来表达问题中的状态转移。不同于传统规划论,它并不关注经济或管理学中的资源分配问题,而是通过数学的视角来优化决策过程。动态规划的方法和图论的概念紧密相连,通过对状态之间的递推关系的分析,为复杂问题提供了一种高效的解决策略。

假设有一个城市地图,城市由若干交叉路口(节点)和连接它们的道路(边)组成。每条道路都有一个与之相关的通行时间或成本,我们的目标是找到从一个指定起点到一个指定终点的最短通行时间路径。这是一个典型的动态规划问题,其核心特征是在多个决策阶段中逐步构建最优解。我们可以将城市地图建模为一个加权图,每个节点表示一个路口,每条边代表一条道路,并且边的权重代表通行时间。

最短路径问题动态规划如图 8-7 所示。在这段代码中，我们首先定义了图的边和每条边的权重，这里权重代表通行时间。使用 graph()函数创建了加权图 G。shortestpath()函数用来计算起点到终点的最短路径以及总通行时间。最后，我们使用 plot()函数绘制了整个图，其中，highlight()函数用红色突出显示了最短路径。

EX 8-3 最短路径问题动态规划

```
% 创建加权图
s = [1 1 2 2 3]; % 定义边的起点
t = [2 3 3 4 4]; % 定义边的终点
weights = [10 3 1 4 2]; % 定义每条边的权重（通行时间）
G = graph(s, t, weights);

% 计算从节点1到节点4的最短路径
[startNode, endNode] = deal(1, 4);
[shortestPath, totalCost] = shortestpath(G, startNode, endNode);

% 可视化
plot(G, 'EdgeLabel', G.Edges.Weight);
highlight(plot(G), shortestPath, 'EdgeColor', 'r', 'LineWidth', 1.5);
title('最短路径高亮显示');
```

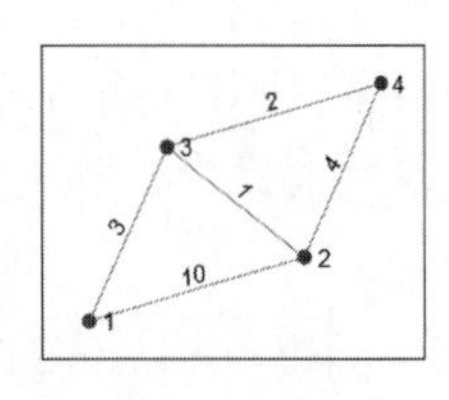

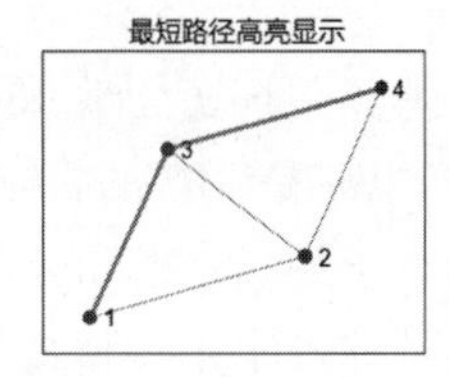

图 8-7　最短路径问题动态规划

这个例子展示了动态规划问题的核心特征：通过逐阶段的最优决策，找到整个问题的最优解。在这里，每个决策阶段对应于图中的一个节点，而我们的目标是找到一个最优的节点序列，即最短路径。

动态规划算法与最短路径问题有着密切的关系。虽然最短路径问题在表面上看似一个直接的图论问题，实质上，它体现了动态规划(DP)算法的核心特征和应用场景。以下几点阐述了二者之间的联系。

(1) 重叠子问题：动态规划算法解决问题的关键之一是利用重叠子问题(即重复计算的问题)来减少计算量。在最短路径问题中，计算从起点到终点的最短路径时，会遇到许多重叠的子路径。例如，不同的路径可能共享相同的中间段。利用动态规划算法，我们可以存储这些子路径的结果，避免重复计算，从而提高效率。

(2) 最优子结构：动态规划算法依赖于最优子结构的特性，即问题的最优解包含了其子问题的最优解。在最短路径问题中，任何最短路径的一部分(即子路径)也必须是对应子问题的最短路径。这使我们能够通过组合子问题的解来构建整个问题的解决方案。

(3) 递推关系(状态转移方程)：动态规划通过建立递推关系(也称为状态转移方程)从已知的子问题解中推导出更大规模问题的解。在最短路径问题中，我们可以通过逐步添加边来扩展路径，并计算新路径的总权重(或成本)，从而逐步构建出从起点到任意节点的最短路径。

(4) 决策过程：动态规划是关于多阶段决策过程的，每个决策依赖于当前状态和所做的选择。在寻找最短路径的过程中，每次添加一条边到路径中时，我们都在做出一个决策，这个决策基于当前节点和目标节点之间的最短路径计算。

虽然在 MATLAB 中解决最短路径问题简单得不像是动态规划算法，但 shortestpath()函数的底层实现及其优化过程实质上是应用了动态规划的原理。MATLAB 提供的这些图与网络算法函数让用户能够更高效地解决包括动态规划在内的多种优化问题，而不需要从头开始实现算法细节。

本节精华：在 MATLAB 的强大助力下，图论工具不仅是数学建模领域的一个工具，还化为锋利的剑，轻松切割复杂的问题，精准揭示出解决方案的路径。正如孔子所言："工欲善其事，必先利其器。"MATLAB 提供的先进工具和功能，就如同为数学建模师提供了最优质的器械，使其在面对棘手的图论问题时，能够以更高效、更精确的方式进行分析和求解。这不仅大大提升了解决问题的能力，而且也极大地拓展了数学建模的应用范围和深度。

8.2 博弈论与策略分析：理解竞争与合作的智慧

博弈一词蕴含着深远的智慧。从字源来看，"博"字结构丰富，由"十"和"尃"（fū）组成，其中，"尃"是"敷"的古字，象征着对外展示花样的动作，揭示了"博"的本质——广泛传播与通达。正如《说文》所定义："博，大通也"，它传递了一种对知识、信息无边界的追求和扩散。而"弈"的古字则形似两个小人对坐，象征着对弈、竞技的场景，如图 8-8 所示。它专指下棋，是策略、智谋和竞争的体现。棋盘上的每一步移动都反映了参与者的思考与计谋。

图 8-8 "弈"的古字

《论语·阳货》中孔子提到："饱食终日，无所用心，难矣哉！不有博弈者乎？为之，犹贤乎已。"这反映了博弈不仅是一种游戏或娱乐，更是一种锻炼思维、进行智慧角逐的方式。将这一古老的智慧与现代数学结合，博弈理论成为了解析人类行为的强大工具。在数学的视角下，博弈不再局限于棋盘，它扩展到了经济、社会乃至个人决策的各个领域。掌握博弈的数学模型，有助于我们理解竞争与合作的复杂性，为人生的抉择提供理论基础和实践指导。通过学习和应用博弈，我们能够更加广博地通晓生活中的"对弈"，从而在各种情境中展现出深邃的智慧。

8.2.1 博弈论：战略互动的数学框架

博弈论（Game Theory），也称为"对策论"，是研究具有多个决策者相互作用的情境的数学理论。它与"决策论"相似，但关键的区别在于，决策论聚焦单一参与者的选择问题，而博弈论则探讨在多个参与者之间的策略互动。博弈论的核心在于分析和预测个体在互相竞争或合作情境中的最优策略选择。

博弈论的重要意义在于，它为理解复杂的互动行为提供了一个强大的框架和工具。由于博弈论涉及的是竞争或对抗性质的行为，其应用十分广泛。例如，在生物学领域，博弈论被用来解释和预测进化过程中的某些现象，如动物之间的竞争和合作行为。除此之外，博弈论在经济学、政治学、心理学以及社会学等多个学科中都有重要应用，它帮助研究者构建这些领域内的数学模型，以解析个体或群体在特定环境下的决策过程。简而言之，作为应用数学的一个分支，博弈论不仅揭示了个体决策的微妙性，还阐明了在多方互动中产生的复杂动态。通过建立精确的数学模型，博弈论为我们提供了解读和预测人类行为模式的钥匙，从而在各种领域内促进了深入的理论和实践研究。

博弈论是研究决策者在互动情境中如何做出最优决策的学问。它的基本概念可以用简洁而清晰的语言来描述。首先，我们称参与博弈的每个人为"局中人"，也就是玩家，用 n 表示局中人的数量。每位局中人都有一系列可供选择的行动方案，这些方案构成了他们的"策略集"。对于第 i 个局中人，我们将其策略集表示为 S_i。当所有局中人从各自的策略集中挑选出一种策略时，这些策略就组合成了一个"策略组"，记作 s。策略组是这样一个组合：$s=(s_1, s_2, \cdots, s_n)$。这个策略组描述了博弈中的一种特定"局势"，即在特定时刻每个局中人的策略选择。一旦局势确定，每个局中人都会根据这个局势获得一个相应的"得益函数"，记作 $H(s)$。得益函数代表了在给定的策略组合下，每个局中人可以获得的收益或满足度。

综上所述，一个博弈论模型由局中人、策略集以及得益函数这三个核心要素构成。通过分析这个模型，局中人可以预测其他参与者的行为，并据此做出最有利于自己的策略决策。这就是博弈论的魅力所在，它使得复杂的互动决策变得可分析、可预测。

8.2.2 囚徒困境与纳什均衡：博弈的经典难题

许多读者可能是通过电影《美丽心灵》(A Beautiful Mind)首次接触到博弈论，这部影片生动地讲述了数学家约翰·纳什的生平故事。在他的博士论文中，纳什仅用 28 页的篇幅就提出了博弈论中的一项划时代的发现——"纳什均衡"。纳什均衡是博弈论中一个关键的概念，它描述的是在一个非合作博弈中，当所有参与者都清楚对方的策略，并且没有任何人能够单方面改变策略以获得更大利益的情况。

可能读者会觉得这个概念有些难以理解，那让我们借用一个经典的例子来说明——"囚徒困境"。设想两个犯罪嫌疑人被分别拘留，彼此无法沟通。他们各自面临两种选择：合作(不指认对方)或背叛(指认对方)。在这种情境下，无论对方选择什么，背叛对每个人来说都是最优策略。然而，如果两人都选择背叛，他们都会得到更糟糕的结果，见表 8-1。在这种情况下的"双输"局面，就是"纳什均衡"的一个实例。在现实生活中，纳什均衡往往意味着各方都没有得到最佳结果。

表 8-1 囚徒困境示例

	甲 合 作	甲 背 叛
乙合作	二人同服刑半年	甲即时获释；乙服刑 10 年
乙背叛	甲服刑 10 年；乙即时获释	二人同服刑 2 年

通过 MATLAB，我们能够巧妙地解析经典博弈论难题，如囚徒困境，揭示其纳什均衡策略。如图 8-9 所示，首先，我们应用 linprog()函数探索囚徒困境的策略平衡点。在这个问题中，两个犯罪嫌疑人面临选择："合作"或"背叛"。MATLAB 的计算结果揭示了一个关键发现：当两人都选择"背叛"时，达到了纳什均衡，即在考虑到对方策略的情况下，任何一方改变自己的选择都不会获得更好的结果。为了直观展示这一结论，我们运用 MATLAB 绘制了策略空间图，将最优策略的路径设置为蓝色，纳什均衡点设置为红色。策略空间图形象地展现了在纳什均衡点，任何单方面的策略调整都无法为犯罪嫌疑人带来更高的得益。

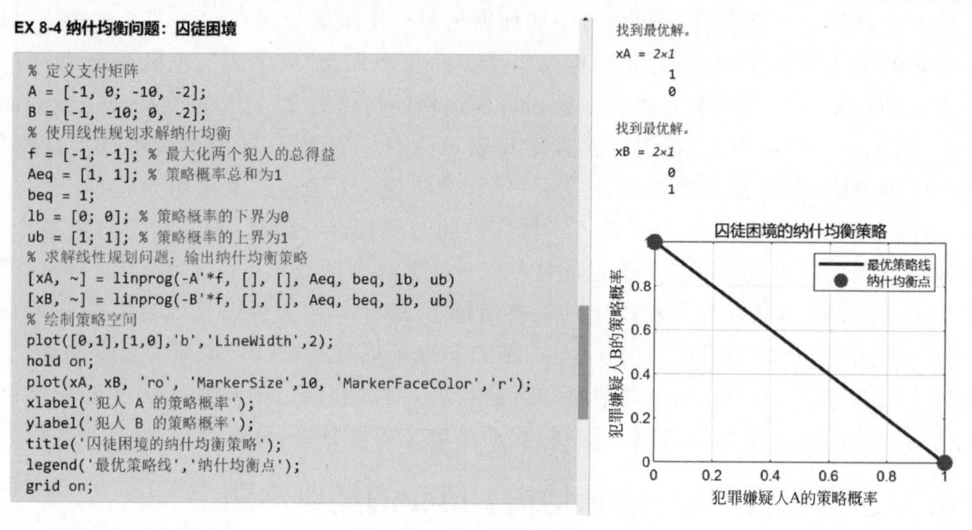

图 8-9　囚徒困境案例

此案例不仅展示了 MATLAB 在解决博弈论问题中的强大应用，也提醒我们，在现实生活中的决策过程中，理解并识别潜在的"囚徒困境"及其均衡策略至关重要。然而，需要注意的是，这只是一个简化示例。在实际应用中，囚徒困境和其他博弈论问题可能要求更复杂的模型和算法来进行深入分析。

囚徒困境这一经典博弈论模型向我们展示了"合作"策略的重要性，特别是在那些看似个体最优选择可能导致集体劣势的情形中。在经济学中，企业间为了规避价格战等恶性竞争带来的损失，有时会通过建立联盟来协调行动，从而实现互惠互利的局面。这种策略的选择反映了大家对囚徒困境"纳什均衡"陷阱的深刻理解和应对。市场经济中的价格联盟正是打破个体单一利益追求导致的集体不利局面的实践案例。合作使得企业能够避免走向互相有害的竞争轨道，而是走向一个更稳定、可预测的市场环境，最终实现共赢。

这些观点强调了博弈论不仅是理论上的构想，其实用价值同样巨大。无论是经济模型、商业策略还是国际关系，博弈论的应用都在为我们提供着避免对抗、寻求最优解决方案的思路。通过策略性的合作，参与者可以转变看似固定的游戏规则，创造双赢甚至多赢的局面，这正是博弈论魅力所在。

8.2.3 Cournot 竞争模型：企业博弈的经济解析

在市场竞争模型中，两家公司通过决定自己的产量来进行定价博弈，目标是最大化各自的利润。这个场景可以用 Cournot 竞争模型来描述，即每家公司在其他公司的产量决策已知的前提下，选择自己的产量。利用 MATLAB 的数值优化方法，我们可以寻找到这一场景的纳什均衡。首先，我们定义一个函数来表示两家公司的利润，该函数以各自的产量作为变量。然后，通过 fmincon()函数求解这一多变量函数的最大值点，即可找到 Cournot 竞争的纳什均衡点。

Cournot 竞争模型是博弈论中描述寡头市场竞争的一个经典案例。在这个模型中，公司们通过选择产量来互相影响市场价格和对方的利润，每家公司的目标是在对手的产量决策给定的情况下，通过调整自己的产量来最大化自己的利润。所有公司达到最佳响应策略的状态时，市场便达到了纳什均衡，此时没有公司愿意单方面改变其决策。通过编程来实现这个模型，我们的目标是找到市场的纳什均衡点。这种分析对企业和政策制定者至关重要，它们可以借此预测市场行为并形成策略。

MATLAB 实现的步骤包括：①模型建立，考虑市场需求、成本和价格，构建一个利润函数；②优化算法选择，选择适合的优化算法，如 fmincon；③数值求解，设定初始猜测值，通过迭代寻找使利润最大化的产量；④结果可视化，利用图像直观展示不同产量组合对利润的影响，并标记纳什均衡点，如图 8-10 所示。

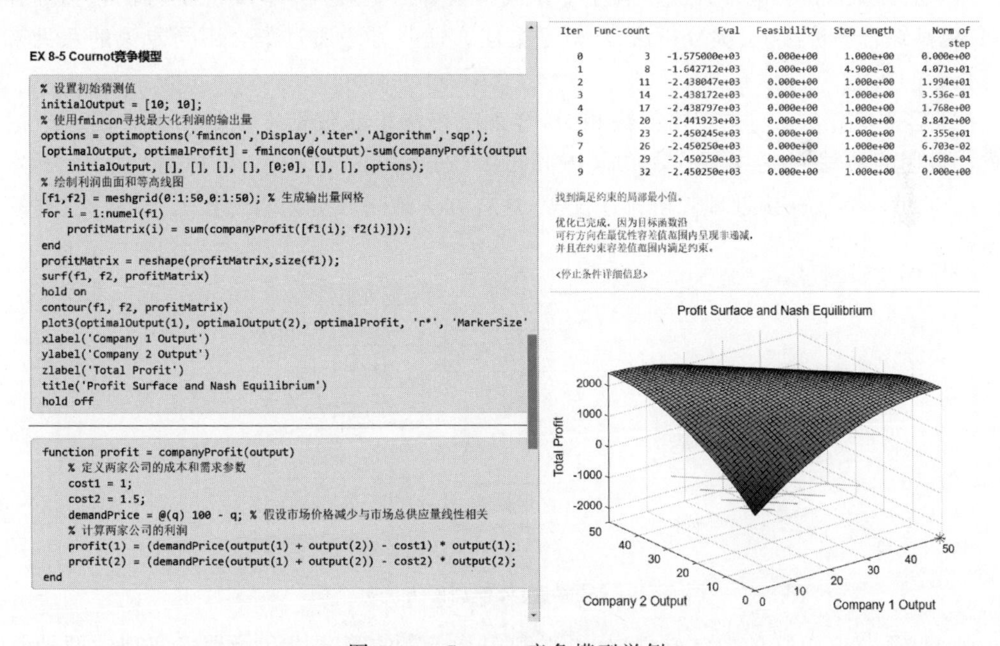

Iter	Func-count	Fval	Feasibility	Step Length	Norm of step
0	3	-1.575000e+03	0.000e+00	1.000e+00	0.000e+00
1	8	-1.642712e+03	0.000e+00	4.900e-01	4.071e+01
2	11	-2.438047e+03	0.000e+00	1.000e+00	1.994e+01
3	14	-2.438172e+03	0.000e+00	1.000e+00	3.536e-01
4	17	-2.438797e+03	0.000e+00	1.000e+00	1.768e+00
5	20	-2.441923e+03	0.000e+00	1.000e+00	8.842e+00
6	23	-2.450245e+03	0.000e+00	1.000e+00	2.355e+01
7	26	-2.450250e+03	0.000e+00	1.000e+00	6.703e-02
8	29	-2.450250e+03	0.000e+00	1.000e+00	4.698e-04
9	32	-2.450250e+03	0.000e+00	1.000e+00	0.000e+00

图 8-10 Cournot 竞争模型举例

这样的编程实践不仅帮助我们找到了理论上的均衡点，而且深入洞察了市场的动态和竞争策略，可以支持企业基于数据和模型做出更加明智的决策，并为政策制定者提供了促进市场公平竞争的分析工具。

MATLAB在博弈论中的应用展示了其强大的功能和实用性，成为探索博弈理论及其市场应用的理想工具。通过MATLAB，我们能够将复杂的博弈论模型转换为可操作的数学表达式，并使用其高效的数值优化工具箱来求解问题，快速找到博弈的纳什均衡点。

本节精华：MATLAB的思想是首先建立数学模型，将博弈双方的策略和收益函数予以明确定义。接着，选择合适的算法对模型进行求解，对于寻找纳什均衡，这通常涉及多变量函数的最大化或最小化问题。在求解过程中，MATLAB提供了强大的迭代计算能力，允许我们从初始猜测值开始，逐步逼近最优解。最后，MATLAB的可视化功能使得结果呈现得非常直观，有助于我们更好地理解和分析博弈策略如何影响参与者的利润和市场结果。

8.3 决策评价模型：精准打分的艺术

评价作为决策的基石，是数学建模中一个至关重要的环节。在理想情况下，如线性规划模型，我们可以直接从一系列可行解中挑选出最优解，因为目标函数清晰地定义了优化目标。然而，在现实世界的决策问题中，往往需要考虑多个评价指标，这就涉及综合评价的概念。综合评价要求我们不仅要考虑各个指标，还要处理这些指标的相对重要性，即指标的权重。如图8-11所示，根据权重的确定方法，综合评价可以分为以下两大类。

(1) 主观赋权法：这种方法依赖于专家或决策者的主观判断。常见的方法包括综合指数法、模糊综合评价法、层次分析法、功效系数法。这些方法通过集合不同专家的意见来确定各指标的权重。

(2) 客观赋权法：与主观赋权法相对，客观赋权法根据数据本身的信息来确定指标的权重。常用的方法包括主成分分析(Principal Component Analysis，PCA)法、因子分析(Factor Analysis)法、接近理想解排序法等，这些方法试图从指标间的相关关系和数据的分布特性来决定权重。

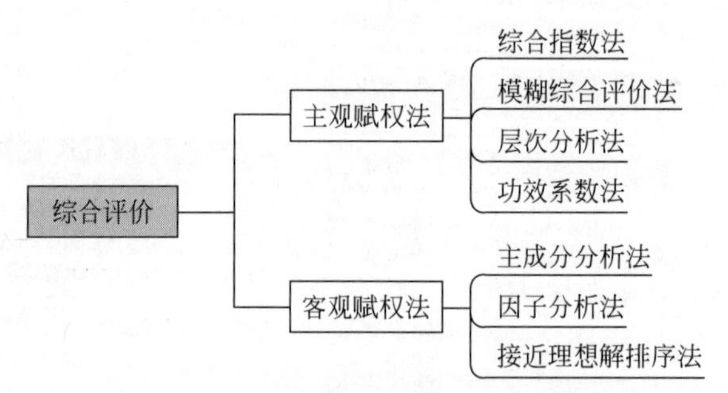

图8-11 评价与决策模型的方法分类图

在MATLAB这样的数学软件中，可以利用其丰富的算法库和函数来实现这两种赋权方法，建立综合评价模型。例如，利用MATLAB的矩阵运算能力，可以方便地实现层次分析法，而MATLAB的统计工具箱则可以应对主成分分析法等客观赋权方法。最终，通过权重分配与各指标值的计算，我们可以构建出综合评价函数，用于评价并排序不同的决策方案。这样的定量化分析，结合事先选定的综合评价方法，为决策者提供了一个科学、系统的决策依据，确保了决策过程的合理性和有效性。

客观赋权法是一种在综合评价中确定各评价指标权重的方法，它尽量减少人为因素的影响，力求通过数据本身的统计特性来反映各指标的重要性。这种方法的优点在于它能较好地反映指标间的客观差异和数据内在的结构，从而使评价结果更加科学和合理。下面我们将拆解几种常用的客观赋权法，并以 MATLAB 为工具进行展示。

8.3.1　TOPSIS 法：接近理想解的评价方法

逼近理想解排序(Technique for Order of Preference by Similarity to Ideal Solution，TOPSIS)法，即"理想解法"，是一种高效而直观的评估方法，旨在从多个方案中找出最优解。它的核心思想是构建评价问题的两个极端解——"正理想解"和"负理想解"。通过比较各方案与这两个极端解的距离，我们能够评估各方案的优劣，进而选出最佳方案。构建正理想解和负理想解的方法很直接：对于每个评价指标，正理想解取最优值，而负理想解取最劣值。最优的方案既接近正理想解，又远离负理想解。

在本案例中，我们利用 MATLAB 来实践 TOPSIS 法，这是一个广泛应用于评价和决策的多标准决策分析工具。该方法依据各选项与理想解之间的距离来确定最优解。通过这个过程，我们不仅能够精确量化方案间的差异，还能够直观地展现哪些方案更加接近我们设定的"完美"标准。TOPSIS 法的实施为决策者提供了一个明确、易于理解的决策支持工具，让决策过程变得既简洁又高效。

案例背景：假设大学的招生办公室需要评估三所合作高中(A、B、C)的表现，以决定下一年度的招生合作计划。评价标准包括历年的升学率(30％权重)、学生满意度(25％权重)、教学质量(25％权重)和学校设施(20％权重)，如图 8-12 所示。

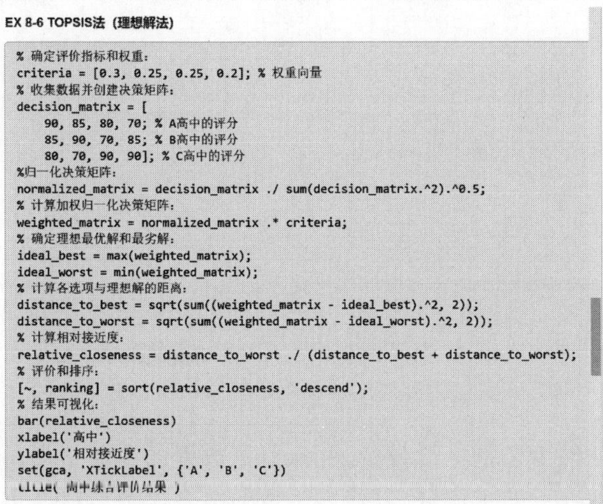

EX 8-6 TOPSIS法（理想解法）

```
% 确定评价指标和权重：
criteria = [0.3, 0.25, 0.25, 0.2]; % 权重向量
% 收集数据并创建决策矩阵：
decision_matrix = [
    90, 85, 80, 70; % A高中的评分
    85, 90, 70, 85; % B高中的评分
    80, 70, 90, 90]; % C高中的评分
%归一化决策矩阵：
normalized_matrix = decision_matrix ./ sum(decision_matrix.^2).^0.5;
% 计算加权归一化决策矩阵：
weighted_matrix = normalized_matrix .* criteria;
% 确定理想最优解和最劣解：
ideal_best = max(weighted_matrix);
ideal_worst = min(weighted_matrix);
% 计算各选项与理想解的距离：
distance_to_best = sqrt(sum((weighted_matrix - ideal_best).^2, 2));
distance_to_worst = sqrt(sum((weighted_matrix - ideal_worst).^2, 2));
% 计算相对接近度：
relative_closeness = distance_to_worst ./ (distance_to_best + distance_to_worst);
% 评价和排序：
[~, ranking] = sort(relative_closeness, 'descend');
% 结果可视化：
bar(relative_closeness)
xlabel('高中')
ylabel('相对接近度')
set(gca, 'XTickLabel', {'A', 'B', 'C'})
title('高中综合评价结果')
```

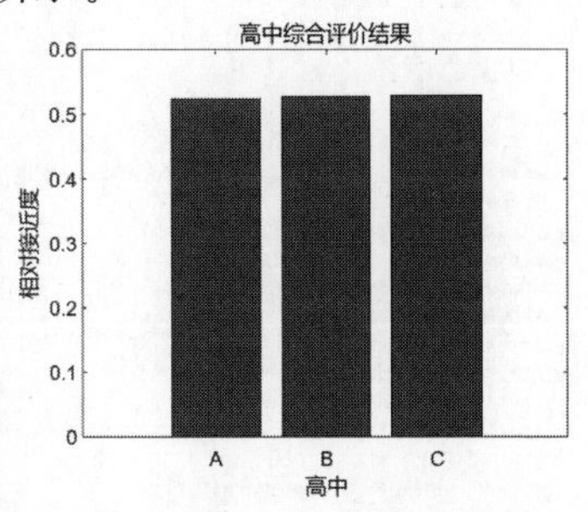

图 8-12　TOPSIS 法举例

以上 MATLAB 代码将帮助我们完成 TOPSIS 法的每一步，并通过条形图直观地展示三所高中的相对接近度，让我们能够快速做出明智的决策。最终的评价结果将清晰地显示哪所高中表现最佳，并应成为下一年度招生工作的首选合作伙伴。

8.3.2 主成分分析法：数据降维与信息提取

主成分分析(PCA)法是一种强大而普遍的技术，广泛应用于数据处理和统计分析。这种方法的核心目标是减少数据集中变量的数量，同时尽可能保留原始数据的信息。

当我们面对一堆复杂且多变量的数据时，要如何提炼出核心信息呢？主成分分析法为我们提供了一种解决思路：将那些高度相关的变量转换成一系列相互独立的变量。这些新生成的变量被称为“主成分”，它们是数据中变异最大的方向，并且彼此正交(即无相关性)。

简而言之，PCA 法是一种“降维技术”。在执行主成分分析法时，我们可以自动地得到每个指标的权重，这有助于我们完成对数据的评估。通过这个方法，我们可以将复杂的数据集简化为几个关键指标，而这些指标能够有效地揭示数据背后的结构和模式。这样的信息凝练不仅有助于数据可视化，还能加强我们在决策和预测时的洞察力。

让我们设计一个案例，我们将使用 MATLAB 来应用 PCA 法进行学生综合能力评价并将其作为决策依据。一所大学希望根据学生的多个绩点指标来评价他们的综合能力，以便为奖学金申请提供客观依据。考虑的指标包括平均学分绩点(Grade Point Average, GPA)、课外活动能力、社会实践能力、科研项目参与情况和国际交流经验等。由于指标繁多，我们决定使用 PCA 法来简化评价过程，如图 8-13 所示。

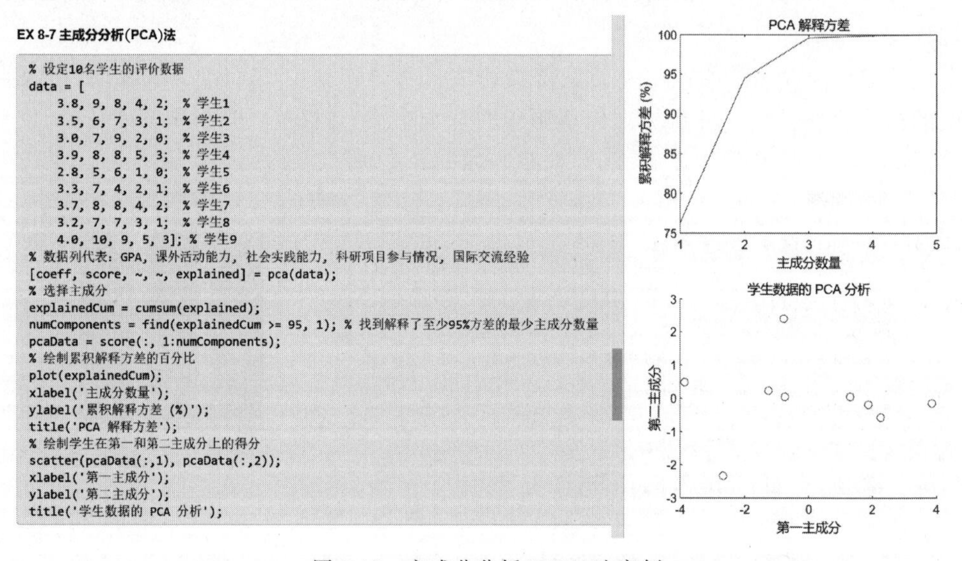

图 8-13 主成分分析(PCA)法案例

在这个案例中，我们通过 PCA 法减少了指标的数量，并保留了数据的主要信息。我们可以根据累积解释方差图来选择合适数量的主成分，以代表学生的综合能力。在这个例子中，如果两个主成分就能解释超过95%的方差，那么我们就可以以这两个主成分作为评价学生的新指标。

累积解释方差是一种衡量主成分分析(PCA)法中各个主成分对原始数据集信息“保留程度”的指标。简单来说，它告诉我们，当我们按照主成分的重要性顺序(即方差大小)将主成分累加起来时，前 n 个主成分共同可以解释原始数据集中多少比例的方差。换句话说，累积解释方差反映了通过选定的几个主成分，我们能够保留多少原始数据集的信息。

在实际应用中，累积解释方差的图形通常呈现为一条曲线，随着主成分数量的增加而逐渐上升。曲线越早趋于平稳，说明越少的主成分就能解释大部分数据的变异性。因此，累积解释方差可以帮助我们决定应该选择多少个主成分来进行数据压缩，同时仍然能够反映出数据集的核心特征。通常，我们会选择一个累积解释方差达到某个阈值(例如90%)的点作为主成分数量的参考，以确保我们捕获了大部分信息并去除了一些噪声或不重要的成分。

最后，我们在二维空间中绘制学生在第一和第二主成分上的得分，这可以帮助我们直观看出学生综合能力的分布情况。在主成分分析(PCA)法中，第一和第二主成分通常被用来创建一个二维图形，以便对数据进行可视化。这个图形揭示了数据集中最重要的“结构信息”。具体来说，第一主成分捕捉了数据中最大的方差，表明了数据集中最显著的变化趋势；而第二主成分则垂直于第一主成分，并捕捉了剩余方差中最大的部分。将这两个主成分作为坐标轴画成图，可以帮助我们理解数据中最主要的差异来源，并且因为它们是正交的，这样的表示也揭示了数据的内在结构，而不受原始数据尺度或单位的影响。这种图形化的表示让我们能够直观地识别出数据集中的模式、群组和异常点，是进行更深入数据分析的有力起点。

8.3.3 因子分析法：深挖变量背后的因子

因子分析法是一种“探索性”数据分析方法，它通过寻找潜在的未观测变量(即因子)来解释一系列观测到的变量之间的相关性。这些潜在因子背后通常代表着某些实际的、有意义的维度，例如，在心理测试中，多个不同的测试题目可能都在衡量相同的潜在心理特质，如智力或人格特征。

在因子分析中，我们不仅是在简化数据的维度，也是试图构建一个因子模型，这样的模型不仅可以减少数据集的复杂性，而且能够揭示数据中的潜在结构。这些新变量(即因子)被赋予实际的意义，它们是对原始变量间内在联系的一种解释。

相比之下，主成分分析(PCA)法更注重于数据的方差保留。它通过变量转换将原始数据转换为一组互不相关的综合变量，也就是主成分。主成分能够解释原始数据中的最大方差，而不必要求这些新的综合变量具有实际意义。简而言之，PCA法更注重数据的量化表述，而因子分析法则试图提供一个质化的内在结构解释。

由于因子分析法的抽象性和复杂性较高，它通常需要更多的统计假设和模型选择，并依赖于领域知识来解释因子模型的含义。在实际应用中，因子分析法可以帮助我们从数据中识别出有意义的模式，进而提供对数据深层结构的理解。

例如,用户是一名心理学研究者,想要通过一套心理测试来评估受测者在压力管理、时间管理和团队合作这三方面的能力。用户设计了15个问题,每5个问题旨在衡量上述的一种能力。通过MATLAB和因子分析法,用户可以简洁明了地从这些问题中提取关键因素,并对受测者进行综合评价。首先,假设用户已经收集了一定数量的测试数据。为了简化案例,用户可以直接在MATLAB中创建一个模拟的数据矩阵,其中包含了100名受测者(行)对15个问题(列)的得分,如图8-14所示。

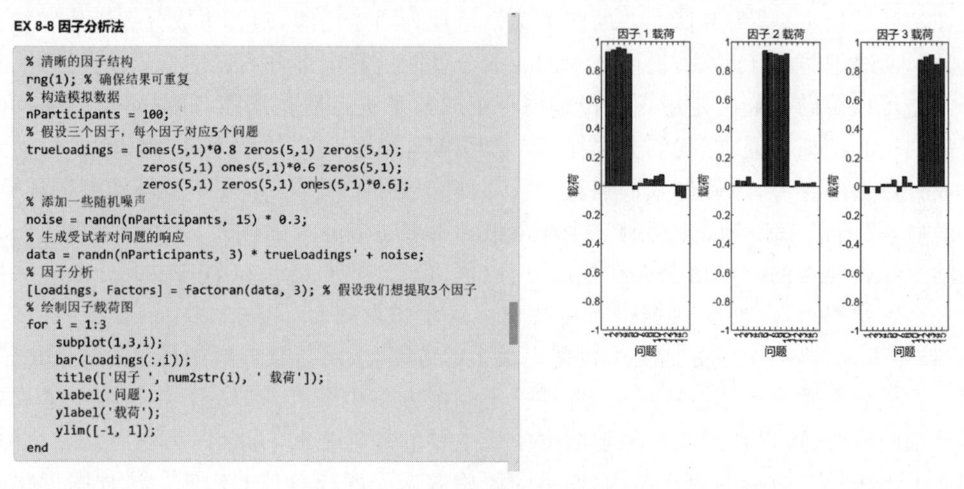

图8-14 因子分析法案例

在这个案例中,我们使用factoran()函数来对数据进行因子分析,目标是提取3个因子,这与我们最初设计测试的目的相符——评估受测者的压力管理、时间管理和团队合作能力。

绘制的因子载荷图显示了每个问题对三个因子的贡献度。在理想情况下,我们可以发现第一组问题(1～5)主要加载在因子1上,第二组问题(6～10)主要加载在因子2上,而第三组问题(11～15)主要加载在因子3上。这意味着我们成功地从数据中提取了用于衡量的三个核心能力因子。需要提醒的是,在因子分析法中,因子的顺序通常不是固定的,这意味着在不同的环境中,因子1、因子2和因子3可能会代表不同的潜在结构。

通过分析这些因子,读者可以进一步对受测者在这三方面的能力进行评价和排序,为心理咨询、团队组建等提供科学依据。这个案例展示了MATLAB在心理学研究中运用因子分析法进行评价与决策的实用性,通过直观的图像和简洁的代码,使复杂的数据分析变得简单易懂。

本节精华:在宋纁的《古今药言·憬然录》中,"凡谋事贵采众议,而断之在独"这句话启示我们在处理复杂问题时,虽然需要听取多方意见,最终的决策还是要有明确的个人判断。综合评价的要点,在于"综合"二字;难点,在于"如何分配权重"。MATLAB作为一款强大的数学建模工具,可以帮助我们有效地解决这一难题。在MATLAB中实现综合评价模型时,我们通常会遵循以下步骤:明确评价指标、数据收集与处理、权重确定、建立模型并计算、分析与决策。

8.4 模糊数学与决策：模糊环境下的准确判断

在这个复杂多变的世界里，并不是所有事物都能用简单的"非黑即白"来划分。那么我们如何能用数学这一精确的语言来解读这些含糊的概念呢？当我们探索现实世界的数学模型时，我们通常可以将其归类为以下三种类型。

(1) 确定性数学模型：这里面的对象之间存在着固定的、不变的联系。

(2) 随机性数学模型：在这种模型中，对象之间的联系是基于概率和可能性的。

(3) 模糊性数学模型：在这个分类中，对象之间的联系是不清晰的，有一种模糊性质。

对于那些含糊不清的事物，我们就得借助模糊数学(Fuzzy Mathematics)来处理了。模糊数学是一种专门处理不确定性信息的数学分支。它不仅能够捕捉事物间的模糊关系，还可以帮助我们在缺乏精确数据的情况下做出决策。让我们一起深入了解一下模糊数学的精妙之处吧。

8.4.1 模糊数学基础：隶属度与不确定性的处理

如何将如美丽与丑陋这样的模糊概念用数学语言表达呢？我们通常会用0到10分来评价一件事物，这种打分方式其实就是一个将模糊概念量化的绝佳例子。

在确定性数学中，一个元素要么属于一个集合，要么不属于，这种属于关系用集合的特征函数表示，其值域仅为{0, 1}。但模糊数学将这一概念推广，特征函数的值域扩展到了[0, 1]，以表示一个元素属于某集合的"程度"。这个扩展后的特征函数，我们称为集合的隶属函数。例如，如果一个元素 a 的隶属度为0.8，意味着它以0.8的程度属于某个模糊集合 S。这种隶属度的概念是模糊数学的核心之一。在模糊模式识别中，我们用这种隶属度来判断一个对象属于哪一类"标准类型"。这个过程包括三个步骤：

(1) 提取对象的特征，表示为一个向量；

(2) 为每个标准类型建立一个隶属函数；

(3) 计算对象对于不同标准类型的隶属度。

最终，隶属度最高的标准类型，就被认为是该对象所属的类型。通过这种方式，模糊数学为我们提供了一种处理不确定性和模糊性问题的强大工具。

8.4.2 模糊聚类分析：基于隶属度的分类技术

聚类这一概念实际上是将数据集合分割成多个互不相同的子集，或者说"类"。我们对聚类的追求是明确的：我们希望不同类别之间的数据点差异尽可能地大，而同一类别内部的数据点差异尽可能的小。简而言之，我们的目标是"最小化类间相似度，最大化类内相似度"。

在模糊聚类分析中，我们依据研究对象的固有属性来构建一个所谓的模糊矩阵，并以此作为判断和分类的依据。这就意味着，我们是在将样本间的模糊关系量化，以便能够以更客观的方式对其进行聚类。

在模糊聚类的过程中，我们会遇到一个关键的参数——阈值λ。这个阈值将模糊的值域[0，1]切分成两部分，为我们提供了一个界限。不同的阈值λ将会导致数据被分成不同的类，这是一个在模糊聚类中至关重要的步骤。通过调整λ，我们能够对分类的细致程度进行控制，从而达到我们的聚类目标。

图8-15所示为一个简单的MATLAB示例，展示如何使用"模糊C均值"(Fuzzy C-Means，FCM)算法进行模糊聚类。为了简单起见，我们将使用二维数据点，并将它们聚类成两个类别。聚类效果将通过图像展示。首先，我们需要在MATLAB中定义一些数据点。这里，我们直接在代码中创建一些模拟数据。然后，我们使用MATLAB的fcm()函数来进行模糊C均值聚类，并通过图形展示聚类结果。

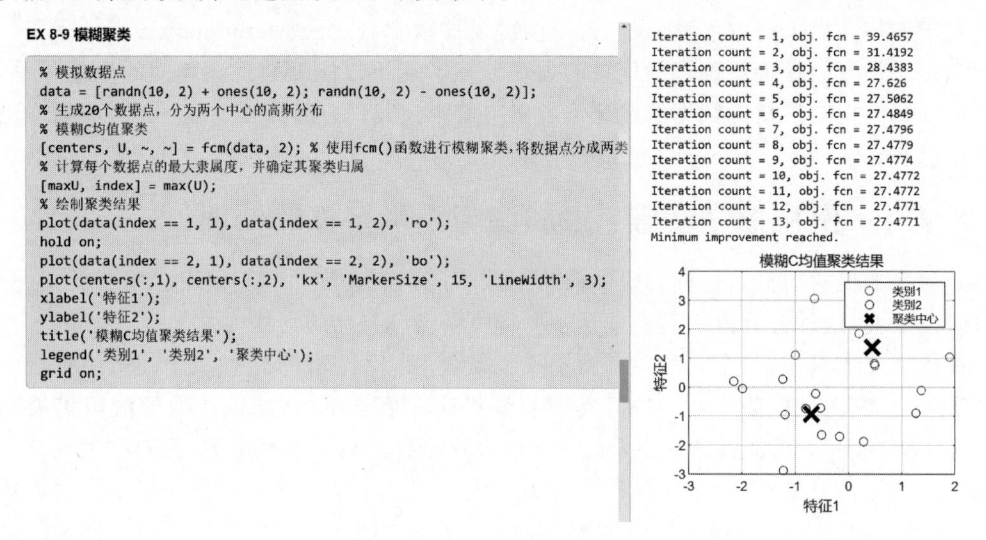

图8-15　模糊聚类案例

在此案例中，我们首先生成一组模拟数据点，这组数据点由两个不同中心点的正态分布构成，以模拟两个不同的聚类。使用fcm()函数对这些数据点进行模糊C均值聚类处理。这里，我们指定将数据点聚类成两个类别。fcm()函数返回的U矩阵包含了每个数据点对于每个聚类的隶属度。我们通过找出每个数据点隶属度最大的聚类来确定它们的最终归属。最后，我们通过绘图展示聚类结果。不同的聚类用不同颜色的点表示，聚类中心用黑色"×"标记。通过上述步骤，我们可以直观地看到模糊聚类的结果，以及每个数据点属于各自聚类的程度。这种方法特别适用于数据点不完全属于某一聚类，或者聚类边界不是非常清晰的情况。

8.4.3　模糊综合评价：综合评定的模糊逻辑

本节内容与8.3节决策评价模型相辅相成，为读者呈现了一个更加完整的知识框架。所谓综合评价，其核心在于对那些受多元因素影响的事物或实体给予一个全面的评判。而谈到模糊评价，我们采用隶属度理论将主观的定性评价转换为更加客观的定量数据。模糊综合评价的优势在于其结果的明确性和方法的系统性，它极其有效地应对了那些含糊不清、难以用传统方法量化的问题。这样的处理，不仅精准传递了原文的重要信息，还以简洁有力的语言满足了读者对阅读体验的期待。

如图 8-16 所示，在模糊综合评价案例中，我们利用 MATLAB，通过一个简单的模糊综合评价示例来展示如何使用隶属度进行评价。假设我们对一家餐厅进行评价，考虑三个因素：味道、服务和环境。我们将利用模糊逻辑的概念，将评价者的主观评价量化成隶属度，然后进行综合评价。这里，我们不进行聚类，而是进行模糊综合评价。

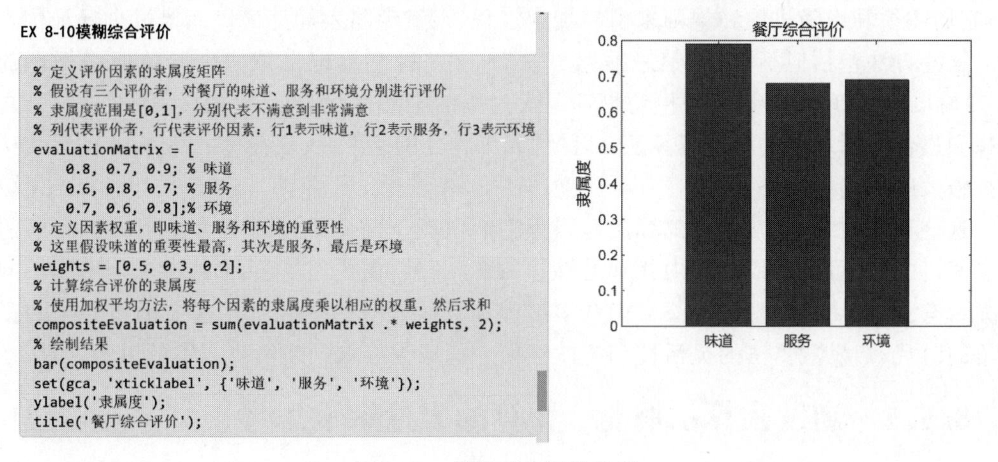

图 8-16　模糊综合评价案例

在这个案例中，我们首先定义了一个评价矩阵 evaluationMatrix，其中包含了三个评价者对于餐厅的味道、服务和环境的隶属度评价。这些隶属度在 0 到 1，越高表示越满意。接着，我们定义了评价因素的权重 weights，表示我们认为味道、服务和环境的重要程度。在这个例子中，味道被认为是最重要的，其次是服务，环境是最不重要的。通过计算加权平均，我们得到了每个评价因素的综合隶属度评价 compositeEvaluation。这个值越高，表示对应因素的综合评价越高。最后，我们通过一个柱状图展示了餐厅在味道、服务和环境三方面的综合评价结果。

通过模糊综合评价方法，我们可以将评价者的主观判断量化，从而得到一个更客观的评价结果。这种方法在处理含糊不清或不完全确定的信息时非常有用。

本节精华：模糊数学是数学的一个分支，它通过引入模糊概念来处理现实世界中的不确定性和模糊性问题。它的核心概念之一是隶属度，这是一个表征元素属于某个模糊集合的程度的量，与传统的二元逻辑（全是或全不是）相对，隶属度允许元素以不同程度属于一个集合。在应用方面，模糊数学可以用来进行聚类分析，即将数据集中的元素分成由相似对象组成的多个类，这种方法不要求事先知道对象的确切分类，而是根据对象的模糊隶属度来确定其所属的类别。此外，模糊数学同样适用于综合评价，它允许我们将多个评价指标合并成一个单一的、综合的评价结果，即使这些指标含糊不清，难以量化。MATLAB 作为一款强大的数学软件，其在模糊数学建模中扮演着关键角色。它提供了专门的工具箱，比如 Fuzzy

Logic Toolbox，来支持模糊逻辑和模糊系统的设计与分析。这使得进行模糊聚类、综合评价等操作变得更为直观和简便。

8.5 启发式算法：复杂问题的智能求解

在探索现代优化的领域时，我们着眼于20世纪70年代之后兴起的一系列创新算法，这些算法的共同追求是寻找问题的全局最优解。这些方法不同于传统的确定性和直接搜索技术，它们往往利用随机性和规则来引导搜索过程，以避免陷入局部最优而错过全局最优。

这些方法包括但不限于“禁忌搜索算法”——一种利用记忆结构来避免搜索循环的策略；“模拟退火算法”——一种模仿物理退火过程的全局优化方法；“遗传算法”——受自然选择和遗传学原理启发的搜索算法；以及“人工神经网络”——灵感来自人脑神经元结构的一种强大的预测和分类工具。

这些算法被统称为“启发式算法”，因为它们依赖于经验规则或者直觉来减少问题的搜索空间，从而在可接受的时间内找到足够好的解。它们在处理复杂、非线性和多峰值的问题时尤为有效，这使得启发式算法成为众多工程和科研领域的宠儿。在这个迅速变化和高度竞争的时代，启发式算法的灵活性和有效性使它们成为寻求创新解决方案的关键工具。

8.5.1 启发式算法概览：计算的力量解放思考

启发法(Heuristic)，源自希腊语，代表了一种自我探索的方法。在现代优化的语境中，这里的“自我”指的是计算机。我们设计算法，赋予计算机自主探索的能力，让它通过自动化的过程来寻找问题的解决方案。

虽然启发式算法常常无法保证得到最优、最完美或最理性的结果，它们却能够迅速地达到短期目标或找到问题的近似解，尤其在寻找最佳解决方案不现实或不可能的情况下，启发式算法能加速我们找到满意答案的步伐。这种方法不仅减轻了决策过程中的认知负担，而且还允许我们将复杂的思考任务交由计算机执行，用计算来替代复杂思考。

在学习启发式算法时，重要的是理解其核心思想而非仅仅记住它们的名称。这些算法之间的真正差异在于它们背后的理念和实际执行的细节。因此，学习启发式算法的最佳方法是，先从宏观的角度把握各种算法的基本原理，然后根据具体的应用场景，灵活编写或调整程序，以适应特定的问题和环境。在这一学习过程中，重视算法的思想和适应性比拘泥于算法的具体名称更为关键，这样可以更好地掌握启发式算法的精髓，创造出更加高效的解决方案。

8.5.2 模拟退火算法：热力学启发的优化策略

“模拟退火”这个术语源自金属加工中的退火过程，其通过控制温度的缓慢降低来改变金属的性质。如果我们以更易懂的方式来解释，可以将其想象为模拟原子在温度逐渐降低时的运动行为。

在模拟退火算法中，每个“原子”代表了一个解决方案的小单元或一个决策变量。算法一开始设定一个“相对较高的温度”，这个高温度象征着原子（或解决方案单元）有较大的“活动自由度”。更具体来说，这意味着算法在早期阶段愿意以更高的概率接受那些并不是最优的解，即允许算法在解空间中进行广泛的探索，如图 8-17 所示。随着算法的执行，模拟退火算法将“逐步降低温度”，减少接受较差解决方案的概率，让算法逐渐专注于寻找更优的解决方案。最终，随着算法以越来越低的概率接受那些并不是最优的解，算法的搜索行为会趋于稳定，并在最优解附近收敛。

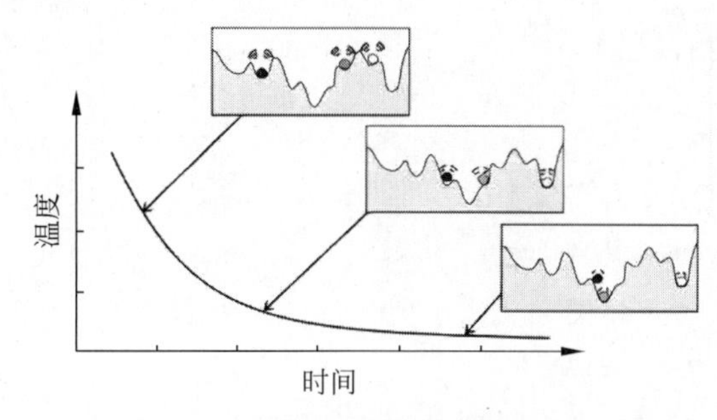

图 8-17　模拟退火算法的形象表达示意

从本质上讲，模拟退火算法是一种积累进化的启发式搜索方法。它通过逐步减少接受差解的概率来模拟自然选择的过程，从而寻找到问题的最优解或近似最优解。虽然作为单点搜索算法，它无法保证百分之百找到全局最优解，但通过这种模拟自然界中退火过程的策略，模拟退火算法能够有效地在大规模和复杂的搜索空间中定位到非常优秀的解决方案。

以下是一个简单的模拟退火算法的 MATLAB 案例，用来寻找函数 $f(x)=x^2$ 在区间 $[-10, 10]$ 上的最小值点，如图 8-18 所示。这段代码首先定义了我们要最小化的函数 $f(x)=x^2$。然后，它初始化了模拟退火算法的各种参数，包括初始温度、温度的下限、温度衰减率和最大迭代次数。在主循环中，算法随机生成新的点，并根据目标函数值和概率决定是否接受这个新点。随着温度的不断降低，算法逐渐收敛到最小值点。最后，代码绘制了目标函数的图像和算法搜索过程中出现的点，以及找到的最小值点。运行这段代码，读者将看到随着迭代的进行，算法如何逐渐逼近函数的最小值点。这个简单的案例清晰地展示了模拟退火算法在优化问题中的效果，并通过图像直观地揭示了算法的工作原理。

模拟退火算法的核心思想在于模仿物理退火过程中的冷却原理来逐步找到问题的最优解或近似最优解。它从一个高温状态开始，允许系统接受较差的解以探索解空间，随后渐渐降低温度，减少接受劣质解的概率，最终使解趋于稳定。在 MATLAB 中实现时，首先需要定义优化问题的目标函数和初始参数，包括初始温度、温度的下限、温度衰减率以及最大迭代次数。然后通过迭代循环，不断产生新解，并根据当前温度和接受准则决定是否接受该新解，同时逐步降低温度直到满足停止条件。最后，可通过绘图功能直观展示算法寻优的过程和结果。这种方法在 MATLAB 中通过矩阵和向量运算以及强大的可视化功能得到了高效和直观的实现。

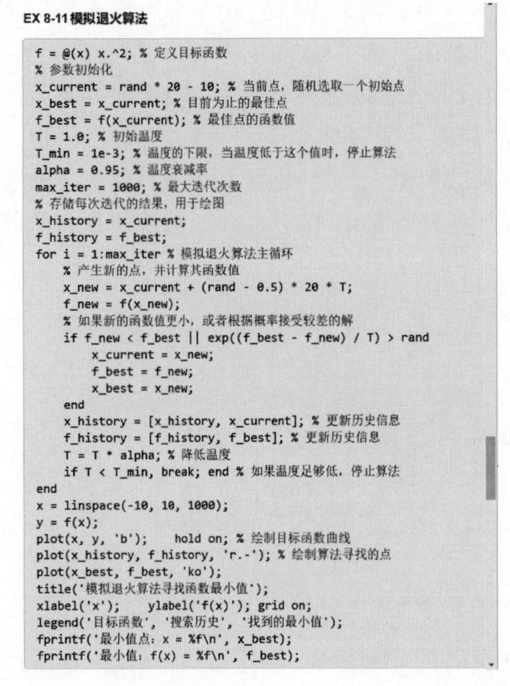

EX 8-11模拟退火算法

```
f = @(x) x.^2; % 定义目标函数
% 参数初始化
x_current = rand * 20 - 10; % 当前点，随机选取一个初始点
x_best = x_current; % 目前为止的最佳点
f_best = f(x_current); % 最佳点的函数值
T = 1.0; % 初始温度
T_min = 1e-3; % 温度的下限，当温度低于这个值时，停止算法
alpha = 0.95; % 温度衰减率
max_iter = 1000; % 最大迭代次数
% 存储每次迭代的结果，用于绘图
x_history = x_current;
f_history = f_best;
for i = 1:max_iter % 模拟退火算法主循环
    % 产生新的点，并计算其函数值
    x_new = x_current + (rand - 0.5) * 20 * T;
    f_new = f(x_new);
    % 如果新的函数值更小，或者根据概率接受较差的解
    if f_new < f_best || exp((f_best - f_new) / T) > rand
        x_current = x_new;
        f_best = f_new;
        x_best = x_new;
    end
    x_history = [x_history, x_current]; % 更新历史信息
    f_history = [f_history, f_best]; % 更新历史信息
    T = T * alpha; % 降低温度
    if T < T_min, break; end % 如果温度足够低，停止算法
end
x = linspace(-10, 10, 1000);
y = f(x);
plot(x, y, 'b');    hold on; % 绘制目标函数曲线
plot(x_history, f_history, 'r.-'); % 绘制算法寻找的点
plot(x_best, f_best, 'ko');
title('模拟退火算法寻找函数最小值');
xlabel('x');    ylabel('f(x)'); grid on;
legend('目标函数', '搜索历史', '找到的最小值');
fprintf('最小值点：x = %f\n', x_best);
fprintf('最小值：f(x) = %f\n', f_best);
```

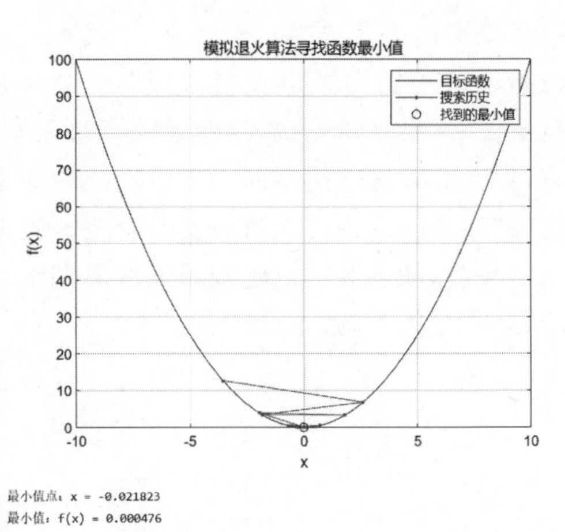

图 8-18　模拟退火算法案例

8.5.3　遗传算法：生物进化原理启发下的优化策略

遗传算法的灵感来源于进化论，甚至其术语也借鉴了自然选择的原理。简而言之，它是一种群体搜索策略，包含以下几个关键步骤：

(1) 形成初始群体；

(2) 评估每个成员的适应度；

(3) 基于“适者生存”的原则挑选优秀成员，并让它们配对；

(4) 通过随机交换和变异基因来产生新一代群体；

(5) 重复步骤(2)到步骤(4)，直到找到全局最优解。

在遗传算法等优化算法中，全局最优解是算法试图找到的目标。这些算法通过模拟自然进化过程（选择、交叉和变异）来在解空间中搜索最优解。这种方法是一种“面向搜索”的技术，不仅搜索效率高，而且能够确保找到全局最优解。

在下面的 MATLAB 应用案例中，我们将介绍一种基础的遗传算法，用于解决优化问题。本案例的目标是找到一个函数的最大值。我们将使用简单的二进制编码，通过选择、交叉和变异操作来模拟自然选择过程。最终，我们将通过图像直观地展示出算法的效果。

首先，我们需要定义目标函数，假设我们要最大化的函数是 $f(x)=x^2$，其中 x 的定义域为 $[0, 31]$。我们将使用 5 位的二进制数来表示 x 的值，即可以表示的十进制数范围为 0 到 31。如图 8-19 所示，接下来是算法的详细步骤。

(1) 随机生成初始种群：包含一定数量的个体，每个个体都是一个5位的二进制数。

(2) 评估种群：计算每个个体的适应度，即将二进制数转换为十进制数并代入目标函数。

(3) 选择操作：根据适应度进行选择，适应度高的个体有更高的概率被选中。

(4) 交叉操作：随机选择父母个体，进行单点交叉产生后代。

(5) 变异操作：以一定概率随机改变个体中的某些基因。

(6) 生成新种群：用产生的后代替换当前种群。

(7) 迭代：重复步骤(2)到步骤(6)，直到满足终止条件(如达到预设的迭代次数)。

(8) 输出结果：展示算法找到的最大值和对应的 x 值。

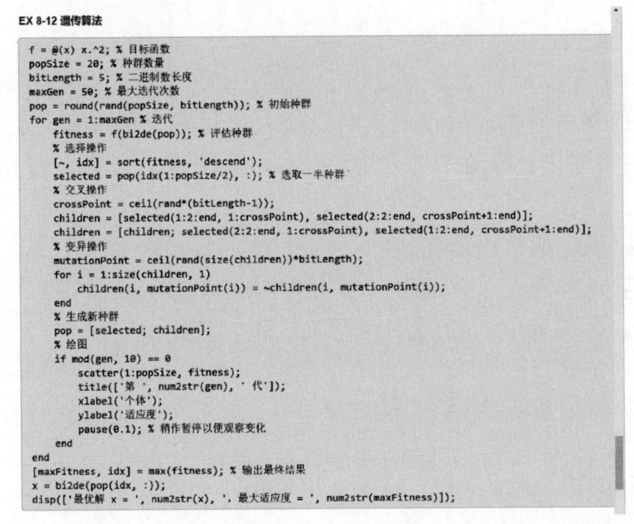

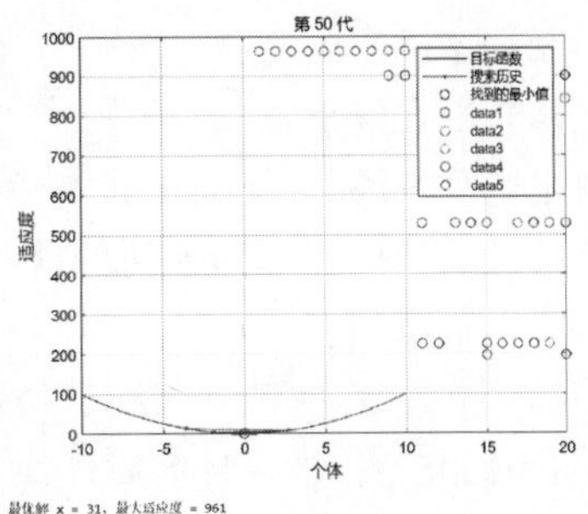

图 8-19 遗传算法案例

在这个案例中，我们每迭代10次绘制一次种群的适应度分布图，这样可以直观地看到算法的优化过程。最终，该算法会输出找到的最优解和对应的最大适应度。简洁的代码行数和分步骤的中文注释使得整个算法过程清晰易懂，非常适合大学生及初学者学习和理解遗传算法的基本原理和实现方式。

在MATLAB中实现遗传算法的精髓在于模拟自然选择的机制：通过编码解决方案，计算适应度，执行选择、交叉和变异操作，并不断迭代以优化结果。这一过程借助MATLAB强大的矩阵计算能力和图形展示功能，能够高效地搜索最优解，并直观地显示算法的进化过程。简洁而强大的代码结构使遗传算法成为解决各种优化问题的有力工具。

本节精华："现代优化"技术，尤其是模拟退火算法和遗传算法，代表了一类启发式算法，它们摒弃了传统的解析求解过程，转而利用计算机的强大计算能力来探索解空间。模拟退火算法受物理退火过程启发，通过控制"温度"参数来避免局部最优，而遗传算法则模拟生物进化过程中的选择、交叉和变异，以达到全局最优。这两种算法不需要对问题进行解析求解，通过迭代搜索可以处理复杂的非线性、非凸优化问题。在当代，这些方法对于解决实际工程、经济和科研中的优化问题具有重大意义，尤其在数据量大、问题复杂度高时，可以为用户提供更加有效的解决方案。

常见问题解答

(1) 图论与网络分析如何帮助我们理解现实世界的复杂系统？

图论与网络分析提供了一套强有力的数学工具来研究和理解复杂系统之间的关系。例如，社交网络分析可以揭示人际互动的模式，而交通网络分析能够优化路线设计，减少拥堵。通过图论，我们能够识别出网络中的关键节点，预测系统如何对干扰做出响应，甚至可以防范网络安全风险。

(2) 博弈论在现实生活中有哪些应用？

博弈论在经济学、政治学、社会学等多个领域都有应用。在经济学中，企业运用博弈论来制定竞争策略，如 Cournot 竞争模型中分析如何设定产量以最大化利润。在国际关系中，博弈论可以帮助解释国家间的谈判策略。甚至在日常生活中，我们在决策时也会不自觉地使用博弈论原则。

(3) 什么是 TOPSIS 法，它在决策中的作用是什么？

TOPSIS 法，是一种多属性决策分析方法。它通过计算方案与正理想解及负理想解的距离，来确定每个方案的相对优劣。在决策中，TOPSIS 法帮助决策者快速地评估不同方案的综合性能，从而做出更客观和合理的选择。

(4) 启发式算法(如遗传算法和模拟退火算法)的原理是什么，它们在解决问题时有何优势？

启发式算法通常是从自然界或物理过程中得到启发的算法。遗传算法基于自然选择和遗传学原理，通过模拟基因的交叉、变异和选择过程来逐步进化出最优解。模拟退火算法则模仿物质退火过程中的能量最小化原理来找到问题的全局最优解。这些算法能够有效处理高维度、非线性、多峰值等复杂问题，尤其是在传统优化方法难以应用或不经济的情况下。

本章精华总结

本章深入探讨了 MATLAB 在数学建模领域的广泛应用，涵盖了图论与网络分析、博弈论、决策评价模型，以及启发式算法等核心主题。通过图论与网络分析，我们学会了如何利用 MATLAB 揭示和分析生活与工作中复杂系统的内在联系。博弈论部分则启发我们理解在竞争与合作中决策的策略选择。决策评价模型章节通过主成分分析法、TOPSIS 法和因子分析法，展示了如何运用 MATLAB 进行有效的多属性决策分析。而在启发式算法这一部分，我们深入了解了模拟退火算法和遗传算法的原理及其在 MATLAB 中的实现，这些方法在处理复杂优化问题时显示出了其独特的优势。整体而言，本章不仅提供了强大的数学建模工具和方法，还通过具体实例展示了如何运用 MATLAB 解决实际问题，为读者在理论与实践之间架设了一座桥梁。

第 9 章

Simulink 仿真

Simulink 是一个多功能的模拟环境，让系统级设计、仿真、自动代码生成，以及嵌入式系统测试和验证变得简单而高效。作为 MATLAB 的亲密伙伴，Simulink 提供了一个直观的图形编辑器，配备了丰富的模块库和强大的求解器，让动态系统的建模和仿真变得触手可及。将 MATLAB 算法融入模型，并将仿真成果返回 MATLAB 进行深入分析，一切都是那么的自然，做到了无缝衔接。

Simulink 的界面图形化，不仅美观，还让复杂的系统设计变得直观易懂。当我们谈论系统仿真时，实际上我们指的是将现实世界问题抽象成数学模型，这些模型通常以微分方程的形式出现，为我们提供了一种计算和预测系统行为的方法。仿真，简而言之，就是一种计算过程，无论是在物理学还是工程学领域，它都是研究和解决问题的基础工具。

Simulink 的亮点在于以下几点。

(1) 图形化建模：直观快速，轻松捕捉复杂系统结构，符合科技人员的思维习惯。

(2) 模块化设计：丰富的预设模块和自定义模块选项，方便管理和调试层次多样的子系统。

(3) 优秀的交互性：输入输出流畅，仿真监控直观，算法评估和参数优化轻而易举。

(4) 多域仿真：无缝整合连续时间和离散时间系统，甚至物理建模，提供全面的仿真视角。

(5) 代码自动生成：从模型到 C 代码，快速跨越设计到实现的鸿沟，特别适合嵌入式系统开发。

(6) 硬件集成：无缝对接现场可编程门阵列(Field Programmable Gate Array，FPGA)和微控制器等硬件，支持快速原型开发和硬件在环测试。

尽管 MATLAB 在算法开发、数据处理和图形可视化方面已经相当强大，但 Simulink 在提供一个更加全面和专业的系统建模和硬件集成解决方案方面占据了一席之地。因此，根据用户的项目需求，适时选择 MATLAB、Simulink 或它们的组合，可以让工作效率和成效达到最佳。

Simulink 无疑是 MATLAB 家族中的璀璨明星，其强大的功能和广泛的应用确实值得专门撰写一本书来深入探讨。然而，本书的目的是让读者快速入门，带读者领略 Simulink

的魅力，了解它的基本功能和实际用途。在本章中，我们会用简洁明了的语言和直观的方式，引导读者迈出使用 Simulink 的第一步。紧接着，我们将通过几个精选的实际案例，展示 Simulink 在解决工程问题中的实际应用。通过这些案例学习，读者将能够亲自动手，从中获得如何搭建模型、配置参数、运行仿真和分析结果的实战经验。我们的目标是，通过本章的学习，使读者能够快速掌握 Simulink 的核心技术，理解其强大的功能，并激发读者继续深入学习的热情。最后，请记住，入门 Simulink 并不是遥不可及，一章的内容足以让读者踏上 Simulink 探索之旅。

9.1 Simulink 入门指南

想要启动 Simulink 界面，用户可以选择一个简单的方法：在 MATLAB 命令行中输入 simulink 命令，或者在 MATLAB 的“新建”菜单中选择“新建 Simulink 模型”。如图 9-1 所示，Simulink 的起始页界面一览无余，实用又直观。

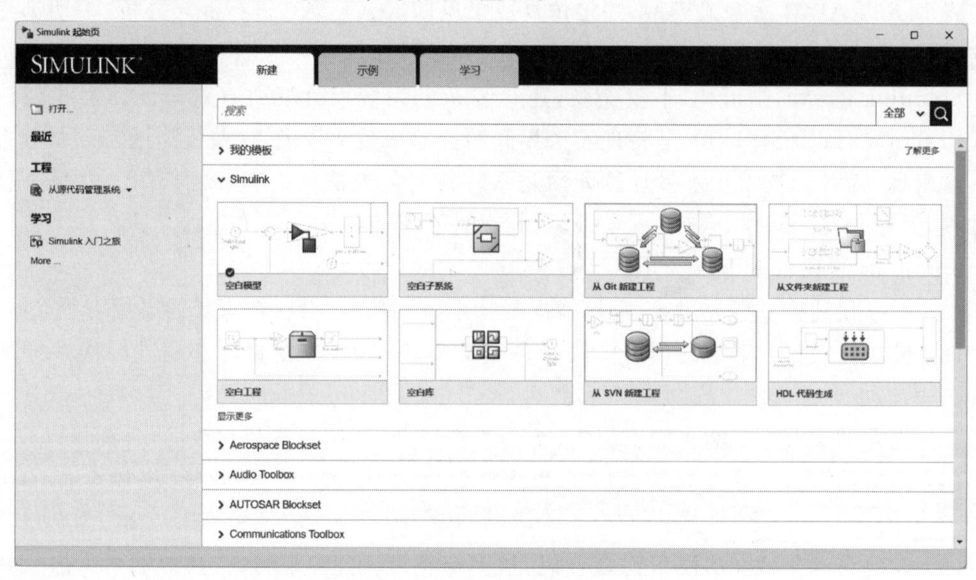

图 9-1 Simulink 的起始页界面

在 Simulink 的起始页界面上，用户可以发现一个“示例”选项卡，它包含了大量的预制案例，这些都是用户的学习宝库，可以让用户直接参考和实践。同时，还有一个“学习”选项卡，这里聚集了许多精心准备的教程课程，帮助用户深入理解和掌握 Simulink 的强大功能。不过，要想充分访问这些资源，用户需要登录账号。

9.1.1 模块库揭秘：仿真的“心脏”

选择新建空模型后，单击“库浏览器”就可以看到最常用的核心环节——Simulink 模块库，如图 9-2 所示。

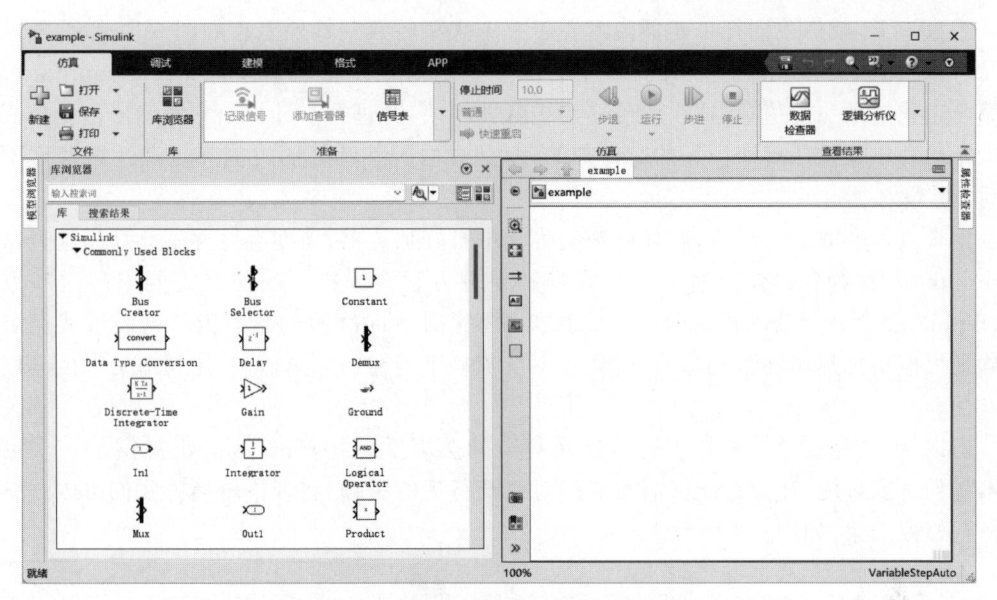

图 9-2　Simulink 模型界面与库浏览器

在 Simulink 中，创建模型就像是在拼接一个有趣的谜题。用户只需将所需的模块从库中拖曳到模型窗口，并根据设计需求将它们连接起来。这些串联的模块共同构成了一个"Simulink 模块图"，它直观地展示了系统各个部分之间的关系。模块可以代表单个物理组件、更小的子系统，或者特定的函数操作。通过定义输入和输出关系，用户就能够详尽地描述每个模块的特性。

让我们来看一个简单的实例，就像使用一个扩音器来放大声音一样，想象声音从扩音器的一端进入，在另一端被放大至原来的两倍。在这个例子中，扩音器就是我们的模块，声源的声波是输入，而用户听到的放大后的声波是输出。在 Simulink 中，我们可以利用 Math Operations(数学操作)库里的 Gain(增益)模块来模拟这个过程，如图 9-3 所示。使用这个增益模块，用户只需要简单地设置增益值为 2，就可以模拟扩音器将声波放大两倍的功能。这是 Simulink 的魅力所在：将复杂的系统和概念通过模块化的方式简化，让用户能够直观且有效地表达和模拟现实世界中的各种现象。

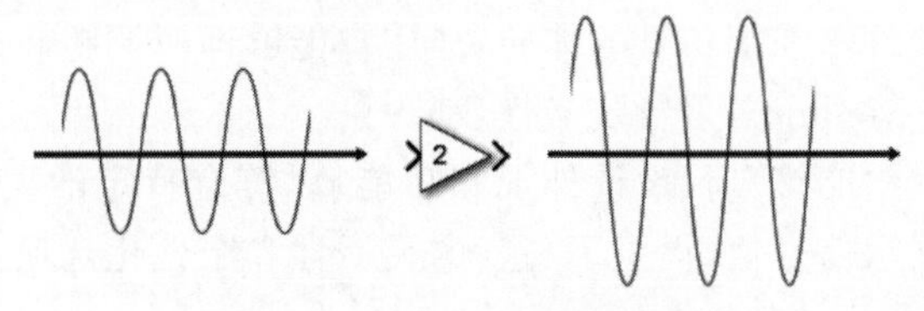

图 9-3　Simulink 模块图简例

Simulink 是一个强大的工具，它允许我们模拟系统组件随时间变化的行为。简而言之，Simulink 就像一个时间机器，它通过一个虚拟时钟来确定各个模块的仿真顺序。在模拟过程中，模块之间会相互传递数据，每个模块都会根据自己的规则处理输入并产生输出。

想象一下，就像我们把扩音器模型置于一个大型的数字舞台上。如图9-3所示，随着仿真时钟的前进，Simulink逐步计算每个时间点上的信号。在每个时间步骤，Simulink都会计算出正弦波的当前值，将这个值传递给扩音器模块，并进一步计算出它的输出值。仿真时钟的走动并不是按照现实世界的时钟来的，而是根据所需计算的时间和复杂性来确定下一个时间步骤。

这个过程并非即时反应，就如同现实生活中打开加热器，房间温度并不会立马上升。在Simulink中，这种延迟效应通过微分方程和差分方程来模拟。当仿真需要求解这些方程时，Simulink会利用其内置的内存和数值求解器来计算时间步的状态值。这表示我们可以准确地模拟出加热器渐渐升温的过程，它不仅依赖于当前的加热输入，还与历史上的温度状态有关。

所以，无论是模拟简单的扩音器还是复杂的热力学系统，Simulink都提供了一个灵活而精确的仿真环境，让我们能够洞察时间对系统行为的影响，将理论转换为我们可以观察和分析的模拟结果，如图9-4所示。

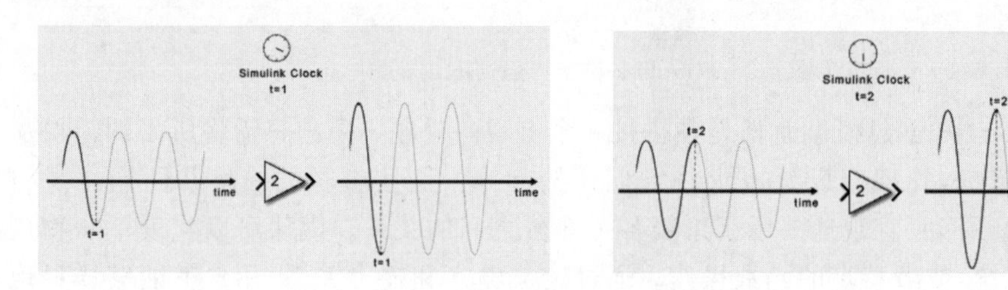

图9-4　Simulink仿真过程示意

Simulink模块库提供了一套功能强大的构件，使得系统建模和仿真变得直观且高效。下面是其中一些关键模块库的介绍。

(1) Continuous(连续)。

连续模块库包含用于建模连续时间系统的基本构件，如Derivative(导数)和Integrator(积分器)，它们对于任何需要精确处理时间动态的模型都是不可或缺的。

(2) Dashboard(仪表板)。

仪表板模块库提供了一组可视化工具，允许用户在仿真运行时控制参数并直观地显示信号值。这些互动式控件增强了仿真的体验，让用户能够即时调整和监测模型的行为。

(3) Customizable Modules(可自定义模块)

可自定义模块让用户能够自行设计外观和功能，以符合特定的需求。这些模块在仿真时能够控制参数值并展示信号值，提供了高度的灵活性和个性化选项。

(4) Discontinuities(不连续)。

不连续模块库包含了模拟系统中非线性行为的模块，例如Saturation(饱和)，它们对于处理系统限制和非线性响应至关重要。

(5) Discrete(离散)。

离散模块库为离散时间信号处理提供了工具，例如 Unit Delay(单元延迟)，这些模块适用于采样数据系统和数字控制器的设计。

(6) Logic and Bit Operations(逻辑和位运算)。

逻辑和位运算模块库提供了执行逻辑和位运算的模块，如 Logical Operator(逻辑运算符)和 Relational Operator(关系运算符)，它们对于建模数字逻辑至关重要。

(7) Lookup Tables(查找表)。

查找表模块库包含了如 Cosine(余弦)和 Sine(正弦)等模块，用于高效模拟数学函数而无须进行复杂计算。

(8) Math Operations(数学运算)。

数学运算模块库提供了广泛的数学运算功能，如 Gain(增益)、Product(乘法)和 Sum(求和)，对于实现各种算术和数学操作非常有用。

(9) Matrix Operations(矩阵运算)。

矩阵运算模块库专为那些需要处理线性代数问题的用户设计，使得矩阵乘法和其他相关运算变得简单易行。

(10) Messages & Events(消息和事件)。

消息和事件模块库支持基于消息的通信建模，它们对于设计事件驱动和异步通信系统非常有用。

(11) Model Verification(模型验证)。

模型验证模块库使模型能够自我检查和验证，确保模型的正确性，例如 Check Input Resolution(检查输入分辨率)模块。

(12) Model-Wide Utilities(模型范围工具)。

模型范围工具模块库提供模型范围内的实用功能，如 Model Info(模型信息)和 Block Support Table(模块支持表)，用于管理和诊断模型的整体属性。

(13) Ports & Subsystems(端口和子系统)。

端口和子系统模块库中包含与子系统相关的模块，如 Inport(输入端口)、Outport(输出端口)、Subsystem(子系统)和 Model(模型)，它们用于组织和封装模型的不同部分。

(14) Signal Attributes(信号属性)。

信号属性模块库用于修改信号的属性，包括 Data Type Conversion(数据类型转换)，确保信号在模型中正确传递。

(15) Signal Routing(信号路由)。

信号路由模块库用于控制信号流向，如 Bus Creator(总线创建器)和 Switch(开关)，对于复杂信号管理至关重要。

(16) Sinks(接收器)。

接收器模块库用于记录和可视化信号数据，以及在模型的特定部分终止信号线，如 Scope(示波器)和 To Workspace(输出到工作区)。

(17) Sources(源)。

源模块库为仿真提供输入信号，可以定义和生成信号或从数据文件中加载信号，如Constant(常数)和Signal Generator(信号发生器)。

(18) Strings(字符串)。

字符串模块库提供了用于执行字符串操作的模块，增加了处理文本数据的能力。

(19) User-Defined Functions(用户定义函数)。

在用户定义函数模块库中，用户可以利用MATLAB Function(MATLAB函数)、MATLAB System(MATLAB系统)、Simulink Function(Simulink函数)和Initialize Function(初始化函数)等模块来实现自定义函数。

(20) Additional Math and Discrete(额外的数学和离散)。

额外的数学和离散模块库提供了额外的数学和离散函数模块，如Decrement Stored Integer(减少存储的整数)，用于特定的数学运算和逻辑处理。

通过这些模块库，Simulink用户能够搭建起从简单到复杂的各种系统模型，进行详尽的仿真和分析。

Simulink提供了一个庞大而丰富的模块库，总计超过500个基础模块，覆盖了从简单的数学运算到复杂的系统级建模的各个方面。这些模块是工程师和科研人员在模型设计和仿真过程中的强大工具。为了充分利用这些资源，了解每个模块的具体功能和应用场景变得尤为重要。

为此，Simulink提供了详尽的模块帮助文档，用户可以通过这些文档深入了解每个模块的详细信息，包括其工作原理、使用方法、参数配置以及示例应用等。这些文档是用户快速掌握模块功能、提高建模效率、解决特定问题的重要资料。图9-5所示为Simulink模块

图9-5 Simulink模块帮助文档中的截图

帮助文档中的截图,展示了如何通过图形化界面浏览和搜索不同的模块帮助信息。在这个界面中,用户可以通过分类浏览或直接搜索模块名称来快速找到所需的信息。每个模块的帮助页面通常包含了模块描述、参数设置指南、使用示例和技术说明等部分,为用户提供全面的支持。通过积极利用这些帮助文档,用户不仅可以提升自己使用 Simulink 的技能,还能发现和探索更多的模型设计可能性,进一步推动创新和研究的发展。

Simulink 还有海量的各领域特色性模块,涵盖了从基本的系统仿真到复杂的应用领域,为不同行业的工程师和科研人员提供了强大的工具。以下是 Simulink 产品在各个特定领域中的应用示例。

(1) 一般应用领域: Simulink 被用来构建和测试各种通用系统模型,如电子电路、热系统和简单的机械装置。这些模型可以用于教学、学习基础原理或者初步的设计验证。

(2) 汽车应用领域:使用 Simulink 和其他 MathWorks 产品,汽车工程师可以建模和仿真复杂的汽车系统,包括动力传动系统、引擎管理系统、车载网络和先进的驾驶辅助系统。这些工具可以帮助汽车行业加速开发过程,提高效率和安全性。

(3) 航空应用领域: Simulink 结合 Aerospace Blockset 软件,为工程师提供了专门的工具箱,用于开发和测试飞行控制系统、导航系统和航天器的动力学模型。这些高精度的仿真模型对于确保航空航天系统的性能和可靠性至关重要。

(4) 工业自动化应用领域: Simulink 也广泛应用于工业自动化,支持构建如自动装配线、物料处理系统和机器人控制系统等模型。这些仿真模型有助于优化工厂操作,提高生产效率和降低成本。

(5) 信号处理领域:结合 DSP System Toolbox 软件,Simulink 已成为信号处理和通信系统设计的强大平台。这包括音频和视频处理、无线通信和雷达系统设计,支持工程师开发高效且创新的解决方案。

(6) 控制设计领域:通过 Simulink Control Design 软件,工程师可以对系统模型进行线性化,并设计适合的控制系统。这些工具特别适用于自动化设备、飞行器和汽车系统等领域的控制策略开发。

(7) 物理建模领域: Simscape 软件使得在 Simulink 环境内进行物理系统建模变得简单直观。无论是电气、机械、液压还是热系统,工程师都能够构建精确的模型,进行综合性能分析。

(8) 复杂逻辑领域: Stateflow 图提供了一种,用于为包含决策逻辑、模式切换和时间控制的系统建模的方法。这对于开发复杂的控制逻辑和状态机特别有用。

(9) 离散事件仿真领域: Simulink 支持离散事件系统的仿真,适用于研究和优化制造流程、服务流程和物流系统等。

(10) 系统工程领域:使用 System Composer 软件,系统工程师可以设计和分析复杂系统的架构。这包括对系统的结构、性能和功能进行模型化仿真和验证。

(11) 大型建模领域:对于大型模型和多用户开发团队,Simulink 提供了强大的模型管理和协作工具,支持模型的模块化、重用和版本控制,从而提高开发效率和减少错误。

Simulink是创新者的利器——不论用户是在构筑简易的模型以验证一个闪现的灵感，还是在策划那些错综复杂的系统级框架，Simulink都可以为专业人士在多个领域内提供所需的一切支持，从而催化一系列革命性解决方案的诞生。要想真正掌握Simulink的精髓，就得先熟悉它的模块库——这与MATLAB的函数库遥相呼应，是用户在使用过程中的得力助手。探究Simulink模块库，就等同于解锁了Simulink世界的"半壁江山"。

9.1.2 基本操作技巧

从软件的视角来看，Simulink是数据(模型)驱动的软件平台，其重头戏在模块上，反而Simulink的软件架构与操作逻辑十分简单，本节我们从模块的基本操作、信号线的基本操作、系统模型的基本操作三方面简单介绍，读者浏览过后可以直接上手操作，真正掌握一门技术是在实践中一点点熟悉积累的。

1. 模块的基本操作

在Simulink中，模块是构建模型的基石，允许用户拖曳并连接以形成一个动态系统。掌握模块的基本操作对于高效使用Simulink至关重要。以下是一些基础操作、快捷方式和操作技巧，可以帮助用户在Simulink中游刃有余。

添加模块：用户可以通过在Simulink的库浏览器中找到所需模块，然后将其拖曳到模型画布上来添加模块。使用快捷搜索功能，只需按下Ctrl＋F，输入模块名称，然后按下Enter键即可将此模块快速添加到模型中。

连接模块：要连接两个模块，单击一个模块的输出端口，然后拖动到另一个模块的输入端口上。如果用户想要自动连接多个模块，可以选择第一个模块，按住Shift键，然后单击其他模块，Simulink会尝试自动连接。

复制、粘贴和删除模块：复制模块使用Ctrl＋C，粘贴模块使用Ctrl＋V，删除模块则使用Delete键。

旋转和翻转模块：要旋转模块，请选中模块，然后按下Ctrl＋R进行顺时针旋转，重复按键可多次旋转。翻转模块，可以在模块的上下文菜单中找到翻转选项。

调整模块参数：双击模块即可打开其参数对话框，在这里可以设置模块的具体参数。对于经常使用的模块，用户可以改变默认参数，并将其保存为自定义模块以便复用。

对模块进行分组：可以选中多个模块，然后右击选择Create Subsystem将它们组合成一个子系统，这有助于模型的模块化和重用。

调整模块的外观：选中模块，然后在属性面板中可以调整模块的颜色、字体和线条等，以改善模型的可读性和美观度。Ctrl＋Z用于撤销，Ctrl＋Y用于重做。Ctrl＋A用于选择画布上的所有模块。Ctrl＋G用于组合模块成组。Ctrl＋U用于解组。

通过这些基本操作和快捷方式，用户可以有效地操控Simulink中的模块，提升建模的效率和精确性。虽然熟练掌握这些技巧需要时间和实践，但一旦掌握，用户将能够快速构建和修改复杂的系统模型。

2. 信号线的基本操作

在 Simulink 中,信号线是连接不同模块之间的关键,它们代表着系统中信息的流动。有效地操作信号线对于构建清晰、高效的模型非常重要。下面是一些关于信号线的基本操作、快捷方式和操作技巧。

绘制信号线：要连接两个模块,单击并拖曳一个模块的输出端口到另一个模块的输入端口。当鼠标指针接近目标端口时,线条自动吸附,表示可以连接。按住 Shift 键同时拖曳可以绘制直角信号线,以便创建更整洁的模型布局。

删除信号线：单击信号线选中信号线,然后按 Delete 键即可删除。用户也可以使用鼠标右键单击信号线,然后从上下文菜单中选择 Delete 进行删除。

移动和调整信号线：要移动信号线,先单击以选中它,然后拖曳线上的某个点到新位置。Simulink 会自动调整线条以保持连接。用户可以在信号线上任意点单击鼠标右键,选择 Add Branch Point 或 Remove Branch Point 来增加或删除折点,自定义信号线的路径。

分支信号线：要从一个模块向多个模块发送信号,可以在信号线上任意位置单击并拖曳来创建一个新的分支。这样,原始信号就能被分发到多个目标模块。按住 Ctrl 键并单击信号线,可以直接在单击的位置创建一个分支点。

标记信号线：在信号线上单击鼠标右键,选择 Properties 可以给信号线添加标签或注释。这有助于他人(或用户本人)理解模型中信号的含义和作用。双击信号线即可快速添加标签。

信号线颜色和样式：虽然 Simulink 自动分配信号线的颜色和样式以表示不同的数据类型和属性,但用户可以通过信号属性对话框自定义颜色和样式,以改善模型的可读性。要自定义信号线的颜色或样式,单击信号线选择它,然后单击鼠标右键选择 Properties,在弹出的对话框中进行设置。

使用信号视图：为了更好地管理和调试模型中的信号,Simulink 提供了信号视图功能。通过 View 菜单中的 Signals & Ports→Signal Viewer 可以跟踪和显示模型运行时的信号变化。

通过这些操作和技巧,用户可以更精确地操纵 Simulink 模型中的信号线,使模型的构建过程更加高效和直观。用户可以练习这些技巧以增强建模能力。

3. 系统模型的基本操作

在 Simulink 中,构建和管理系统模型是进行仿真和分析的核心。熟悉系统模型的基本操作、快捷方式和操作技巧,可以大大提高工作效率。以下是一些关键的操作指南。

创建新模型：在 Matlab 命令行窗口输入 simulink 命令或单击 MATLAB 工具栏上的 Simulink 图标,打开 Simulink Start Page,然后选择 Blank Model 来创建一个新的模型。使用命令 new_system 可直接在 MATLAB 命令行窗口创建一个新模型。

保存和打开模型：使用标准的 Ctrl+S 快捷键保存当前模型,使用 Ctrl+O 打开一个现有模型。用户也可以通过 Simulink 界面上的 File 菜单来进行保存和打开操作。

添加和配置模块：从 Simulink 库浏览器拖曳模块至模型画布中。双击模块可打开配置对话框，进行参数设置。复制模块使用 Ctrl+C，粘贴模块使用 Ctrl+V，删除模块使用 Delete 键。

连接模块和调整布局：拖曳模块在端口之间创建信号线来连接。使用“Alt+鼠标左键”拖曳对信号线进行微调。使用 Format 菜单中的 Align Objects 和 Auto Arrange 等功能可以快速整理模型的布局。

运行和调试模型：单击模型窗口工具栏上的 Run 按钮或使用快捷键 Ctrl+T 运行模型。使用 Simulation 菜单下的 Model Configuration Parameters 设置仿真参数，如仿真时间、求解器类型等。对于调试，Simulink 提供了信号查看器、作用域等工具，通过在信号线上单击鼠标右键选择 Add to Signal Viewer 可以观察信号变化。

使用子系统封装模块：选择多个模块，单击鼠标右键并选择 Create Subsystem from Selection 可以将它们封装为一个子系统，以简化模型结构。使用 Ctrl+G 快速创建子系统。

模型版本控制和共享：Simulink 模型可以通过 MATLAB 的集成源代码控制工具进行版本管理。使用 File 菜单下的 Export 选项将模型导出为不同格式，方便与他人共享。

使用模型参考：为了提高大型模型的管理效率，可以使用模型参考将一个 Simulink 模型包含在另一个模型中。通过在模型中添加 Model Reference 模块并指向另一个模型文件来实现。

通过掌握这些基本操作、快捷方式和操作技巧，用户将能够更加高效地使用 Simulink 进行系统建模和仿真。实践是最好的学习方法，不断尝试和探索将帮助用户深入理解 Simulink 的强大功能。

9.1.3 系统建模方法

在 Simulink 中进行系统建模是一个将理论转化为可视化模型的过程。它不仅需要对 Simulink 软件的熟练操作，还需要对所建模系统的深刻理解。以下是进行系统建模时的思路方法以及操作技巧。

(1) 定义目标：在开始前，清晰地定义建模目的——是为了验证一个概念、设计一个控制系统、进行性能分析还是其他目标？这将指导模型的复杂度和需要聚焦的方面。

(2) 理解系统：在动手之前，确保理解了系统的工作原理。研究系统的各个组成部分以及它们之间的相互作用。了解输入输出关系、动态行为、约束条件等。

(3) 模块化设计：将系统分解为可管理的小部分（模块）。模块化设计不仅有助于理解和建立模型，也便于调试和维护。在 Simulink 中，可以使用子系统来实现这一点。

(4) 选择合适的块：根据系统的不同部分，从 Simulink 库中选择合适的块。例如，使用数学操作块来实现算法，使用 S-Function 块来实现自定义行为等。

(5) 构建模型：从简到繁逐步构建模型。先搭建系统的主干，确保基本框架正确无误。然后逐步添加细节，比如调节参数、优化结构。

(6) 设置参数和运行仿真：设置块参数以符合系统特性。使用 Model Configuration

Parameters来设置仿真的全局参数，如仿真时间、求解器等。运行仿真并检查结果。验证模型的行为是否符合实际系统或理论预期。

(7) 调试和验证：如果仿真结果不符合预期，使用Simulink的调试工具来诊断问题。这可能包括检查信号大小、数据类型、运行时错误等。增加作用域和信号查看器来监控和分析关键信号。

(8) 优化模型：一旦模型基本正确，可以进行优化。这可能涉及减少模型的复杂性、提高仿真速度或改进数值精度。利用Simulink的性能工具，比如加速模式、并行仿真等，来提高仿真效率。

(9) 文档和共享：给模型添加必要的注释和文档，这对于团队协作和模型的长期维护非常重要。利用模型参考和库来共享和重用模型组件。

(10) 反馈迭代：建模是一个迭代过程。根据仿真结果和同事的反馈不断调整和改进模型。

Simulink系统建模的核心思想在于将实际系统的动态行为抽象化并以模块化的方式呈现。在这个过程中，我们着重处理三种关键数据：信号、状态和参数。信号是模块之间传递的输入和输出信息，它们在仿真过程中实时计算并流动，体现了系统的即时响应。状态代表了模块内部的动态，是在仿真过程中积累的内部值，它们揭示了系统随时间变化的内在特性。参数则是用户设定的变量，它们直接影响模块的行为和系统的性能，通过调整参数，用户可以控制和优化系统的工作状态。理解并妥善处理这三类数据，是构建准确、高效仿真模型的关键。通过模块化的设计，我们能够将复杂系统分解为简单元素，逐步构建出反映现实世界行为的Simulink模型，不断迭代优化直至满足设计要求。

9.2 PID控制系统

PID控制器是一种在工业控制系统中广泛运用的反馈回路工具，它通过调整一个或多个控制作用的方式来调节工艺参数，以便使系统输出达到期望的效果。PID是比例(Proportional)、积分(Integral)、微分(Derivative)三个控制作用的英文首字母缩写，它们分别代表了控制器对系统偏差的响应方式。

在应用方面，PID控制器极为普遍，它被用于很多自动化和工程领域。无论是在调节温度、压力、流量、速度，还是在更复杂的机器人运动控制中，PID控制器都有着举足轻重的地位。例如，在自动驾驶系统中，PID控制器能够帮助汽车维持稳定的行驶速度和安全的车距；在制药工业中，PID控制器用来确保化学反应在最佳温度下进行，保障产品质量。

PID控制器的重要意义在于其结构简单、稳定性强且易于实现。对于工程师来说，PID控制器的调整和维护相对简单，而且可以适应多种不同的控制环境，从而使得它成为自动控制领域中的一项基础而强大的技术。通过精确的控制，PID提升了系统的效率和产品质量，同时减少了能源消耗和生产成本，对于推动工业自动化和提高生产效率具有深远的影响。

9.2.1 深入理解 PID 控制

典型的 PID 控制系统的结构原理如图 9-6 所示，理解 PID 控制系统的关键在于以下三个作用。

（1）比例（Proportional）：提供与误差成比例的控制作用，误差越大，控制作用越强。

（2）积分（Integral）：累积误差，提供消除稳态误差的作用。

（3）微分（Derivative）：对误差的变化率进行响应，有助于预测误差的未来趋势，通常用于减少系统的过冲和加快响应。

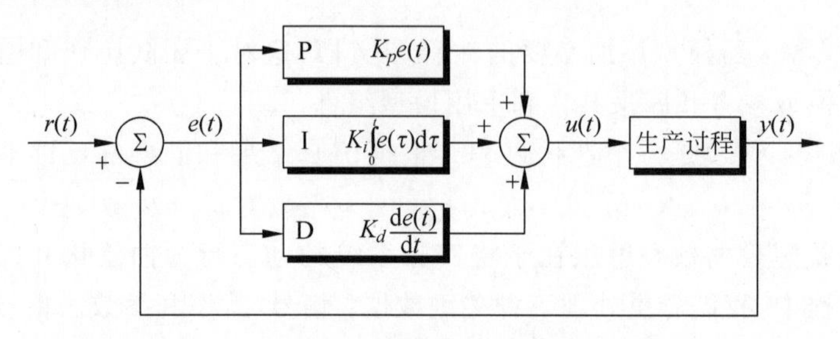

图 9-6 典型的 PID 控制系统的结构原理

PID 控制系统的特点是结构简单、稳健性好、易于理解和实现，适用于许多不同类型的控制问题。其主要优势是能够提供快速且稳定的控制性能，在不同的工业和技术应用中得到广泛使用。

9.2.2 构建 PID 控制系统模型

使用 Simulink 搭建 PID 控制系统，首先要在思路上进行系统模型化设计，即需要对用户想要控制的系统进行建模。这可能是一个物理过程，如电机的转速控制，或者是一个化学反应过程。

Simulink 提供了现成的 PID 控制器模块，用户可以直接将其拖入模型中。这个模块可以通过双击打开并配置其参数（比例、积分、微分增益）以及更高级的功能，如积分饱和防抖动或微分滤波。将 PID 控制器的输出连接到用户的系统模型的输入，系统模型的输出（通常是被控变量）需要反馈到 PID 控制器的输入以形成闭环控制。通过调整 PID 控制器的参数，找到一个适当的平衡点，使得系统快速响应而不产生过度振荡。运行仿真来测试系统的响应，观察系统是否能够达到预期的控制效果，比如设定点跟踪和扰动抑制。根据仿真结果进一步调整 PID 参数。

本书设计了一个案例 example_9_1.slx，读者打开后可以发现其有两部分，一个是使用 Simulink 内嵌的 PID 控制器，而另一个是按 PID 原理自建的 PID 环节，用以展示 PID 的最简内部构造。两者使用相同的 PID 参数与传递函数。传递函数的分子系数为[100]，分母系数为[1 10 0]，相当于传递函数为 $100/(s^2+10s)$，如图 9-7 所示。

在构建 PID 控制系统时，需要重点考虑包括精心选择 PID 参数以避免性能下降如振荡或延迟，理解被控系统的动态特性以设计恰当的控制策略，设定积分限制以防止积分饱和，

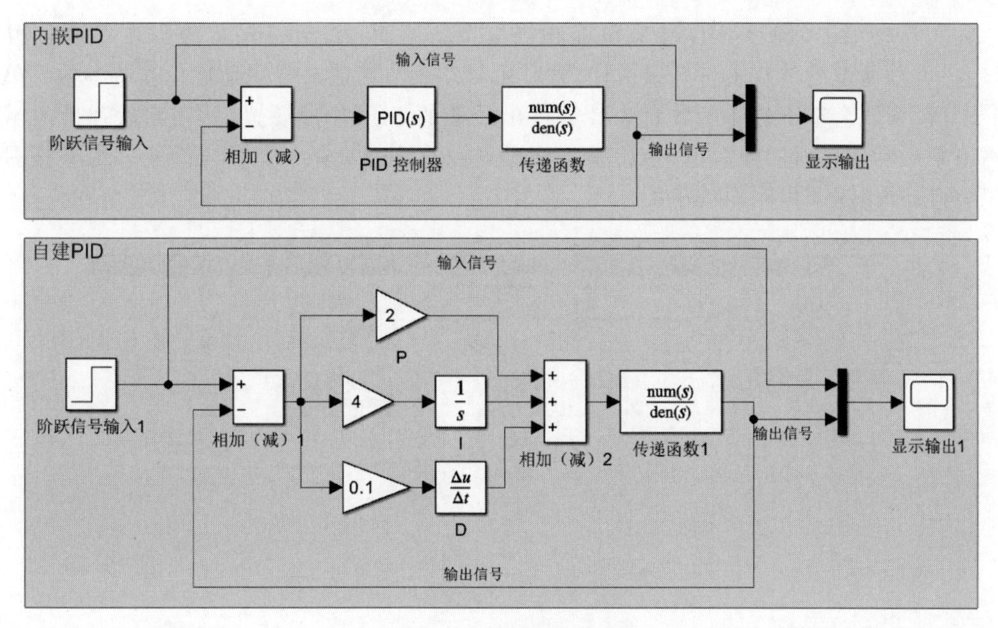

图 9-7 PID模型案例

使用滤波器降低微分环节对噪声的敏感性，以及在离散实现中考虑采样率和离散化对性能的影响。所有这些要素的综合考虑和调整对于确保控制系统的高效能和可靠性至关重要。

9.2.3 PID控制系统调试与分析

在 Simulink 中，当我们设置仿真停止时间为 2s 并运行模型后，可以通过双击范围仪(Scope)模块来查看结果。我们已经把 Scope 的默认黑色背景调整为更易于观察的颜色，这种背景最初是模仿传统示波器的设计。如果观察到曲线不够平滑，而是出现折线状，可以通过在模型空白区域单击鼠标右键选择“模型配置参数”，降低相对容差至更小的数值，例如 1×10^{-6}，以此提高曲线的平滑度，如图 9-8 所示。

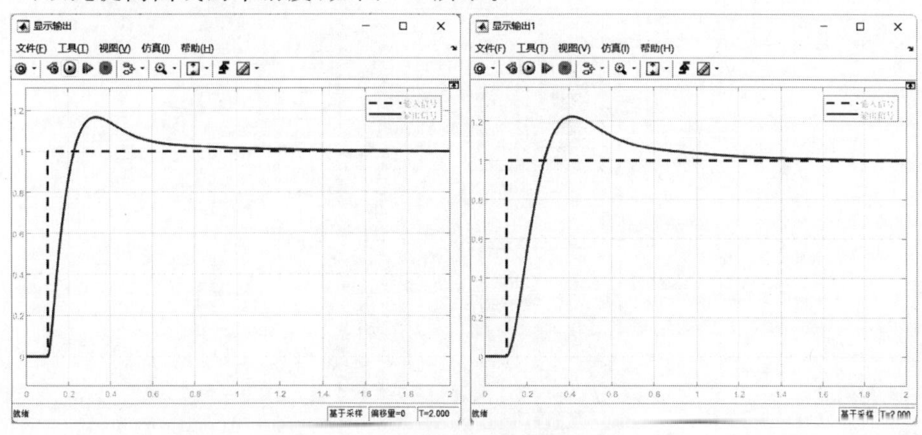

图 9-8 例程的运行结果显示

在实际应用中，调整 PID 参数可能相当复杂。然而，在 Simulink 的嵌入式 PID 模块中，用户可以通过简单双击打开该模块，并利用自动调节功能来便捷地优化这些参数。单击“调节”后，系统会基于传递函数自动计算得出最佳的 PID 参数设置，并在随后弹出的窗口的右下角展示优化后的参数值，使得整个调参过程直观且高效。如图 9-9 所示为调整后的效果，可以看出超调量明显减小了。

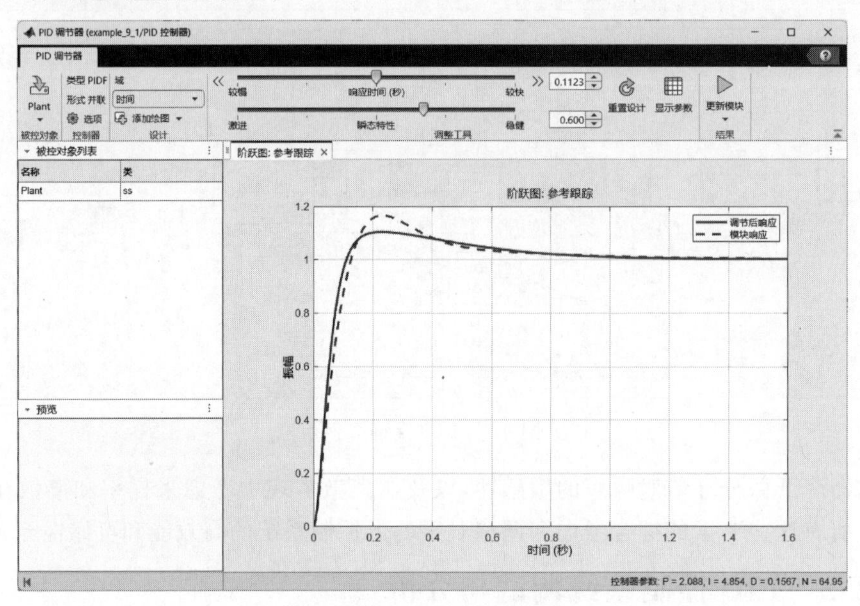

图 9-9　自动调节 PID 参数

可能读者发现了两个模型的输出曲线有一点不同，这是正常现象，因为 Simulink 自带的内嵌 PID 控制器并没有自建的那么简单，事实上，我们可以在 PID 控制器模块上单击鼠标右键，选择在新选项卡中打开，即可看到这个模块的内部情况，如图 9-10 所示。

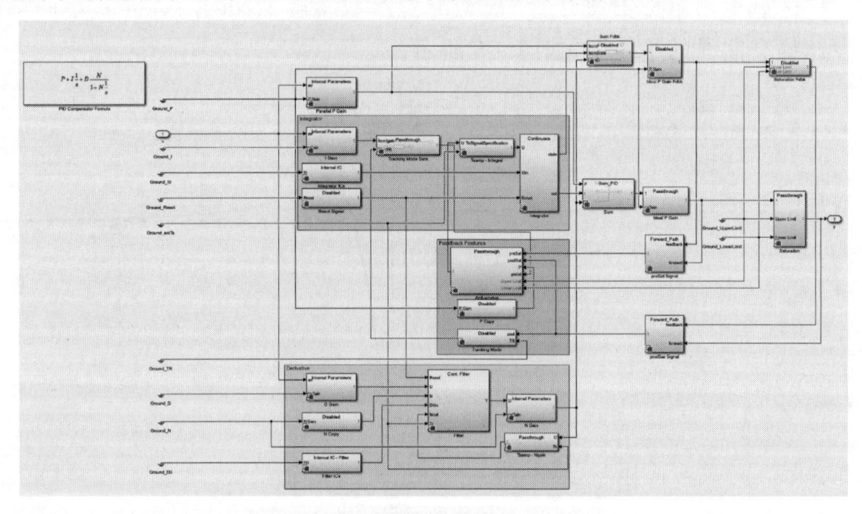

图 9-10　PID 控制器模块的内部情况

Simulink 中的 PID 控制器模块相对于自行搭建的 PID 的三个模块加和，提供了一系列的高级功能和优化内容。这包括积分饱和防抖动机制，以防止积分项过大导致系统不稳定；微分滤波器，用于减少高频噪声对控制器性能的影响；自动调谐选项，可帮助用户自动选择合适的 PID 参数；以及为不同的控制需求（如离散或连续时间系统）提供多样的配置选项。这些内置的高级特性和工具使得 Simulink 的 PID 控制器模块更加稳健和易于使用，特别是在需要快速开发和部署复杂控制系统的时候。

9.3 通信系统

通信系统是现代社会的信息动脉，连接着世界的每一个角落。简单来说，它就是信息从一个地点（信源）传输到另一个地点（信宿）的技术。这个过程涉及多个环节：信道是信息传输的媒介，编码和译码保证信息传输的准确性，调制和解调则是为了适应信道的物理特性，均衡用来抵消信道带来的失真，同步确保信息在正确的时序下被接收。

通信系统可以大致分为两大类：模拟通信系统和数字通信系统。数字通信系统，以其高效率和强大的抗干扰能力，成为了现代通信的主流。在数字通信系统中，一切信息都被转换为二进制数据流，从而实现了高质量的信息传输。

使用 MATLAB 的 Simulink 工具设计通信系统，就像拥有了一把打开创新大门的钥匙。Simulink 以其直观的图形界面，为设计者提供了一个实验和验证各种通信技术的沙盒。它能够模拟真实世界中的复杂系统，让设计者可以在无须构建物理原型的情况下测试他们的理念。Simulink 的这一优势，不仅极大地节省了时间和成本，也为通信系统的研究与开发带来了前所未有的灵活性和效率。

总的来说，Simulink 在通信系统设计中的应用，意味着更快的设计周期，更高的设计质量，以及在迅速变化的技术领域中保持竞争力的能力。对于追求创新与卓越质量的工程师和研究人员而言，它是一个强有力的助手。

9.3.1 掌握通信系统基础

数字通信系统是一种将信息（文字、声音、图片等）数字化后进行传输和接收的系统。在这个系统中，如下几个关键概念构成了数字通信的基础。

（1）信源（Source）：在通信系统中，信源是指产生原始信息的地方。它可以是一个人的声音，一段文字信息，或是一幅图像。在数字通信系统中，这些信息会被转换成数字信号，也就是一系列的 0 和 1，以便于传输。

（2）信宿（Addressee）：信宿是信源信息的终点，即接收信息的地方。它的作用是接收经过一系列处理后的数字信号，并将其还原为用户可以理解的形式，如声音、文字或图片。

（3）信道（Channel）：信道是信号从信源传输到信宿的路径。它可以是物理媒介，如电缆、光纤，也可以是无线电波。信道的特性对通信质量有着重要的影响。

（4）编码（Encode）和译码（Decode）：编码是指在发送端将信息转换成适合在信道上传

输的格式的过程。译码则是接收端将接收到的信号转换回原始信息的过程。编码和译码保证了信息传输的准确性和安全性。

(5) 调制(Modulate)和解调(Demodulate)：调制是将数字信号转换为适合在信道中传输的模拟信号的过程。解调是在接收端将模拟信号再转换回数字信号的过程。调制和解调使得数字信号能够通过多种类型的信道进行传输。

这五个核心概念共同构成了数字通信系统的框架，如图 9-11 所示，使得远距离传递信息成为可能，并且保证了信息的准确性和安全性。

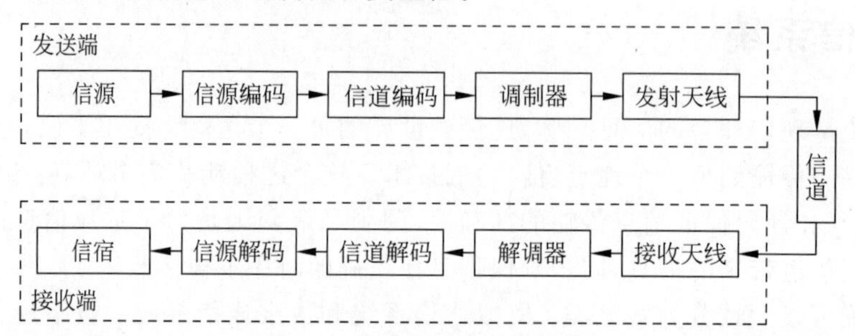

图 9-11 数字通信系统的框架图

另外还有两个概念也比较重要。一是“均衡”，均衡是用来校正信号在传输过程中由于信道特性引起的失真的技术。它通过对接收到的信号进行处理，来补偿这些失真，从而恢复信号的原始状态。二是“同步”，在数字通信系统中，同步是指确保发送端和接收端在正确的时刻处理信号的过程。这对于正确解码数字信号至关重要。如果同步出现问题，可能会导致信息的损失或错误。

9.3.2 通信工具箱：通信设计利器

Simulink 的通信工具箱(Communications Toolbox)是一套专为模拟和设计通信系统而开发的工具集。它提供了一系列模块化的库和参考模型，使用户能够设计、模拟和分析通信系统的性能。功能包括但不限于信号调制和解调、编码和解码、信号处理以及信道模拟。这个工具箱的特色在于其强大的交互性和可视化功能，它可以模拟现实世界的通信环境，包括多径效应、干扰和噪声等。此外，它支持多种标准和技术，例如长期演进技术(Long Term Evolution，LTE)、无线局域网(Wireless Local Area Network，WLAN)和蓝牙，用户可以根据需求选择相应的模块进行研究和开发。在通信工程和信号处理领域内，Simulink 的通信工具箱占据着重要的地位。它不仅被广泛应用于学术研究和教学，还被工业界用于产品开发和创新设计。因为它可以显著减少开发时间，同时提供强大的分析工具。

使用这个工具箱，用户首先需要了解其内部模块的功能和接口。在 Simulink 环境中，通过拖放这些模块，可以构建起复杂的通信系统模型。接下来，通过设定参数和运行仿真，用户可以观察系统在不同条件下的表现，并据此进行调整和优化。此外，通信工具箱还可以与 MATLAB 代码或其他 Simulink 工具箱联合使用，为用户提供了极大的灵活性。总之，Simulink 的通信工具箱是通信系统设计和分析的强大助手，它以其全面的功能和易用性，成为了该领域内不可或缺的资源，通信工具箱的帮助文档如图 9-12 所示。

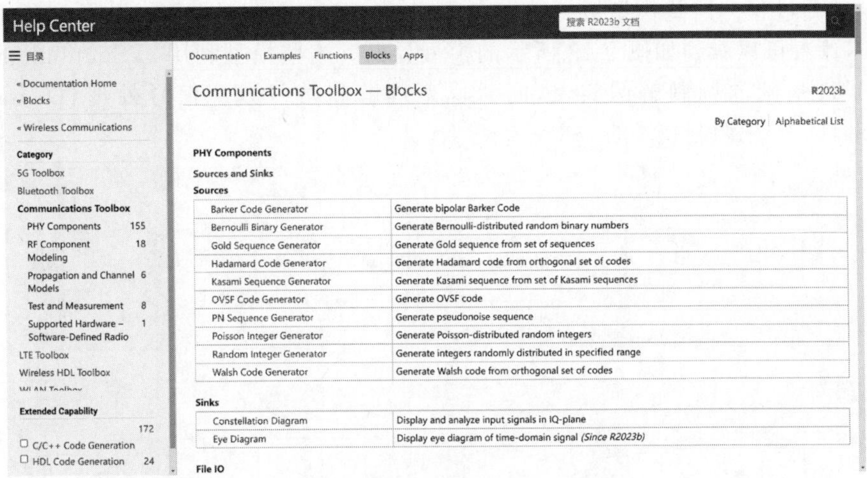

Help Center　　搜索 R2023b 文档

☰ 目录

« Documentation Home
« Blocks
« Wireless Communications

Category
5G Toolbox
Bluetooth Toolbox
Communications Toolbox
PHY Components 155
RF Component Modeling 18
Propagation and Channel Models 6
Test and Measurement 8
Supported Hardware – Software-Defined Radio 1
LTE Toolbox
Wireless HDL Toolbox

Extended Capability
172
C/C++ Code Generation
HDL Code Generation 24

Documentation　Examples　Functions　Blocks　Apps

Communications Toolbox — Blocks　　R2023b

By Category　Alphabetical List

PHY Components
Sources and Sinks
Sources

Barker Code Generator	Generate bipolar Barker Code
Bernoulli Binary Generator	Generate Bernoulli-distributed random binary numbers
Gold Sequence Generator	Generate Gold sequence from set of sequences
Hadamard Code Generator	Generate Hadamard code from orthogonal set of codes
Kasami Sequence Generator	Generate Kasami sequence from set of Kasami sequences
OVSF Code Generator	Generate OVSF code
PN Sequence Generator	Generate pseudonoise sequence
Poisson Integer Generator	Generate Poisson-distributed random integers
Random Integer Generator	Generate integers randomly distributed in specified range
Walsh Code Generator	Generate Walsh code from orthogonal set of codes

Sinks

Constellation Diagram	Display and analyze input signals in IQ-plane
Eye Diagram	Display eye diagram of time-domain signal *(Since R2023b)*

File IO

图 9-12　通信工具箱的帮助文档

9.3.3　通信系统调制与解调建模

调制和解调是通信系统中的两个基本过程，它们就像是信息传递的魔法师，能够让信号在不同的环境中自如游走。

调制，可以想象成给信号穿上一件外衣，让它能够适应外出的环境。在这个过程中，原始的信息（如声音或数据）被搭载到一个高频载波信号上，这样做的主要目的是让信号能够在电磁频谱上进行远距离的传输，同时也能够有效利用频谱资源，避免不同信号间的干扰。常见的调制方法包括振幅调制（Amplitude Modulation，AM），频率调制（Frequency Modulation，FM）和相位调制（Phase Modulation，PM）。

解调则是相反的过程，它像是给调制的信号脱掉外衣，恢复原状。接收端通过解调过程提取原始的信息，从而能够还原发送端的消息。在这个过程中，载波被去除，信息被恢复。

各种调制和解调方法都有自己的优势。例如，AM 简单易行，但它对噪声比较敏感，这意味着在嘈杂的环境中，信息可能会变得不那么清晰。FM 则对噪声有很强的抵抗力，这使得 FM 广播在车里或者嘈杂的环境中仍然能够提供清晰的音质。PM 通常用在数字通信中，它能够提供更高的数据传输速率。随着技术的发展，还出现了更为复杂的调制解调技术，如正交振幅调制（Quadrature Amplitude Modulation，QAM），这种方法结合了 AM 和 PM 的优点，能够在同一频带内传送更多的数据，但同时也更为复杂，需要更精确的调整和更高的信号质量。

总结来说，调制和解调是通信中不可或缺的步骤，它们通过不同的技术手段，确保信息能够跨越空间和时间的界限，清晰准确地到达我们的身边。而在选择最佳的调制解调方法时，我们需要权衡传输距离、信号质量、抗干扰能力以及系统的复杂性等因素，以找到最适合当前应用场景的解决方案。

下面为一个实例演示，提供了两个模型，分别展示了振幅调制（AM）和相位调制（PM）的调制与解调过程。这些模型被封装在名为 example_9_2.slx 的 Simulink 文件中。打开该文件后，读者可以看到如图 9-13 所示的模型界面。这些模型利用了 Simulink 的内置模块，构成了最基础的调制解调实例，同时也是理解和学习数字信号处理（Digital Signal Processing，DSP）中调制技术的一个绝佳起点。

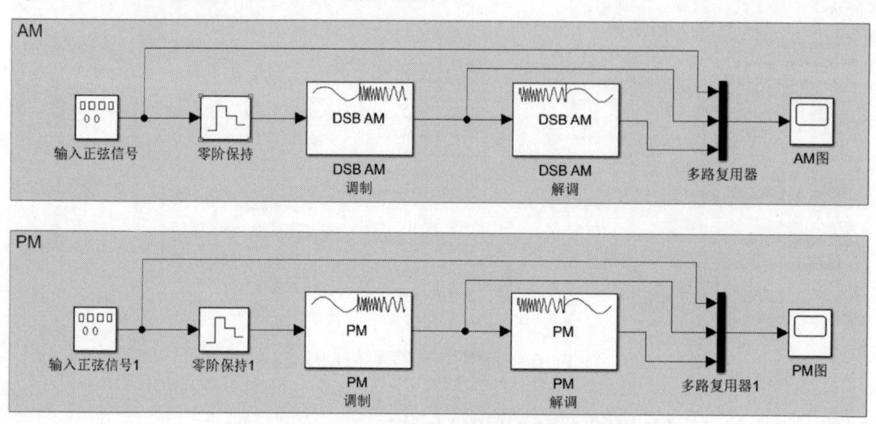

图 9-13　AM 和 PM 调制和解调的模型

在使用 Simulink 建模 AM 与 PM 的过程中，参数设置是至关重要的，因为它们直接影响模型的准确性和性能。比如，采样频率应足够高，至少是信号最高频率的 2 倍，以满足奈奎斯特定理，否则会导致混叠和信号失真。对于 AM，调制指数决定了信号的调制深度，它需要小于 1 以避免过度调制。对于 PM，调制指数决定了相位的最大偏移。参数设置应确保信号不会由于过度调制而失真。载波幅度影响输出信号的总能量。因此需要谨慎选择以避免过度调制或欠调制。

图 9-14 所示为 AM 与 PM 的输出波形，这些直观的图形可以让我们更清晰地把握调幅和调相的概念。要想在 Simulink 中高效利用各类模块，关键在于深入理解它们的工作原理。经验表明，那些在 Simulink 上造诣深厚的专家，往往是在特定领域持续深耕多年的实战派，他们对每个参数的设定都有精准的掌握和深刻的见解。

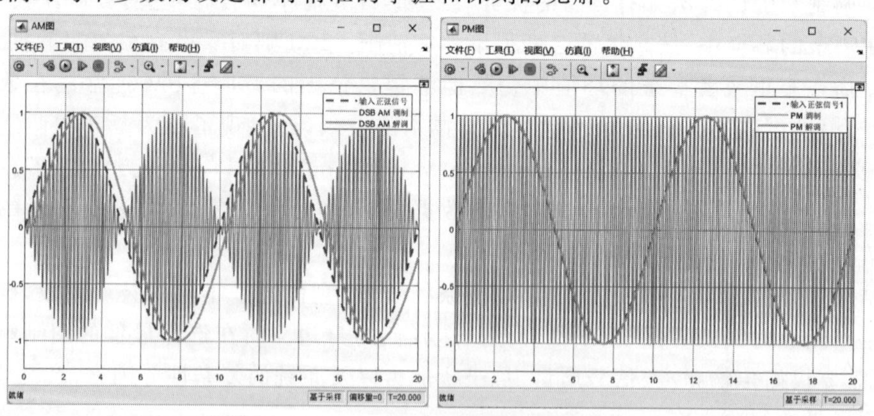

图 9-14　AM 和 PM 的调制和解调的输出图

9.4 信号处理系统

信号处理这一概念在现代技术中扮演着核心角色。简而言之，信号处理涉及对信息承载的信号进行分析和修改，以提高通信的效率和可靠性。这一领域通常分为两大类：模拟信号处理和数字信号处理。模拟信号处理关注连续信号，而数字信号处理则着眼于离散时间信号。

信号处理的重要性不容小觑。无论是在移动通信、音频和视频技术、雷达系统，还是在医疗成像与生物信号分析中，信号处理都是不可或缺的。它正推动着技术进步的边界，使我们能够更加准确和高效地传递、接收以及解释信息。

在众多软件和工具中，Simulink 作为 MATLAB 环境下的一大亮点，提供了一个直观且强大的平台，用于模拟、分析和验证复杂系统的信号处理算法。Simulink 的优势在于其图形化界面，用户可以通过拖曳模块和构建图块模型的方式，无须编写大量代码，即可设计和模拟信号处理系统。这大大简化了开发流程，同时还能实时可视化结果，从而提高了设计效率和准确性。

利用 Simulink 进行信号处理，工程师和研究人员能够快速迭代和优化他们的设计，确保最终产品或解决方案能够在各种条件下稳定运行，并拥有最佳性能。因此，无论用户是电子工程领域的专业人士，还是在校学习的大学生，掌握 Simulink 以及信号处理的知识，都将为用户的技术之路增添一份强大的竞争力。

9.4.1 理解信号处理系统

信号处理系统的本质在于对信息载体——信号进行有效的分析、修改与优化，以确保信息能够准确、高效地传输和接收。这一过程涉及信号的采集、分析、处理和再构建，旨在提高信号质量，减少干扰，或者将信号转换成更有用的形式。

使用 Simulink 建模信号处理系统时，核心思路是利用其丰富的图形化界面和预设的信号处理模块。首先，明确信号处理目标，比如是滤波、噪声抑制、信号增强还是特征提取等。接着，在 Simulink 中搭建模型框架，通过拖曳相应的处理模块(如滤波器、放大器、转换器等)到模型中，并根据需要连接这些模块。每个模块的参数都可以调整，以适应特定的信号处理需求。

接下来，通过仿真功能，用户可以在不同条件下测试信号处理模型，实时观察信号的变化情况，评估模型的性能。基于测试结果，进一步优化模型结构和参数设置，直至达到预期的信号处理效果。

总的来说，使用 Simulink 建模信号处理系统的思路是：明确目标、构建模型、仿真测试和优化迭代。这一过程不仅提高了设计与实现的效率，而且通过直观的可视化方法，帮助设计者深入理解信号处理的内在机制，从而实现高质量的信号处理解决方案。

9.4.2 信号处理工具箱：处理信号的利器

信号处理工具箱(DSP System Toolbox)为那些渴望设计和仿真信号处理系统的用户提供了一个功能丰富的算法和工具套件。这些功能不仅包括 MATLAB 函数和 MATLAB System 对象，还有 Simulink 模块——它们共同构成了一个强大的设计平台。这个工具箱搭载了一系列专业的滤波器设计方法，如有限冲激响应(Finite Impulse Response，FIR)和无限冲激响应(Infinite Impulse Response，IIR)滤波器设计，还有快速傅里叶变换(Fast Fourier Transform，FFT)和多速率处理技术，它们为用户处理流数据和创建实时原型提供了便捷的 DSP 方法。

用户可以利用这些工具设计出自适应和多速率滤波器，并且采用高计算效率的架构来实现它们。同时，用户还可以对浮点数字滤波器进行仿真，确保设计在现实世界中的应用是可行的。此外，该工具箱提供了一系列的信号输入/输出、信号生成、频谱分析，以及交互式可视化工具，它们无疑会增强用户分析系统行为和性能的能力。图 9-15 所示为信号处理工具箱的帮助文档截图。虽然目前尚未提供中文翻译，这对于中文用户来说或许有些遗憾，但这丝毫不会减少这个工具箱对于信号处理学习和研究的巨大价值。

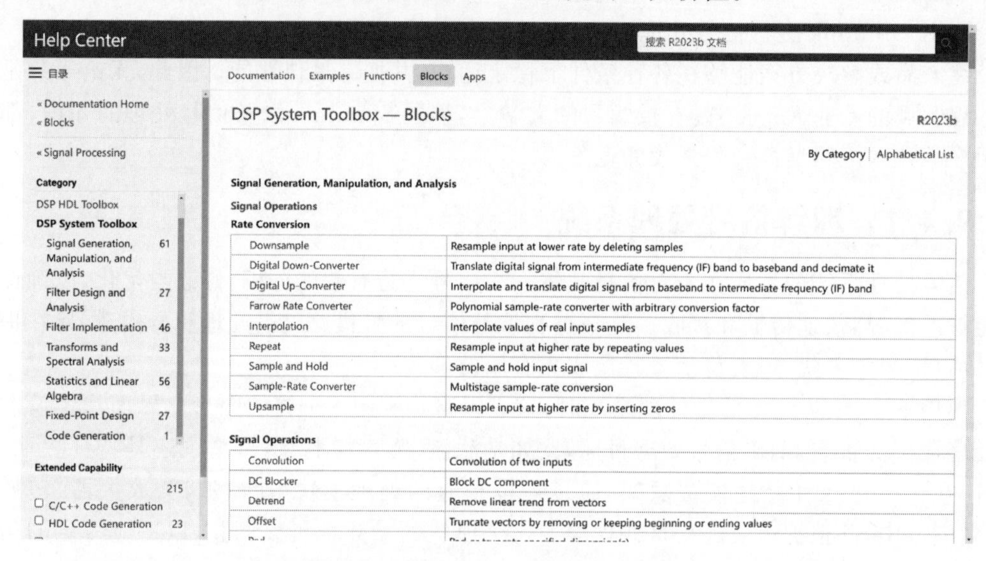

图 9-15 信号处理工具箱的帮助文档

9.4.3 信号处理系统建模调试案例

本节设计了一个基本信号处理模型，其中包含了一个数字滤波器单元。这个单元的任务是对叠加了白噪声的正弦波信号进行清洁的滤波作业，结果如图 9-16 所示，打开文件 example_9_3.slx 即可看到。此外，模型采用零阶保持模块，其作用是确保在数字到模拟转换的过程中，信号能够保持稳定，直到下一个采样值准备好，这样确保了输出信号的连续性和稳定性。

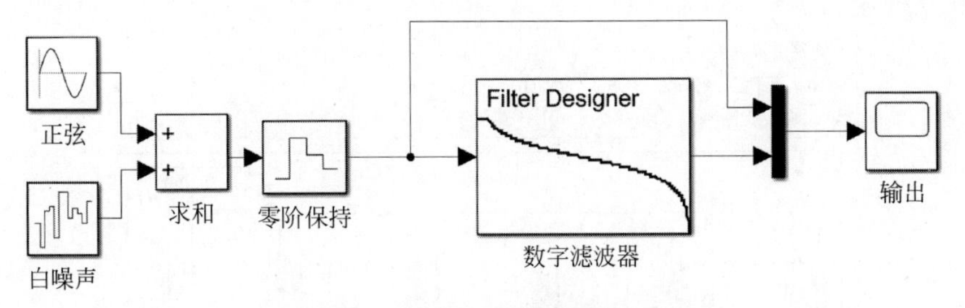

图 9-16 信号处理案例模型

该模型核心是一个高效的数字滤波器模块，这不仅是一个工具，而且是一个完整的App，可直接在MATLAB的APP栏目中找到。当模型被激活，界面如图9-17所示。这个数字滤波器的主要功能在于高精度地清除或减弱信号中的噪声，保留有用信息，从而提高信号的质量和可读性。其显著特点包括用户友好的操作界面、多种预设滤波器选项，以及对复杂信号处理的高效支持，使其成为信号处理领域的强大工具。

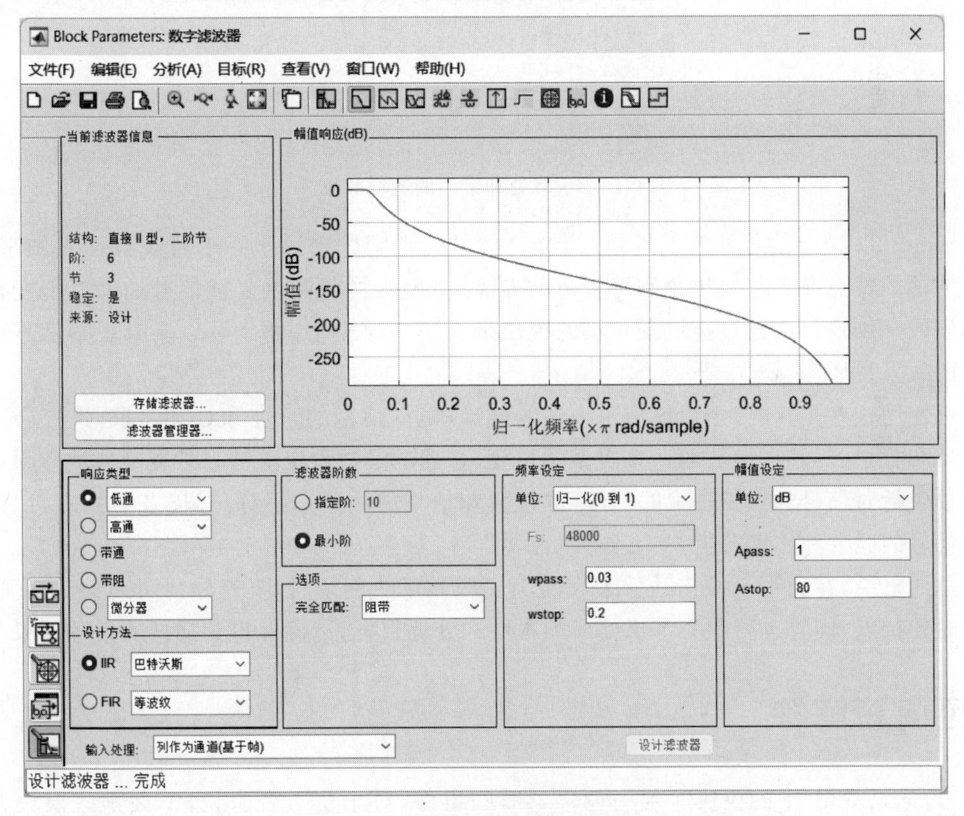

图 9-17 数字滤波器模块设置界面

最终的滤波结果如图9-18所示。尽管滤波效果初步显现，但它还处于较粗糙的阶段，我们需要进一步对滤波技术和参数进行细致的调优。这里仅呈现了基础的操作步骤和核心功能，为读者揭示了如何开始使用这一工具，并为将来更深入的优化工作奠定了基础。

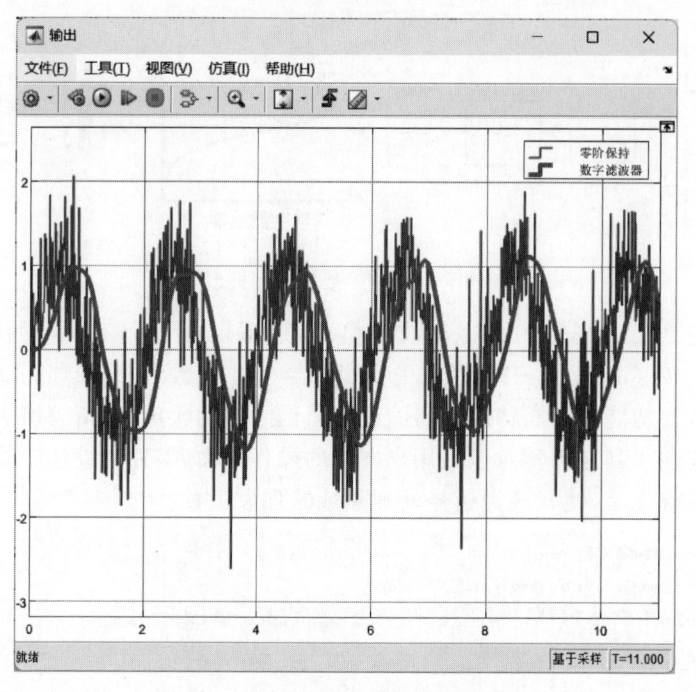

图 9-18 信号处理案例的滤波效果图

Simulink 结合信号处理工具箱，为解决信号处理问题提供了一个直观且强大的平台。这种方法的特点在于其模块化和可视化的界面，使得构建和测试复杂信号处理系统变得简单和高效。用户可以通过拖放预定义的模块来快速搭建模型，并且可以实时观察信号流经系统的效果。

在使用这些工具时，用户应注重方法的选择，根据信号的特性和处理需求，选择合适的滤波器和算法。同时，参数的调整也至关重要，合理的参数设定能够显著提升滤波效果。注意事项包括对信号的预处理，如采样率的选择和信号的噪声水平评估，以及后处理，比如滤波后信号的验证和性能分析。

总的来说，在利用 Simulink 和信号处理工具箱解决问题时，要充分利用其交互性强、反馈即时的特点，同时也要细心考虑信号的本质和处理目标，以确保得到最佳的处理结果。

常见问题解答

（1）Simulink 中的模块库到底包含了哪些组件，对于初学者来说，掌握哪些模块尤为重要？

Simulink 的模块库是一个功能强大的资源库，它包含了各种预定义的模块和子系统，用于建立模型和仿真。对于初学者而言，最重要的是熟悉常用的模块，如信号生成（如步进、正弦波）、数学运算（加法、乘法）、动态系统元件（积分器、传递函数）和可视化工具（示波器、显示器)。掌握这些基础模块有助于建立对 Simulink 工作原理的理解,并为更复杂的模型打下坚实基础。

(2) PID 控制器是如何在 Simulink 中实现的,以及如何进行调试和分析以确保其正常工作?

在 Simulink 中,PID 控制器可以利用内置的 PID 控制模块或通过组合基本的数学运算模块手动构建。调试 PID 控制器通常涉及调整其比例(P)、积分(I)和微分(D)增益来达到期望的系统响应。Simulink 提供了如参数扫描、响应图形和仿真数据检查器等强大工具,这些工具可以帮助用户分析系统的性能,如过冲、稳定时间和稳态误差,从而优化控制器参数。

(3) 在进行信号处理时,Simulink 中有哪些关键的工具和技术,初学者应该如何开始学习?

在 Simulink 中进行信号处理时,关键的工具包括信号处理工具箱中的滤波器设计和分析工具、谱分析模块以及转换工具(如傅里叶变换和拉普拉斯变换模块)。初学者应该从理解信号的基础知识开始,如时域和频域分析、采样理论以及基本的滤波技术。接着,可以尝试在 Simulink 中实现这些概念,通过实践学习如何设计、应用和调试信号处理系统。

本章精华总结

本章是 Simulink 仿真的实战演练,旨在为读者揭开 Simulink 的神秘面纱,帮助读者轻松入门并精通其强大的建模与仿真能力。本章首先介绍了 Simulink 中不可或缺的模块库,这些是构建任何系统模型的基石。接着,深入探讨了 PID 控制系统的构建、调试和分析方法,让读者能够设计出响应迅速、稳定的控制系统。而在通信系统部分,本章介绍了如何使用 Simulink 进行有效的信号传输和接收,包括调制与解调的基础知识。最后,本章介绍了信号处理的内在机制,让读者能够灵活运用各种信号处理工具,从而解决实际问题。通过本章的学习,读者将能够掌握 Simulink 在系统仿真方面的核心技术,为更高级的工程应用打下坚实的基础。

第 10 章

计算机视觉

计算机视觉(Computer Vision),这个听起来略带科幻色彩的领域,实际上是我们日常科技体验的"幕后英雄"。它赋予计算机"看"世界的能力,让机器通过图像和视频理解周遭环境。这项技术已经深深融入我们的生活,从智能手机的面部解锁到自动驾驶汽车,再到医学图像分析,计算机视觉正悄悄改变着我们与技术的互动方式。

在这个快速发展的科技世界里,MATLAB 作为一款强大的数学软件,其在计算机视觉应用中展现出了无与伦比的优势。MATLAB 提供了一套丰富的算法和函数,支持图像处理、特征提取、3D 视觉以及机器学习等关键计算机视觉任务,极大地简化了开发流程。它直观的编程环境和广泛的资源库,让研究人员和开发者能够快速进行原型设计和测试其想法,加速从理论到实践的转化。

更重要的是,MATLAB 的跨平台特性和集成能力,让它成为连接理论研究和实际应用的桥梁。无论是在学术界还是工业界,MATLAB 都被广泛认可和使用,这不仅因为它的高效性和灵活性,更因为它能够适应不断变化的技术需求,推动计算机视觉领域的创新与发展。

总之,计算机视觉正开启一场技术革命,而 MATLAB 则是这场技术革命中的重要助力。通过简化复杂的计算过程,它让我们能够更深入地探索这个让机器"看"世界的奇妙领域,开辟出无限可能。

10.1 计算机视觉基础

计算机视觉是一项颠覆性技术,赋予了机器模仿人类视觉的能力。简而言之,它利用相机和计算机替代人眼来识别、追踪和测量目标,进而对图像进行处理,使其更易于人类观察或供仪器检测。这项技术不仅是科学探索的一个分支,更是实际应用的核心。

在科学领域内,计算机视觉致力于理论与技术的研究,旨在创建一个能够从图像或多维数据中提取有用"信息"(根据香农的定义)的人工智能系统。这种信息处理可以理解为从感官信号中提炼出决策所需的数据。因此,计算机视觉也被视为一种研究人工系统如何"感知"世界的科学。

作为工程学科，计算机视觉追求根据理论和模型构建实际的视觉系统，这些系统广泛应用于过程控制（如工业机器人、无人驾驶汽车）、事件监测（如安防监控）、信息组织（如图像数据库管理）、物体与环境建模（如医学图像分析），以及交互式感应（如人机交互设备）等多个领域。

此外，计算机视觉与生物视觉之间的交叉研究为两个领域带来了巨大的互补价值。生物视觉研究了人类和动物的视觉系统，而计算机视觉则专注于通过软件和硬件实现的人工智能系统。

计算机视觉的分支包括画面重建、事件监测、目标跟踪、目标识别、机器学习、索引建立以及图像恢复等。如图 10-1 所示为一种计算机视觉最典型的应用场景——多目标检测与分类（Multi-object Detection and Classification）。这些技术的发展不仅推动了科学进步，也为我们的日常生活带来了便利和安全。随着技术的不断演进，计算机视觉将继续扩展其应用范围，深刻影响我们对世界的理解和互动方式。

图 10-1 多目标检测与分类示例图

10.1.1 概念揭秘：视觉领域的术语解析

虽然图像处理、计算机视觉、机器视觉、成像和模式识别等术语在讨论中经常交错使用，但它们各自的侧重点和应用领域有着明显的区别。理解这些差异有助于更准确地把握它们在技术和学科上的定位。

图像处理（Image Processing）主要聚焦于“二维图像”的操作，目标是将一幅图像转换成另一幅图像。这包括像素级的操作（如对比度增强）、局部操作（如边缘提取、噪声去除）或几何变换（如图像旋转）。这一领域的特点是，处理过程不需要对图像内容做先验假设，也不旨在对图像内容进行解释。

计算机视觉（Computer Vision）则扩展到了三维空间分析。它关注的是如何从一个或多个二维图像中重建和理解三维场景。这通常涉及对图像中的场景进行一些复杂的假设，以便能够从二维图像中提取出三维信息。

机器视觉(Machine Vision)特指图像技术和方法“在工业自动化中的应用”，如自动检测、过程控制和机器人引导。与计算机视觉相比，机器视觉更注重实用应用，常见于制造业，强调图像传感器技术、控制理论与图像数据处理的整合，以及实时处理能力。在机器视觉系统中，外部条件，例如照明，通常都处于精心控制之下，以适应特定的算法需求。

成像(Imaging)主要关注图像的“产生过程”，但有时也包括对图像的处理和分析。医学成像是一个典型例子，它在医疗应用中对图像数据进行了大量分析。

模式识别(Pattern Recognition)则是一门“从各种信号中提取信息”的科学，使用了统计方法和人工神经网络等技术。它的一个重要分支专注于图像数据的处理和分析。

摄影测量学(Photogrammetry)与计算机视觉的关系密切，例如，立体摄影测量学与计算机立体视觉有着明显的重叠。这表明，尽管这些领域各有侧重，但它们之间存在着紧密的联系和互补性。

总的来说，虽然这些领域在技术和应用上有所不同，它们却共同推动了图像科学的前进，为我们解决现实世界的问题提供了强大的工具和方法。在更日常的讨论中，计算机视觉被看作一个宽泛的领域，涵盖了图像处理、机器视觉、成像技术、模式识别和摄影测量学等多个分支。

10.1.2 现状透视：计算机视觉的进化之路

在计算机视觉的奇妙世界中，我们正见证着这一领域破茧成蝶的辉煌时刻。过去，计算机视觉被视为一门充满多样性和挑战的学科，其发展路径由不同领域的需求共同绘制。然而，随着技术的迅猛发展，这一领域正在迅速转变，取得了令人瞩目的成就，并在不断地重定义其自身的边界和可能性。

在最新的研究进展中，深度学习技术的引入已经彻底改变了计算机视觉。现在，复杂的神经网络模型能够执行诸如图像分类、物体检测和语义分割等任务，而且其准确率已接近甚至超过了人类。例如，卷积神经网络(Convolutional Neural Network, CNN)在图像识别和分析方面的应用已经成为行业标准，如图10-2所示，而生成对抗网络(Generative Adversarial Network,GAN)在图像生成和编辑方面展示了惊人的能力。

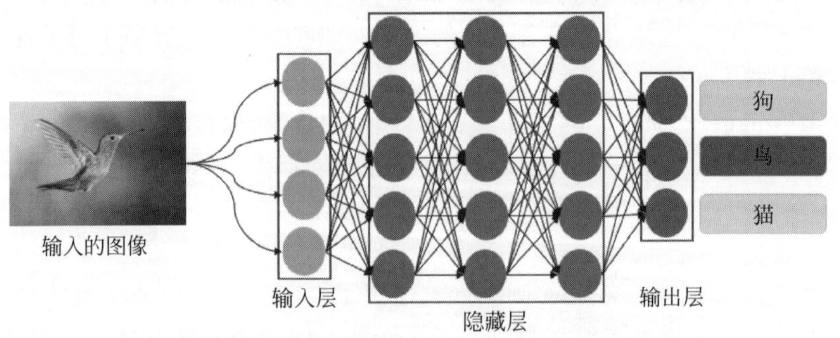

图10-2 卷积神经网络的计算机视觉应用示意

计算机视觉的应用领域也在不断扩大。在汽车领域，自动驾驶汽车正依赖于视觉系统来解析道路情况，执行复杂的导航和决策任务。在医疗领域，计算机视觉正辅助医生更准确地诊断疾病，通过分析医学图像来识别癌症和其他异常。在零售业，视觉识别系统正变得足够智能，能够自动结账和管理库存。

在理论研究方面，计算机视觉正在吸收和整合更多的交叉学科知识。它借鉴生物视觉系统的原理，通过模拟生物的视觉处理机制来提升算法的效率和适应性。在物理学领域，计算机视觉也在利用先进的传感器和量子力学原理来提高图像的捕获和解析能力。

此外，计算机视觉也越来越多地融入了模式识别和信号处理的先进技术，如利用复杂的统计模型和优化算法来提高图像理解的精度和速度。随着硬件性能的提升和专门算法的设计，实时图像处理和分析已经成为可能，这在机器视觉领域尤为重要。

总的来说，计算机视觉正在经历一个充满活力的发展时期，它的应用正变得越来越广泛，影响着我们的生活、工作和学习方式。随着技术的不断进步，我们可以期待计算机视觉将解锁更多的可能性，为人类带来更多前所未有的创新和便捷。

10.1.3 原理剖析：视觉技术的核心机制

计算机视觉是一门致力于赋予机器“视觉”的科学，让它们能够从图像或多维数据中理解和解释视觉信息。以下是一些常用的技术手段和算法原理，我将尽量浅显地解释它们的本质。

1. 图像识别与分类

原理：图像识别旨在识别和分类图像中的对象或场景。它通常涉及特征提取和机器学习算法。特征提取是指从图像中提取有意义的信息(如色彩、纹理、形状)，而机器学习算法则是通过这些特征来训练模型，使其能够识别新的图像。

方法：深度学习中的卷积神经网络(CNN)是一种流行的图像识别方法，它能够自动学习图像特征，无须手动设计。

2. 边缘检测

原理：边缘检测是识别图像中物体边界的过程。这是基于图像亮度强度的突变来实现的，因为边缘通常出现在不同区域的边界上。

方法：索贝尔(Sobel)、普鲁维特(Prewitt)和坎尼(Canny)边缘检测器是一些常用的技术。它们通过计算图像亮度的梯度来检测边缘。

3. 图像融合

原理：图像融合涉及将两个或更多图像的数据结合起来，创造出一个新的、信息更丰富的图像。这不仅包括将同一场景的不同曝光的照片结合起来，以增强图像的动态范围，还包括将来自不同传感器的图像融合，如可见光摄像头和红外摄像头的图像，以提供不能单独由任何一个传感器捕获的视觉细节。

方法：图像融合的技术包括多分辨率分析(如小波变换)，这允许将不同尺度上的特征结合起来；以及基于像素的方法，这些方法可能涉及简单地取平均值，或更复杂的基于区域的融合策略，如区域选择性融合。

4. 图像拼接

原理：图像拼接的目标是将多个图像组合成一个单一的、连续的大图像。这在全景摄影中很常见，其中，多个从不同角度拍摄的图像被拼接成一个全方位的视图。

方法：图像拼接通常涉及几个步骤。首先是特征检测和匹配，如使用尺度不变特征转换（Scale-invariant Feature Transform，SIFT）或加速稳健特征（Speeded Up Robust Feature，SURF）算法来找到不同图像间的对应点；然后是图像对齐，使用变换矩阵（如单应性矩阵）来调整和对齐图像；最后是图像融合，消除拼接边界上的不连续性，并平滑过渡。在这个过程中可能会使用图像配准技术，确保图像之间的几何和光度一致性。

5. 特征匹配与目标跟踪

原理：特征匹配是指在不同图像之间找到对应点的过程，这通常用于目标跟踪或图像拼接。目标跟踪则是在连续的视频帧中识别和跟踪特定对象。

方法：SIFT 和 SURF 是两种在特征匹配中广泛使用的算法。目标跟踪通常使用卡尔曼滤波器或粒子滤波器等方法。

6. 立体视觉和深度感知

原理：立体视觉涉及使用两个或多个相机从不同视角捕获场景，模仿人类的双眼视觉来估计物体的深度和位置。

方法：通过比较两个视角的图像差异（称为视差），可以估计每个像素点的深度信息。

7. 运动估计和光流

原理：运动估计是指从连续的图像帧中估计和跟踪视觉场景中物体的运动。光流则是图像中像素点运动的表征，它可以显示出物体的速度和方向。

方法：光流法通常基于这样一个假设——随着时间的流逝，一个移动的点的亮度保持不变。利用这个假设，可以计算出像素点之间的移动。

8. 图像分割

原理：图像分割的目标是将图像划分为多个部分或区域，通常是为了将感兴趣的对象与背景分离。

方法：阈值分割、基于区域的分割（如区域生长）和边缘检测技术是几种常见的图像分割方法。

10.1.4 实用工具：MATLAB 视觉工具箱

MATLAB 是一款强大的编程软件，尤其在处理矩阵和数组方面表现卓越，这使得它在计算机视觉领域中成为一种高效的工具。在 MATLAB 中，图像通常被表示为二维矩阵（灰度图像）或三维数组（彩色图像），而 MATLAB 的核心优势之一就是其简洁直观的矩阵操作能力。这意味着像素值的提取、修改和计算可以通过少量的代码完成，大大简化了图像处理的复杂性。

利用 MathWorks 旗下的先进图像处理和计算机视觉工具包，用户能够实现从头到尾的图像处理流程。这意味着从最初的数据获取和预处理，到图像增强和分析，再到最终的嵌入式视觉系统部署，每一步都能得到无缝的支持。无论用户的项目需要处理图像、视频、点云、激光雷达数据，还是高光谱数据，MathWorks的产品线涵盖了广泛的工作流程。通过这些产品，用户可以：

(1) 利用App，以直观的方式进行数据的可视化、探索、标记和处理；

(2) 应用强大的算法来增强和深入分析数据；

(3) 采用深度学习技术进行语义分割、目标识别、分类，以及图像间的转换；

(4) 与硬件无缝集成，无论是为了图像采集、算法加速、桌面原型设计，还是嵌入式视觉系统的部署。

MATLAB的内置函数库覆盖了广泛的计算任务，尤其是图像处理工具箱(Image Processing Toolbox)和计算机视觉系统工具箱(Computer Vision System Toolbox)为计算机视觉领域提供了关键的技术支持。

图像处理工具箱为图像增强、滤波、变换、分割和分析提供了强大的功能。例如：

(1) imread()和imshow()函数分别用于读取和显示图像，是图像处理的基本步骤；

(2) imfilter()函数允许对图像进行多种滤波操作，比如高通滤波和低通滤波，用于边缘检测和图像平滑处理；

(3) edge()函数可以检测图像中的边缘，是特征提取的基础；

(4) imadjust()、histeq()和adapthisteq()等函数用于调整图像的对比度，改善视觉效果。

计算机视觉系统工具箱提供了更高级的视觉算法支持，包括目标跟踪、立体视觉分析、运动估计等功能。例如：

(1) detectSURFFeatures()和matchFeatures()函数用于特征检测和特征匹配，这对于物体识别和场景重建至关重要；

(2) vision.CascadeObjectDetector可以用于快速的物体(如人脸)检测；

(3) stereoAnaglyph()函数可以创建立体视觉图像，帮助理解和分析三维场景。

当用户探索MATLAB的帮助中心，并单击图像处理和计算机视觉的分类，如图10-3所示，可以发现一个宝库：共有五款专业工具箱等待发掘。除了前文提到的两款工具箱，还有以下三款。

(1) 激光雷达工具箱：这是为那些致力于设计、分析和测试激光雷达处理系统的创新者准备的。它打开了激光雷达数据处理的新天地。

(2) 医学成像工具箱：这款工具箱是医学图像处理的得力助手，无论是2D还是3D图像，它都能提供可视化、配准、分割和标记的高效解决方案。

(3) 视觉HDL工具箱：对于那些需要在FPGA和专用集成电路(Application Specific Integrated Circuit，ASIC)上设计图像处理、视频和计算机视觉系统的工程师，这款工具箱的专业性能让其系统设计更加高效和精确。

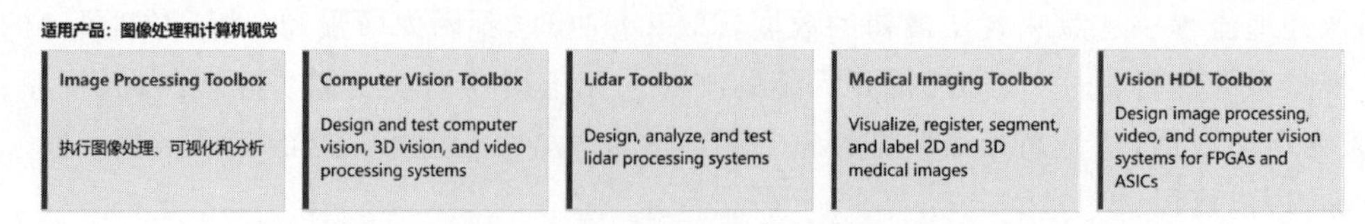

图 10-3　帮助中心的图像处理和计算机视觉分类工具箱

10.2　基于小波变换的图像融合

图像融合(Image Fusion)是一种通过将来自多个图像源的信息合并成单一图像的技术,旨在增强图像的质量和信息内容。这个过程保证了融合的图像比任何单一源图像都包含更多的有用信息,使得对目标的识别、分析和解释更加准确和高效。简而言之,图像融合就是从多个图像中提取最佳信息,创造出一个信息丰富、表现力强的综合图像。

10.2.1　图像融合的奥秘

图像融合的基本原理是通过特定的算法,将来自不同传感器或同一传感器在不同时间或不同视角拍摄的多幅图像中的重要信息,结合到一幅单一的图像中,如图 10-4 所示。此过程旨在突出重要的特征,并且保留每幅原始图像的优点,提高待分析目标的分辨率,抑制不同传感器所产生的噪声。常用的图像融合技术包括多分辨率分析(如小波变换)、区域选择法、统计方法、人工智能方法等。

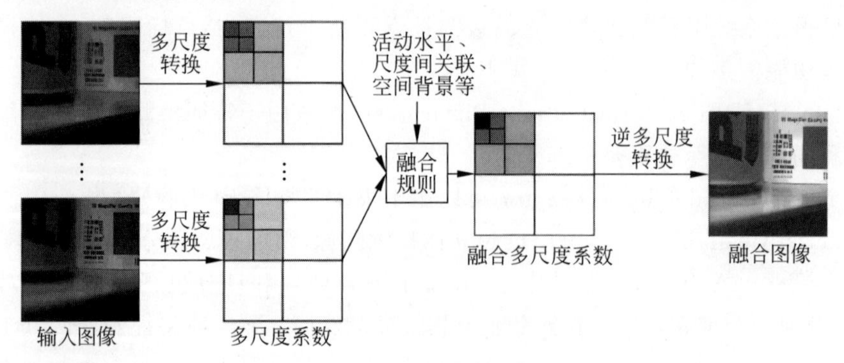

图 10-4　图像融合典型过程示意

图像融合的难点包括以下几点。

(1) 配准准确性:需要将不同来源的图像精准对齐,这在图像来源差异大时尤其困难。

(2) 信息冗余:如何有效处理重复信息,以避免融合后的图像出现误导性特征。

(3) 实时处理:对于需要快速响应的应用场景,高效率地进行图像融合是一大挑战。

(4) 保留重要信息:确保在融合过程中不丢失关键信息,同时增加的信息确实有助于后续的分析或决策。

图像融合应用场景广泛,包括以下方面。

(1) 医学成像：结合计算机体层成像、磁共振成像等不同成像技术得到的图像，以提供更全面的诊断信息。

(2) 卫星和航空摄影：融合不同光谱带的图像，以更好地分析地表特征。

(3) 军事侦察：结合红外和可见光图像，以在夜间或能见度不佳的条件下提高目标识别能力。

(4) 视频监控：提高在不同光照、天气条件下监控图像的清晰度和可靠性。

(5) 机器人导航：为机器人提供更丰富的环境信息，帮助其更好地导航和执行任务。

作为数据融合的一个子集，图像融合给我们的启发是，在处理多源数据时，通过合适的方法整合信息可以大大增强数据的价值。它教会我们如何从多维度和多角度分析问题，从而获得更全面准确的结果。这种融合思维对于决策支持、智能系统设计等领域具有重要的指导意义。

10.2.2 小波变换基本原理与在图像融合中的应用

小波变换是一种数学工具，用于将信号（比如音频、图像等）分解成不同尺度或大小的组成部分，这些部分被称为小波。想象一下，如果我们有一堆乐器组合演奏的音乐，小波变换就能帮助我们区分每个乐器的声音。它的特点是能够同时提供信号的时间和频率信息，就像是既能告诉我们乐器何时演奏，又能告诉我们演奏的是哪种旋律。

小波变换的核心思想是通过"缩放"和"平移"操作分析信号。这里的"缩放"指的是捕捉信号的不同频率信息，而"平移"则是在时间轴上移动，以便捕获信号在不同时间点的特性。想象一下，我们有一把放大镜（代表小波），可以通过调整放大镜的焦距（缩放）来观察不同大小的细节，同时也可以移动放大镜来查看不同位置（平移）。小波变换就是用这样的方式，通过不同的"放大镜"（小波）来观察信号的不同特性，因此小波变换常常被称为"数学显微镜"。

小波变换有以下三大特点。

(1) 多尺度分析：小波变换能够在多个尺度上分析信号，捕捉到不同频率成分的信息。

(2) 时间-频率局部化：小波变换能够同时提供信号在特定时间点的频率信息，这在处理非平稳信号时非常有用。

(3) 适应性：小波变换可以根据信号的特点选择合适的小波函数，使得分析更加精确。

通过一个例子通俗地解释小波变换的概念，假设在一个繁忙的街市，各种声音混杂在一起。如果要分辨出其中的某种声音（比如某个特定人的说话声，或者远处的汽车喇叭声），我们就需要一种方法来"过滤"掉其他的声音，只关注感兴趣的那部分。小波变换就像是一个能够帮我们屏蔽不需要的声音，只留下想听的声音的"超级耳朵"。通过"缩放"这个超级耳朵，我们可以聚焦低音或高音；通过"平移"，可以选择在嘈杂的下午或安静的夜晚聆听。小波变换就是这样一种强大的工具，它让我们能够深入信号的内部世界，探索并分析隐藏在复杂数据之下的秘密。

小波变换在图像融合中的应用方式涉及将参与融合的图像首先进行小波变换，这个过程会将每幅图像分解成一系列不同分辨率的"子带图像"。这些子带图像包含了原始图像在不同频率和位置上的详细信息。小波变换在图像融合中的应用方式主要涉及三方面，即“分解”“融合规则”和“重构”，如图 10-5 所示。

（1）分解：使用小波变换将每幅源图像分解成多个等级或层次的子带。通常这些子带包括一个低频子带（近似图像）和多个高频子带（细节图像）。

（2）融合规则：对相应的子带分别应用融合规则。例如，对于低频子带，可以使用平均法、选择最大值或其他基于能量的方法。对于高频子带，可以使用基于边缘或对比度的选择准则，以确保保留更多的图像细节。

（3）重构：将融合后的子带通过逆小波变换重构出最终的融合图像。这一步将各个分辨率层次的信息重新组合，形成一个全面的图像。

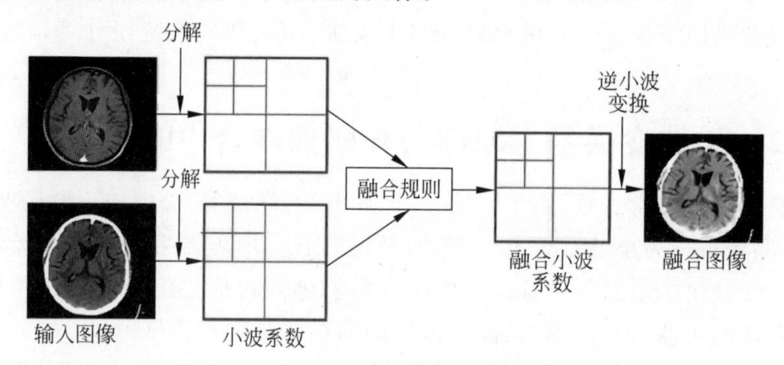

图 10-5 小波变换在图像融合中的应用示意图

小波变换在图像融合中的应用带来了多方面的优势。

（1）多解析度分析：小波变换可以对图像进行多层次的分解，从而允许在不同的解析度下处理图像的不同特征，这有助于保留更多的细节和重要信息。

（2）更好的边缘保留：由于小波变换能够很好地捕捉图像的高频细节，比如边缘和纹理，因此在融合过程中，这些细节可以得到更好的保留。

（3）抑制伪影：小波变换在处理图像时可以有效地减少伪影，提高融合图像的视觉质量。

（4）压缩性能：由于小波变换具有良好的能量集中特性，融合后的图像更适合进行压缩，这对于存储和传输尤其重要。

（5）灵活性：小波变换提供多种小波基，用户可以根据不同的图像特征和融合需求选择最合适的小波基进行变换。

总的来说，小波变换在图像融合中的使用提高了融合图像的质量，并且增加了处理图像时的灵活性和有效性。

10.2.3 动手实践：玩转小波变换图像融合

图 10-6 所示为两张拍摄角度相同但焦距不一致的图片。这两张图片揭示了一个现象：不同距离的物体在成像时，有些呈现清晰，有些则显得模糊。现在，我们面临着一个有趣的

挑战：能否将这两张照片中的清晰部分结合起来，创造出一张每个细节都同样清晰的全新图片？这正是图像融合技术所追求的目标。通过这种技术，我们可以结合不同图片的优点，得到一张在视觉上更为完美的照片。

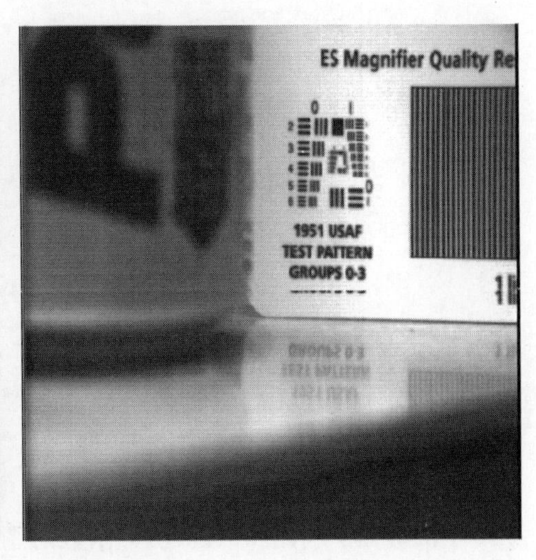

图 10-6　待融合的两张图片

本书精心设计了两个极其简洁的示例程序 EX 10-1 和 EX 10-2，它们展示了基于小波变换的图像融合技术。这两个例程分别展示了单层和双层小波变换的应用。让我们来详细探索并解释这两个示例中图像融合的步骤。

首先是 EX 10-1，这是一个单层小波变换用于图像融合的例子。在这个例子中，我们仅利用一级小波分解来合并两张图片，步骤如下。

(1) 读取图像：用 imread()函数加载待合并的两张图片 a 和 b，然后用 imshow()函数将它们展示在屏幕上。

(2) 小波分解：接下来，用 dwt2()函数对这两张图进行单层小波分解，选择的小波基是'haar'。分解的结果包括四部分：近似系数（Approximation Coefficients，CA）、水平细节（Horizontal Coefficients，CH）、垂直细节（Vertical Coefficients，CV）和对角细节（Diagonal Coefficients，CD）。近似系数(CA)主要反映了图像或信号的大致轮廓或低频部分，而水平细节(CH)、垂直细节(CV)和对角细节(CD)则分别反映了图像或信号在水平、垂直和对角方向上的高频细节，通常与图像的边缘和纹理有关，因此这三者统也被统为“高频系数”。

(3) 融合小波系数：采取 CA 策略来合并小波系数，计算两张图片的近似系数的平均值；采取 CH、CV、CD 策略分别选取两张图片中的最大值，这有助于保持图片的边缘和细节信息。

(4) 小波重构：使用 idwt2()函数，将这些融合的小波系数重构，得到新的融合图像 y。

(5) 显示结果：最后，利用 imshow()函数展示出融合后的图片。

通过这样的处理，我们能够获得一张结合了两张原始图片优点的清晰图像，这展现了小波变换在图像融合中的有效性和魅力，如图 10-7 所示。

EX 10-1 基于小波分析的图像融合-1层

```
a = imread('./images/a.tif'); imshow(a)
b = imread('./images/b.tif'); imshow(b)
% 小波分解（使用'haar'小波基：1层）
[CA1, CH1, CV1, CD1] = dwt2(a, 'haar');
[CA2, CH2, CV2, CD2] = dwt2(b, 'haar');
% 融合小波系数
CA = (CA1 + CA2) *0.5; % 取低频系数的平均值
CH = max(CH1, CH2); % 取高频系数的最大值
CV = max(CV1, CV2);
CD = max(CD1, CD2);
% 小波重构
y = idwt2(CA, CH, CV, CD, 'haar');
% 显示融合后的图像
imshow(y, []);
```

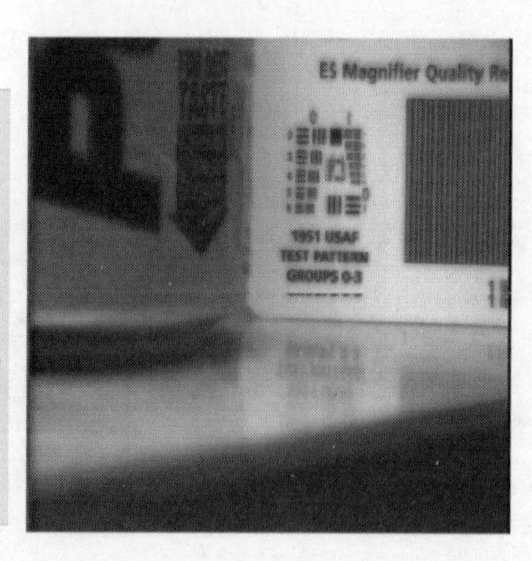

图 10-7　基于小波分析的图像融合-1 层

接着是 EX 10-2，这个示例进一步展示了采用两层小波分解来融合图像的效果。我们知道，增加小波分解的层数可能进一步提升融合效果。让我们看看这个案例如何实现，如图 10-8 所示，步骤如下。

（1）读取图像：与 EX 10-1 例程相同，首先用 imread()函数加载待融合的图像 a 和 b。

（2）小波分解：利用 wavedec2()函数对图像执行两层小波分解。该函数返回一个包含小波系数的向量以及一个描述这些系数结构的矩阵。使用 im2double()函数将图像格式转换为双精度浮点数，满足 wavedec2()函数的输入要求。

（3）小波融合：初始化一个数组 yc，用以存储融合后的小波系数。计算单层分解中近似系数的长度 m，它帮助我们区分高频和低频系数。提取两个图像的高频系数 MM1 和 MM2。对低频系数进行平均值融合。对高频系数，比较它们的绝对值大小，并选择较大者作为融合后的系数。

（4）小波重构：用 waverec2()函数，结合融合后的小波系数 yc 和结构矩阵 sa，重构出融合图像 y。

（5）显示结果：最后，展示重构后的融合图像，让用户能够直观地看到融合效果。

EX 10-2 基于小波分析的图像融合-2层

```
a = imread('./images/a.tif'); imshow(a)
b = imread('./images/b.tif'); imshow(b)
% 小波分解 （使用'haar'小波基：2层）
[ca,sa] = wavedec2(im2double(a),2,'haar');
[cb,sb] = wavedec2(im2double(b),2,'haar');
% 小波融合
yc = zeros(size(cb)); % 初始化用于存储融合后小波系数的数组
m = sb(1,1)*sb(1,2); % 单层分解近似系数的长度（区分高低频）
MM1 = ca(m+1:end); % 提取图像a的高频系数
MM2 = cb(m+1:end); % 提取图像b的高频系数
yc(1:m) = (ca(1:m)+cb(1:m))/2; % 两个图像的低频系数取平均
mm = abs(MM1) > abs(MM2); % 选高频系数绝对值大的
yc(m+1:end) = mm.*MM1 + (~mm).*MM2;
% 小波重构
y = waverec2(yc, sa, 'haar');
imshow(y)
```

图 10-8　基于小波分析的图像融合-2 层

这个案例进一步证实了小波变换在图像处理中的强大能力，尤其是在增加分解层数后，更能够精细地捕捉图像的细节，从而实现更高质量的图像融合。

在这两个案例中，我们可以看到小波分解如何巧妙地将图像中的不同频率信息分离，使得我们可以针对性地处理各种细节和近似信息。在案例 EX 10-2 中，我们对图像实施了双层小波分解，与 EX 10-1 中的单层分解相比，能够捕获更多的图像细节。虽然这种方法的计算要求更高，但它为我们提供了一种手段来保留原始图像中更丰富的信息，从而创造出一幅细腻而特征全面的融合图像。

然而，图像融合的成效极大地依赖于所选用的融合策略和小波基。如若融合效果不尽如人意，用户可能需要考虑以下几方面来优化融合策略。

(1) 小波基的选择：虽然'haar'小波基简洁明了，但它不一定适合所有类型的图像。尝试其他小波基，例如'db2'、'sym4'、'coif1'等，可能会带来更佳的效果。

(2) 融合规则：尽管在示例代码中使用了一种基本的融合规则，但用户完全可以设计更为复杂的规则，以适应图像的内容和具体应用需求。比如，利用区域能量、对比度或者其他特征来指导融合决策。

(3) 小波分解层数：在图 10-7 中仅展示了一层分解的情形。在实际应用中，进行多层分解可能会帮助用户捕捉到更丰富的细节信息。

(4) 预处理和后处理：图像在融合前后的处理同样会影响最终效果。例如，进行直方图均衡化或者其他图像增强技术可能有助于进一步提升融合质量。

(5) 融合算法的探索：除了小波变换，用户还可以尝试其他的融合技术，比如拉普拉斯金字塔融合、多尺度变换融合等，来寻求更优的结果。

(6) 图像配准：如果待融合的图像之间存在内容错位，那么进行图像配准是确保正确对齐的重要步骤，这一点对融合效果至关重要。

通过上述的优化策略，用户将能够提升融合效果，最终得到一个信息丰富、视觉上更加吸引人的图像。这不仅是技术的展示，更是一种艺术的创造。

其实，小波变换并不神秘，它与傅里叶变换和拉普拉斯变换等一样，都是一种数学工具，用于将复杂的问题转换到另一个称为变换域的“世界”中去解决。在这个变换域内，某些难以处理或不明显的特性可能会变得更加清晰，从而简化了问题的解决过程。具体来说，小波变换在时间和频率上都具有优秀的局部性质，这使得它特别适合于分析具有不同尺度和不同频率变化的信号。处理完毕后，我们可以利用逆变换将数据恢复到原始域，这样就完成了从原始信号到处理结果的完整转换过程。

10.3 图像全景拼接

图像全景拼接(Image Panorama Stitching)，一项令人着迷的技术，它能将多幅图像巧妙地结合成一张全景图，为我们呈现一种超越单张图片限制的视觉体验。这项技术不仅能够展现更为广阔的视角，而且还能在细节上给予更丰富的信息，使得观看者仿佛亲临其境。

在应用场景上，图像全景拼接技术的用途广泛。从房地产行业的虚拟房屋展示到旅游业的景点介绍，它都能提供更为全面和生动的展示效果。此外，在安全监控领域，通过拼接技术可以实现更大范围的监控视角，大大提升监控效率。在自然科学研究中，科学家们也利用这一技术对自然景观进行记录和分析，开拓了研究的新视野。

总之，图像全景拼接技术以其独特的视觉魅力和广泛的应用可能，正逐渐成为各领域不可或缺的工具。随着技术的不断进步和创新，我们期待它为我们带来更多惊喜和便利。

10.3.1 全景拼接：技术原理解读

图像全景拼接是一门将多个图像无缝拼合为一个宽广视野图的技术。它的技术原理主要包括几个关键步骤：图像采集、特征点检测、特征点匹配、图像变换和图像融合。

首先，我们需要采集一系列有重叠区域的图像。这些图像从不同角度捕捉同一场景，为接下来的拼接打下基础。接着是特征点检测，这一步是拼接过程的关键。算法会在每张图像中寻找独特的点——特征点，用于后续的匹配工作。这些点通常是图像中的角点或边缘，因为它们在多张图像中容易被辨识和追踪。然后是特征点匹配，这一步涉及将一张图像中的特征点与另一张图像中的对应点对齐。通过匹配这些点，我们可以估计出两张图像之间的相对位置和角度。图像变换则是通过数学模型，如单应性矩阵或仿射变换，将每张图像调整至共同的坐标系中。这样，它们就可以在同一个平面上对齐了。最后一步是图像融合。在这个阶段，软件会平滑地将所有图像的边缘和重叠部分融合在一起，消除任何接缝或不一致之处，确保全景图的视觉效果自然和谐，如图10-9所示。整个过程依赖于精妙的算法和计算机视觉技术，使得从一组普通的图像中创造出一个连贯、宽阔的全景世界成为可能。随着技术的发展，图像全景拼接不断优化，带给我们更加震撼的视觉盛宴。

图10-9　图像全景拼接示意

MATLAB拥有一套丰富的内置函数库，特别是图像处理工具箱（Image Processing Toolbox），提供了从基本的图像读取和显示到高级的图像处理和分析功能。这些工具箱中的函数覆盖了全景拼接的各个阶段，如特征点检测、特征点匹配和图像变换，为开发者提供了强大的支持。

10.3.2 案例实操：打造全景世界

我们来动手实现一个图像全景拼接的项目。在这个案例中，我们将追求极简的设计哲学，用尽可能精练的代码展示整个过程的核心概念，以便读者能迅速把握其精髓。首先，我们从读取两张待拼接的图像开始：

```
img1 = imread('./images/img1.jpg'); imshow(img1); title("图 1");
img2 = imread('./images/img2.jpg'); imshow(img2); title("图 2");
```

其中，imread()函数加载图像文件，而 imshow()和 title()函数则将它们显示出来。

为了特征检测，我们需要将这些图像转换成灰度图像，这是通过 rgb2gray()函数来完成的。灰度图像简化了信息，使得算法更容易分析图像的结构。

```
grayImg1 = rgb2gray(img1);
grayImg2 = rgb2gray(img2);
```

接下来，我们使用 detectSURFFeatures()函数来探测图像中的“关键点”。SURF 算法是一种稳健的特征检测方法，它可以找到图像中的显著特征，这些特征对旋转、尺度变换和亮度变化具有一定的不变性，非常适合图像识别和拼接。当用户对一幅图像使用 detectSURFFeatures( )函数时，它会输出一个 SURFPoints 对象，包含了以下主要信息：位置(Location)、尺度(Scale)、度量(Metric)、方向(Orientation)。

```
points1 = detectSURFFeatures(grayImg1);
points2 = detectSURFFeatures(grayImg2);
```

我们使用 extractFeatures()函数来提取特征点周围的特征描述，这些描述是特征点的独特指纹，它们将用于匹配不同图像中的“相似点”。

```
[features1, valid_points1] = extractFeatures(grayImg1, points1);
[features2, valid_points2] = extractFeatures(grayImg2, points2);
```

我们使用 matchFeatures()函数对这些特征描述进行比较，找到“最佳匹配的点对”。这一步骤是拼接过程中至关重要的，因为它决定了哪些点将被用来创建图像之间的变换关系。

```
indexPairs = matchFeatures(features1, features2);
```

一旦我们得到了匹配的特征点，我们可以通过 estimateGeometricTransform2D()函数来计算它们之间的几何变换。这个函数使用随机样本一致(Random Sample Consensus, RANSAC)算法，一个强大的稳健性方法，它可以从带有噪声的数据中估计出最佳的变换矩阵。我们设置了高置信度和尝试次数来确保我们得到一个准确的变换。

```
[tform, ~] = estimateGeometricTransform2D(matchedPoints2, matchedPoints1, ...
'projective', 'Confidence', 99.9, 'MaxNumTrials', 2000);
```

使用 outputLimits()函数，我们可以计算变换后的图像边界。这一步骤帮助我们确定全景图像的大小。然后，我们创建全景图像的画布，并且用 imref2d 定义了画布的空间参照，这样我们就知道如何定位原始图像以及变换后的图像。vision. AlphaBlender 是一个图像融合的工具，它使用 Alpha 融合技术来融合图像。在这里，我们使用它来整合变换后的图像，创建一个连续的全景图。

```
blender = vision.AlphaBlender('Operation', 'Binary mask', 'MaskSource', 'Input port');
```

最后，imwarp()函数将根据我们之前计算的几何变换来变换第二张图像，而 step()函数则将变换后的图像与原始图像融合在一起。在显示全景图之前，我们删除多余的全黑边框，这是通过逻辑索引操作完成的。

```
panorama(:, all(all(panorama == 0, 1), 3), :) = [];
imshow(panorama);
title("全景拼接结果");
```

总结一下，本小节的代码实现了以下步骤的图像拼接流程：

(1) 读取两张图像；

(2) 将图像转换为灰度图以便特征检测；

(3) 使用 SURF 算法检测特征点；

(4) 提取特征点周围的特征并进行匹配；

(5) 使用 RANSAC 算法估计几何变换矩阵；

(6) 计算变换后的图像大小和全景图像的范围；

(7) 初始化全景图像和 Alpha Blender 融合器；

(8) 将第一张图像放置在全景图中；

(9) 将第二张图像进行变换并放置在全景图中；

(10) 删除全景图像中全黑的列；

(11) 显示拼接结果。

10.3.3 效果分析：拼接艺术的品鉴

图像全景拼接示例代码演示及其效果如图 10-10 所示，清晰可见原先分离的两幅图像如今被无缝拼合，形成了一幅尺寸超越单图的全新画面。

在这段全景图像拼接代码中，使用了 Alpha Blending 融合方式。Alpha Blending 是一种用于图像拼接的常用技术，它通过对重叠区域的像素进行加权平均，以达到平滑过渡的效果。

代码中创建了 vision.AlphaBlender 对象，用于执行融合操作。通过设置 Operation 为 Binary mask 和 MaskSource 为 Input port，可以指定使用二进制掩码来控制图像像素的融合。在使用 step()函数时，panorama 为当前拼接图像，img1 或 warpedImage 为要添加的图像，而 img1(:,:,1)>0 或 warpedImage(:,:,1)>0 生成一个二进制掩码，用于指示哪些像素是有效的，需要参与融合。

在代码的最后阶段，panorama 是通过将 img1 和变换后的 img2(即 warpedImage)融合在一起得到的全景图像。通过使用 step()函数将每张图像和其对应的掩码融合到全景图像中，可以确保重叠区域的像素能够得到适当的处理，从而生成一个无缝拼接的全景图像。

EX 10-3 图像全景拼接

```
img1 = imread('./images/img1.jpg'); imshow(img1); title("图1")
img2 = imread('./images/img2.jpg'); imshow(img2); title("图2")
% 转换为灰度图像以便于特征检测
grayImg1 = rgb2gray(img1); grayImg2 = rgb2gray(img2);
% 使用SURF算法检测特征点
points1 = detectSURFFeatures(grayImg1);
points2 = detectSURFFeatures(grayImg2);
% 提取特征点周围的特征
[features1, valid_points1] = extractFeatures(grayImg1, points1);
[features2, valid_points2] = extractFeatures(grayImg2, points2);
% 匹配特征点
indexPairs = matchFeatures(features1, features2);
% 检索匹配点的位置
matchedPoints1 = valid_points1(indexPairs(:, 1), :);
matchedPoints2 = valid_points2(indexPairs(:, 2), :);
% 使用RANSAC算法估计几何变换矩阵
[tform, ~] = estimateGeometricTransform2D(matchedPoints2, matchedPoints1, ...
    'projective', 'Confidence', 99.9, 'MaxNumTrials', 2000);
% 计算变换后的图像大小
imageSize = size(img1);
[xlim, ylim] = outputLimits(tform, [1 imageSize(2)], [1 imageSize(1)]);
% 找出拼接图像的范围
xMin = min([1; xlim(:)]);  xMax = max([imageSize(2); xlim(:)]);
yMin = min([1; ylim(:)]);  yMax = max([imageSize(1); ylim(:)]);
% 初始化全景图像
width  = round(xMax - xMin);  height = round(yMax - yMin);
panorama = zeros([height width 3], 'like', img1);
% 创建变换器
blender = vision.AlphaBlender('Operation', 'Binary mask', 'MaskSource', 'Input port');
% 对第一张图像进行变换，填充全景图像
xLimits = [xMin xMax];  yLimits = [yMin yMax];
panoramaView = imref2d([height width], xLimits, yLimits);
% 将第一张图像放置在全景图中，无须变换
panorama = step(blender, panorama, img1, img1(:,:,1)>0);
% 对第二张图像进行变换，填充全景图像
warpedImage = imwarp(img2, tform, 'OutputView', panoramaView);
panorama = step(blender, panorama, warpedImage, warpedImage(:,:,1)>0);
panorama(:, all(all(panorama == 0, 1), 3), :) = []; % 删除所有全黑列
imshow(panorama); title("全景拼接结果") % 显示全景图像
```

图1

图2

图像全景拼接结果

图 10-10　图像全景拼接示例

本案例让我们学到了图像全景拼接的基本步骤和关键技术，包括以下内容。

(1) 图像预处理：将彩色图像转换成灰度图像，以便进行特征检测。

(2) 特征点检测与提取：使用 SURF 算法检测图像中的特征点，并提取这些特征点周围的特征描述符。

(3) 特征点匹配：将两张图像中的特征点进行匹配，找出相对应的点。

(4) 估计几何变换：使用 RANSAC 算法估计两张图像之间的几何变换矩阵，以准确地对齐图像。

(5) 图像变换和融合：对图像应用几何变换，然后使用 Alpha Blending 技术进行图像融合，以创建平滑的过渡效果。

(6) 最终展示：完成拼接后的图像处理，如去除多余的黑色背景，展示最终的全景图像。

关于图像全景拼接，还有以下需要注意的要点。

(1) 特征点的质量与数量：检测到的特征点的质量和数量直接影响匹配的准确性和拼接的效果。过少或质量不高的特征点可能导致拼接不准确或失败。

(2) 图像重叠区域：图像之间需要有足够的重叠区域，以确保可以检测到足够的匹配点。一般来说，重叠区域应该在 20%～50%。

（3）光照和视角变化：不同图像之间的光照条件和视角差异可能会影响特征点的匹配和图像融合的自然度。在拍摄时尽量保持环境光线一致，减少视角变化。

（4）融合区域的处理：融合区域的处理对于全景图像的最终效果至关重要。不同的融合算法（如 Alpha Blending、Multi-band Blending）会产生不同的视觉效果。

（5）大尺寸图像处理：全景拼接可能会产生非常大的图像文件，这就要求有足够的计算资源来处理。在实际应用中，可能需要对图像进行适当的压缩或分辨率调整。

（6）几何失真：在拼接宽角或全景图像时，可能会遇到由于透视变形等原因导致的几何失真。在某些情况下，需要使用图像校正技术来减少这种失真。

通过本例和以上注意事项的学习，我们可以获得图像全景拼接的基础知识，并了解其在实际应用中可能遇到的挑战和解决方案。

10.4 光流法运动检测

光流（Optical Flow），或称视觉流，描绘了由于观察者与其环境之间的相对运动而产生的物体、表面和边界的动态模式。它揭示了图像中亮度模式的运动轨迹和速度。

这一概念由心理学大师詹姆斯·吉布森在 20 世纪 40 年代提出，旨在阐释动物在环境中移动时所经历的视觉信息。吉布森特别强调视觉流在我们识别周围世界中哪些动作是可行的——一种被称为“可供性”感知的能力。吉布森的理念及其生态心理学方法为我们理解光流如何帮助我们感知运动、识别物体形状、判断距离，以及指导我们的行动提供了深刻见解。

在机器人学领域，光流一词同样至关重要，它涉及一系列先进技术，如运动侦测、物体识别、接触时间预测、景深增强、亮度追踪、运动补偿编码以及立体视觉差异的测量。这些技术不仅推动了图像处理的革新，还为导航控制系统提供了精确的工具。

10.4.1 解析光流法：原理与独特优势

光流是空间物体在观察成像平面上的瞬时速度场。光流法是计算机视觉领域的一种经典算法，它基于这样一个前提：随着时间的变化，一个运动物体在不同帧图像中的像素强度是恒定的。简单来说，就是物体在移动时，其亮度是不会改变的。

这种方法使用了泰勒级数展开的概念，并且假设像素强度的改变率（即光流）在短时间内是恒定的。通过解这个方程，我们可以估算出物体或相机的运动速度和方向。

但是，我们只能从一个方向（通常是时间）获得物体移动的速度信息，这就是所谓的光流问题中的“一维约束”。为了解决这个问题，通常需要引入额外的约束条件，比如平滑约束，它假设相邻像素之间的光流是相似的。

将这个原理应用于实践中，光流法可以用来追踪视频序列中的物体运动，进行三维重建，以及在机器人导航和自动驾驶汽车中实现环境的感知和理解。它的魅力在于它对动态场景的实时解释能力，使其成为视觉处理领域的一个强大工具，如图 10-11 所示。

图 10-11 光流法指示路面上汽车与行人的速度场

光流法是计算机视觉领域的一项技术，它能够捕捉并分析连续动态图像中的像素点运动，能够估算出相邻图像序列中的运动模式和速度。

光流法的优势在于它的灵活性和稳健性。这项技术不仅可用于追踪单一物体的运动，也能处理复杂场景中多个物体的动态。此外，它在处理实时视频流和预测未来帧方面表现出色，这对于视频压缩、监控，以及增强现实等应用至关重要。

光流法的特色在于其细腻的运动捕捉能力。它能够详细描绘出每一个像素点的运动轨迹，这对于理解整个视觉场景的动态变化尤为重要。而且，通过不断优化算法，光流法在处理遮挡、光照变化以及运动模糊等常见问题时也越来越得心应手。

10.4.2 案例分析：光流法详解与应用

我们设计了一个极致简洁的光流法案例，这个 MATLAB 案例展示了如何使用 MATLAB 软件来读取视频文件，计算并可视化其中的光流，最后生成并保存一个展示光流向量的新视频。下面对关键步骤和函数进行详细解读。

（1）设置输入视频和输出视频的路径：

```
inputVideoPath = fullfile('images', 'movie.avi');
outputVideoPath = fullfile('images', 'movie OF.avi');
```

其中，使用 fullfile()函数设置了输入视频 movie.avi 和输出视频 movie OF.avi 的文件路径。fullfile()函数可以自动处理不同操作系统中的文件路径分隔符，确保跨平台的兼容性。

（2）创建一个 VideoReader 来读取视频：

```
videoReader = VideoReader(inputVideoPath);
```

VideoReader 用于创建一个视频读取对象，使我们能够读取视频文件中的帧。

（3）创建一个 VideoWriter 来保存带有光流的输出视频：

```
videoWriter = VideoWriter(outputVideoPath, 'Motion JPEG AVI');
```

VideoWriter 用于创建一个视频写入对象，用于写入视频帧，并设置输出视频格式为 'Motion JPEG AVI'。

（4）打开视频文件进行写入：

```
open(videoWriter);
```

使用 open() 函数来准备视频文件，使其可以接收写入的新帧。

（5）创建光流对象，这里使用 Lucas-Kanade 方法：

```
opticFlow = opticalFlowLK('NoiseThreshold', 0.009);
```

opticalFlowLK() 函数创建了一个 Lucas-Kanade 光流对象。opticFlow 是一个对象，用于存储和管理使用 Lucas-Kanade 方法计算光流的相关参数和数据。Lucas-Kanade 方法是一种经典的光流估计算法，它基于最小二乘准则，假设在小的时间内，物体的运动是平滑和线性的，相邻像素之间的运动是具有相似性的。'NoiseThreshold' 是一个参数名称，其后跟的值 0.009 指定了算法中的噪声阈值。在光流估计中，噪声阈值用于区分图像中的运动是否足够大以至于可以认为是真实的物体运动，而不仅仅是噪声或图像捕捉中的微小变化。如果光流的估计小于这个阈值，它通常会被认为是噪声，从而被忽略。这有助于提高光流估计的准确性，因为它避免了对由于图像噪声或其他小的像素变化造成的运动的误解。

（6）逐帧处理视频：

```
while hasFrame(videoReader)
```

while 循环与 hasFrame() 函数结合使用，确保视频中的每一帧都得到处理。

（7）读取一帧：

```
frameRGB = readFrame(videoReader);
frameGray = rgb2gray(frameRGB); % 转换为灰度图像
```

readFrame() 函数从视频文件中读取下一帧。rgb2gray() 函数将 RGB 彩色图像转换为灰度图像，因为光流算法通常在灰度图像上操作。

（8）计算光流：

```
flow = estimateFlow(opticFlow, frameGray);
```

estimateFlow() 函数用于计算并更新光流对象 opticFlow 中的光流场。

（9）在原始帧上绘制光流向量：

```
imshow(frameRGB);
hold on;
plot(flow, 'DecimationFactor', [10 10], 'ScaleFactor', 15);
  hold off;
```

imshow()函数用于显示当前帧，hold on 表示保持图像，以便在其上绘制光流向量。plot()函数用于绘制光流向量，其中，DecimationFactor 和 ScaleFactor 参数用于控制绘制向量的稀疏程度和缩放因子。

(10) 获取当前帧的绘图：

```
frameWithFlow = getframe(gca);
```

getframe()函数捕捉当前轴(gca)的内容，即包含光流向量的帧图像。

(11) 将绘制了光流的帧写入输出视频：

```
writeVideo(videoWriter, frameWithFlow.cdata);
```

writeVideo()函数将捕捉到的帧写入输出视频文件。

整个案例代码结构清晰，逐步展示了从读取视频帧、处理计算光流，到保存带有光流信息的视频的过程。这不仅展示了 MATLAB 在视觉处理方面的强大功能，还提供了一个实用的光流计算和可视化的例子，如图 10-12 所示。

EX 10-4 光流法

```
% 设置输入视频和输出视频的路径
inputVideoPath = fullfile('images', 'movie.avi');
outputVideoPath = fullfile('images', 'movie OF.avi');
% 创建一个VideoReader来读取视频
videoReader = VideoReader(inputVideoPath);
% 创建一个VideoWriter来保存带有光流的输出视频
videoWriter = VideoWriter(outputVideoPath, 'Motion JPEG AVI');
% 打开视频文件进行写入
open(videoWriter);
% 创建光流对象，这里使用Lucas-Kanade方法
opticFlow = opticalFlowLK('NoiseThreshold', 0.009);
% 逐帧处理视频
while hasFrame(videoReader)
    % 读取一帧
    frameRGB = readFrame(videoReader);
    frameGray = rgb2gray(frameRGB); % 转换为灰度图像
    % 计算光流
    flow = estimateFlow(opticFlow, frameGray);
    % 在原始帧上绘制光流向量
    imshow(frameRGB);
    hold on;
    plot(flow, 'DecimationFactor', [10 10], 'ScaleFactor', 15);
    hold off;
    % 获取当前帧的绘图
    frameWithFlow = getframe(gca);
    % 将绘制了光流的帧写入输出视频
    writeVideo(videoWriter, frameWithFlow.cdata);
end
close(videoWriter); disp('完成.') % 关闭视频文件
```

图 10-12　光流法例程与结果

回顾一下这个典型案例，我们总结使用 MATLAB 设计光流法主要遵循以下步骤。

(1) 设置输入输出路径：使用 fullfile()函数设置视频文件的输入和输出路径，确保跨平台兼容性。

(2) 初始化视频读取和写入：创建 VideoReader 对象以读取视频文件中的帧。创建 VideoWriter 对象以写入处理后的视频帧，并指定输出视频的格式。

(3) 创建光流对象：使用 opticalFlowLK()函数(或其他光流算法函数，如 opticalFlowFarneback()等)创建光流对象。设置算法参数(例如 NoiseThreshold)，以优化光流估计的性能和准确性。

(4) 逐帧读取和处理视频：利用 hasFrame 循环读取视频中的每一帧。将每一帧转换为灰度图像，因为光流通常在灰度图上计算。

(5) 计算光流估计：通过 estimateFlow()函数对每一帧灰度图像计算光流。存储光流结果(通常是一个包含水平和垂直运动分量的结构体)。

(6) 可视化光流：使用 imshow()函数显示原始视频帧。利用 hold on 指令和 plot()函数在图像上叠加光流向量或其他可视化元素。

(7) 保存处理后的视频：使用 getframe()函数捕获带有光流向量的帧图像。利用 writeVideo()函数将捕获的帧写入输出视频文件。

(8) 清理和结束处理：在处理完所有帧之后，关闭 VideoWriter 对象，并可选地显示完成消息。

总结来说，使用 MATLAB 实现光流法时，需要有明确的步骤规划、参数优化、性能考虑和结果验证。随着 MATLAB 提供的各种内置函数和工具箱的日渐丰富，这些任务可以以高效和相对简单的方式完成。

常见问题解答

(1) 计算机视觉基础是什么，为什么我们要学习它？

计算机视觉基础是指利用计算机和算法对图像和视频进行处理、分析以及理解的技术和理论。学习计算机视觉基础对于我们来说非常重要，因为它是人工智能和机器学习领域的关键组成部分，广泛应用于自动驾驶、机器人导航、医疗成像分析、安全监控等多个领域。掌握这一技能可以帮助我们理解和创造智能系统，解决实际问题。

(2) 图像融合是什么，小波变换在其中扮演什么角色？

图像融合是一种将多个图像合成为一个图像的技术，目的是提取不同图像中的重要信息并生成更加丰富、准确的图像。小波变换在图像融合中扮演着重要的角色，它能够在不同尺度上分析图像，提取出细节和特征信息，这有助于更好地合并图像，确保融合后的图像质量和信息的完整性。

(3) 如何制作一张图像全景拼接，它的技术原理是什么？

制作图像全景拼接通常涉及几个步骤：首先，选择一系列有重叠区域的图像；然后，使用特征匹配技术找到不同图像间的对应点；接着，利用变换模型将所有图像对齐到同一视角；最后，通过平滑和融合技术整合所有图像，生成无缝的全景图。这个过程依赖于计算机视觉中的特征检测、图像配准和图像融合等技术原理。

(4) 光流法运动检测是什么，它有哪些优势？

光流法运动检测是一种基于图像序列变化来估计物体运动的技术。它通过分析连续两帧之间像素点的移动来计算运动向量，从而得知物体的速度和方向。光流法的优势在于它对运动的灵敏度高，能够实时监测并分析复杂的动态场景，对于理解真实世界的动态变化非常有用。这使得光流法在视频监控、实时导航、交互游戏等领域有着广泛的应用。

本章精华总结

本章深入浅出地探索了计算机视觉的奥秘，覆盖了从基础概念、发展现状到核心技术原理的全面介绍，以及 MATLAB 在计算机视觉技术中的强大应用。通过图像融合、全景拼接和光流法运动检测三个精彩案例，本章不仅揭示了图像处理的基本原理和技术方法，还展现了如何将这些理论应用于实际问题解决中。

从小波变换在图像融合中的巧妙应用，到图像全景拼接技术的详细解析，再到光流法运动检测的精准实现，本章的每部分都以实用、直观的方式展现了计算机视觉技术的力量和魅力。这不仅为初学者提供了一个坚实的学习基础，也为那些寻求深入了解和应用计算机视觉技术的读者开启了一扇探索的大门。

通过 MATLAB 工具箱的实践操作，本章进一步强调了理论与实践相结合的重要性，鼓励读者动手实践，将学到的知识应用于解决实际问题。总之，本章不仅是计算机视觉技术的精华总结，也是一次激发创新和实践精神的学习之旅。

第11章 人工智能

在当今这个飞速发展的时代，人工智能(Artificial Intelligence，AI)不仅是一个流行词汇，它已经成为了技术革新的先锋，引领着未来的发展方向。从智能手机中的语音助手到自动驾驶汽车，从精准医疗诊断到个性化的教育体验，人工智能正以一种前所未有的速度和规模，渗透我们生活的方方面面。

如同一股不可阻挡的潮流，人工智能赋予了机器学习和数据分析以前所未有的力量。借助深度学习等技术，机器现在不仅能够执行复杂的任务，还能从经验中学习并逐渐提高性能。这不仅大大提高了效率，而且在诸如医学诊断、环境监测、灾难预警等领域，人工智能的应用还有助于挽救生命。

人工智能正开辟一个全新的世界，在这个世界里，机器不仅是我们的助手，更是开启无限可能的钥匙。随着人工智能的不断进步，我们将步入一个更智能、更高效、更互联的未来。本章我们将理解人工智能的概念、技术与分类，基于MATLAB来构建属于读者自己的人工智能。

11.1 人工智能的概念、技术与分类

人工智能指的是赋予机器类似人类智慧的技术。这种智慧体现在机器能够执行诸如理解复杂数据、识别模式、解决问题、学习和适应新情景等任务。人工智能的核心在于模拟和延伸人类的认知功能，这通常通过编程计算机和其他设备来实现。

人工智能可以分为两大类："弱人工智能"和"强人工智能"。弱人工智能，也被称为窄人工智能，是指专为特定任务设计的智能系统，如语音识别软件、在线客服助手或推荐系统。它们在特定领域的表现可能出类拔萃，但它们的功能有限，不能进行自我意识或情感等复杂的人类思维活动。相对地，强人工智能还处于理论和研究阶段，它指的是拥有自我意识、情感和创造力的智能系统，能够像人类一样全面理解和体验世界。尽管我们尚未达到这一水平，但科学家和工程师正不断推进技术的边界，试图实现这一远大宏伟的目标。

人工智能的实现通常依赖于"机器学习"和"深度学习"等子领域。机器学习使用算法来分析和识别大量数据中的模式，而深度学习则采用类似于人脑的神经网络结构来进一步提

高识别和决策的能力。这些技术的进步是当前人工智能能够在各个领域取得突破性应用的基础。

11.1.1 人工智能的发展与现状

人工智能的发展历史是一段充满创新与挑战的旅程，它从概念的孕育到今天的广泛应用，经历了几个重要的阶段。

1. 起源与早期探索（20世纪40年代—20世纪50年代初）

人工智能的概念最早可以追溯到20世纪40年代—20世纪50年代初。那时，科学家们开始探索能够模拟人类思维过程的机器。1943年，沃伦·麦卡洛克和沃尔特·皮茨提出了神经网络的概念，开启了机器模拟人脑的早期尝试。1950年，艾伦·图灵提出了著名的图灵测试，旨在评估机器是否具有智能。

2. 黄金时期（1956—1974年）

1956年，约翰·麦卡锡等在达特茅斯会议上首次提出了"人工智能"这一术语，标志着人工智能作为一个独立研究领域的正式诞生。在这个时期，研究者们开发了一些早期的人工智能程序，如艾伦·纽厄尔、赫伯特·西蒙和约翰·克里夫·肖开发的逻辑理论家（Logic Theorist）以及赫伯特·西蒙开发的通用问题解决者（General Problem Solver）。这些成就展示了机器在解决特定问题和模拟人类决策过程方面的潜力。

3. 第一次人工智能冬天（1974—1980年）

由于技术局限性和过高的期望，人工智能研究在20世纪70年代末期遭遇了挫折，资金减少，进展缓慢，这个阶段被称为人工智能的第一个"冬天"。

4. 复苏与发展（1980—2010年）

1980年，随着专家系统的兴起，人工智能研究再次获得了动力。专家系统是一种模拟人类专家决策能力的程序，它在医学诊断、金融分析等领域取得了实际应用。此外，随着计算能力的提升和机器学习算法的发展，人工智能技术开始逐步成熟。

5. 爆炸性增长（2010年至今）

进入21世纪第二个十年，随着大数据的爆炸、算法的进步和计算能力的飞跃，人工智能经历了前所未有的发展。深度学习的兴起使得机器能够在图像识别、自然语言处理等领域达到甚至超过人类的水平。人工智能现在已经渗透生活的方方面面，从个人助手到自动驾驶汽车，从智能家居到精准医疗，它正在重塑我们的世界。

人工智能的发展历程是科技进步与人类智慧的集大成，每个阶段都凝聚了无数科学家与工程师的努力和智慧。

自2023年OpenAI公司的ChatGPT爆红以来，人工智能领域迎来了新的高潮，如图11-1所示。ChatGPT作为一种基于大规模语言模型的聊天机器人，以其惊人的自然语言处理能力和多领域的知识理解，不仅在技术圈内引起热议，也迅速吸引了公众的广泛关注。其应用展示了人工智能在文本生成、对话系统、知识问答等方面的巨大潜力。在ChatGPT的推动下，人工智能领域的形势呈现以下特点。

(1) 技术突破：自然语言处理技术得到了飞速发展，人工智能的理解和生成能力越来越接近甚至超越人类水平。

(2) 应用拓展：人工智能的应用场景持续扩大，从文本辅助创作到商业智能分析，从教育辅助到客户服务，人工智能的足迹遍布各行各业。

(3) 社会关注：伴随人工智能技术的发展，社会对于人工智能的伦理、隐私、就业等问题的讨论也越来越深入。

(4) 商业模式：新的商业模式和公司不断涌现，围绕人工智能的创业投资和市场需求迎来新一轮热潮。

图 11-1　ChatGPT 产品的公司官网截图

11.1.2　普通人在人工智能浪潮中的角色

对于普通人来说，尽量理解并利用人工智能，对人工智能保持开放和好奇的心态，关注人工智能的最新发展和应用；对人工智能技术既不盲目崇拜也不无端恐慌，理性看待人工智能的潜力和局限性；接受人工智能正在改变工作和生活方式的事实，积极适应技术带来的变革。在人工智能的晨光中，我们正走进一个充满无限可能和激动人心的新纪元。人工智能时代的到来，就像一场悄无声息的技术革命，将深刻地重塑我们的世界，并在各个层面上引发社会的变革。

(1) 工作重构：人工智能的浪潮将重新定义“工作”的含义。机器人和智能系统将接管大部分重复性高、危险性大的工作，而人类的职责将更多地转向创意思考、策略规划和人际交流。职场将不再是单调乏味的任务执行地，而是创新和协作的热土。

(2) 教育革新：教育将迎来个性化和动态化的时代。人工智能助教能够根据学生的学习习惯和理解速度提供订制化的教学内容，让每个学习者都能在自己的节奏中茁壮成长。教育的边界将被打破，知识的传递更加高效和直接。

(3) 医疗突破：在人工智能的援助下，医疗领域将实现前所未有的精准和效率。人工智能不仅能帮助诊断复杂疾病，还能预测疾病风险并制订个性化治疗方案。每个人都将享受到更加精细和周到的医疗服务。

(4) 生活方式变革：智能家居、自动驾驶汽车、虚拟助手，人工智能的创新应用将无缝融入我们的日常生活，让生活变得更加便捷和舒适。我们将有更多的时间去享受生活、追求梦想和培养人际关系。

(5) 社会治理优化：随着大数据和机器学习的应用，社会治理将变得更具智能性和预测性。城市运作将更加高效，公共资源的分配更加合理，治安和紧急响应能力将大大提高。

在这个智能的新时代，我们不仅见证了技术的飞速发展，更见证了人类文明的进步。人工智能不仅是技术的革新，它更是人类文明进步的加速器。未来社会的变化不可预测，但我们可以确信，人工智能时代将是一个更加智慧、更加高效、更加人性化的新世界。正如2023年3月比尔·盖茨在文章中所说的那样，人工智能的时代已经开始了，如图11-2所示。

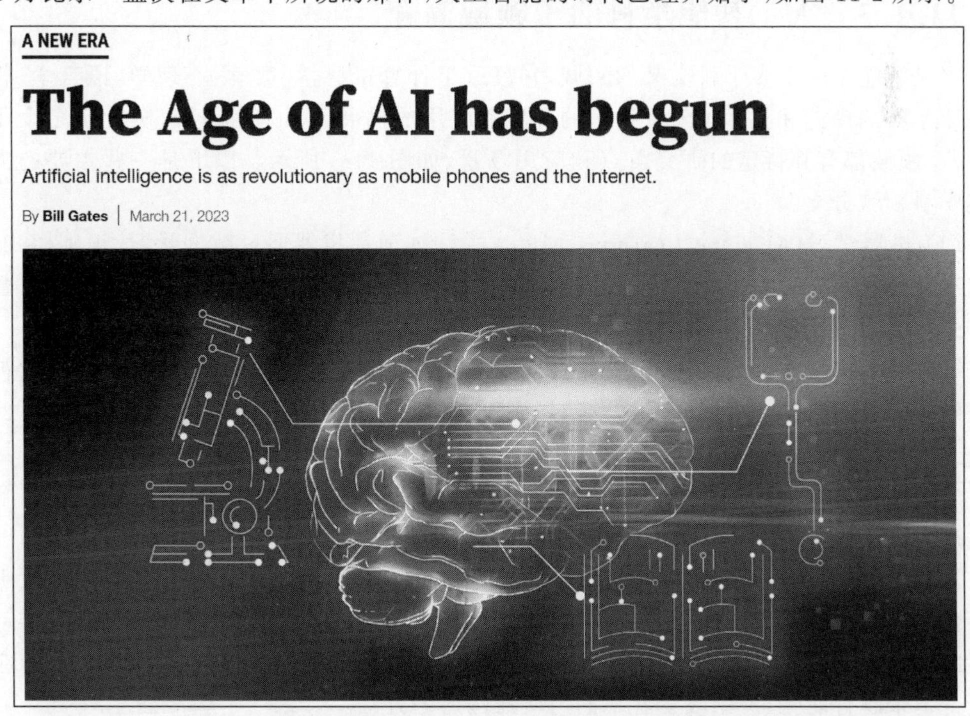
A NEW ERA

The Age of AI has begun

Artificial intelligence is as revolutionary as mobile phones and the Internet.

By Bill Gates | March 21, 2023

图 11-2 Bill Gates 的文章“人工智能的时代已经开始了”截图

在人工智能时代，对于广大普通人来说，要想在这波技术浪潮中游刃有余，要学会理解人工智能、利用人工智能、构建人工智能。

(1) 理解人工智能：人工智能，简而言之，是赋予机器近似于人类智慧的技术。这包括学习、推理、解决问题、感知，甚至创造力。人工智能能通过算法和大量数据学习特定任务的执行方式，不断优化自己的性能。它既是自动化的未来，也是数据驱动决策的现在。理解人工智能不仅意味着知道它能做什么，也包括了解它的局限和对社会的潜在影响。

(2) 利用人工智能：掌握利用人工智能的技能是适应新时代的必备条件。自动化工具和智能应用程序正在变得越来越普及，它们可以帮助我们高效地完成工作，比如使用语音助手进行日程管理，或者使用智能分析工具进行数据分析。了解如何与这些智能系统交互，并将其集成到日常工作和生活中，将帮助我们释放生产力。

(3) 构建人工智能：了解如何构建人工智能系统是一种更高级的技能，它需要对编程和数据科学有基本的了解。不必成为一个专家，但了解基础概念如算法、神经网络、机器学习的原理等，至少能让我们明白人工智能是怎样被创造和训练的。这也能帮助我们理解人工智能的决策过程，以及如何调整和优化人工智能系统以适应特定的需求。

在人工智能时代，每个人都可以成为人工智能技术的受益者，甚至是参与者。通过不断学习和适应，我们可以充分利用人工智能带来的便利，同时也为构建一个智能、高效和道德的未来做出贡献。

11.1.3 人工智能学科的子领域简介

人工智能是一个多学科交叉的领域，它汲取了计算机科学、数学、心理学、语言学、哲学等多个学科的理论和技术。随着技术的发展和应用的扩展，人工智能已经分化出多个子领域，每个领域都有其特定的研究重点和应用场景，如图 11-3 所示。以下是一些主要的人工智能学科领域分支。

(1) 机器学习(Machine Learning，ML)：关注如何让机器通过数据学习、识别模式，并做出决策。它是实现人工智能的核心技术之一，主要包括监督学习、非监督学习、半监督学习和强化学习等子领域。

(2) 深度学习(Deep Learning，DL)：一种特殊的机器学习方法，通过模拟人脑的神经网络结构来处理数据。深度学习在图像识别、语音识别、自然语言处理等领域展现出了巨大的潜力。

(3) 自然语言处理(Natural Language Processing，NLP)：旨在使机器能够理解、解释和生成人类语言。NLP 技术的应用包括机器翻译、情感分析、语音识别等。得益于深度学习技术的突破，尤其是循环神经网络、长短期记忆网络和 Transformer 模型的进步，人工智能不仅能够更准确地处理和分析文本内容，还能与人类进行自然的交互对话，极大地推动了智能助手和自动翻译系统的发展。随着技术的持续进化，人工智能在自然语言处理的应用正变得越来越智能化，深刻改变着我们与机器沟通的方式。

(4) 计算机视觉(Computer Vision)：让机器能够“看”和理解图像与视频中的内容。该领域的技术应用包括面部识别、图像分类、物体检测等。本书第 10 章所介绍的计算机视觉部分也属于人工智能的一个环节，而人工智能的技术也可用在计算机视觉领域，具有非常神奇的效果。

(5) 机器人学(Robotics)：集成了感知、决策和行动的能力，以创建能够执行各种复杂任务的机器人。机器人学在制造业、医疗、服务业等领域有广泛应用。在过去的几十年里，尽管机器人学取得了稳步发展，但似乎并未经历那种颠覆性的、质的飞跃。然而，随着当前技术革命的推进，特别是人工智能技术的突破性进展，机器人领域正站在一个全新的发展门槛上。这一轮技术革命不仅将大幅推动机器人学的进步，还将极大扩展机器人的应用范围，使机器人真正成为具有智慧的实体。人工智能与自动化的结合“AI＋Auto”，即人工智能加自动化，正成为未来发展的重要趋势。在这一模式下，人工智能不仅赋予机器人以前所未有的认知能力，使其能够理解复杂的环境和情境，还让机器人能够学习、适应甚至预测，从而实现更高级别的自动化。未来的机器人将不再是简单的工具或助手，而是具备高度智能、能够自主决策和学习的智慧体。它们将在很大程度上模仿人类的认知、感知和行动方式，甚至在某些特定任务上超越人类。

(6) 专家系统(Expert Systems)：设计用来模仿人类专家的决策能力的计算机系统。它们通常应用于特定领域的问题解决，如医疗诊断、金融分析等。

(7) 认知计算(Cognitive Computing)：试图模拟人类的思维过程，目标是创建能够进行复杂推理和学习的机器。认知计算系统能够处理自然语言、图像和非结构化数据，以提供更加直观的用户交互。

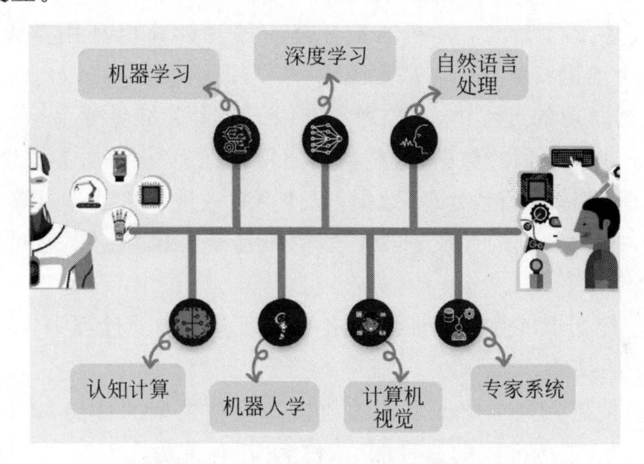

图 11-3 人工智能的主要分支领域

这些领域分支表明，人工智能不仅是编程和算法的集合，它还是一个包含理论研究、技术开发和实际应用在内的广泛领域。随着技术的不断发展，我们可以期待更多的人工智能分支领域的出现和扩展。

我们还常常听到一个领域名词叫模式识别(Pattern Recognition)，是一种从数据中识别规律和模式的技术，它可以应用在图像分析、语音识别、文字识别等多种场景中。其核心目的是让计算机通过算法模拟人类的识别能力，从而自动地识别出不同类型的模式和对象。人工智能与模式识别之间的关系非常紧密，实际上，模式识别也常被视为人工智能的一个子领域。通过利用机器学习，尤其是深度学习技术，人工智能系统可以学习大量的样本数据，进而提高其模式识别的准确性和效率。这种能力是现代人工智能系统诸如面部识别、语音助手和自动驾驶汽车等功能的基石。随着人工智能技术的不断进步，模式识别的准确性和应用范围都在持续扩大，为各行各业带来革新。

11.1.4 机器学习的奥秘

机器学习是人工智能领域中的一个核心分支——人工智能是一个广泛的领域，它旨在创造能够执行需要人类智能的任务的机器，而机器学习是实现这一目标的关键途径之一。

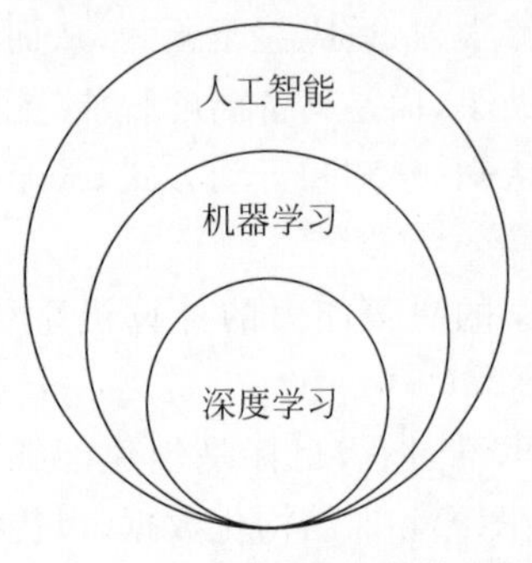

图 11-4 人工智能、机器学习和深度学习之间的关系

人工智能、机器学习和深度学习之间的关系可以类比为如图 11-4 所示的结构。人工智能是最外层的圆，它是一个广泛的领域，致力于创建能够模拟人类智能行为的机器或软件。机器学习是人工智能的一个子集，位于中间的圆，它专注于开发算法和技术，使计算机系统能够基于数据自主学习和改善其性能。深度学习则是机器学习的子集，处于最内层的圆，代表一种特殊的机器学习方法，它使用类似于人脑的神经网络结构——深度神经网络，来学习数据中复杂的模式。

机器学习是一种让计算机利用数据来提升性能的技术。它基于这样一个前提：系统可以从数据中学习、识别模式，并做出决策，而无须人为编写控制指令。在机器学习的过程中，我们通常有以下几个关键步骤。

（1）数据采集：收集大量的数据，这些数据通常被称为“训练数据集”。

（2）数据预处理：“清洗”和“处理”数据，以便更有效地被机器学习算法使用。

（3）选择模型：根据问题的性质选择合适的机器学习模型。模型可以是决策树、神经网络、支持向量机等。

（4）训练模型：使用训练数据来训练选定的模型。在这个过程中，模型通过“调整内部参数”来学习数据中的规律。

（5）评估模型：使用除训练数据之外的数据来检验模型的性能，确保它能够被正确地推广到新数据上，其中，进行推广的这种能力，称为“泛化能力”。

（6）参数调整与优化：根据模型在评估阶段的表现，对其进行调整和优化以改善性能。

（7）部署模型：将训练好的模型应用到实际问题中，进行预测或决策。

机器学习的主要类型包括监督学习、无监督学习、半监督学习和强化学习等。其中，监督学习是最常见的类型，它涉及使用带有标签的数据来教会模型如何分类或预测。无监督学习则处理未标记的数据，寻找数据中的隐藏结构。半监督学习结合了带标签和不带标签的数据，而强化学习则关注如何通过奖励来训练模型，以实现特定的目标或任务。

MATLAB 在类别“AI、数据科学和统计”中提供了 4 款强大的工具箱产品，如图 11-5 所示。

另外，工具箱中的核心功能还被打包成了 App 可以直接使用，比如“统计与机器学习工具箱”就有 7 款 App 工具可以使用，如图 11-6 所示，我们可以在 MATLAB 主界面上的 APP 选项卡中找到并打开，这样就省去从零开始编程的过程，直接使用 MATLAB 为我们准备好的工作流程即可。

适用产品：AI、数据科学和统计

Deep Learning Toolbox	Statistics and Machine Learning Toolbox	Curve Fitting Toolbox	Text Analytics Toolbox
设计、训练和分析深度学习网络	使用统计信息和机器学习来分析数据并为数据建模	使用回归、插值和平滑对数据进行曲线和曲面拟合	Analyze and model text data

图 11-5 MATLAB在“AI、数据科学和统计”中提供的4款工具箱产品

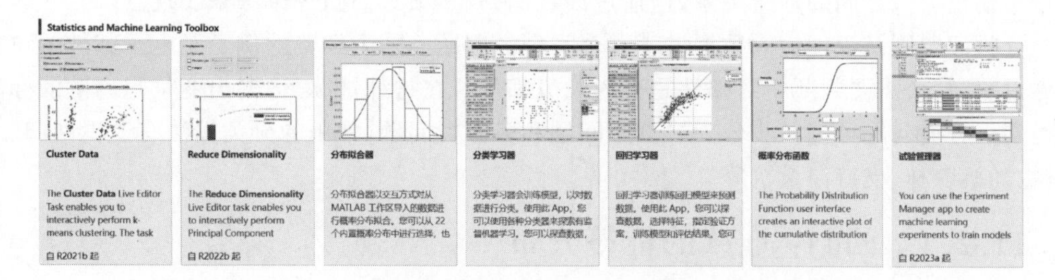

图 11-6 统计与机器学习工具箱自带的7款App

11.2 监督学习

监督学习是一种机器学习方法，它通过训练算法对给定的输入数据和相应的输出标签之间的关系进行建模。在这个过程中，算法尝试从成对的输入-输出样本中学习规则或函数映射，以便能够对新的、未见过的数据做出准确的预测或分类。

监督学习的本质意义在于它能够利用已有的知识（即训练数据集中的“标签信息”）来指导机器识别数据中的模式和关联，从而实现对新情况的智能预测。这种学习方式类似于人类在教师指导下学习的过程，其中教师的角色由标注好的数据集扮演。应用场景广泛，包括但不限于以下内容。

（1）图像识别与处理：用于识别照片中的对象、面孔或者进行医学图像分析。

（2）语音识别：转换语音指令或电话对话为文字。

（3）邮件过滤：识别并过滤垃圾邮件。

（4）金融分析：评估信贷风险，预测股价走势。

（5）生物信息学：用于疾病预测和基因分类。

监督学习常用的技术包括以下内容。

（1）决策树：通过构建树状模型来做出决策和预测。

（2）支持向量机（Support Vector Machine，SVM）：在数据集中找到最佳边界，区分不同的分类。

（3）线性回归：预测连续值输出，如房价预测。

（4）逻辑回归：用于二分类问题，如垃圾邮件检测。

（5）神经网络：尤其是深度学习网络，应用于复杂的模式识别任务，如语音识别和图像分类。

监督学习作为机器学习的核心，其发展不断深化和扩展，正推动着人工智能技术在各领域的突破与应用。

在监督学习的领域，存在两类主要的问题：回归和分类。

回归问题关注于预测一个连续的数值。例如，根据房屋的大小、位置和其他特征来预测其市场价格。在这种情况下，输出是一个连续变量，即房价。回归分析的关键在于找到输入变量和输出变量之间的数学关系，这通过线性回归、多项式回归等方法来实现。

分类问题则是识别输入数据属于哪个类别的问题。一个经典的例子是电子邮件的垃圾邮件过滤，算法需要判断一封邮件是否为垃圾邮件。在这种情况下，输出变量是离散的标签或类别。分类问题可进一步分为二分类问题和多分类问题，常用的分类算法有逻辑回归、决策树、随机森林、支持向量机等。

11.2.1 回归：连续的标签分布

当数据中的标签分布是连续的，我们称这种监督学习为回归，其实可以理解为我们最常说的拟合。线性回归是一种预测分析的方法，在监督学习领域中扮演着关键角色。这种技术的目的是找到一个线性方程式，它可以最好地适配给定数据集中的点。这个方程式可以在我们知道输入变量的值的时候，用来预测输出。

线性回归模型基于一个假设：两个变量之间的关系可以通过一条直线来描述。这条直线，也就是我们说的"回归线"，代表了一个变量如何随着另一个变量的变化而变化。为了找到最佳的线性方程式，我们使用一种方法叫作"最小二乘法"，它计算所有数据点与回归线之间距离的平方和，然后尝试将这个值最小化。通过这种方式，我们可以确定参数的最佳估计值，从而得到一个可以很好地预测新数据的模型。

线性回归的美妙之处在于它的简洁和强大。尽管它基于一个简单的直线模型，但它仍然能够为各种不同的数据集提供有效的预测。在 MATLAB 中实现线性回归是直截了当的，使用内置函数如 fitlm()或 regress()，用户可以迅速地拟合数据并分析结果。掌握线性回归对于数据科学和工程领域的学生来说是至关重要的，因为它不仅有助于理解数据之间的关系，而且是许多更复杂模型的基础。无论是在财经领域预测股票市场，还是在生物统计中分析医疗数据，线性回归都是一项不可或缺的工具。

本节设计了一个非常简单的二元线性回归的案例，如图 11-7 所示。通过载入 MATLAB 自带的 carsmall 数据集，我们将揭开汽车质量、加速度与油耗(此处用每加仑汽油行驶的英里数表示，Miles Per Gallon，MPG)之间关系的面纱。

首先，创建一个表格 tbl，建议读者可以打开这个表格看一看具体形式，其中包含了汽车的质量、加速度和 MPG，为接下来的分析奠定基础。接着，利用这些数据，我们构建一个线性回归模型，将 MPG 作为因变量，质量和加速度作为自变量，以探索它们之间的动态关系。

随后，将这些原始数据以星号(*)的形式绘制在三维空间中，其中，质量、加速度和 MPG 分别为 X、Y、Z 轴，为我们揭示数据的初步分布。为了更好地展示数据和拟合面，调

EX 11-1 监督学习-线性回归

```
clear; clc; cla;
load carsmall  % 载入MATLAB自带的汽车数据集
% 创建一个表格(tbl)来存储数据，指定列名为 'Weight', 'Acceleration', 和 'MPG'
tbl = table(Weight, Acceleration, MPG, 'VariableNames',...
    {'Weight', 'Acceleration', 'MPG'});
% 利用表格(tbl)中的数据进行线性回归，MPG是因变量，Weight和Acceleration是自变量
lm = fitlm(tbl, 'MPG~Weight+Acceleration')
% 绘制原始数据点，使用星号(*)表示
plot3(Weight, Acceleration, MPG, '*');
hold on  % 保持图像，以便在同一图像上添加更多图层
% 设置坐标轴的范围，留出空间以便更好地展示数据和拟合面
axis([min(Weight) - 2, max(Weight) + 2, min(Acceleration) - 1, ...
    max(Acceleration) + 1, min(MPG) - 1, max(MPG) + 1]);
% 设置图像的标题和坐标轴标签
title('二元线性回归'); xlabel('Weight'); ylabel('Acceleration'); zlabel('MPG');
% 生成用于绘制二元拟合面的X轴网格数据，步长为20
X = linspace(min(Weight), max(Weight), 20);
% 生成用于绘制二元拟合面的Y轴网格数据
Y = linspace(min(Acceleration), max(Acceleration), 20);
% 生成X轴和Y轴的网格数据，用于绘制拟合面
[XX, YY] = meshgrid(X, Y);
% 将线性模型的系数从表格格式转换为数组格式
Estimate = table2array(lm.Coefficients);
% 计算拟合面的Z轴数据，根据线性回归模型的系数和网格点
Z = Estimate(1, 1) + Estimate(2, 1) * XX + Estimate(3, 1) * YY;
% 绘制拟合面，使用网格(mesh)的形式
mesh(XX, YY, Z); grid on; hold off;
% 使用模型做出预测举例：假设某汽车的质量3000，加速度15，要预测它的MPG
predictedMPG = predict(lm, [3000 15]);
% 打印预测的MPG值
fprintf('预测汽车的MPG值为：%.2f\n', predictedMPG);
```

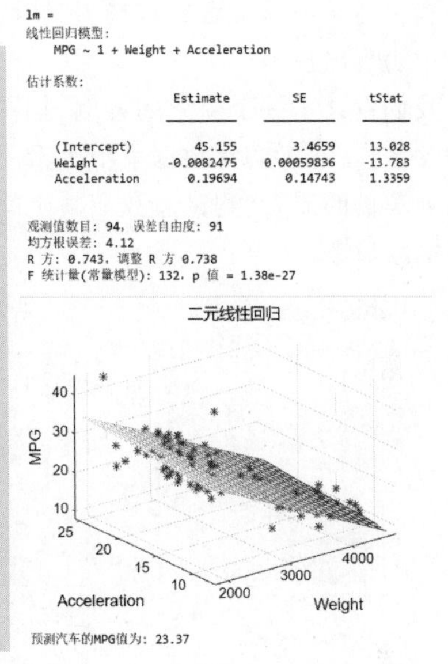

图 11-7　监督学习-线性回归案例

整坐标轴的范围，留出适当空间。

接下来，通过设置图像标题和坐标轴标签，我们清晰地标注了这是一个“二元线性回归”案例。为了绘制拟合面，我们首先生成 X 轴和 Y 轴的网格数据，然后利用线性模型的系数，计算出拟合面的 Z 轴数据。最终，通过网格形式的拟合面，我们得以直观地观察模型的拟合质量。

最后，我们以一个实际例子，使用 predict()函数来进行预测。假设有一辆汽车，其质量为 3000（单位与 MATLAB 内置数据相同），加速度为 15（单位与 MATLAB 内置数据相同），我们利用模型预测它的 MPG 值。预测结果显示，这辆汽车的 MPG 为某一具体值，揭示了我们模型的预测能力。

通过这一案例，我们不仅深入了解了线性回归在实际数据分析中的应用，而且通过 MATLAB 的强大功能，将理论与实践完美结合。

还有一种被称为“逻辑回归”的回归分类，不过这个名字不太准确，它其实是一种广泛应用于分类问题的监督学习算法，属于广义线性模型。它尤其擅长于二分类问题，也就是当我们的输出变量是离散的两个类别时，逻辑回归能够对其进行高效地预测。想象一下，我们有一组数据点，每个点代表一个观察实例，并且每个实例都有一个标签，标明它属于两个类别中的哪一个，从这个角度来看逻辑回归更像是分类器。

逻辑回归的核心思想在于，逻辑回归不是直接预测类别，而是计算出一个介于 0～1 的概率值，表示某个特定的数据点属于某一类别的可能性。这是通过一个被称为逻辑函数或 Sigmoid 函数的数学模型来实现的，它将任意值映射到 0～1，形状像一个“S”。逻辑回归的魅力在于其简单性和解释性。尽管现在有更复杂的分类算法，但逻辑回归仍然是许多统计

学家和机器学习从业者的首选工具，因为它能够提供有关数据的直观理解，同时在很多实际场景中表现出色。

我们设计了一个简单的案例，如图 11-8 所示，本案例深入探讨了车辆质量与故障率之间的关系，并通过实际数据采用逻辑回归模型来预测车辆的潜在故障率。我们首先收集了一系列车辆的质量、测试总数和其中的故障数量。基于这些数据，我们计算了每个质量级别的车辆故障率。

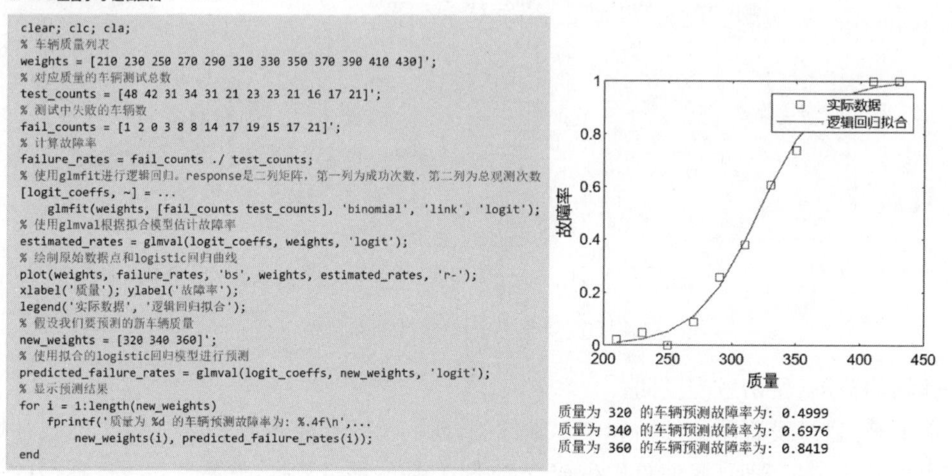

图 11-8 监督学习-逻辑回归案例

为了更好地理解车辆的质量如何影响故障率，我们采用了逻辑回归分析，这是一种强大的统计方法，特别适合处理二元结果（比如成败、健康疾病）与一个或多个预测变量之间的关系。在这个例子中，我们利用 MATLAB 的 glmfit()函数，将质量作为预测变量，故障数和测试总数作为响应变量，建立了逻辑回归模型。

接下来，我们用 glmval()函数根据拟合好的模型估计故障率，并将这些估计值与实际故障率进行比较。我们通过绘制图表直观地展示了故障率的实际数据点和逻辑回归曲线，从而可以清晰地看出模型拟合的效果。

此外，我们还预测了几种不同质量车辆的故障率。通过模型，我们能够预测出，对于新的车辆质量（320、340、360），其故障率分别是多少。这些预测信息可以帮助制造商或消费者更好地了解车辆的可靠性，并据此做出明智的决策。

最后，我们通过输出语句，清晰地呈现了这些车辆的质量对应的预测故障率，让结果直观且易于理解。整个分析过程不仅展现了 MATLAB 在统计数据分析中的应用，也提供了一个实用的工具，帮助人们从数据中提取有价值的信息。

在本节中，我们探讨了回归分析在监督学习中的核心地位。回归分析可以被看作一种拟合过程，其本质是通过已知数据点寻找最佳函数映射，使得这个函数能够尽可能准确地描述数据点之间的关系。在这个过程中，我们构建的模型旨在捕捉输入变量和输出变量之间的依赖性。从某种角度来看,人工智能可以被视为一个复杂的拟合器。它通过学习大量的数据,试图找到数据特征与其标签之间的映射关系。训练数据越多,拟合过程往往越能捕捉到数据的内在结构,从而使模型的预测更加准确。拟合的结果,即我们训练得到的模型,是对真实世界中复杂关系的一种数学表达。在实际应用中,这个模型不仅要在训练数据上表现良好,还需要对未曾见过的新数据做出合理的预测,这种能力被称为泛化。泛化是机器学习模型效能的关键指标,因为它代表了模型对新情况的适应能力。

11.2.2 分类:离散的标签分布

监督学习是机器学习的一种方法,其中,“分类”是监督学习的核心任务之一。在监督学习的框架下,我们有“一组带标签的数据”,这些标签代表了每个数据点的类别或结果。分类的目标就是创建一个模型,这个模型能够准确地“将新的未见数据点划分到正确的类别中”。

分类任务的本质是“识别出数据之间的模式或规律,并利用这些规律来预测新数据的类别”。举个例子,假设我们有一批电子邮件,已经被标记为“垃圾邮件”或“非垃圾邮件”。我们的任务是设计一个分类模型,它能够通过学习这些邮件的特征——比如用词、主题、发送者等,来识别新邮件是否为垃圾邮件。

在构建分类模型时,我们通常会采用如逻辑回归、决策树、支持向量机(SVM)或神经网络等算法。模型在训练阶段通过分析带有标签的数据集来学习,然后在测试阶段,我们用它来预测未知数据的标签。模型的性能通常通过准确率、召回率、F1 分数等指标来评估,这些指标帮助我们了解模型在将数据分类时的效率和准确性。

在 11.2.1 节中,我们探究了回归分析,并采用了 MATLAB 的工具箱函数来进行编程实现。然而,MATLAB 的强大之处不止于此,它还提供了一系列直观易用的应用程序,其中之一就是“回归学习器”App,它专为回归问题设计。在本节,我们将转向 MATLAB 中的“分类学习器”App,这是一个与回归学习器功能相对应的应用,用以高效地解决分类问题。通过这个 App,我们可以体验到快速、直观地解决分类问题的便利,让我们一起深入学习如何使用这个强大的工具吧。

接下来,我们以一个清晰而直观的例子来展示——“鸢尾花物种的分类”。鸢尾花(Iris),这种多年生植物以其绚丽的花色和优雅的姿态著称,在园艺和花卉设计中占有一席之地。MATLAB 已经为我们准备好了相关的数据集,仅需一行简洁的代码,我们就可以将 CSV 文件中的数据集提取出来,以表格形式存储在变量区,方便我们后续的使用和分析。让我们开始这段既实用又有趣的学习旅程吧!

```
fishertable = readtable('fisheriris.csv');
```

当我们执行以上代码,便可以看到表格 fishertable 由 5 列数据组成,前 4 列为用于预测的变量,分别为花萼长度(SepalLength)、花萼宽度(SepalWidth),花瓣长度(PetalLength)和花瓣宽度(PetalWidth),它们均为数字形式,而最后一列为 Species,其为字符形式,表示鸢尾花的种类,共有 3 种,这就是我们常说的离散的标签。共 150 组数据,这就是我们需要的已知数据。

下面我们不需要编程，而是直接打开“分类学习器”App，选择从工作区新建对话，界面如图 11-9 所示。我们可以看到 App 自动将工作区中的表格进行了读取，并自动设置了数据集变量、响应变量和预测变量，这与我们的设计是一致的，主要因为我们的数据没有歧义。而右边的验证和测试我们可以先不必考虑，完全默认即可，单击“开始会话”按钮。

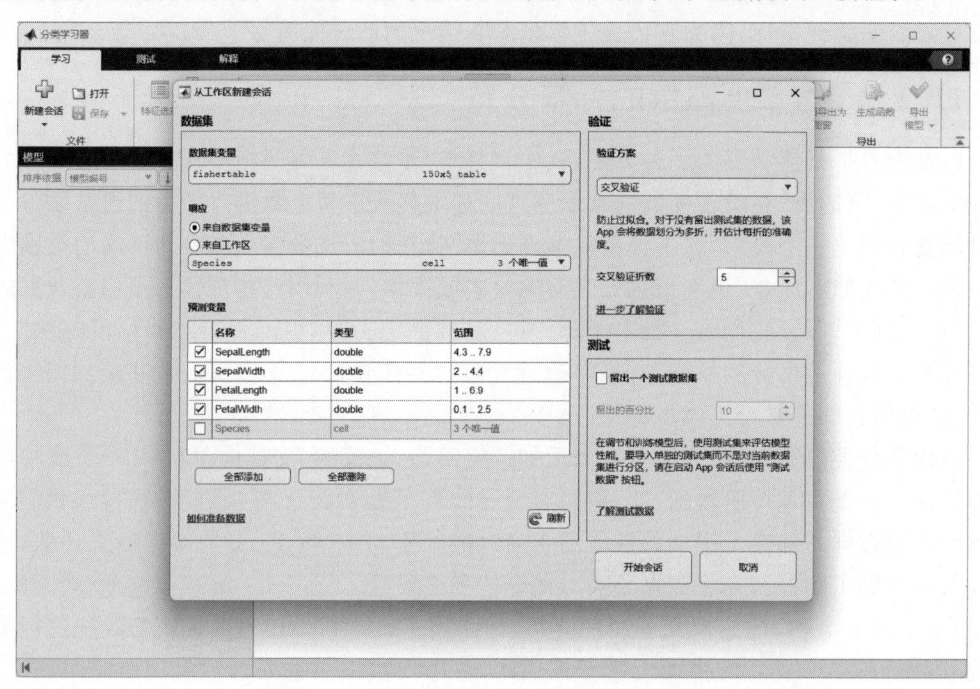

图 11-9　进入“分类学习器”从工作区新建会话

新建会话后，应用自动帮我们设置好了一个分类器案例，如图 11-10 所示，从这里我们可以看到分类学习器应用的基本界面架构，左侧是模型窗口，中间为模型的效果作图区，右边是绘图的简单选项，上方为各种功能的设置和选择区域。整体界面结构非常简单易懂，即使我们不编程也能如此简单地使用机器学习中的打包好的算法和流程，这都要感谢 MATLAB 的强大功能。

下一步就是要单击界面上方模型窗口中的“全部(快速训练)”，这样应用会自动把一系列方法安排到模型区；然后直接单击“训练所有”，这样，所有的模型就都开始执行训练了。训练的速度一般会比较快，数据量大或者模型较多时，可能会慢一些，注意应用默认会打开“使用并行”的功能，这样我们在训练多个模型时，实际上已经开展了并行计算，会大幅提升训练速度。

模型训练完成的结果如图 11-11 所示，我们可以看到不同模型的训练已完成，每个模型都会显示一个准确度的百分比值，这个值就代表了这个模型在分类时把所有数据点都能“解释清楚”的一种能力，比如最高值的高效线性 SVM 模型的准确度为 97.3%，我们可以反向

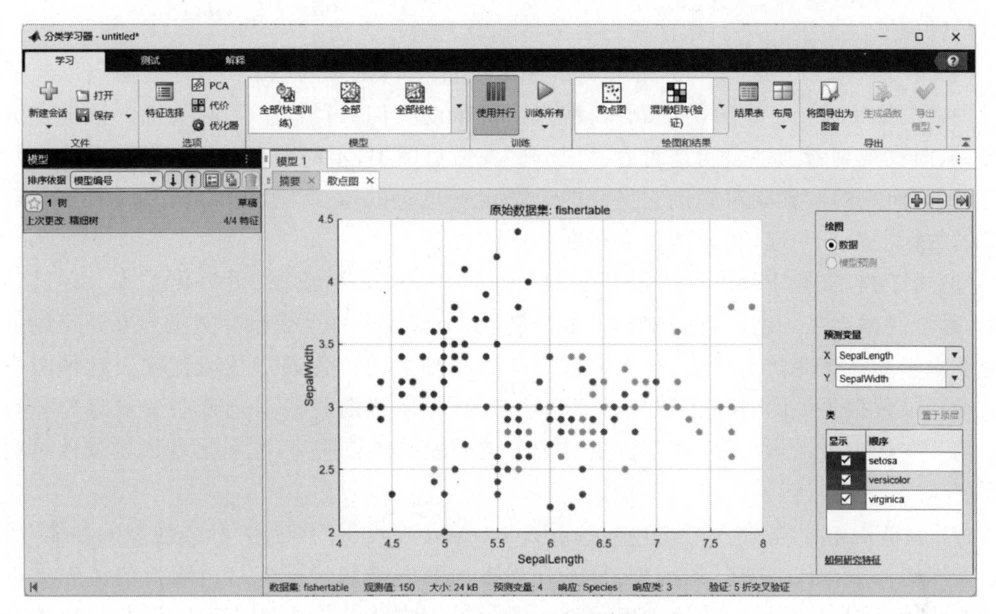

图 11-10 “分类学习器”界面

推出，在 150 个数据中用该模型去分类，预计仅有 4 个数据点无法解释，这可以认为是比较好的效果了。

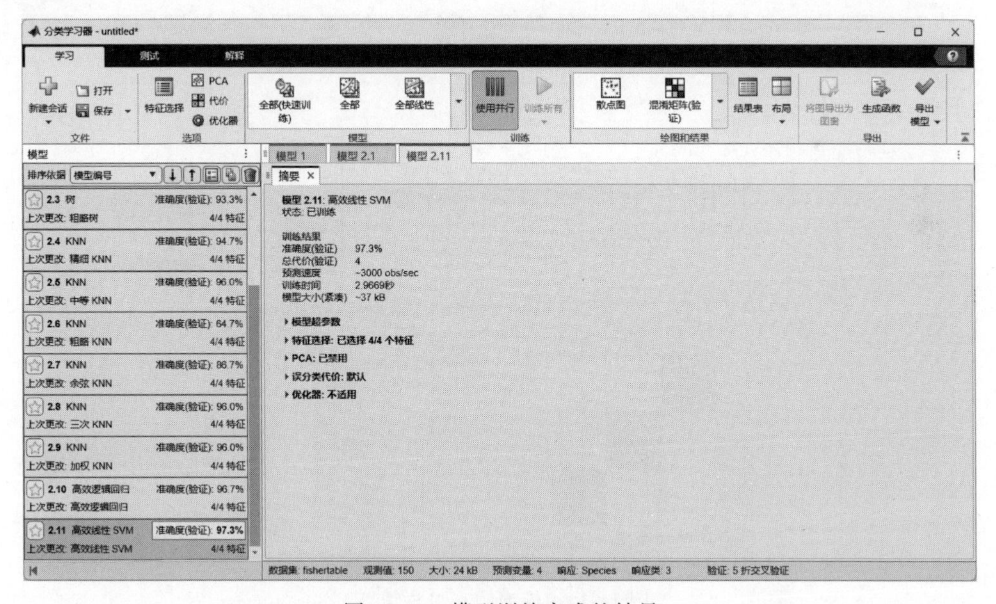

图 11-11 模型训练完成的结果

那么，根据上述批量实验的结果，我们可以选择“高效线性 SVM 模型”作为最终分类模型，并对其进行简单的分析，比如把“绘图和结果”中的图像绘制出来，如图 11-12 所示，在使用 MATLAB 的“分类学习器”App 时，我们经常会遇到这几种关键的图表，它们对于理解分类器的性能至关重要。下面是这些图表的解释及其解读方法。

（1）散点图（Scatter Plot）：用来展示两个变量之间关系的图表，它将数据点以点的形式呈现在二维平面上。在分类问题中，散点图能帮助我们“可视化”不同类别的数据点分布情况，从而直观判断类别之间是否容易区分。在散点图中，不同颜色或形状的点通常表示不同的类别，而点的位置则对应于它们在两个选定变量上的值。本例中可以一眼看出有两个种类的数据混在了一起，在分类上会存在一些困难。

（2）平行坐标图（Parallel Coordinates Plot）：一种“多维数据”可视化技术。在这种图表中，每个数据点在一组平行的坐标轴上绘制，每个轴代表一个变量。数据点在每个轴上的位置取决于其在该变量上的值，相同数据点在各个轴上的位置通过线段连接。这种图表对于展示高维数据集中的“模式”和“趋势”非常有效，可以帮助我们识别哪些变量对分类有较大影响。本例中可以看出，后两个变量对于分类的效果比较明显，也就是花瓣的属性是明显特征。

（3）验证混淆矩阵图（Validation Confusion Matrix）：用于描述“分类模型的性能”的方阵。矩阵的每一行代表实际的类别，每一列代表预测的类别。矩阵对角线上的值表示正确分类的数量，而非对角线上的值则表示被错误分类的数量。通过混淆矩阵，我们可以快速了解分类器在各个类别上的“精确度”和“召回率”，以及整体的准确率。本例中有 4 例被错误分类了，从图 11-12 中可以明显看出是怎么错分的。

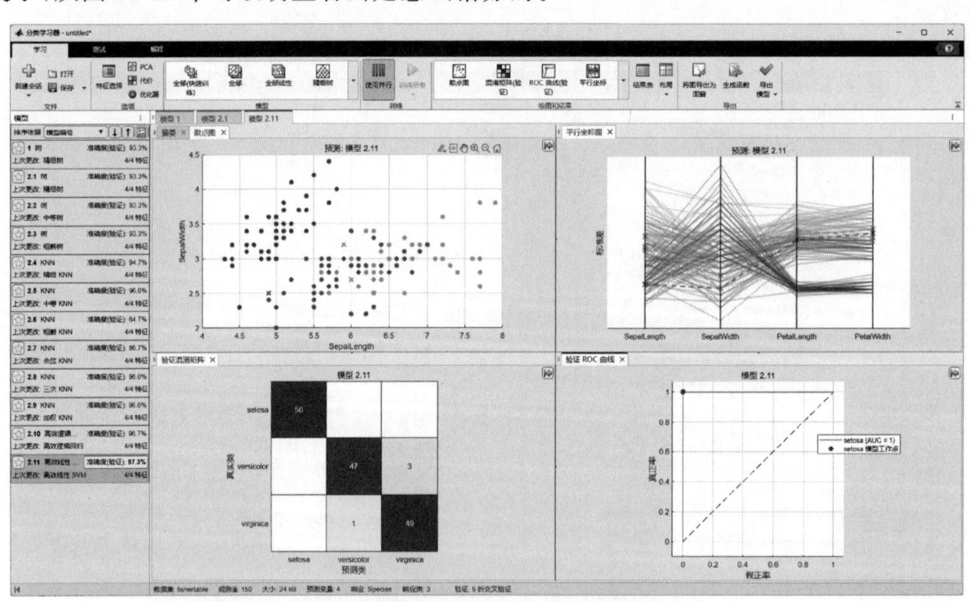

图 11-12　模型的绘图与结果

（4）验证接受者操作特征曲线图（Validation Receiver Operating Characteristic Curve）：接受者操作特征曲线（Receiver Operating Characteristic Curve，ROC 曲线），是一种图表，用于展示分类模型在所有可能的分类阈值下的性能。曲线下面积（Area Under

Cure,AUC)衡量分类器的优劣。ROC 曲线横坐标为“假阳性率”(False Positive Rate),纵坐标为“真阳性率”(True Positive Rate)。理想情况下,ROC 曲线会靠近左上角,这意味着分类器能够以较低的假阳性率达到较高的真阳性率。在比较两个或更多分类器时,通常优选 AUC 值较大的分类器。

通过对这些图表的解读,我们可以对分类器的性能有一个全面的了解,并据此对模型进行改进和优化。事实上,我们在详细地对比不同模型时,也可以把它们的相应的图像进行对比,更能全面地反映模型的性能与效果。

下一步我们就可以进行模型的测试了,这时我们可以设计一些测试参数,相应的代码已准备在 ExampleChapter11. mlx 文件中,我们单击“测试”,导入数据后单击“测试全部”,这样可以对所有模型进行一次测试,并画出结果表,如图 11-13 所示。可以看出对于所给出的三个数据点,大多数模型做到了 100%正确,而其中有 2 个模型却产生了一个错误。

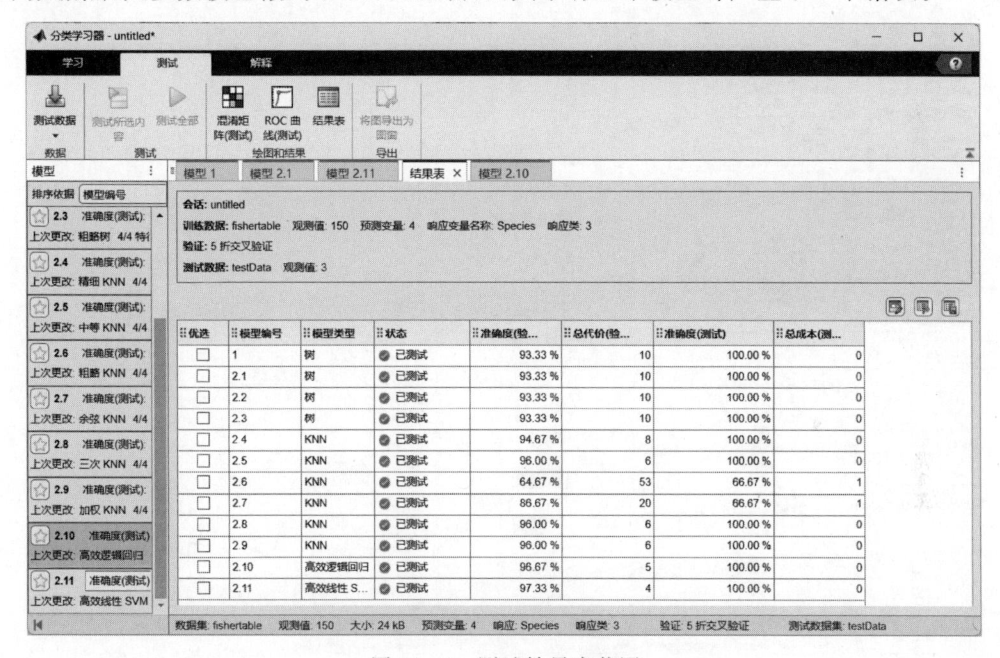

图 11-13 测试结果表截图

最后,分类学习器应用还为我们提供了一些关于模型解释的图表,如图 11-14 所示,我们画出了局部沙普利解释图、局部可解释的模型-不可知解释图、部分依赖图。在机器学习的“分类器”中,理解模型是如何作出预测的往往与模型的性能一样重要。模型解释性工具能帮助我们洞察模型内部的决策过程。下面是几种常用的模型解释性工具及其解读方式:

(1) 局部沙普利值解释图(Local Shapley Value Explanation Plot):沙普利值是一种博弈论中的概念,用于解释每个特征对模型预测结果的“贡献度”。局部沙普利值解释图显示了单个预测实例中每个特征对预测结果的贡献。其中,特征值的影响可以是正面的(增加预测结果的概率)或负面的(减少预测结果的概率)。通过理解特征对单个预测的具体影响,我们可以洞察模型在个别情况下的行为。

（2）局部可解释的模型-不可知解释图（Local Interpretable Model-agnostic Explanations，LIME）：LIME是一种解释复杂模型预测的技术。它通过在原始模型周围的局部区域拟合一个简单模型（如线性模型），来近似解释原始模型的行为。LIME展示了对于单个实例的预测，每个特征如何影响模型输出。在LIME中，特征的影响同样可以是正面的或负面的，并且这种方法可以应用于任何类型的模型，提供局部的可解释性。

（3）部分依赖图（Partial Dependence Plot，PDP）：用于展示一个或两个特征与目标变量之间的关系，同时保持其他特征固定。PDP可以帮助我们理解特征对预测结果的平均影响。这种图表通常是平滑的曲线或曲面，曲线的高度表示在特定特征值下，预测结果的平均预期变化。如果曲线斜率为正，意味着特征与预测结果呈正相关；曲线斜率为负，则表示负相关。

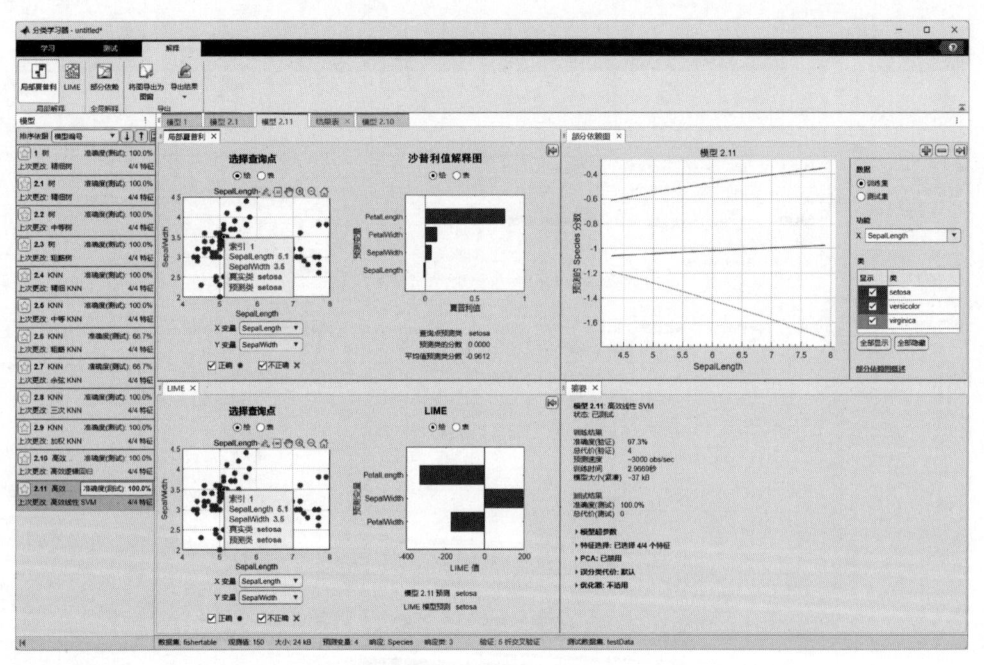

图 11-14　模型解释图

这些工具使我们能够更好地理解模型是如何根据输入特征做出决策的。它们提供了不同层面的解释，从单个实例的解释（如局部沙普利值解释图和LIME）到整体趋势的理解（如部分依赖图）。这些解释对于增强模型的透明度、提高用户信任以及发现潜在的数据偏差非常重要。

本例已保存为EX 11-3.mat文件，需要时可以先打开分类学习器App，然后单击“打开”并选择该文件，即可恢复所有信息。另外我们还可以把训练好的模型进行导出，方法就是单击App界面上方的“导出模型”，我们可以将其导出到工作区中，例如命名为trainedModel，那么，只要我们需要对新表 T 进行预测，使用如下代码即可。

```
[yfit,scores] = trainedModel.predictFcn(T)
```

本节用简洁清晰的方式和读者一起完成了机器学习中的分类器的构建、训练、测试、解释与部署，有了本节的学习，我们已经成功掌握了分类算法。当然，机器学习中常见的分类器算法很多，包括支持向量机(SVM)、决策树、随机森林、朴素贝叶斯、K 最近邻(K Nearest Neighbor，KNN)、逻辑回归、神经网络和梯度提升机(Gradient Boosting Machine，GBM)，但是，这些算法均包含在 MATLAB 的"分类学习器"中，我们无须深入理解每种算法的优势劣势，只需要在 App 中通过试验的方式，用数据说话。这就是本节的核心思想，希望读者能在本节的学习中有所收获。

11.3 无监督学习

无监督学习(Unsupervised Learning)是机器学习的一种类型，它涉及从未标记的数据中发现隐藏的结构和模式。在无监督学习中，算法没有预先给定的答案或标签来指导学习过程，而是必须自我学习并理解数据的内在特性。

想象一下我们走进一个满是不同颜色玩具的房间，但我们从未学过这些颜色的名字。无监督学习就像是我们试图通过观察这些玩具的相似性和不同性，将它们分成不同的组。也许我们会根据形状、大小或颜色将它们归类，即使没有人告诉我们具体的分类标准。这个过程中，我们在不断地学习、探索和发现，最终能够根据玩具的各种特征，自主地将它们组织起来。无监督学习的本质就是这样的，它让机器在没有明确指示的情况下，通过探索数据之间的关系，自行找到数据的内在结构和模式。无监督学习具有下列重要的功能和应用意义。

(1) 数据探索：无监督学习可以帮助我们理解数据集的内在结构，为进一步的数据分析和特征工程提供见解。

(2) 聚类分析：通过聚类算法(如 *K*-Means、层次聚类等)，无监督学习可以将相似的数据点分组在一起，从而揭示数据中的自然分割或组织。

(3) 异常检测：无监督学习算法能够识别数据中的异常或离群点，这在欺诈检测、网络安全和质量控制等领域非常有用。

(4) 维度缩减：通过技术如主成分分析(Principle Component Analysis，PCA)或自编码器，无监督学习有助于降低数据的维度，简化模型，并减少运算资源的需求。

(5) 特征提取：无监督学习能够从原始数据中提取有用的特征，这些特征可以用于监督学习任务，提高模型的性能。

11.3.1 无监督学习技术全景

无监督学习的技术多样且富有深度，本节主要列出以下五大类别，以及每一类别所常用的算法。

(1) 聚类(Clustering)：旨在将数据集分成包含相似特征的子集，以发现数据内在的分组结构的技术。

(2) 维度缩减(Dimensionality Reduction)：致力于简化数据，减少变量数量，同时保留关键信息以便于分析和可视化的技术。

(3) 关联规则学习(Association Rule Learning)：探索数据项之间的关联性的技术，目的是找出变量间的频繁模式和有趣关系。

(4) 异常检测(Anomaly Detection)：关注于识别数据集中的异常值或离群点的技术，这些异常值或离群点是与大部分数据显著不同的点。

(5) 特征提取(Feature Extraction)：通过转换或提炼更有用的特征，来增强机器学习模型的性能和解释性的技术。

每种技术都有其特定的应用场景和优势，选择合适的无监督学习方法取决于数据的性质和所追求的目标。通过这些技术，无监督学习为数据中隐藏的知识和模式的发现提供了强大的工具。

11.3.2 聚类：以 *K* 均值聚类为例

聚类是一种重要的无监督学习技术，它的核心目标是将数据集中的对象划分成若干组或“簇”(聚集成堆的事物)，使得同一簇内的对象之间相似度高，而不同簇内的对象相似度低。这种方法依赖于相似度或距离的度量标准，如欧氏距离或余弦相似度，来评估数据点之间的相似性或接近程度。聚类核心原理如下。

(1) 相似度度量：确定一个标准来衡量数据点之间的相似程度。

(2) 簇的形成：根据相似度将数据点聚集成簇，使得簇内相似度高，簇间相似度低。

(3) 优化准则：通过迭代优化某个目标函数(如最小化簇内距离总和)来改善聚类结果。

应用场景包括但不限于以下领域。

(1) 市场细分：根据消费行为或偏好将顾客分组，以实现更有针对性的市场策略。

(2) 社交网络分析：识别具有相似兴趣或互动模式的社交网络用户群体。

(3) 生物信息学：基于遗传信息或基因表达模式对生物样本进行分类。

(4) 图像分割：将图像分割成多个区域或对象，用于进一步的图像分析和处理。

(5) 异常检测：通过识别与大多数数据点显著不同的那些点，来检测异常值或离群点。

聚类通过揭示数据的内在结构和模式，为数据分析和决策提供支持，是一种在多个领域都有广泛应用的强大工具。

聚类和分类是数据分析中两种不同的方法，如图 11-15 所示。分类是一种有监督学习过程，它依赖于预先定义好的标签，目的是将新的数据点分配到这些预定义的类别中。换句话说，分类工作在已知目标变量的情况下，通过学习输入数据与输出标签之间的关系来进行预测。相比之下，聚类是无监督学习的一部分，它不需要任何预先确定的标签，而是通过分析数据本身的特征和模式将数据集划分成若干自然的组，即簇。聚类致力于发现数据内在的结构，而分类则关注如何准确地识别和预测类别标签。

聚类分析中最常用的技术包括几种。

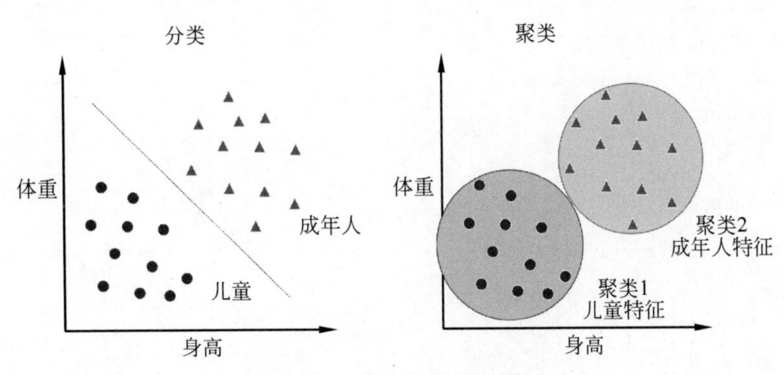

图 11-15 聚类与分类区别图

(1) K 均值聚类(K-Means Clustering)：通过将数据划分为 K 个簇，每个簇由其质心(Centroid)代表，以最小化簇内数据点与质心之间的距离总和。

(2) 层次聚类(Hierarchical Clustering)：构建一个多层次的簇树状结构，可以是自底向上的聚合方式(凝聚的层次聚类)，也可以是自顶向下的分裂方式(分裂的层次聚类)。

(3) 基于密度的聚类方法(Density-Based Spatial Clustering of Applications with Noise，DBSCAN)：可以识别任意形状的簇，并能在聚类过程中处理噪声数据点。

(4) 期望最大化(Expectation-Maximization，EM)聚类：特别是其应用在高斯混合模型(Gaussian Mixture Models，GMM)上，通过迭代优化数据点的概率模型参数来进行聚类。

(5) 谱聚类(Spectral Clustering)：利用数据的谱(即特征值)特性对数据点进行聚类，特别适用于处理复杂形状的簇或尺度差异较大的簇。

这些技术各有优势和使用场景，选择合适的聚类算法通常依赖于数据的特性、问题的需求以及所期望的聚类结果。

下面我们就以"K 均值聚类"为例，设计一个简明易懂的案例，如图 11-16 所示。仍然以鸢尾花的数据为例。我们需要特征数据，假设前四列是特征数据，提取到 features 中。然后选择一个合适的 K 值，这里我们以 $K=3$ 为例，这是因为 Fisher's Iris 数据集自然分为三类；而事实上，我们可以任意设置该整数数值，因为往往在聚类时我们并不知道实际应该划分为几类。案例中的 idx 是一个向量，包含每个数据点被分配到的簇的索引，而 C 是每个簇质心的位置。为了更好地理解聚类效果，我们可以选择两个特征进行可视化(例如，第一和第二特征)。这段程序简单直接，通过 K 均值聚类分析了 fisheriris.csv 数据集，并利用散点图清晰展示了聚类结果。

K 均值聚类是一种应用广泛的无监督学习算法，其核心原理是将数据集分成 K 个簇，每个簇由一个质心代表，即簇中所有点的均值。算法开始时随机选择 K 个数据点作为初始质心，然后迭代执行以下步骤：首先，根据每个数据点到各质心的距离将其分配到最近的簇；接着，重新计算每个簇的质心。这个过程一直重复，直到质心的变化小于某个阈值或达到预定的迭代次数，此时算法收敛。K 均值聚类的特点包括简单易实现、计算效率高，但它也有一些局限性，如需要预先指定簇的数量 K，对噪声和离群点敏感，且可能陷入局部最优

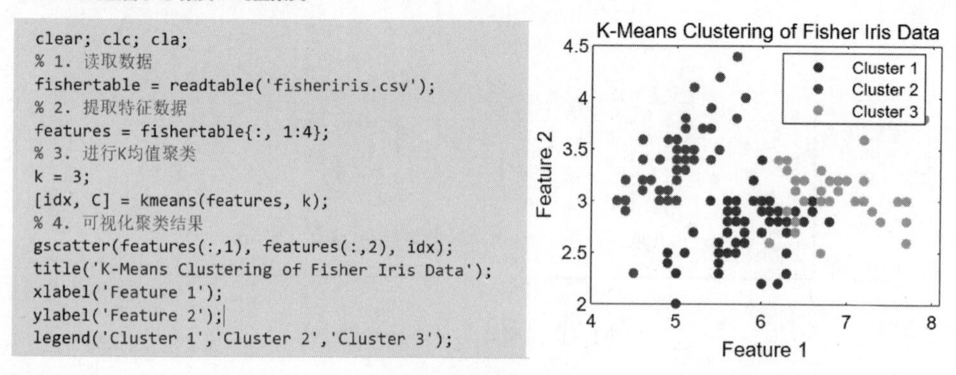

图 11-16　聚类案例

解。此外，K 均值聚类假设簇呈球形分布且大小相似，因此可能不适用于所有类型的数据分布。

11.3.3　降维：以主成分分析法为例

在机器学习领域，降维是一种减少数据中特征数量的技术，旨在简化模型且尽量保留重要信息。通过降维，我们可以去除数据中的噪声和冗余，提高算法的计算效率，同时避免因维度过高而引起的“维度灾难”。降维技术基于以下两个原则。

(1) 特征选择(Feature Selection)：从原有特征中选取一部分最有代表性的特征，忽略其他不重要的特征。这种方法不改变原有特征的含义。

(2) 特征提取(Feature Extraction)：通过数学变换生成新的特征集，这些新特征是原有特征的组合。特征提取通常能够减少更多的特征数量，但新特征不再保持原有特征的直观含义。

常用的降维方法有以下几种。

(1) 主成分分析(PCA)：通过正交变换将原始特征转换为一组线性无关的特征，称为主成分。主成分按照方差递减的顺序排列，方差越大的成分保留的信息越多。

(2) 线性判别分析(Linear Discriminant Analysis，LDA)：一种监督学习的降维技术，旨在找到一个投影面，使得不同类别的数据在该面上投影后类间距离最大化，类内距离最小化。

(3) t 分布随机邻域嵌入(t-Stochastic Neighbor Embedding，t-SNE)：一种非线性降维技术，通过概率分布的相似性在低维空间中重新表示高维数据，适合于将高维数据可视化到二维或三维空间。

(4) 自编码器(Autoencoder)：一种基于神经网络的非线性降维方法，通过训练网络学习数据的压缩表示，然后再重建原始输入。

降维技术在机器学习中有着广泛的应用，包括以下方面。

(1) 数据可视化：将高维数据投影到二维或三维空间，帮助人们理解数据结构和模式。

(2) 预处理：在训练机器学习模型之前，降维可以作为数据预处理的一步，减少后续计算的复杂性。

(3) 去噪：降维可以帮助去除数据中的噪声，增强模型的泛化能力。

(4) 特征发现：发掘更有信息量的特征，提高模型的性能。

(5) 防止过拟合：减少特征数量，减轻模型过拟合的风险。

总而言之，降维是处理高维数据的有效手段，能够在保证数据核心信息的同时，减少计算负担，提高模型的性能和可解释性。

下面我们以主成分分析(PCA)的降维方法为例，如图 11-17 所示。我们仍然基于鸢尾花 fisheriris. csv 数据，假设数据集的前四列是要分析的特征。使用 pca()函数来进行主成分分析。pca()函数返回主成分得分(即降维后的坐标)、每个主成分的方差解释量和特征向量(即主成分)。通常，我们会选择解释大部分方差的前几个主成分。例如，我们可以选择前两个主成分进行可视化。利用散点图展示降维后的数据，以观察数据在新的特征空间中的分布情况。

EX 11-5 无监督学习-降维-主成分分析

```
clear; clc; cla;
% 1. 读取数据
fishertable = readtable('fisheriris.csv');
% 2. 提取特征
features = fishertable{:, 1:4};
% 3. 执行PCA
[coeff, score, latent] = pca(features);
% 4. 选择主成分
reducedDimension = score(:, 1:2);
% 5. 可视化结果
scatter(reducedDimension(:,1), reducedDimension(:,2));
title('PCA的Fisher鸢尾花数据');
xlabel('第一主成分');
ylabel('第二主成分');
```

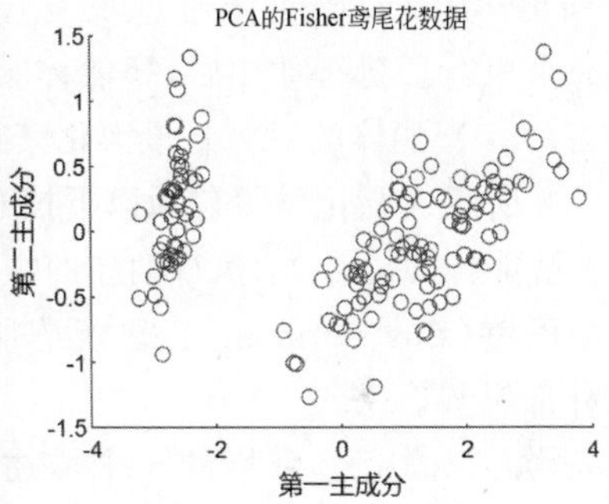

图 11-17 降维案例

这段 MATLAB 程序执行了 PCA 降维，并通过散点图直观展示了数据在主成分空间中的分布，从而使得高维数据的结构和关系得以简化和可视化。从降维分析上来看，第一主成分这个维度显然已经把数据划分为明显的两个类别，这实际已经在一定程度上完成了部分聚类的任务。

主成分分析(PCA)是一种统计技术，它通过正交变换将可能相关的高维变量转换为线性无关的低维变量集，这些新变量称为主成分。其原理是寻找一个新的坐标系统，使得数据在这个坐标系统的第一轴上的投影方差最大，在第二轴上次之，以此类推，每个轴都与前面的轴正交。这样，第一主成分捕获了原始数据中最多的变异性，第二主成分捕获了剩余变异中最多的，且与第一主成分正交，以此类推。这个过程通常涉及特征空间的协方差矩阵的特征值分解或奇异值分解。通过保留最重要的几个主成分，可以实现数据的有效降维，同时保留数据集中的大部分信息。

11.4 强化学习

强化学习(Reinforcement Learning,RL)是机器学习的一个分支,是一种机器学习范式,它致力于让智能体(Agent)在环境(Environment)中学会如何做出最优决策。它与传统的监督学习和无监督学习不同,强化学习重点关注在不确定性环境中通过与环境的交互来学习行为策略。强化学习的核心是学习最优策略,这个策略能够指导智能体在任何状态下选择能够带来最大期望回报的动作。

强化学习的应用非常广泛,包括游戏(如围棋和象棋)、自动化控制、机器人学习行走或抓取物体、自然语言处理、推荐系统等多个领域。随着算法和计算能力的进步,强化学习正逐渐成为解决复杂决策问题的强有力工具。强化学习在解决需要决策连续性和自适应性的问题时展现出巨大潜力,随着研究的深入,其应用范围将不断扩大。

11.4.1 强化学习：结构与原理

在强化学习中,智能体通过观察环境的状态(State),并在此基础上选择一个动作(Action)来执行。执行动作后,智能体会收到一个奖励(Reward)信号,这个信号反映了它的决策好坏。智能体的目标是最大化其在一段时间内获得的总奖励。典型的强化学习结构如图 11-18 所示。强化学习包括以下核心组件。

(1) 智能体(Agent)：执行动作的主体。

(2) 环境(Environment)：智能体所在并与之交互的外部世界。

(3) 状态(State)：环境的一个描述,通常是智能体需要考虑的输入。

(4) 动作(Action)：智能体可以在某个状态下进行的决策。

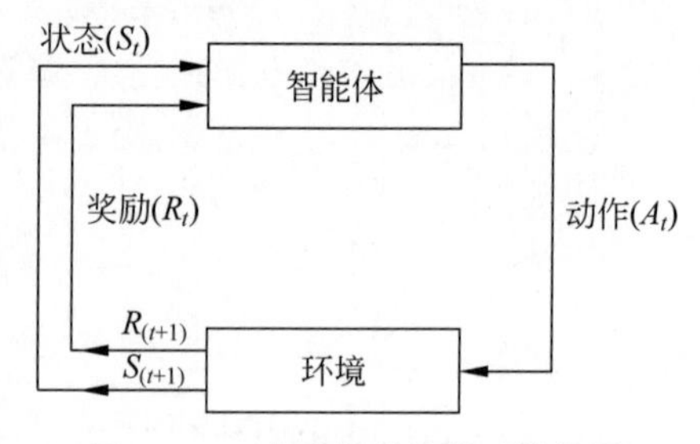

图 11-18 典型的强化学习结构图

(5) 奖励(Reward)：一个信号,表明智能体上一个动作的效果好坏。

(6) 策略(Policy)：智能体决策的指导原则,通常表现为一个从状态到动作的映射。

(7) 价值函数(Value Function)：预测从当前状态开始,长期累积奖励的期望值。

(8) 模型(Model)(可选)：对环境如何响应智能体的动作进行预测的组件。

强化学习的核心问题是如何找到最优策略,即一种策略,使得智能体在长期中获得最大的奖励。为了解决这个问题,强化学习算法通常涉及探索(Exploration,尝试新的或少见的动作以发现可能的高奖励)和利用(Exploitation,选择已知会带来高奖励的动作)之间的权衡。

11.4.2 强化学习方法介绍：Q 学习算法

本节，我们将以 Q 学习（Q-Learning）算法为例介绍强化学习算法，这是一种常见的强化学习算法，它适用于有限的离散空间。Q 学习的核心是一个名为 Q 函数的表格（Q 表），它为每个状态-动作对提供一个值估计，代表执行该动作并从该状态开始的长期回报。Q 表是一个二维表格，行表示环境的状态，列表示可能的动作。Q 表中的每个条目 $Q(s,a)$ 表示在状态 s 下执行动作 a 并遵循最佳策略所能获得的预期未来回报。Q 学习的优点是简单、直观，且易于实现。它不需要环境模型，只需智能体与环境交互即可学习。缺点是对于具有大量状态和动作的环境，Q 表可能变得很大，难以管理和学习。

Q 学习就像是一个旅行者在探索一个未知地图时不断填写和更新自己的导航笔记。每当他选择一条路并经历了旅途（状态 s，采取动作 a），他都会记录下在这条路上得到的满足感（即时奖励 r）以及从当前点出发可能达到的最佳未来目的地（最大未来奖励 $\max Q(s',a')$）。他使用这些笔记来更新他的导航图（Q 表），以此来指导自己下次在相同地点做出更好的选择。随着时间的推移，这些笔记变得越来越准确，最终帮助旅行者找到从任何起点到达目的地的最佳路径。

我们需要了解一下 Q 学习法的几个关键概念。

(1) ε-贪心策略（ε-Greedy Policy）：一种在选择动作时平衡探索和利用的策略。以 $1-\varepsilon$ 的概率选择当前最佳动作，以 ε 的概率随机选择动作。

(2) 学习率（α）：确定在每一步中新信息覆盖旧信息的程度。学习率较高意味着新经验有更大的影响。

(3) 折扣因子（γ）：衡量未来奖励相对于即时奖励的重要性。折扣因子接近 1 意味着智能体更重视长期回报。

11.4.3 基于 Q 学习算法的强化学习实例

我们设计了一个展示强化学习过程的 MATLAB 案例，可以使用 MATLAB 中的 Reinforcement Learning Toolbox 实现。我们将创建一个智能体（agent），它的任务是在一个虚拟的网格世界（grid world）中找到一条从起点到目标点的路径。创建一个简单的网格世界环境，其中包含起点、障碍物和目标点。智能体（agent）需要学习如何从起点出发，避开障碍物，到达目标点。

此案例实现的具体步骤如下。

(1) 定义环境：建立一个 4×4 的网格世界，其中，(1,1)是起点，(4,4)是目标点，(2,2)和(3,3)是障碍物。

(2) 定义状态和动作：每个格子是一个状态，智能体可以执行的动作是上、下、左、右移动。

(3) 建立 Q 表：为每个状态-动作对初始化一个 Q 值。

(4) 学习过程：智能体通过探索环境来更新 Q 值，学习策略。

(5) 训练智能体：使用某种策略(如 ε-贪心策略)进行多次训练迭代。

(6) 测试智能体：让智能体在环境中执行学习到的策略，观察是否能成功到达目标。

该案例仍然在 ExampleChapter11 文件中，共 97 行代码，作为强化学习案例来说是非常简短和清晰明了的，如图 11-19 所示为核心代码与运行结果。上述代码在执行学习过程并生成路径后，创建了一个新的图形窗口，并在其中绘制了网格地图和路径。障碍物、起点和目标点都用不同的颜色和形状标记出来，路径用红色线段连接，以清晰地展示智能体从起点到目标点的移动轨迹。在实际的 MATLAB 环境中运行这段代码，读者将会看到一个形象的图表，展示了智能体学习到的路径。

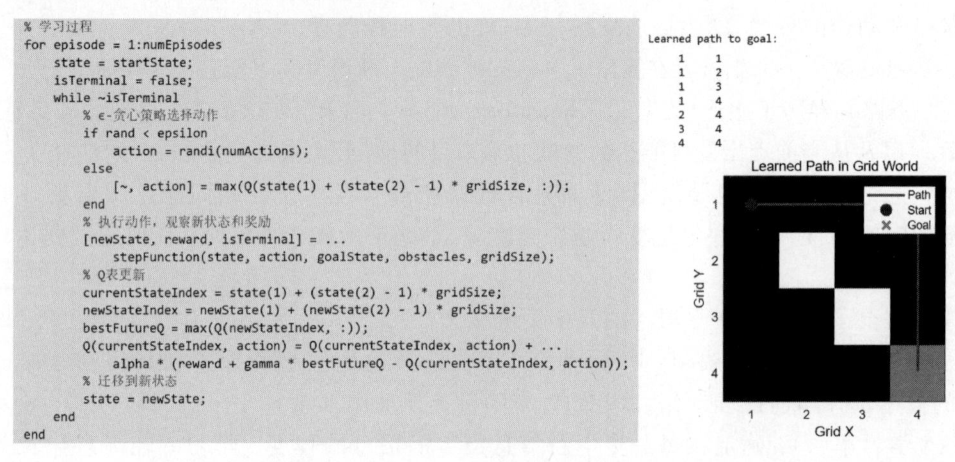

图 11-19 基于 Q 学习算法的强化学习实例

在这个案例中，智能体学会了如何从起点到达目标点，避开障碍物。通过多次训练，Q 表逐渐收敛，智能体的行动策略也趋于最优。学习的结果是一个路径，它显示了从起点到目标点的最优路径。

常见问题解答

(1) 人工智能与机器学习是一回事吗？

不完全是。人工智能(AI)是一个宽泛的领域，它涉及使机器能够执行通常需要人类智能的任务。这个包括但不限于解决问题、识别模式、理解语言等。机器学习(ML)是人工智能的一个子集，专注于开发算法，这些算法可以让机器从数据中学习，并根据这些学习改善它们的表现。所以，机器学习是实现人工智能的一种手段。

(2) 为什么要区分监督学习和无监督学习？

在监督学习中，我们用已经标记的数据(即每个数据点都有一个对应的输出标签)来训练模型。它的目标是让模型学会从输入数据到输出标签的映射，以便当给定新的未见过的数据时，模型能够预测出正确的输出。无监督学习则是在没有标签的情况下，让模型自己找出数据中的结构和模式。这种区分很重要，因为它们适用于不同类型的问题，并且使用不同的算法和方法。

(3) 聚类分析在实际中有什么用途?

聚类分析是一种无监督学习技术,它将数据点分组,使得同一组内的点相似度较高,而不同组的点相似度较低。在现实世界中,聚类分析有许多应用,比如市场细分(将顾客按照购买习惯分组)、社交网络分析(识别社交媒体上的社区)、生物信息学(对基因或蛋白质进行分类),以及图像分割(根据颜色或纹理将图像分成多个部分)等。

(4) Q 学习算法在强化学习中扮演什么角色?

Q 学习算法是一种强化学习算法,它不需要模型来预测环境如何响应行动。在强化学习中,一个智能体(Agent)通过与环境互动来学习如何执行任务。Q 学习算法帮助智能体评估采取某个行动然后达到某个状态的价值,这个价值称为 Q 值。通过这种方式,智能体可以学会做出最优决策,从而最大化它的长期奖励。Q 学习在诸如游戏、机器人导航和自动化决策等领域都有应用。

本章精华总结

在本章中,我们揭开了人工智能这一引人入胜的科技领域的神秘面纱,从它的定义、历史发展到应用场景,我们全面探索了人工智能的世界。我们了解了人工智能对于普通人的意义,以及它正在如何改变我们的生活和工作方式。

深入学科的核心,我们聚焦了机器学习,这一人工智能领域中最为光彩夺目的分支。机器学习的两大类别(监督学习和无监督学习)被逐一解构。在监督学习部分,我们探讨了如何通过回归分析处理连续变量,以及如何通过分类来处理离散变量,使机器能够预测和决策。而在无监督学习部分,我们探索了数据中隐藏的模式和结构,重点介绍了聚类和降维技术。

最后,我们介绍了强化学习,这是一种特殊的学习方式,智能体通过与环境的互动来学习如何取得最佳表现。其中,Q 学习算法作为一个实例,向我们展示了强化学习的原理和实践应用。

整体而言,本章不仅为读者提供了人工智能领域的全景视图,还通过具体的例子和易于理解的解释,使初学者也能够把握住人工智能的基本概念和技术。这样的知识铺垫,为读者在人工智能的世界中进一步深造打下了坚实的基础。

附录 A

工具箱分类及简介

MATLAB 的每个工具箱，都是经过领域专家们多年精心打磨的函数精华集，它们在专业领域内享有崇高的地位，价值非凡。这些工具箱不仅是使用 MATLAB 的基础，更是深入理解各个专业领域的初步课程。为了方便读者快速把握，我们在表 A-1 中详细列出了 MATLAB R2023b 版本中全部 86 个工具箱。这些工具箱按照二级分类整理，尽管这可能导致某些工具箱被重复提及，但这样的分类有助于更清晰地展示 MATLAB 在不同领域的应用广度。每个工具箱都配有简明扼要的描述，让读者能够迅速了解其核心功能和应用场景。我们建议读者对这个表格有一个基本的认识，以便了解 MATLAB 如何在众多领域内提供支持和解决方案。

表 A-1 MATLAB 全部工具箱列表

大类	类别	名　称	说　明
Simulink	Simulink	Simulink	仿真和基于模型的设计
	物理建模	Simscape	多域物理系统建模仿真
		Simscape Battery	电池及储能系统建模仿真
		Simscape Driveline	旋转和平移机械系统建模仿真
		Simscape Electrical	电子、机电和电力系统建模仿真
		Simscape Fluids	流体系统建模仿真
		Simscape Multibody	多体机械系统建模仿真
	基于事件建模	Stateflow	用状态机与流程图建模决策逻辑
		SimEvents	离散事件系统建模仿真
	实时仿真和测试	Simulink Real-Time	快速控制原型设计和硬件在环测试
		Simulink Desktop Real-Time	实时原型设计和测试控制硬件
工作流	并行计算	Parallel Computing Toolbox	用多核计算机、GPU 和集群并行计算
		MATLAB Parallel Server	在集群和云上并行计算
	报告和数据库访问	Database Toolbox	与关系型和 NoSQL 数据库交互
		MATLAB Report Generator	从应用程序设计和自动生成报告
		Simulink Report Generator	Simulink 模型和 Stateflow 图表生成报告
		Simulink 3D Animation	在虚拟现实环境中可视化动态系统

续表

大类	类别	名　　称	说　　明
工作流	系统工程	System Composer	设计和分析系统及软件架构
		Requirements Toolbox	为设计和测试编写、链接和验证需求
	代码生成	MATLAB Coder	从M代码生成C和C++代码
		Embedded Coder	生成针对嵌入式系统的C和C++代码
		HDL Coder	为FPGA和ASIC生成Verilog和VHDL
		HDL Verifier	使用HDL和FPGA验证Verilog和VHDL
		Filter Design HDL Coder	生成定点滤波器的HDL代码
		Fixed-Point Designer	定点和浮点算法的建模和优化
		GPU Coder	生成用于NVIDIA GPU的CUDA代码
		Simulink Coder	从Simulink和Stateflow生成C和C++
		DDS Blockset	设计和模拟DDS应用
		AUTOSAR Blockset	设计和仿真AUTOSAR软件
		C2000 Microcontroller Blockset	设计模拟用于德州仪器C2000的程序
		Simulink PLC Coder	为PLC和PAC生成结构化文本和梯形图
		Simulink Code Inspector	自动化和管理源代码审查的安全标准
		DO Qualification Kit	验证DO-178、DO-278和DO-254要求
		IEC Certification Kit	符合ISO 26262和IEC 61508的软件工具
	应用程序部署	MATLAB Compiler	从程序构建独立EXE文件和网络App
		Simulink Compiler	仿真EXE、网络App和FMUs的形式分享
		MATLAB Compiler SDK	从MATLAB程序构建软件组件
		MATLAB Production Server	将算法集成到网络、数据库和应用程序中
		MATLAB Web App Server	以基于Web的形式分享App和Simulink仿真
	验证、确认和测试	Requirements Toolbox	作者、链接和验证设计和测试的需求
		Simulink Check	测量设计质量、跟踪验证活动并验证
		Simulink Coverage	在模型和生成的代码中测量测试覆盖率
		Simulink Design Verifier	识别设计错误,证明符合要求,生成测试
		Simulink Fault Analyzer	建模故障并分析影响
		MATLAB Test	开发、管理、分析和测试MATLAB应用程序
		Simulink Test	开发、管理和执行基于模拟的测试
		Polyspace Bug Finder	通过静态分析标识软件Bug
		Polyspace Code Prover	证明软件中不存在运行时错误
		Polyspace Test	嵌入式系统中的C和C++代码开发
		Polyspace Access	识别编码缺陷,审查分析结果,监控软件质量
	云功能	MATLAB Online	通过Web使用MATLAB和Simulink
		MATLAB Mobile	从iPhone或Android设备连接到MATLAB
		Cloud Integrations	在云环境中运行MATLAB产品
		MATLAB Online Server	在本地或云环境中托管MATLAB在线
	教学	MATLAB Grader	在任何教学平台中自动对M代码进行评分
		MATLAB and Simulink Online Courses	学习MATLAB和Simulink按照自己的节奏

续表

大类	类别	名　称	说　明
应用	AI、数据科学和统计	Deep Learning Toolbox	设计、训练和分析深度学习网络
		Statistics and Machine Learning Toolbox	使用统计信息和机器学习分析数据
		Curve Fitting Toolbox	使用回归、插值和平滑进行曲线和曲面拟合
		Text Analytics Toolbox	分析和建模文本数据
	数学和优化	Optimization Toolbox	求解线性、二次、锥、整数和非线性优化问题
		Global Optimization Toolbox	求解多个极大值、极小值和非光滑优化问题
		Symbolic Math Toolbox	执行符号数学计算
		Mapping Toolbox	分析和可视化地理信息
		Partial Differential Equation Toolbox	使用有限元分析法求解偏微分方程
	信号处理	Signal Processing Toolbox	执行信号处理和分析
		DSP System Toolbox	设计和模拟流信号处理系统
		Audio Toolbox	设计和分析语音、声学和音频处理系统
		Wavelet Toolbox	对信号和图像进行时频和小波分析
		DSP HDL Toolbox	为 FPGA、ASIC 和 SoC 设计数字信号处理
	图像处理和计算机视觉	Image Processing Toolbox	执行图像处理、可视化和分析
		Computer Vision Toolbox	计算机视觉、三维视觉和视频处理
		Lidar Toolbox	设计、分析和测试激光雷达处理系统
		Medical Imaging Toolbox	可视化、注册、分割和标记医学图像
		Vision HDL Toolbox	设计用于 FPGA 和 ASIC 的计算机视觉系统
	控制系统	Control System Toolbox	设计和分析控制系统
		System Identification Toolbox	根据数据创建线性和非线性动态系统模型
		Predictive Maintenance Toolbox	设计和测试状态监测和预测性维护算法
		Robust Control Toolbox	设计不确定系统的稳健控制器
		Model Predictive Control Toolbox	设计和模拟模型预测控制器
		Fuzzy Logic Toolbox	设计和模拟模糊逻辑系统
		Simulink Control Design	线性化模型和设计控制系统
		Simulink Design Optimization	分析模型敏感性和调整模型参数
		Reinforcement Learning Toolbox	使用强化学习设计和训练策略
		Motor Control Blockset	设计和实现电机控制算法
		C2000 Microcontroller Blockset	设计用于德州仪器 C2000 微控制器的程序
	测试和测量	Data Acquisition Toolbox	连接数据采集卡、设备和模块
		Instrument Control Toolbox	控制测试和测量仪器并与计算机外围通信
		Image Acquisition Toolbox	从工业标准硬件获取图像和视频
		Industrial Communication Toolbox	通过 OPC UA、Modbus、MQTT 交换数据
		Vehicle Network Toolbox	使用 CAN、J1939 和 XCP 与车载网络通信
		ThingSpeak	使用 MATLAB 分析的物联网平台
	射频与混合信号	Antenna Toolbox	设计、分析和可视化天线元件和天线阵列
		RF Toolbox	设计、建模和分析射频组件网络
		RF PCB Toolbox	对印刷电路板进行电磁分析

续表

大类	类别	名　称	说　明
应用	射频与混合信号	RF Blockset	设计和模拟射频系统
		Mixed-Signal Blockset	设计、分析和模拟模拟和混合信号系统
		SerDes Toolbox	设计 SerDes 系统并为高速数字互连生成模型
		Signal Integrity Toolbox	设计、模拟和分析高速串行和并行链路
	无线通信	Communications Toolbox	设计、模拟和分析通信系统的物理层
		5G Toolbox	模拟、分析和测试 5G 通信系统
		LTE Toolbox	模拟和测试 LTE 和 LTE-Advanced 通信系统
		WLAN Toolbox	模拟、分析和测试 WLAN 通信系统
		Bluetooth Toolbox	模拟、分析和测试蓝牙通信系统
		Satellite Communications Toolbox	模拟、分析和测试卫星通信系统和链路
		Wireless Testbench	测试宽带无线系统并进行频谱监测
		Wireless HDL Toolbox	设计用于 FPGA、ASIC 和 SoC 的无线系统
	雷达	Radar Toolbox	设计、模拟和测试多功能雷达系统
		Phased Array System Toolbox	设计和模拟相控阵列和波束形成系统
		Sensor Fusion and Tracking Toolbox	设计、模拟和测试多传感器跟踪与定位系统
		Mapping Toolbox	分析和可视化地理信息
	机器人与自主系统	Automated Driving Toolbox	设计、模拟高级驾驶辅助系统和自动驾驶系统
		Robotics System Toolbox	设计、模拟、测试和部署机器人应用
		UAV Toolbox	设计、模拟和部署无人机应用
		Navigation Toolbox	设计、模拟和部署用于自主导航的算法
		ROS Toolbox	设计、模拟和部署基于 ROS 的应用程序
		Sensor Fusion and Tracking Toolbox	设计、模拟和测试多传感器跟踪与定位系统
		RoadRunner	为自动驾驶模拟设计 3D 场景
		RoadRunner Scenario	创建并回放自动驾驶模拟场景
	FPGA、ASIC 和 SoC 开发	HDL Coder	为 FPGA 和 ASIC 生成 Verilog 和 VHDL 代码
		HDL Verifier	使用 HDL 和 FPGA 板验证 Verilog 和 VHDL
		Deep Learning HDL Toolbox	在 FPGA 和 SoC 上原型设计深度学习网络
		Wireless HDL Toolbox	设计用于 FPGA、ASIC 和 SoC 的通信系统
		Vision HDL Toolbox	设计用于 FPGA 和 ASIC 的计算机视觉系统
		DSP HDL Toolbox	为 FPGA、ASIC 和 SoC 设计数字信号处理
		Fixed-Point Designer	定点和浮点算法的建模和优化
		SoC Blockset	设计用于 Xilinx 和 Intel SoC 的硬件/软件应用
	计算金融学	Datafeed Toolbox	通过数据服务提供商访问金融数据
		Database Toolbox	与关系型数据库和非关系型数据库交互
		Econometrics Toolbox	使用统计时间序列方法对金融系统建模
		Financial Toolbox	分析金融数据并开发金融模型
		Financial Instruments Toolbox	设计、定价和套期保值复杂的金融工具
		Risk Management Toolbox	开发风险模型并进行风险模拟
		Spreadsheet Link	在 Microsoft Excel 中使用 MATLAB

续表

大类	类别	名　称	说　明
应用	计算生物学	Bioinformatics Toolbox	阅读、分析和可视化基因组和蛋白质组数据
		SimBiology	建模、模拟和分析生物系统
	代码验证	Polyspace Bug Finder	通过静态分析标识软件 Bug
		Polyspace Code Prover	证明软件中不存在运行时错误
		Polyspace Test	为嵌入式系统中的 C 和 C++代码开发
		Polyspace Access	识别编码缺陷，审查分析结果，监控软件质量
		Polyspace Products for Ada	证明源代码中没有运行时错误
	航空航天	Aerospace Blockset	建模、仿真和分析航天器动力学
		Aerospace Toolbox	模型分析和可视化航天器运动
		UAV Toolbox	设计、模拟和部署无人机应用
		DO Qualification Kit	验证符合 DO-178、DO-278 和 DO-254 的要求
	汽车	Model-Based Calibration Toolbox	建模和校准复杂的动力传动系统
		Powertrain Blockset	汽车动力系统建模与仿真
		Vehicle Dynamics Blockset	在虚拟 3D 环境中建模和模拟车辆动力学
		Automated Driving Toolbox	设计、模拟和测试高级驾驶辅助系统
		IEC Certification Kit	符合 ISO 26262 和 IEC 61508 的软件工具
		Vehicle Network Toolbox	CAN、J1939 和 XCP 与车载网络通信
		AUTOSAR Blockset	设计和仿真 AUTOSAR 软件
		RoadRunner	为自动驾驶模拟设计 3D 场景

附录B

常用核心函数

MATLAB R2023b 的核心部分(不含工具箱)自带了不少于 2844 个内置函数,这对于任何学生来说,全面掌握无疑是一个庞大而不切实际的任务。在本书中,我们采取更为高效和实用的学习策略:首先,我们在下面的表格中精选了 300 个最为关键和常用的函数,建议读者保持对它们的熟悉。这些精华函数是 MATLAB 的核心之一,掌握它们将能让读者高效地进行大多数的程序设计工作。其次,对于 MATLAB 的庞大函数库,我们鼓励读者有一个宏观的认识,了解这些函数覆盖的功能范围。这并不意味着读者需要记住每个函数,而是应该在 MATLAB 的帮助文档中,根据自己的需要,选择性地了解函数名称和它们的功能。最后,不要忘记我们生活在一个智能互联的时代,AI 和搜索引擎是读者的好帮手。当读者需要某个特定功能的函数时,借助这些现代工具可以迅速找到正确的函数名称和使用方法。总之,这本书的目标是让读者能够灵活运用 MATLAB 中的函数来解决实际问题,而不是成为一个机械记忆的机器。通过这种方式,读者不仅能提高学习效率,还能在实际应用中更加得心应手。

B.1 语言基础

MATLAB 中的语言基础相关核心函数见表 B-1。

表 B-1 MATLAB 中的语言基础相关核心函数(70 个)

分 类	函 数 名	功 能
输入命令	ans	显示最近计算的答案(answer)
	clc	清空命令行窗口(clear command)
矩阵和数组	zeros	创建全零数组
	ones	创建全部为 1 的数组
	eye	创建单位矩阵
	cat	沿指定维度串联数组
	repmat	重复数组副本
	linspace	生成线性间距向量
	logspace	生成对数间距向量

续表

分　类	函 数 名	功　能
矩阵和数组	meshgrid	创建二维和三维网格
	length	求最大数组维度的长度
	size	求数组大小
	numel	求数组元素的数目
	isrow	确定输入是否为行向量
	iscolumn	确定输入是否为列向量
	isempty	确定数组是否为空
	sort	对数组元素排序
	flip	翻转元素顺序
	rot90	将数组旋转 90°
	reshape	重构数组
	squeeze	删除单一维度
	end	终止代码块或指示最大数组索引
	ind2sub	显示线性索引的下标
	sub2ind	将下标转换为线性索引
运算符和基本运算	diff	求差分和近似导数
	prod	求数组元素的乘积
	sum	求数组元素总和
	ceil	朝正无穷大四舍五入
	floor	朝负无穷大四舍五入
	mod	求除后的余数(取模运算)
	rem	求除后的余数
	round	四舍五入为最近的小数或整数
	bsxfun	对两个数组应用按元素运算
逻辑与关系运算	all	确定所有的数组元素是为非零还是 true
	any	确定任何数组元素是否为非零
	false	生成逻辑 0(假)矩阵
	find	查找非零元素的索引和值
	islogical	确定输入是否为逻辑数组
	logical	将数值转换为逻辑值
	true	生成逻辑 1(真)矩阵
	isequal	确定数组相等性
字符和字符串	string	生成字符串数组
	join	合并字符串
	char	生成字符数组
	cellstr	转换为字符向量元胞数组
	ischar	确定输入是否为字符数组
	strlength	字符串数组中字符串的长度
	count	计算字符串中模式的出现次数

续表

分　类	函 数 名	功　能
字符和字符串	strcmp	比较字符串
日期和时间	now	将当前日期和时间作为日期序列值
	date	显示当前日期字符串
表	table	创建具有命名变量的表数组
	struct2table	将结构体数组转换为表
	table2struct	将表转换为结构体数组
	readtable	基于文件创建表
	writetable	将表写入文件
结构体	struct	创建结构体数组
	getfield	创建结构体数组字段
	isfield	确定输入是否为结构体数组字段
	arrayfun	将函数应用于每个数组元素
	structfun	对标量结构体的每个字段应用函数
	table2struct	将表转换为结构体数组
	struct2table	将结构体数组转换为表
元胞数组	cell	创建元胞数组
	cell2mat	将元胞数组转换为普通数组
	celldisp	显示元胞数组内容
	cellfun	对元胞数组中的每个元胞应用函数
	cellplot	以图形方式显示元胞数组的结构体
	mat2cell	将数组转换为元胞数组
函数句柄	feval	计算函数

B.2　数据导入和分析

MATLAB 中的数据导入导出相关核心函数见表 B-2。

表 B-2　MATLAB 中的数据导入导出相关核心函数(30 个)

分　类	函 数 名	功　能
文本文件	readtable	基于文件创建表
	writetable	将表写入文件
	csvread	读取逗号分隔值（CSV）文件
	csvwrite	写入逗号分隔值文件
	fileread	以文本格式读取文件内容
电子表格	xlsread	读取 Microsoft Excel 电子表格文件
	xlswrite	写入 Microsoft Excel 电子表格文件
图像	imread	从图形文件读取图像
	imwrite	将图像写入图形文件

续表

分　类	函数名	功　能
音频和视频	audioread	读取音频文件
	audiowrite	写音频文件
	VideoReader	读取视频文件
	VideoWriter	写入视频文件
工作区变量和MAT文件	load	将文件变量加载到工作区中
	save	将工作区变量保存到文件中
	disp	显示变量的值
	who	列出工作区中的变量
	whos	列出工作区中的变量及大小和类型
	clear	从工作区中删除项目、释放系统内存
低级文件 I/O	fclose	关闭一个或所有打开的文件
	fopen	打开文件或获得有关打开文件信息
	fprintf	将数据写入文本文件
	fwrite	将数据写入二进制文件
数据的预处理	smoothdata	对含噪声数据进行平滑处理
	normalize	归一化数据
	rescale	数组元素的缩放范围
描述性统计量	max	求数组的最大元素
	mean	求数组的均值
	median	求数组的中位数值
	std	求标准差

B.3 数学

MATLAB 中的数学相关核心函数见表 B-3。

表 B-3　数学相关核心函数(80 个)

分　类	函数名	功　能
三角学	sin	求以弧度为单位的参数的正弦
	sind	求以度(°)为单位的参数的正弦
	cos	求以弧度为单位的参数的余弦
	cosd	求以度(°)为单位的参数的余弦
	tan	求以弧度表示的参数的正切
	tand	求以度(°)表示的参数的正切
	atan2	求四象限反正切
	atan2d	求以度(°)为单位的四象限反正切
	deg2rad	将角从以度(°)为单位转换为以弧度为单位
	rad2deg	将角的单位从弧度转换为度(°)

续表

分　　类	函 数 名	功　　能
指数和对数	exp	求指数
	log	求自然对数
	log10	求常用对数(以 10 为底)
	pow2	求以 2 为底的幂值并对浮点数字进行缩放
	sqrt	求平方根
复数	abs	求绝对值和复数幅值
	angle	求相位角
	complex	创建复数数组
	conj	求复共轭
	i	虚数单位
	j	虚数单位
	real	求复数的实部
	sign	sign 函数(符号函数)
离散数学	factor	求质因数
	factorial	输入的阶乘
	gcd	求最大公约数
	lcm	求最小公倍数
	rat	求有理分式近似值
多项式	poly	求具有指定根的多项式或特征多项式
	polyfit	多项式曲线拟合
	roots	求多项式根
	polyval	多项式计算
常量和测试矩阵	Inf	无穷大
	pi	圆的周长与其直径的比率 π
	NaN	非数字
	isfinite	确定数组元素是否为有限值
	isinf	确定数组元素是否为无限值
线性代数	inv	矩阵求逆
	eig	求特征值和特征向量
	qz	广义特征值的 QZ 分解
	lu	LU 矩阵分解
	qr	正交三角分解
	tril	求矩阵的下三角形部分
	triu	求矩阵的上三角形部分
	det	求矩阵行列式
	rank	求矩阵的秩
	trace	求对角线元素之和

续表

分　类	函 数 名	功　能
随机数生成	rand	生成均匀分布的随机数
	randn	生成正态分布的随机数
	randi	生成均匀分布的伪随机整数
插值	interp2	求 meshgrid 格式的二维网格数据的插值
	interp3	求 meshgrid 格式的三维网格数据的插值
	spline	求三次方样条数据插值
	interpft	求一维插值(FFT 方法)
	ndgrid	生成 N 维空间中的矩形网格
	meshgrid	生成二维和三维网格
常微分方程	ode45	求解非刚性微分方程-中阶方法
时滞微分方程	dde23	求解带有固定时滞的时滞微分方程 (DDE)
偏微分方程	pdepe	求解一维抛物-椭圆型 PDE 的初始边界值问题
数值积分和微分函数	integral	求数值积分
	diff	求差分和近似导数
	gradient	求数值梯度
滤波傅里叶分析和滤波	fft	快速傅里叶变换
	conv	卷积和多项式乘法
	filter	1 维数字滤波器
稀疏矩阵	sparse	创建稀疏矩阵
	issparse	确定输入是否为稀疏矩阵
	find	查找非零元素的索引和值
	full	将稀疏矩阵转换为满矩阵
图和网络算法	graph	生成具有无向边的图
	digraph	生成具备有向边的图
	addnode	将新节点添加到图
	rmnode	从图中删除节点
	addedge	向图添加新边
	rmedge	从图中删除边
	numnodes	求图中节点的数量
	numedges	求图中边的数量
	adjacency	求图邻接矩阵
	incidence	求图关联矩阵
	degree	求图节点的度

B.4 图形

MATLAB 中的图形相关核心函数见表 B-4。

表 B-4 MATLAB 中的图形相关核心函数(70 个)

分类	函数名	功能
线图	plot	绘制二维线图
	plot3	绘制三维线图
	semilogx	绘制半对数图
	fplot	绘制表达式或函数
	fplot3	三维参数化曲线绘图函数
数据分布图	histogram	绘制直方图
	scatter	绘制散点图
	scatter3	绘制三维散点图
离散数据图	bar	绘制条形图
	scatter	绘制散点图
极坐标图	polarplot	在极坐标中绘制线条
	polaraxes	创建极坐标区
	polarscatter	绘制极坐标中的散点图
	polarhistogram	绘制极坐标中的直方图
等高线图	contour	绘制矩阵的等高线图
	contour3	绘制三维等高线图
向量场	quiver3	绘制三维箭头图或速度图
曲面图和网格图	surf	绘制曲面图
	mesh	绘制网格图
	fsurf	绘制三维曲面
	fmesh	绘制三维网格图
三维可视化	contourslice	在三维体切片平面中绘制等高线
	slice	绘制三维体切片平面
多边形	fill	填充的二维多边形
	patch	创建一个或多个填充多边形
标题和标签	title	添加标题
	xlabel	为 x 轴添加标签
	ylabel	为 y 轴添加标签
	zlabel	为 z 轴添加标签
	legend	在坐标区上添加图例
	text	向数据点添加文本说明
	xline	绘制具有常量 x 值的垂直线
	yline	绘制具有常量 y 值的水平线
	annotation	创建注释
	line	创建基本线条
坐标区外观	xlim	设置或查询 x 坐标轴范围
	ylim	设置或查询 y 坐标轴范围
	zlim	设置或查询 z 坐标轴范围
	axis	设置坐标轴范围和纵横比

续表

分　类	函 数 名	功　能
坐标区外观	box	显示坐标区轮廓
	grid	显示或隐藏坐标区网格线
	yyaxis	创建具有两个 y 轴的图
	axes	创建笛卡儿坐标区
	figure	创建图窗窗口
颜色图	colormap	查看并设置当前颜色图
	colorbar	显示色阶的颜色栏
照相机视图	view	视点的指定
光照、透明度和着色	light	创建光源对象
	lighting	指定光照算法
	shading	设置颜色着色属性
	alpha	向坐标区中的对象添加透明度
图像	imshow	显示图像
	image	从数组显示图像
	imread	从图形文件读取图像
	imresize	调整图像大小
	imwrite	将图像写入图形文件
	ind2rgb	将索引图像转换为 RGB 图像
	rgb2gray	将 RGB 图像或颜色图转换为灰度图
打印和保存	savefig	将图窗和内容保存到 FIG 文件
	openfig	打开保存在 FIG 文件中的图窗
图形对象属性	get	查询图形对象属性
	set	设置图形对象属性
	reset	将图形对象属性重置为其默认值
图形对象的标识	gca	获取当前坐标区或图
	gcf	获取当前图窗的句柄
	delete	删除文件或对象
图形对象编程	clf	清除当前图窗窗口
	cla	清除坐标区
	close	删除指定图窗
图形输出	hold	添加新绘图时保留当前绘图

B.5 编程

MATLAB 中的编程相关核心函数见表 B-5。

表 B-5 MATLAB 中的编程相关核心函数(25 个)

分 类	函 数 名	功 能
控制流	if,elseif,else	条件为 true 时执行语句
	for	用来重复指定次数的 for 循环
	switch,case	执行多组语句中的一组
	try,catch	执行语句并捕获产生的错误
	while	条件为 true 时重复执行的循环
	break	终止执行 for 或 while 循环
	continue	将控制权传递给循环
	end	终止代码或指示最大数组索引
	pause	暂时停止执行 MATLAB
	return	将控制权返回给调用函数
脚本与函数	edit	编辑或创建文件
	input	请求用户输入
	function	声明函数名称、输入和输出
	global	声明为全局变量
	nargin	函数输入参数数目(number argument input)
	nargout	函数输出参数数目(number argument output)
	varargin	可变长度输入参数列表(variable-length argument input)
	varargout	可变长度的输出参数列表(variable-length argument output)
文件和文件夹	cd	更改当前文件夹
	open	在合适的应用程序中打开文件
代码分析和执行	pcode	创建受保护的函数文件(P 文件)

B.6 App 构建

MATLAB 中的 App 构建相关核心函数见表 B-6。

表 B-6 MATLAB 中的 App 构建相关核心函数(25 个)

函 数 名	功 能
AppDesigner	创建或编辑 App 文件
uiaxes	为绘图创建 UI 坐标区
uibutton	创建普通按钮或状态按钮组件
uicheckbox	创建复选框组件
uidropdown	创建下拉组件
uieditfield	创建文本或数值编辑字段组件
uilabel	创建标签组件
uimenu	创建菜单或菜单项
uiradiobutton	创建单选按钮组件
uispinner	创建微调器组件

续表

函 数 名	功 能
uitable	创建表用户界面组件
uitree	创建树组件
uifigure	创建用于设计 App 的图窗
uipanel	创建面板容器对象
uitab	创建选项卡式面板
uigridlayout	创建网格布局管理器
uialert	显示警告对话框
uiconfirm	创建确认对话框
uiprogressdlg	创建进度对话框
uisetcolor	打开颜色选择器
uigetfile	打开文件选择对话框
uiputfile	打开用于保存文件的对话框
uigetdir	打开文件夹选择对话框
uiopen	打开文件选择对话框并加载文件
uisave	打开用于将变量保存到 MAT 文件